# 重新书写人生故事

1

原生家庭

蔡敏莉 著

每一個生命都渴望被看見

蔡敏莉

Monita

中国人民大学出版社

· 北京 ·

**图书在版编目（CIP）数据**

重新书写人生故事. 1，原生家庭 / 蔡敏莉著. 北京 : 中国人民大学出版社，2025. 6. -- ISBN 978-7-300-34002-9

Ⅰ. B849.1

中国国家版本馆 CIP 数据核字第 202598GJ87 号

**重新书写人生故事1·原生家庭**

蔡敏莉　著

CHONGXIN SHUXIE RENSHENG GUSHI 1 · YUANSHENG JIATING

| | | | |
|---|---|---|---|
| **出版发行** | 中国人民大学出版社 | | |
| **社　　址** | 北京中关村大街 31 号 | **邮政编码** | 100080 |
| **电　　话** | 010-62511242（总编室） | | 010-62511770（质管部） |
| | 010-82501766（邮购部） | | 010-62514148（门市部） |
| | 010-62511173（发行公司） | | 010-62515275（盗版举报） |
| **网　　址** | http：//www.crup.com.cn | | |
| **经　　销** | 新华书店 | | |
| **印　　刷** | 天津中印联印务有限公司 | | |
| **开　　本** | 890 mm×1240 mm　1/32 | **版　次** | 2025 年 6 月第 1 版 |
| **印　　张** | 8.875　插页 1 | **印　次** | 2025 年 6 月第 1 次印刷 |
| **字　　数** | 192 000 | **定　价** | 199.90 元（全三册） |

# 总　序

## 我与萨提亚模式的 30 年

1983 年，我初次邂逅萨提亚家庭治疗模式（以下简称“萨提亚模式”），并见到了维琴尼亚·萨提亚（Virginia Satir）女士。1986 年，我师从约翰·贝曼（John Banmen）、玛利亚·葛茉莉（Maria Gomori）等大师。

我在学习的过程中逐渐意识到，萨提亚模式不仅仅是一种治疗技术，更是一种对人性的深刻理解和尊重。它强调每个人都是独特的，都有内在的资源和能力去改变和成长。这种理念深深地触动了我，让我看到了心理学在帮助人们实现自我成长和心灵疗愈方面的巨大潜力。我坚信，萨提亚模式能够为更多人带来真正的改变，帮助他们摆脱内心的困扰，重新找回生活的信心和勇气。这也成了我多年来深耕萨提亚模式、坚持不懈传播它的最初动力。

1989 年，我开始带领个人成长团体工作坊。随着越来越多的学员来到我的课室，我逐渐认识到，仅仅依靠我个人的力量是不够的。于是，我在 2003 年将萨提亚模式引入中国内地，并在多个城市开办工作坊，我也因此接触到了不同背景、不同年龄的学员。他们带着各种各样的问题和困惑来到这里，并在萨提亚模式中找到了属于自己的答案。其中有一位长期被焦虑抑郁困扰的学员，她极度否定自己。在工作坊中，通过我的引导和互动分享，她开始接纳自己并找回了自信。看到一个又一个学员的转变，我知道萨提亚模式也在一次又一次地改变一个人的一生，让他们手握生命的自主权，重新书写人生故事，我也越发觉得传播萨提亚模式的意义重大。

2006 年，我开始与多所高校及医院合作，开办萨提亚模式治疗师专业训练课程。在这个过程中，我接触了大量个案，也积累了丰富的经验，还发现很多人在理解和应用萨提亚模式时存在困难。为了帮助更多人掌握萨提亚模式，传承和发展这一宝贵的心理学资源，我决定编写这套个案集。我精心挑选了涵盖原生家庭、个人成长、亲密关系等方面的代表性个案，详细分析解读，为你提供直观的学习参考，也希望搭建一个交流分享的平台。

在这套个案集中，所有来访者均采用化名，一切可识别身份的关键信息也都经过了弱化处理，每个案例都是在获得来访者的同意后才收录进书中的。每个个案的背后皆蕴藏着来访者的勇气，满含对未来的期许，也让这本书满溢着真诚与温度。我也想借此机会表达对他们的感谢和钦佩！

这套个案集共有三册。第一册“原生家庭”聚焦人们成长的初始环境——家庭。在这本书中，童年亲子相处细节、家庭氛围，以及父母过度管控、情感淡漠等问题，我都将用萨提亚理论进行剖析。我希望你也能随着个案推进的节奏，与原生家庭和解，重塑健康家庭纽带。

第二册“个人成长”是你漫长人生路上的贴心伙伴。每个人在不同的人生阶段都会面临自我怀疑和成长瓶颈，我在这本书中运用萨提亚模式，帮你挖掘内心的宝藏，冲破旧有模式，实现自我蜕变。

第三册“亲密关系”关注成年人世界最亲密的情感场域。在恋爱、婚姻中，沟通不畅、权力失衡等问题频发，我会用萨提亚的沟通姿态、冰山理论等，帮伴侣打破僵局，或重燃爱火，或平和地说再见。

这三本个案集逻辑紧密：原生家庭是人生底色，其遗留问题宛如隐藏在心底的暗涌，悄无声息地影响着我们的个人成长乃至亲密关系，只有回溯原生家庭、探寻被压抑的情绪、解决遗留问题，才能更好地实现个人成长；个人成长是一个持续不断的过程，既能让我们的自我认知、情绪管理、沟通能力、人际交往能力等方面日趋成熟，还能为亲密关系奠定基础；良好的亲密关系不仅能滋养个人成长，还可以为下一代营造一个幸福的原生家庭。这三本书层层递进，犹如盏盏明灯照亮了我们探索心灵成长的道路。希望你能借助萨提亚模式的智慧，实现心灵的成长与跃迁，走向更幸福、充实的人生。

* *

在开始探索心灵的奇妙之旅前，我先来介绍几个萨提亚模式的理论，便于你理解书中的内容。

## 冰山理论

人的内心就像一座冰山，我们平时能看到的（比如，一个人的行为和发生的事情）只是冰山露出水面的那一小部分，大概只占10%～20%；藏在水面以下的，才是真正影响我们行为的关键。后者包括：我们的感受（比如，悲伤、愤怒）；我们对自己和周围世界的看法；我们对别人、对感情或者生活的期待；我们内心深处的渴望（比如，被爱、被尊重）；我们的核心价值观。举个例子，一个人总是发脾气，表面上看是他脾气不好，但其实可能是他心里特别希望得到别人的认可，但一直没得到。

### 沟通姿态理论

萨提亚总结出了以下五种人与人相处的方式，前四种均为不良沟通姿态。

- **讨好型：** 这种人总是想着别人，忽略了自己的需求，说话时总是很客气，会顺着别人的意思说。
- **指责型：** 这种人常常批评别人，什么问题都怪到别人身上，说话时态度很强硬。
- **超理智型：** 这种人只讲事实和道理，很少流露感情，说话冷冰冰的，好像什么事都和自己没关系。
- **打岔型：** 这种人一遇到冲突就转移话题，不正面面对问题，看起来满不在乎。
- **一致性沟通型：** 这种人在沟通中的状态是最健康的，他们既能表达自己的想法和感受，又能尊重别人的意见，可以让自己和别人都感觉很舒服。

书中配有火柴人图，可以更加形象、直观地展现复杂的人际互动和沟通模式。比如，当图中的人物一只手指向对方、另一只手叉腰时，代表他是指责型沟通模式；当人物单膝跪地，一手捂住胸口、另一只手向上伸出时，代表他是讨好型沟通姿态。此外，这些图中的人物用方头代表男性，圆头代表女性。希望这些独特的视觉元素能帮助你更好地理解个案呈现出的场景，也能给你更多的启发。

### 家庭系统理论

我们可以把家庭看作一个整体，家里每个人之间的关系、互动的方式、谁有话语权，这些都是相互关联的。家里的任何一个人出了问题，都不能只看他一个人，很可能是整个家庭的氛围或关系出了问题。比如，孩子不想上学，可能是因为其父母关系不好、家里气氛很压抑，让孩子感到没有安全感，所以才不想学习。

### 内在资源理论

每个人生下来都有很多优点（比如，勇敢、智慧、善良、创造力），这些都属于人的内在资源。然而，在成长的过程中，由于遇到了一些挫折或者被别人说了一些不好的话，有些优点就被盖住了。做个案的过程就是要把这些优点重新找出来，让来访者知道自己其实是有能力解决问题的，可以帮助他重新找回自信，让他的心态和生活都变得更好。

### 萨提亚模式的疗愈信念

萨提亚模式相信，每个人都有改变和自我修复的能力，无论以前经历了多么糟糕的事情，现在都可以重新开始；不能随便给人下定义，要尊重每个人的内在价值。咨询师或治疗师要带着关心和接纳的态度，帮助来访者主动改变，让他们的身心都能恢复健康，和别人的关系也能变得更好。

## 自我环

自我环就像一个一个被划分成不同扇区的圆轮，包括身体、情绪、感觉、与他人的互动、周围的环境、精神层面，等等。人是很复杂的，一个方面出了问题，可能就会影响其他方面。比如，一个人一直不锻炼，身体不好了，心情可能也会变差，与他人相处也会受影响，他的生活也会多一些郁郁寡欢。因此，我们要觉察自己的各个方面是不是达到了平衡，如果失衡了，就要做出调整。

最后，希望这套个案集能像温暖的光，照亮你探寻内心的路。在原生家庭中治愈伤痛，于个人成长中突破自我，在亲密关系中收获幸福。愿你有萨提亚模式的加持，拥抱真实的自己，化解生活的难题。愿你带着勇气前行，让内心丰盈，开启充满爱与希望的崭新人生。

蔡敏莉

# 前　言

在过去数十载的心理咨询漫漫征途中，我与众多来访者交谈过。他们带着各自人生中的不开心和累累伤痕，来到咨询室或工作坊中找我。我在总结后发现，人们之所以有那么多的困惑、迷茫和痛苦，多与小时候在原生家庭中未能从父母身上获得的东西有关。于是，原生家庭这个隐秘又沉重的话题一次次浮出水面，就像是命运的暗线，悄无声息却强韧有力地牵动着人们在当下的悲欢。也正是这些触动灵魂的相遇，为这本围绕原生家庭疗愈的个案集播下了种子。

我还记得多年前第一次遇到阿泽（化名）的那天，咨询室里的空气好像都凝结了几分。他整个人紧绷着，像是一张拉满但随时可能会断裂的弓，眉眼间尽是经年累月积攒的戾气。寥寥数语，家庭的疮疤便被撕开——酗酒爸爸的打骂、妈妈懦弱的沉默，儿时饭桌旁的恐惧、成长后无人庇护的孤独……那些画面，仅是听着，就已扎进了我的心里。那时，我更深切地感受到，如果不驱散原生家庭给人留下的阴影，它就能吞噬一个人一生的阳光。于是，萨提亚模式成了我手中最得心应手的“心灵魔法棒”，帮人们拨开阴霾、重塑心智，也让我下定决心，把这一场场“逆光之战”记录成书。

翻开这本个案集，就如同开启一场场跨越时光的救赎之旅。每个个案都聚焦一位来访者，他们来自不同背景，却都被原生家庭的枷锁所束缚。有事业有成却难以拥抱亲密关系的职场精英，追溯过往，回忆其在童年被寄养的经历，爱与信任成了其成长中的稀缺品；也有叛逆乖张的青春期少女，深挖根源，发现重男轻女的家庭氛围早早剥夺了她的安全感与自我价值感……我们用萨提亚独有的家庭重塑技术，为记忆重塑场景，让昔日那个弱小无助的自己在新的心理时空被看见、被呵护；借由冰山理论，深挖情绪底层的未竟的渴望，给干涸的心灵引来滋养的清泉。从来访者带着满腹委屈与迷茫开始做咨询，到一点点卸下心防、直面伤痛，直至最后带着释然与新生勇敢地迈向新生活，我见证了他们的变化。

我由衷地希望，当你翻开此书时，就像是乘上了一艘驶向内心深处的船，跟随来访者的足迹，穿梭于原生家庭的往昔岁月，感受疗愈过程的挣扎及内心的波澜起伏，这就是成长的轨迹。愿每一份从文字中流淌出来的智慧与力量，都能成为你理解自我、修复心灵的钥匙，引领你在寻根溯源中找回内在的安宁与蜕变的勇气。

# 目 录

# 第 1 章　不被爱的人

## 如何寻找内心的力量

1985 年，丽丽出生了，迎接她的却是无尽的失望——全家人都盼着这一胎是个男孩。在这个重男轻女的家庭里，父母对她非打即骂，少有关心，导致她的童年在打骂与孤独中度过。以泪洗面是丽丽的生活常态，渐渐地，她变得沉默寡言、自卑内向，身边没有一个朋友。

24 岁那年，丽丽第一次陷入爱河，男方是一位已婚同事。半年后，男方决定回老家与老婆离婚，然后与丽丽在一起。丽丽心中放不下，便紧随其后追到了当地。

经过长途跋涉，丽丽到达当地后，面对的却是男方老婆的打骂，而男方只是害怕地站在一旁，并没有护着她。次日，趁男方不在家，他的老婆偷偷告诉丽丽，即使他与丽丽结婚了，也会与众多女人交往，对家庭毫无责任感，对丽丽也不过是玩玩而已。知晓真相的丽丽失魂落魄地离开了。

这次的追寻让丽丽意识到自己上当受骗了，但心里仍放不下男方。回来后，她仍与男方保持着联系。内心充满矛盾的她明知该放弃，却始终难以释怀。为了让自己彻底死心，她再次前往男方老家。这一次，他们发生了激烈的争吵，丽丽彻底绝望，带着破碎的心逃回了家。从此，丽丽对感情失去了信心。

几年后，一个男孩走进了她的生活。他性格极好，对丽丽关怀备至、处处呵护，让丽丽体会到了从未有过的爱与温柔，使她对感情重新燃起了希望。

然而，就在订婚前夜，丽丽突然接到了来自婆家悔婚的消息——男朋友的爸爸突然病逝，按照当地的习俗，准婆婆认为是这个准儿媳克死了老公。丽丽不敢相信这突如其来的变故，想去看望准婆婆，准婆婆却对她避而不见，男朋友也对她逐渐冷淡，他们的婚事就此不了了之。

丽丽找到我，说她想让自己变得开朗一些，找到适合自己的男朋友类型。

在丽丽讲述她的人生故事的过程中，我观察到：她没有从原生家庭中得到关爱，内心缺乏力量，性格自卑内向；她在感情中屡屡受挫，也与此有很大关系；她非常渴望被爱，也渴望得到他人的关怀。

在征得了丽丽的同意后，我们开启了本次个案过程。

## 个案实录

蔡敏莉：你今天来这里，是想为自己改变些什么呢？

丽丽：改变自己内向的性格。

蔡敏莉：你认为什么是好的性格？

丽丽：我认为开朗一点儿比较好。

蔡敏莉：开朗一点儿会怎么样呢？

丽丽：会比较开心一点儿。

蔡敏莉：是什么导致你不开朗呢？

丽丽：不知道。

蔡敏莉：我想问你一个问题，你爱自己吗？

丽丽：我很想尽力去爱自己。

蔡敏莉：你实际上爱自己吗？

丽丽：一般。

蔡敏莉：你算不算是一个很有自信的人呢？

丽丽：不算是。

蔡敏莉：为什么这么没有自信呢？

丽丽：因为我觉得自己不够好。

蔡敏莉：你觉得自己哪方面不够好？

丽丽：自卑、胆小。

蔡敏莉：听你说话的声音这么小，我可以猜到你不是很自信，你的自我感觉也不是很好。你希望知道找什么类型的男人做男朋友会比较适合你、能让你开心一点，这个问题其实是次要的。最重要的是，你够不够爱自己。我想研究一下你成长的家庭背景，去了解一下你在那里到底有没有学会爱自己，好不好？

丽丽：好的。

蔡敏莉：我想请现场的一些学员进行角色扮演，分别扮演你的爸爸、妈妈，还有你自己。在你小时候，你的父母会不会吵架？或者说，他们是如何相处的？

丽丽：他们会吵架。

蔡敏莉：谁骂谁多一些？

丽丽：我妈妈总在背后骂我爸爸。

蔡敏莉：你爸爸是如何对待你妈妈的呢？

丽丽：他会发脾气，会打她。

蔡敏莉：（**引导妈妈扮演者用手指着爸爸扮演者，爸爸扮演者假装打妈妈扮演者**）妈妈指责爸爸，爸爸打妈妈。要知道，抱怨和指责是不同的。抱怨对事不对人，不会伤害关系；指责则是针对人的，会伤害关系。抱怨之后加上建议，能给予人希望；指责则总是让人绝望。

丽丽：(**叹气**)

蔡敏莉：在这个家里，你是排第几的？

丽丽：我是最小的（**看着眼前的画面，突然泪流满面**）。

蔡敏莉：你是最小的？

丽丽：是的，我有一个姐姐、一个哥哥。

蔡敏莉：当你来到这个世界的时候，你觉得有没有人爱你？

丽丽：没有。

蔡敏莉：(**引导丽丽扮演者背对着父母扮演者坐在地上**）你怎么知道没有人爱你呢？

丽丽：他们都很少管我。

蔡敏莉：平时是谁照顾你？是爸爸还是妈妈？

丽丽：不记得了。

蔡敏莉：你小时候跟谁一起玩？

丽丽：我自己玩。

蔡敏莉：没有小朋友跟你一起玩吗？

丽丽：没有。

蔡敏莉：你的父母会不会跟你在一起？

丽丽：他们都要出去干活，没有时间陪我。

蔡敏莉：谁来照顾你呢？当你还是一个小宝宝的时候，是需要有人照顾的啊。

丽丽：没有人照顾我。

蔡敏莉：没有人照顾你？

丽丽：是的。

蔡敏莉：（**引导丽丽扮演者坐在地上**）你就像个孤儿一样，就这样自己长大了，对不对？现在，我用一块布盖在“你”的头上，代表没有人理你，你就像一座孤岛。你小时候的生活是这样的吗？你是不是就是这样长大的？

丽丽：（**看着坐在地上的丽丽扮演者，过往的情绪再度涌来，眼泪止不住地流**）是的。

蔡敏莉：家里有没有人疼你？

丽丽：没有。

蔡敏莉：你对此有什么样的感受？

丽丽：很孤独。

蔡敏莉：你感觉很孤独。那时候你做了一些什么决定呢？你就像个孤儿一样，自己就长大了。你觉得你的自我价值或自信心是很高的还是很低的？

丽丽：我几乎没有自信。

蔡敏莉：如果你走到“丽丽”的背后，把自信的部分展现出来，你认为她是跪在这里的，还是趴在这里的？

丽丽：（**蹲在丽丽扮演者身后**）

蔡敏莉：如果一个女孩在成长的过程中没有人爱她，那么她往往会得出这样的结论——她不值得被人爱。一旦她形成了这样的观念，就不敢社交了。她不会认为自己很棒，所以在她长大后，如果有人对她好一点点，她就会立刻扑过去，但她在这个关系中又不敢对对方有过高的要求。因此，我之前说过，你应该找什么类型的男人做男朋友其实并不重要，重要的是你认为自己够不够好，你可不可以爱自己？

丽丽：可以。

蔡敏莉：好的。每个孩子都希望得到父母的爱，如果没有得到，就会有一些看法。（**引导丽丽看向妈妈扮演者**）你有没有什么话想跟妈妈说？

丽丽：有。

蔡敏莉：好的，（**引导丽丽起身，与妈妈扮演者面对面站立**）你想对她说些什么？

丽丽：妈妈，希望不要总骂我。

蔡敏莉：我们应该为自己说一些公道话。请你跟着我说，“妈妈，我知道你希望我是一个儿子，但我的性别并不是我能决定的，而是由你和爸爸一起决定的。所以，这并不是我的错。妈妈，我希望你爱我”。

丽丽：妈妈，我知道你希望我是一个儿子，但我的性别并不是我能决定的，而是由你和爸爸一起决定的。所以，这并不是我的错。妈妈，我希望你爱我。

蔡敏莉：是不是这样的？

丽丽：是的。

蔡敏莉：妈妈可不可以爱她呢？（**面向妈妈扮演者**）你向她展开双臂，对她说，“宝宝你过来，让妈妈抱抱你”。

妈妈扮演者：宝宝你过来，让妈妈抱抱你。

丽丽：（**紧紧拥抱妈妈扮演者，把脸埋在她的怀里，放声哭泣**）

蔡敏莉：（**面向大家**）很多女孩等着妈妈抱、等着妈妈爱，等了几十年。但由于她们没有意识到自己内心的渴望，因此在她们到了青春期就会找一些男性爱她们，可是这并不是一个很理智的行为，有时候还会让女孩为此付出很大的代价。所以，我们需要回到问题的根源，让她感受到妈妈是爱她的，只不过当年他们希望她这一胎是男孩，才对她有一些失望。只要让她知道妈妈爱她，她就可以爱自己了。所以，我们经常强调要富养女儿，就是让她知道妈妈爱她、爸爸爱她，她就可以爱自己了。（**面向丽丽**）关于这个拥抱，你觉得怎么样？在你和妈妈这样抱过后，心里有没有踏实一些？

丽丽：有。

蔡敏莉：你知道你是希望妈妈爱你的，对吗？

丽丽：是的。

蔡敏莉：你对爸爸有什么要求？

丽丽：我希望他可以爱我，不要当我是一个佣人，只让我做家务，其他的都不管。

蔡敏莉：你试一下这样跟爸爸说，“我无法决定我的性别，这不是我的错。但是我这辈子只有你这个爸爸，我希望你爱我，你可不可以爱我”。

丽丽：我无法决定我的性别，这不是我的错。但是我这辈子只有你这个爸爸，我希望你爱我，你可不可以爱我？

蔡敏莉：（**面向爸爸扮演者**）你叫她过来。

爸爸扮演者：女儿，过来。

丽丽：（**拥抱爸爸扮演者**）

妈妈扮演者：（**走过来抱住丽丽**）

蔡敏莉：你觉得怎么样？现在你的心里感觉如何？

丽丽：轻松了一些。

蔡敏莉：对于每个小朋友来说，最重要的就是让她感觉到爸爸妈妈爱她。（**面向父母扮演者**）请你们把手放在她的肩膀上。（**面向丽丽**）在你知道爸爸妈妈支持你后，你感觉如何？

丽丽：很好。

蔡敏莉：去感觉你现在的感受。你的爸爸妈妈是爱你的，只不过他们之前不懂得如何向你表达爱，你觉得呢？

丽丽：可能是这样的。

蔡敏莉：他们有没有可能很想爱你，但是不懂得怎么做？

丽丽：有可能。

蔡敏莉：（**引导丽丽看向丽丽扮演者**）现在你看一下以前的你，她因为过往的经历而将自己躲起来，她没有自信，到处找人来爱她。可是，她运气不好，每一段爱情都是遇到了不懂得爱她的人，你有没有什么话想对她说？带着爸爸妈妈的爱，你们三个人一起走过去，去看看她。你看到她在爱情路上的遭遇后，有没有什么话想对她说？

丽丽：我想你……

蔡敏莉：请你跟着我说，“我想你首先要爱自己，你两次的遭遇都不是你的错，而是你的运气不好。”

丽丽：我想你首先要爱自己，你两次的遭遇都不是你的错，而是你的运气不好。

蔡敏莉：是不是这样的？

丽丽：是的。

蔡敏莉：现在呢？

丽丽：现在我希望你可以自己爱自己。

蔡敏莉：你可不可以接纳从小到大的她？

丽丽：可以。

蔡敏莉：你可不可以爱她 100 分？

丽丽：可以。

蔡敏莉：你可不可以一直爱她？

丽丽：可以。

蔡敏莉：你可不可以肩负起爱她的责任？

丽丽：可以。

蔡敏莉：请你走过去，帮她掀开那块布，你有什么话想对她说？

丽丽：（**掀开丽丽扮演者头上的布**）

蔡敏莉：告诉她，“我第一次真正地见到你，我是长大后的你，我以后会好好地照顾你，我会给你爱，给你尊重，我会完全地接纳你，接纳你过去的一切”。

丽丽：我第一次真正地见到你，我是长大后的你，我以后会好好地照顾你，我会给你爱，给你尊重，我会完全地接纳你，接纳你过去的一切。

蔡敏莉：你扶她站起来，想不想抱一下她？

丽丽：（**扶丽丽扮演者站起来，拥抱她**）

蔡敏莉：所以，如果你想拥有幸福的感情生活、美满的婚姻，那么第一个基本条件就是你要先爱自己。你想说些什么？

丽丽：蔡老师，我想谢谢你。

蔡敏莉：其实你应该感谢你自己，因为你来找我做个案，这就是你爱自己的第一步，对不对？

丽丽：对。

蔡敏莉：我很欣赏你的勇气。请你告诉我，你有什么新的打算？

丽丽：我会好好地工作，好好地去爱自己。

蔡敏莉：你也可以重复我教你的话，“以前我不懂得爱自己，我以为交一个男朋友来爱自己就是正确的，但是我为此付出了很大的代价。我今天学习了如何爱自己，以后我会选择一个合适的男人来做我的伴侣”。

丽丽：以前我不懂得爱自己，我以为交一个男朋友来爱自己就是正确的，但是我为此付出了很大的代价。我今天学习了如何爱自己，以后会选择一个合适的男人来做我的伴侣。

蔡敏莉：说完之后，你觉得怎么样？

丽丽：轻松多了。

蔡敏莉：你需不需要再说一次给爸爸妈妈听？

丽丽：（**面向父母扮演者**）爸爸妈妈，我会去爱你们的，但我需要先懂得爱自己。

蔡敏莉：请跟着我说，“我对你们的爱是真实的，如果我懂得爱自己，我对你们的爱就会更真实。”

丽丽：我对你们的爱是真实的，如果我懂得爱自己，我对你们的爱就会更真实。

蔡敏莉：相信你未来会好好爱自己的。请所有的扮演者都走过来。闭上双眼，深呼吸，想象远处有一束白光，它慢慢来到你的头顶，像淋浴一样流过你的全身，从上到下，从头到脚。这个个案中所有不属于你的能量都会随着水经由你的双足流向大地；所有你需要的、学习到的能量则会留在你的身体里面。现在，为自己送上欣赏的目光，感谢自己在这个个案中所做的一切，并在心中叫自己的名字三次“我是×××，我是×××，我是×××”。在你觉得合适的时候，睁开双眼，走到丽丽面前，告诉她“我是×××，我不是你的×××（妈妈/爸爸/自己）”。①

① 解除角色是做个案时进行角色扮演中的关键步骤，但为了表述简洁，本套书其余个案省去了这个步骤。

## 结语

对于女性来说，如果渴望拥有一段幸福美满的婚姻，尽享亲密关系的温馨与美好，那么关键在于寻觅一位情投意合的伴侣。切勿盲目轻信他人所言，而是要凭借自身的理性判断去甄别。

我们需要先做到深深地爱自己。只有真正懂得爱自己，才不会急切地随便找一个并不是那么合适的伴侣来将就。如果懂得爱自己，那么即使没有伴侣在身旁，我们也能让自己的生活充满欢乐与阳光。从另一个角度来说，为了更好地爱自己，寻觅一位情投意合的伴侣是通往幸福婚姻的密钥。

爱自己，是终生浪漫的开始；寻良伴，是幸福婚姻的基石。女性朋友们只有在爱自己的基础上审慎地选择伴侣，才能真正踏上幸福婚姻的康庄大道。

## 心理咨询师观摩笔记

丁岚

每个人都渴望爱和被爱，但是在这个过程中，人们有时会做一些决定，让自己深深地陷进去而不能自拔。此时，人们需要自问，自己的身上到底发生了什么，这也能让人们明白自己为什么会有这样的呈现，以及这些事情会给自己今后的人生带来什么样的帮助。

在渴望爱和被爱的过程中，人们首先需要学会如何爱自己。

只有心灵足够富足，才能吸引一份丰盛的关系；如果内在匮乏，那么吸引来的关系也无法让自己满足。因为外在的一切都是内在的反射——你若盛开，蝴蝶自来！

在这个个案中，丽丽提出了自己的需求——找到一个合适的男朋友。蔡老师却能穿透现象，直接去探索其本质的需求，直指核心：只有学会爱自己，才是解决这个问题的根本。

然后，蔡老师采用家庭雕塑的方式，向丽丽非常直观地呈现出她一直被原生家庭困在一种什么样的困局中，让她看到自己因受原生家庭的影响而一直处于一种低自我价值的状态之中，这种低自我价值又是如何影响了她的工作、生活、沟通，甚至两性关系的。

一旦丽丽能看到这一点，就有机会去重新选择自己的活法——让自己站起来，以更高的自我价值来面对自己接下来的生活，从而让自己的生命发生改变。

要想彻底蜕变，丽丽还需要一些时间，并在这期间做一些练习，但能够看见自己改变的可能，就已经为她带来了一个崭新的开始！

# 第 2 章 内心的愤怒

## 如何释怀对他人的恨意

小如是一名健身教练，她的人生充满了波折与情感的纠葛。

2010 年，小如与第一任男朋友相识于一家便利店。男朋友从一开始就谎话连篇——声称自己是董事长，常去国外旅游，实则身无分文且年龄少报了 10 岁。最终，男朋友不辞而别，这让小如深受伤害，愤怒到想杀死他。

小如为此痛苦不堪，便向一位朋友求助，对方却一次次挂断她的电话，这让小如再次陷入愤怒，想报复他。

小如和妈妈、哥哥住在一间小出租屋里，但这个家并不能成为小如的避风港。妈妈偏爱哥哥，经常对小如又打又骂；哥哥也常常殴打她；爸爸在外地，对她的遭遇不管不顾。有一次，小如生病了，煮了个鸡蛋却被妈妈吃了。这件事成了导火索，小如愤怒地摔东西，甚至想自杀。

在这段痛苦的经历中，也有过一丝阳光：小如在一家咖啡店邂逅了一位外籍男士，他的魅力瞬间吸引了小如。他们在一起的时光很快乐，但小如觉得自己家庭不好，在社会上也历经苦难，与他悬殊太大，留不住这段感情。

小如希望将往事抛在脑后，让自己的内心逐渐恢复健康状态。

我在和小如沟通的过程中发现：在感情方面，她被第一任男朋友欺骗后陷入极大的愤怒，甚至产生了极端的报复心理；在家庭方面，因妈妈吃了自己生病时煮的鸡蛋而大发脾气、摔东西，对家人充满了怨恨；她还缺乏正确处理情绪的能力，容易被负面情绪控制，在面对挫折和不如意时无法理性应对，而是采取极端或不恰当的方式来发泄情绪。

在征得了小如的同意后，我们开启了本次个案过程。

## 个案实录

蔡敏莉：你今天希望让自己有什么改变呢？

小如：我想要忘记那些事情，让我的心理变得健康。

蔡敏莉：你要忘记哪些事情？

小如：我父母、哥哥对我的伤害，还有那个男人对我的伤害。

蔡敏莉：如果请你用三个词来形容你自己，你会用哪三个词呢？

小如："言行一致"，我现在只能想出来这一个词。

蔡敏莉：你好像也很追求完美？

小如：对，我是一个言行一致的人，说过的话不会随着唾沫飞。

蔡敏莉：有些人说你很自恋、很夸张、很天真，对此你有什么感受？

小如：我很高兴听到他们说这些，但我并未觉得自己说话很夸张，我认为我说的全都是我的真实感受。说我自恋……嗯，我不懂为什么会有人这么认为。

蔡敏莉：尽管这些全都是别人的看法，但也值得我们参考一下。在和你聊天的时候，我发现你只记得一些你愿意记得的事情。对于儿时的你来说，有些你应该记得的事情，你又不太记得。对于你所说的事情，比如在我问你，你妈妈具体骂了你什么时，你却完全不回答出来。我觉得这挺奇怪的。我想请现场的几位学员进行角色扮演，让你看看你成长的背景，可以吗？

小如：可以。

蔡敏莉：你的爸爸妈妈是如何相识并结婚的？

小如：经人介绍认识的。

蔡敏莉：他们彼此相爱吗？

小如：爱不爱……他们那个年代应该不谈爱吧。

蔡敏莉：会不会吵架？

小如：会的。

蔡敏莉：谁骂谁多一些？

小如：我妈经常骂我爸。

蔡敏莉：（**引导妈妈扮演者用手指着爸爸扮演者**）妈妈会为了什么事骂爸爸呢？

小如：都是生活中的琐事。

蔡敏莉：可以举例说说吗？

小如：比如，没有茶喝、没及时烧开水、买点东西太贵，等等。

蔡敏莉：你喜不喜欢你听到妈妈这样骂爸爸时你所产生的感受？

小如：不喜欢，我很想让他们别说了，我还很想出去。

蔡敏莉：在挨妈妈骂的时候，爸爸有什么反应呢？爸爸会不会骂回去？

小如：不，他一直都忍，他好像觉得“我用不着说什么，就让她说吧，反正女人都爱说”。

蔡敏莉：所以妈妈骂爸爸，（**引导爸爸扮演者低下头**）他就低下头不顶嘴，对吗？

小如：对。

蔡敏莉：你小时候，他因为工作经常不在家吗？

小如：对，不经常在家。

蔡敏莉：当爸爸不在家的时候，妈妈是不是要一个人照顾两个小朋友？

小如：对。

蔡敏莉：（**引导爸爸扮演者背对着妈妈扮演者**）妈妈照顾你和哥哥，她辛不辛苦？

小如：我知道养育孩子是很辛苦的。

蔡敏莉：哥哥听不听妈妈的话？

小如：有时候不听。

蔡敏莉：听话的时候多，还是不听话的时候多？

小如：不听话的时候多。

蔡敏莉：你和妈妈的关系又是怎么样的呢？

小如：她令我感到很恐惧，我很想离开她。

蔡敏莉：她做了什么事令你感到很恐惧呢？

小如：她对我很粗暴，常常恶毒地、侮辱地骂我。

蔡敏莉：在这个关系中，你是如何摆自己的位置呢？

小如：小时候也挺亲近的。

蔡敏莉：其实妈妈曾经爱过你，妈妈也很爱哥哥（**引导哥哥扮演者和小如扮演者坐在妈妈两侧，妈妈扮演者用手摸哥哥扮演者和小如扮演者的头**）。到你上小学的时候，你的行为是怎么样的？

哥哥　妈妈　小如

小如：我很听话。

蔡敏莉：你做什么事情后，妈妈会打你呢？

小如：她抓起我的头就往墙上撞。还有一次，我在床上睡得正香，她抄起一根很粗的棍子打我。

蔡敏莉：我想问你的是，在妈妈打你之前，你做了一些什么事呢？

小如：记不得了。

蔡敏莉：你不记得你在这之前做了什么事情，对吗？

小如：对。

蔡敏莉：但妈妈对你做的事你都记得，这么奇怪。这会让我不禁猜想，会不会是你做了一些事情令妈妈感到很生气呢？

小如：可能吧。

蔡敏莉：你会不会跟妈妈顶嘴？

小如：会的。

蔡敏莉：你是怎么样跟她顶嘴的？

小如：时间过去得太久了，我现在举不出具体例子了，但是她说我挺爱顶嘴的。

蔡敏莉：（**引导小如扮演者和妈妈扮演者指着对方**）你顶嘴的次数是多少呢？比如，妈妈骂你 100 次，你会不会只要妈妈骂一次，你就顶一次嘴？

小如　　妈妈

小如：我会跟她反着干。

蔡敏莉：如果我是你妈妈，那么我也会很生气，甚至有时候真的会气得打你。因为只有打你，你才会住嘴，是不是这样的？

小如：应该有这个原因吧。

蔡敏莉：所以，你的行为影响了你妈妈经常打你、骂你这个行为，你对此也有一些责任的。听到我这样说后，你觉得怎么样?

小如：也有道理，因为我可以理解的，她是一个生活在那个年代没有受到过太多教育的女人，我顶嘴的时候她就会气愤，而发泄气愤的方式就是打我。

蔡敏莉：每个妈妈都会对孩子有要求，在你妈妈对你提出要求时，你每次都顶嘴。现在，请你走过来，请你的扮演者站在一旁。(**引导小如看向妈妈扮演者**)请你指着妈妈，是你凶一点还是她凶一点?

小如：(**代替小如扮演者的位置，和妈妈扮演者指着对方**)她凶一点。

蔡敏莉：如果她不打你，那么你会不会凶一点?

小如：不会。

蔡敏莉：一直都是她凶一点，对吗?

小如：对。

蔡敏莉：但是你又总是很能顶嘴。

小如：是这样的。

蔡敏莉：就像是我们用手指打架，是这样吗?

小如：(**和妈妈扮演者用手指打架**)形容得很像。

蔡敏莉：于是她就顶不住了，便过来打你。我很好奇，为什么你只记得妈妈做得不好的事情?

小如：因为她做的那些事对我伤害深，我当然记得了。

蔡敏莉：可是，你并不记得自己做过什么事了。

小如：可能是因为我觉得自己没什么错，只是爱顶嘴罢了。

蔡敏莉：妈妈活得开不开心？

小如：应该是不开心。

蔡敏莉：为什么不开心呢？

小如：因为她的身体不好，她常年在吃药。

蔡敏莉：她身体有什么不好？

小如：头疼，失眠。

蔡敏莉：她为什么会这样呢？

小如：可能是跟她脾气差有关吧。

蔡敏莉：她是因为什么事情而脾气这么差呢？是不是因为她老公经常不在她身边？

小如：是的。

蔡敏莉：所以她才比较寂寞。她可以把这些不开心跟谁说呢？

小如：跟她身边的那些妇女说。

蔡敏莉：可不可以跟你说呢？

小如：没跟我说过。

蔡敏莉：如果她跟你说，那么你听不听得明白？

小如：不明白。

蔡敏莉：你听不听？

小如：我也不听。

蔡敏莉：为什么不听呢？

小如：因为她说话的方式让人听不进去。

蔡敏莉：是因为她经常诉苦吗？

小如：不是，是因为她发脾气、抱怨，还有无休无止地说我这也不是那也不是。

蔡敏莉：所以你不喜欢听。作为她的女儿，你就只会顶嘴，对吗？

小如：对。

蔡敏莉：老公经常不在身边，你妈妈会不会很寂寞？

小如：应该会吧。

蔡敏莉：你知不知道这份寂寞？

小如：我不知道，因为我从来没有体会到什么叫寂寞，也从未感到过寂寞。

蔡敏莉：你不知道什么叫寂寞吗？

小如：我不觉得寂寞，也从来没有感觉到孤独。

蔡敏莉：当你觉得寂寞的时候，你会做一些什么？

小如：我刚刚说过，我从未感到过寂寞。

蔡敏莉：我为什么这样问呢？因为我觉得原因可能是你不会让自己痛苦，也不会让自己寂寞，根据你刚才说的一切，我推测这些都是你经过选择后的记忆。我不是怀疑你说谎，只是说你只记得你喜欢的事情，这样的记忆被称作选择性记忆。

小如：选择性记忆。

蔡敏莉：是的，这会导致你一直记得别人做错的事情，却不记得自己在这之前做错了什么事情。我相信你所说的一切都是对的，但这并非当年所发生的一切，而是你选择性记忆的一部分。

小如：对。

蔡敏莉：我们为什么要这样地将这个情景摆出来呢？是因为我希

望你明白当年你妈妈的寂寞。听了我这样说，你有没有什么想跟妈妈说的？

小如：我觉得没必要说出来。

蔡敏莉：你觉得不需要把这些话说出来吗？

小如：对，这些话确实不需要讲。

蔡敏莉：可是，你妈妈可能很想听。

小如：讲出来有点……反正感觉不好吧。

蔡敏莉：是她感觉不好，还是你感觉不好？

小如：我觉得确实没必要。

蔡敏莉：你妈妈被你骂了几十年，你直到刚才仍在骂她。如果我是你妈妈，我知道你说的这些话后一定会特别生气。所以，你可不可以向她道歉呢？

小如：可以。

蔡敏莉：（**引导小如看向妈妈扮演者**）你试一下跟妈妈说一说。

小如：我现在已经看到了事实的真相，所以当年你骂我，我也是负有一定责任的，我不会这么恨你了。

蔡敏莉：说完这些话后，你觉得怎么样？

小如：我觉得心里好受一些了。

蔡敏莉：甘心吗？

小如：甘心。

蔡敏莉：你在这个关系中有没有做过一个很特别的决定？

小如：在我非常痛恨她的时候，很想杀了她。

蔡敏莉：你觉得妈妈对你不好，你指责妈妈，你觉得这个世界上很多人都是不好的，是这样的吗？

小如：是啊，我觉得这个世界上有很多人都不好（**手向外指着，代表指责世界**）。

蔡敏莉：请你说说他们有什么不好的，把这些都一股脑地说出来。

小如：比如，有的女士在公共场合跷二郎腿真的太不优雅了，应该将双腿并拢，这样才像个优雅的淑女。

蔡敏莉：你对于男士有什么看法呢？

小如：有的男士发型不时尚。

蔡敏莉：还有呢？

小如：男士也不应该跷二郎腿，应将双膝并拢，这样会优雅很多。

蔡敏莉：看来你还挺挑剔的。

小如：是啊，我是挺挑剔的。

蔡敏莉：所以，你是挑剔全世界的。

小如：并不完全是，我也很懂得欣赏别人的好。

蔡敏莉：我发现你在这个家里做了个决定——你恨妈妈，你指责哥哥，你还有一个梦想，我们一会儿再讨论这个梦想。（**引导小如看向爸爸扮演者**）你先看过来，爸爸对你很好。

小如：我在小时候常跟别人说我爸挺好的。

蔡敏莉：所以你很欣赏爸爸，对吗？

小如：对。

蔡敏莉：你有没有想过找个什么样的人来做你的男朋友呢？

小如：我希望他年龄不要太大，而且他受过好的教育就可以了。

蔡敏莉：所以你就把自己看作一个小公主，很想有一位白马王子来拯救你。

小如：也不是这样的。

蔡敏莉：真的不是这样的吗？

小如：对。

蔡敏莉：我们来看一下你选择的男朋友。第一任男朋友，他的年纪比你大很多，48 岁。

小如：我是绝对不会跟他有什么结果的。

蔡敏莉：但是你跟他在一起一年多的时间，你爱不爱他？

小如：跟他在一起的时候，我觉得他的脾气挺好的。

蔡敏莉：所以他很能容忍你。

小如：好像是这样的，他很能容忍我的。

蔡敏莉：（**引导第一任男朋友扮演者面向小如单膝跪地，向小如伸出一只手且手心向上；面向小如**）他很能容忍你，也很能迁就你，因此你觉得哪怕他 48 岁了也可以做你的男朋友，是不是？你和他的关系如何？你会指责他吗？

小如：我指责他，我觉得他身上毛病太多了。

蔡敏莉：（引导小如指着第一任男朋友扮演者）你有没有虐待他？

小如：没有。

蔡敏莉：我猜测有的。

小如：嗯……我曾踢过他一次，但这也不是我的本意，而是因为当时我看了韩国电影《我的野蛮女友》，（笑）我觉得我也应该踢踢男人。

蔡敏莉：（笑）你很可爱，你有两个标准，你对别人的标准很严格，但对自己的标准则没那么严格。

小如：对自己的标准……

蔡敏莉：你很爱你自己。

小如：嗯，我是挺爱自己的。

蔡敏莉：你的一切行为都是善意的。

小如：是啊。

蔡敏莉：你原谅自己的一切行为。

小如：这个不一定。

蔡敏莉：我觉得是这样的，你踢别人，就觉得自己没有问题，认为自己只不过是因为模仿了电影《我的野蛮女友》；对于别人，你则永远都不宽恕。

小如：但是他对我的伤害很大，他欺骗了我，让我那么痛苦，我才会说出报复他、伤害他的话。

蔡敏莉：你这么说，你觉得有道理吗？

小如：是他先伤害我的，我跟他在一起的时候，我可没说过一句没用的，我经常会鼓励他。

蔡敏莉：他在追求你时说的谎话，在一定程度上是为了吸引你，有些谎话在事后看来其实是可以接受的。后来，他为了做一个正常的男人，离开了你，对于这一点，你觉得谁的责任多一些呢？

小如：他的责任多一些。

蔡敏莉：（**引导小如看向第一任男朋友扮演者**）在你了解了自己跟他沟通的方法后，你现在有什么想跟他说？

小如：你骗了我，我恨你！你年纪比我大那么多，我跟你这样的男人在一起让我感到很耻辱，感觉自己像是被老牛啃的嫩草！

蔡敏莉：可是，你一开始就知道他的年纪很大吧。

小如：不是，我有一次在无意中看到了他的身份证才发现的。

蔡敏莉：你在发现之后为什么没有离开他呢？

小如：因为跟他在一起时，能让我比在家里快乐一点、好一点，但并不是好很多。

蔡敏莉：于是你就选择和他继续在一起，是吗？

小如：是的。

蔡敏莉：你可不可以为你们的这段关系负一点责任呢？起初是他欺骗了你，后来是你选择继续和他在一起。请你试着对他说，"原来你选择离开我，我也有一些责任的，并不全都是你的错"。

小如：原来你选择离开我，我也有一些责任的，并不全都是你的错。

蔡敏莉：说完之后，你感觉怎么样？是不是舒服很多了？

小如：并没有舒服很多，只是一点点吧。

蔡敏莉：（**假装失望**）你看你又是这样的，总是不愿意赞扬别人。

听到你这么说，我也不开心啊！你可不可以赞扬一下我？

小如：（笑）跟你说话我很愉快。

蔡敏莉：（笑）哇，我都要感动得流眼泪了。

小如：（笑）

蔡敏莉：九型人格理论根据人的思维、情绪和行为，将人分成了九种。[①]有些人天性就很喜欢开开心心的，追求快乐；如果他们遇到一些不开心的情景，就会选择不记得。我怀疑你是七号人格，就是开心型或活跃型，这样的人被称为“享乐主义者”。我在听了你的讲述后发现，你只是说了片段性的记忆，擦掉了很多东西。比如，别人骂你时说的让你感到不开心的话，以及你做了什么事而引起别人指责你，你统统不记得了。我并不是怀疑你说谎或是想保留事实的真相，我相信你是真的不记得了。因此，我在整个辅导的过程中，让你看到由几位扮演者呈现出来的画面，让你意识到，“哦，原来一切发生在我身上的事情，我都是要负一定责任的，我都是参与其中的，我要对自己的生命负责任”。这样一来，你就会对别人宽容一点，也不会那么恨了。人们内在的愤怒，往往是因为自己并不了解真相。因此，在刚才的这个过程中，我们共同为你营造了一个空间，让你知道自己愤怒的源泉，即愤怒是从哪里来的。

---

① 九型人格的九种类型分别是（编号依次为一至九号）：完美主义者、给予者、实干者、悲情浪漫者、观察者、怀疑者、享乐主义者、保护者、调停者。

## 结语

我们从小如的叙述中可见，她在成长过程中经历了许多创伤，对妈妈和第一任男朋友充满了愤怒。在情景再现和深入交谈后我们又发现，小如对过往的描述均来自她经过选择后的记忆，即她只记得他人对自己的不好，却忘记了自己在其中的责任。

小如对妈妈的粗暴和辱骂深感痛苦，但她也承认自己爱顶嘴，这在一定程度上加剧了矛盾；她指责男朋友欺骗她，却忽略了自己在关系中的选择。

小如的愤怒源于她的选择性记忆和对自己责任的忽视。当她开始意识到自己在这些关系中的责任时，她的内心也逐渐变得宽容。每个人都应该学会对自己的生命负责，看到自己在事情中的参与和影响，这样才能更好地理解他人，化解内心的愤怒。

## 心理咨询师观摩笔记

高丽

个体在生命中大部分的人际关系，都是孩提时代与父母关系的复制。在所有关系当中，最重要的就是与父母的关系。如果与父母之间的关系以指责为主，个体在日后就会对周围持指责态度；相反，如果与父母的关系良好，就会把相同的赞赏和感谢带入日后的每一段关系中。

在小如的案例中，蔡老师先是通过一系列提问，逐步引导小如回忆成长过程中的细节，包括与父母的相处模式、与妈妈的关系、自己的行为表现等。这种提问方式帮助小如打开了记忆的大门，深入挖掘其内心深处被忽视的情感和经历。

接着，蔡老师在小如讲述与妈妈的冲突时，没有急于评判是非，而是让小如站在妈妈的角度去理解她的寂寞和无奈。通过角色扮演，让小如更加直观地感受妈妈当时的处境，从而促使小如反思自己在与妈妈关系中的责任。

在谈到小如与第一任男朋友的关系时，蔡老师同样采用提问的方式，让小如看到自己在这段关系中的行为和选择，并指出小如对他人和自己的双重标准，引导她认识到自己需要为自己的选择负责。

在整个过程中，蔡老师始终保持温和的态度，给予小如足够的空间去表达和反思。她没有强行地给小如灌输观点，而是通过引导让小如自己去发现问题、解决问题。这种方式有助于小如建立起对自己生命的责任感，更加宽容地看待他人，化解内心的愤怒。

# 第 3 章 母爱的羁绊

## 如何重获人生的掌控感

小志刚成家时，小两口很恩爱，还共同决定要做“丁克一族”。那时，可谓小志迄今为止最为舒适的阶段——事业和家庭都在按照他期望的方向发展，对老婆也十分满意。

然而，过了一段时间，小志发现老婆渐渐表露出对自己的不满。小志本以为，老婆只是因为自己一沾酒就放不下杯子的老毛病而生气，但事情的真相并非这么简单——最近，小志决定辞去目前从事的工作，这件事让他的状态变得特别郁闷，他终日以酒为伴。为什么会这样呢？这还要从小志小时候说起。

从很小的时候起，妈妈就对小志看得非常紧。小志的妈妈是一位老师，在他上小学时，妈妈把他安排在自己任教的学校。小志小升初后，妈妈干脆调到他所在的中学，继续紧紧地看着他。小志从小就试图跳出妈妈的掌控，摆脱妈妈设定的程序；如今，他又想逃离自己早已熟悉且得心应手的工作，也正因如此，他才会如此郁闷，用酒精麻醉自己。

在这期间，老婆怀孕了。在听到这个消息后，小志很渴望与老婆共同迎接新生命的到来，结束他们丁克的生活状态。然而，老婆认为小志在准备成为爸爸的过程中缺乏参与感，似乎没有做好心理和实际的准备。

在深入了解小志的背景后，我发现他的成长经历深受妈妈的影响——从小到大，小志的每一步几乎都是按照妈妈精心设计的人生蓝图来走的，这种过度的控制让小志在成年后产生了强烈的逃离欲望，甚至不惜放弃他已经熟练掌握、做得游刃有余的工作岗位。

在征得了小志的同意后，我们开启了本次个案过程。

## 个案实录

蔡敏莉：你想为自己改变什么呢？

小志：我对自己想要改变的还不是很清晰，但我清楚的一点是，我不想对以后在工作中和我共事的人要求那么高。

蔡敏莉：你对他们有什么要求呢？

小志：我觉得我好像是在创造无数个和我一样的人，甚至比我更厉害。

蔡敏莉：你是一个什么样的人？

小志：我是一个很勤奋的人。

蔡敏莉：这是你对自己的要求，你怎么可能制造那么多同样的人呢？

小志：我知道这行不通，但我还是无法抑制自己有这样的想法，我总是出于各种各样的原因对和我共事的人有诸多不满。

蔡敏莉：如果他们做不到，你会有什么样的反应呢？

小志：有两种情况。第一种，我觉得有些人在能力和知识层面上确实做不了这样的工作，对这样的人我会觉得理所当然，可能是我之前安排得不合理；第二种，也是更普遍的情况，我觉得这件事对有些人来说并不是很困难，如果他们做不到，就是因为他们懒或是不想背黑锅，还可能是他们想依赖我。

蔡敏莉：这是你的人生观。那么，当你的下属达不到你的要求时，你会有什么样的反应呢？

小志：我会很急躁。

蔡敏莉：你会先指责自己、检讨自己，还是先指责对方？

小志：我会先指责对方，这么做的结果往往是我会很愤怒地把事情做完，或者按照我的意见把它完成，大家可能都会很容易看到我的愤怒。

蔡敏莉：你的这种行为反应是从哪儿学回来的？

小志：不清楚。

蔡敏莉：会不会是因为你的父母或者你的一位很尊重的老师是这样的？

小志：（思考片刻）在我的记忆中，没有这样的人。

蔡敏莉：所以，你的性格从小到大都是这样的吗？

小志：小时候我觉得自己有一点自闭和懦弱，因为在我成长的过程中，父母在我身边的时间不长，他们都很忙。小时候曾经有一段时间，是我的两个姐姐带我一起生活。

蔡敏莉：你对这样的片段有没有觉得不开心或者有抱怨呢？

小志：有不开心，因为我总觉得我没有童年。

蔡敏莉：我们来一起回顾一下你小时候的那个片段好不好？我们找现场的几位学员进行角色扮演。请你告诉我们，在你小的时候，你父母的关系是怎么样的？

小志：很好，我们全家人都很和谐。

蔡敏莉：如果父母吵架，通常是谁骂谁比较多一些？

小志：妈妈骂爸爸多一些。

蔡敏莉：（引导妈妈扮演者指着爸爸扮演者）妈妈骂爸爸时凶不凶？

小志：不是很凶。

蔡敏莉：爸爸对此有什么样的反应呢？

小志：爸爸会讨好妈妈。

蔡敏莉：（**引导爸爸扮演者面朝妈妈扮演者单膝跪地，并向她伸出一只手且手心向上**）是不是这样的？

小志：差不多。

蔡敏莉：大姐和父母中的哪一方关系更好？

小志：妈妈。

蔡敏莉：（**引导大姐扮演者站在妈妈扮演者旁边**）二姐呢？

小志：都是一样。

蔡敏莉：（**引导二姐姐扮演者站在妈妈扮演者旁边**）那你呢？

小志：我也是站在妈妈旁边。

蔡敏莉：（**引导小志站在妈妈扮演者旁边**）姐弟三人中，妈妈最疼的是你吗？

小志：是的。

蔡敏莉：妈妈对你有什么期望？

小志：好好读书，身体健康，按她的意思吃饭，要是我打喷嚏了她让我吃什么药我就吃什么药，我几点睡觉、几点起床……所有的事情都是她安排好的。

蔡敏莉：你完全听妈妈的吗？

小志：我不听。

蔡敏莉：那你是怎么样的？（**引导小志站在妈妈扮演者面前**）你是告诉妈妈，她对你有很多要求吗？还是怎么样的？

小志：我就像是在她面前走来走去的。

蔡敏莉：你的意思是，对于她的要求你会打岔，你不听她给你立的规矩，是吗？

小志：是，能不听就不听。

蔡敏莉：妈妈说的哪些话你是会听的？请你现在说给妈妈听。

小志：其实，我现在在很多方面就是在按照你告诉我的那些经验去生活，比如，我的饮食习惯、我对疾病的态度，还有我对自己身体的感觉很敏感—— 一旦有什么疼痛我就会变得很乖，因为我不会与自己身体的疾病来抗衡，我还很善良（**泪光闪烁**）。

蔡敏莉：为什么会有眼泪？

小志：（**低头深呼吸**）因为我很像我妈妈。

蔡敏莉：这是不是一件应该值得开心的事？

小志：但是我反抗了她很多年。

蔡敏莉：你想对妈妈说些什么？

小志：（**面向妈妈扮演者**）你说的所有东西，我都不肯听。

蔡敏莉：你在小时候就不听她的话吗？

小志：是的，而且我在长大后还跟她吵架，吵得很凶，我很早就离开了家。

蔡敏莉：你是在多大的时候离开家的？

小志：大概是上高中的时候吧，我常常夜不归宿，有时我会说要去同学家复习，有时会说要去同学家画画，经常会找各种借口不回家。

蔡敏莉：你就是用这个办法来反抗妈妈的。（**引导小志面向妈妈扮演者**）你现在来告诉她。

小志：我没有办法，只能尽力摆脱你给我营造的那种氛围。

蔡敏莉：你是从多大开始发现你很像她的？

小志：最近。

蔡敏莉：你觉得自己在哪些方面很像她？

小志：从我跟她的关系方面。

蔡敏莉：你说给妈妈听。

小志：我现在完全按照你的要求做，变成了另一个你。

蔡敏莉：这是不是让你感到开心的事？

小志：不是，我不开心。

蔡敏莉：你觉得你像妈妈，但是你不开心，可以说说原因吗？

小志：因为我不想把你当年给我的那种感受，带给现在跟我一起生活的人。

蔡敏莉：妈妈当年给了你什么样的感受？

小志：让我感觉没有任何空间。

蔡敏莉：你现在可不可以做给我们看？是不是你跪在这里，妈妈呵护你，或者妈妈很贴心地把头也靠在你旁边？

小志：她应该是完全抱住我的。

蔡敏莉：（**引导小志背对妈妈扮演者跪下，小志妈妈扮演者从后面抱住小志；面向小志**）妈妈是这样的吗？

小志　妈妈

小志：是的。

蔡敏莉：你呢，你是在挣扎吗？

小志：是。

蔡敏莉：你是怎么挣扎的？请你试着做给我们看。

小志：（**立刻挣脱地跑开了**）就是这样的。

蔡敏莉：然后你怎么样了？

小志：就是做自己的事情，过自己的生活，我现在也很少回家。

蔡敏莉：其实你还是在继续逃避你妈妈，她想控制你，你就走得很远，请你走给我们看看。

小志：（**走远**）我想逃到她看不到我的地方。

蔡敏莉：你就是这样逃避你妈妈的吗？

小志：对。

蔡敏莉：你把妈妈说的每一句话、做的每一个动作，都解释为她要控制你，是吗？

小志：对于我自己的人生，我完全有自己的体验，我完全可以生活得很好。

蔡敏莉：（**面向妈妈扮演者照做**）请你紧紧拉住小志的手，说“你跟我走”。

妈妈扮演者：你跟我走。

蔡敏莉：（**面向小志**）此时你心里想说什么？

小志：（**拼命挣脱，跑得更快**）不要这样！

小志　妈妈

蔡敏莉：请你跟妈妈说，“妈妈，你不要这样控制我”。

小志：妈妈，你不要这样控制我，你好好坐在那里就可以了，我不需要你控制。

蔡敏莉：你希望她如何对你？

小志：我希望她能坐下来跟我聊天，同时接纳我所做的一切。

蔡敏莉：妈妈能做到吗？

小志：我觉得她做不到。最近她跟我聊天时，还在给我灌输她的一些想法。

蔡敏莉：妈妈还是奈何不了你吗？

小志：对。

蔡敏莉：你喜欢妈妈这样的控制方式吗？

小志：不喜欢。

蔡敏莉：当年妈妈这样对你的时候，你反抗，她生气吗？

小志：她很生气，而且会更加严重地想要控制我，在生活中对我管得更多。

蔡敏莉：是不是因为你是她的心头肉，你是她唯一的儿子？

小志：是的。

蔡敏莉：你喜欢被人控制吗？

小志：不喜欢。

蔡敏莉：可是你为什么也要变成这样的人呢？

小志：是的，所以我内心很矛盾。

蔡敏莉：你觉得自己的这一点体现在哪个方面？比如，体现在你和你老婆的关系上吗？

小志：嗯，在我和我老婆的日常相处中，我的确是这样的（**小志看向坐在一旁的老婆，她点头认可**）。

蔡敏莉：你在职场中是怎么做的呢？

小志：也是这样，我为大家制定所有的工作标准。

蔡敏莉：可是当年你不喜欢你妈妈这样控制你，对吗？

小志：对。

蔡敏莉：如今你又完全是她的复制品。

小志：所以我才会感到很愤怒。

蔡敏莉：那你在职场中是生谁的气？是生自己的气还是生下属的气？

小志：其实是生我自己的气。

蔡敏莉：不过，你最近又要辞掉那份工作了。

小志：是的，我觉得我在那份工作中的状况跟我当初讨厌自己在成长过程中的状况很相似，所以我打算辞职。

蔡敏莉：你是讨厌你的下属还是你自己？

小志：更确切地说，我觉得我是恨自己多一点。

蔡敏莉：我教你做一个动作，你要认真地做。（**示范双手握拳捶胸，引导小志看向妈妈扮演者**）对妈妈说，"我很像你，你成功了！我最不喜欢这个样子，你成功了！我很像你，我正慢慢地谋杀你儿子，以证明你是错的"。

小志：（**边双手握拳捶胸边说**）我很像你，你成功了！我最不喜欢这个样子，你成功了！我很像你，我慢慢地谋杀你儿子，以证明你是错的！

蔡敏莉：继续照着我的动作来做（**示范双手逐渐掐紧自己的脖子，让小志感受他是如何把自己一步步逼到尽头的**），对你自己说，"你还不够完美，做事时要付出百分之百的努力，你到底有没有努力过啊"。

小志：（**双手逐渐掐紧自己的脖子，但没有重复，直接回答**）没有努力过。

蔡敏莉：（示范双手继续掐紧自己的脖子）对自己说，“快一点，赶快努力，你怎么不努力达不到我的标准？我恨你”。（面向小志）你觉得这样好玩吗？

小志：（双手继续掐紧自己的脖子）不好玩。

蔡敏莉：好玩，你继续这样玩吧。

小志：（坚定）我不这样了。

蔡敏莉：玩吧，你都这样玩了一辈子了。

小志：（更加坚定）不，这让我感到不舒服。

蔡敏莉：原来你也知道不舒服啊！那么你还想玩这个游戏多久？

小志：再也不想玩了。

蔡敏莉：你的行为像你妈妈，因为你和她有血缘关系，这是事实，你可以接纳吗？

小志：可以。

蔡敏莉：（引导小志面向妈妈扮演者）那你去告诉她。

小志：我已经完全像你了，一模一样。

蔡敏莉：你告诉她，“你成功了，妈妈”。

小志：你成功了，妈妈。

蔡敏莉：继续说，“尽管我很想证明你是错的”。

小志：尽管我很想证明你是错的，但是我证明不了，最后还是你对。

蔡敏莉：妈妈没有错，你也没有错，只不过你们有着血缘关系，你自然而然地就像她了。你已经花了你的前半生去证明她是错的，现在你可以不做这些挣扎吗？可以接受你的命运吗？

小志：可以。

蔡敏莉：可以对妈妈说一声“谢谢”吗？

小志：谢谢妈妈。

蔡敏莉：可以向她鞠一躬吗？

小志：（**向妈妈扮演者鞠躬，然后紧紧地拥抱了她**）谢谢妈妈。

蔡敏莉：告诉她，“我不再做无谓的挣扎，也不再向命运挑战。妈妈，我接受你就是一个这样的人，我就是你培养的儿子，我也是一个这样的人，我不再挣扎了”。

小志：我不再做无谓的挣扎，也不再向命运挑战。妈妈，我接受你就是一个这样的人，我就是你培养的儿子，我也是一个这样的人，我不再挣扎了。

蔡敏莉：（**引导小志老婆走到小志面前**）你有什么想跟她说的？

小志：亲爱的，无论如何我都很爱你，就算你有不开心、你对我有不满，我也是很爱你的。你完全可以按照你的方式去生活，就算是有再多的唠叨我也能接受。

蔡敏莉：（笑）你是不是还想跟她说，“我是挑你来捉弄我的”？

小志：（笑）我也觉得我就是专门挑一个人来控制我的。

蔡敏莉：你也逐渐被你老婆控制了。

小志：是的。

蔡敏莉：（笑）你的命运好像都被女人掌控了，还是认命吧。

小志：（笑）没有什么不好的。

蔡敏莉：（笑）是的，还被一个这么漂亮的女人掌控。

小志：（笑）挺好的。

蔡敏莉：是的，你现在想怎么样都可以。

小志：（**拥抱老婆**）

蔡敏莉：对于员工，你以后有什么打算呢？

小志：我希望以后能尽量给所有人表达的空间，我希望自己的角色可以转变为给大家提供支持，而不是带领他们去做事情。最终，我希望能看到所有人都可以完全凭借自己的能力创造出很出色的作品。

蔡敏莉：可是，难免有人会达不到你的标准，这可怎么办呢？

小志：我会教他。

蔡敏莉：你会不会再选择辞职？

小志：不会。

蔡敏莉：为什么不辞职？你那么有个性，“挥一挥衣袖，不带走一片云彩”。

小志：因为每次我辞职的时候，对我带领的下属来说都是一次打击，我觉得这对他们不公平。

蔡敏莉：对你自己呢？

小志：更加不公平，好不容易取得了今天的成就。就好像有个地方起初不怎么样，经过我的手后，它变成了一个不错的地方。

蔡敏莉：因此，你之前就帮别人种了田，但到了收割的时候，你为了体现自己的个性，就“挥一挥衣袖，不带走一片云彩”。

小志：是的。

蔡敏莉：这是不是很愚蠢？

小志：不知道，反正都已经过去了，现在不会了。

蔡敏莉：但是蠢得很有个性，是不是？

小志：是的。

蔡敏莉：你是不是一定要做一个很有个性的人？

小志：不知道怎么说，反正就是这个样子。

蔡敏莉：以前你是怎么样的？

小志：觉得不好玩就离开，再去另一个地方开垦另一片地。

蔡敏莉：将来有什么决定？

小志：我将来一定要让自己投入，我需要获得最终的成果。

蔡敏莉：（**面向小志老婆**）你觉得现在小志做好当爸爸的准备了吗？

小志老婆：（**点头**）希望他能说到做到。

## 结语

在我们迎接新生命时，往往会沉浸在喜悦之中，却忽略了孕前全面规划的重要性，也没有为为人父母做好相应的准备。在有了孩子之后，我们更要深刻反思，我们的过度保护是不是在不经意间剥夺了孩子独立成长的宝贵机会？

父母给孩子的爱，应当是助力孩子成长的春风，是让孩子自由翱翔的蓝天，让他更加坚韧、自信，而不能成为束缚他展翅高飞的沉重枷锁。

做父母是一场修炼。愿我们都能在这场修炼中不断成长，成为孩子人生道路上最温暖、最智慧的引路人。

## 心理咨询师观摩笔记

何若韫

在这个个案中，小志的老婆表达了与小志关于生育计划的分歧，认为小志未做好准备。对此，蔡老师并未直接介入生育决策，而是洞察到小志其实是在重复原生家庭的模式——妈妈对其严格控制，他又这样对待老婆和同事。她运用家庭雕塑技巧，揭示了小志对工作获得一定成就后就想要逃离的根源，这与他在成长过程中的经历紧密相关。

蔡老师指出，小志对下属的期待虽合理，但一旦产生不满就想离开的行为，实质上是逃避某种深层次的不安。解决之道在于，直面并克服工作中的逃避机制，从而打破原生家庭影响的循环。一旦这个关键点得到解决，夫妻之间的矛盾就能自然消解。

已有心理学研究结果表明，童年的经历能塑造个体的世界观、思维模式及行为习惯，对其日后的人际关系、职业发展乃至婚姻质量有着深远的影响。如果养育者持续向孩子灌输“你的意愿不重要”“你必须遵从我的安排”的观念，孩子就很可能会形成一种习得性无助，从而在内心深处滋生无力感，影响其成年后的生活品质和决策能力。

# 第 4 章　代际的悲剧

## 如何挣脱命运的复制

33 岁的媛媛总是觉得不快乐，连笑容都常常带着难以言说的苦痛。

媛媛出生于农村，她到了七八岁时还在上幼儿园。在寒冷的冬天，她还需要负责洗家里的衣服。棉袄又重又大，小小的她连抱起来那些衣服都费劲，即便费了好大劲洗好后晾起来，也会被妈妈骂，说她洗得不干净。有一次，妈妈骂她骂得很凶，她害怕地跑开了，妈妈竟然在后面用石头把她砸得头破血流。到了幼儿园，同学们看到媛媛头发上血迹斑斑，便都骂她是疯子。老师也不去关心她，让她独自呆坐着。

长大后，哪怕媛媛到了晚上不按时回家，妈妈也从不会找她，爸爸因为怕被老婆骂也不敢去找她。有一次，妈妈对她打骂得很凶，媛媛很想去死，妈妈竟说“要死就死远一点”。那天晚上，媛媛在门口的稻草堆睡下，直到半夜妈妈睡熟，爸爸才悄悄开门让她睡在窗边。爸爸也曾一度不想活了，在喝过毒酒后被抢救过来了。经过这件事后，父女俩相依为命，继续当妈妈的出气筒和免费长工。

22 岁时，媛媛离开家，不久后认识了现在的老公。老公家里很穷，还要养活年迈的父母，一般的女孩都不愿嫁过去，可媛媛觉得只要老公对自己好就行了。一年后，媛媛生了个女儿，公婆只给她端来两个鸡蛋就走了。媛媛完全不懂得如何带孩子，也没有人照顾她。月子里的她只好一边照顾孩子，一边照顾自己。她曾向公婆求助过，但他们说老家有说法，孩子不满 60 天他们不能抱，一旦抱了死后就会下地狱。于是，媛媛只能把孩子放在婴儿车里，自己出去干活。家里养了许多猪，还有一匹马，地里种了蘑菇。每天一早，老公出去帮人搬东西赚钱，媛媛出去干活。她在下午回来后，问已回到家的老公有没有给孩子喝水、换裤子，得到的回答都是“没有”。她抱起孩子，发现孩子的裤子全湿了。

当初媛媛因为未曾得到母爱，以为可以从老公及公婆那里得到爱，可如今的生活根本谈不上感情与爱。老公及公婆一家人根本不懂什么是爱。

媛媛渴望能开开心心地生活，不去想过去的糟心事。然而，现实却事与愿违。每当夜晚来临，她都会感到极度缺乏安全感，常常失眠。如果只有她和孩子在家，她更是很少能睡个好觉。如今，孩子长大了，媛媛出来打工，把孩子留在老家读书。

我们从媛媛的生活中可以看出她在原生家庭中存在着很多问题：第一，缺少关爱和支持，妈妈不仅没有给她温暖关怀，还在她需要时也从未给过她；第二，她遭受了身体与精神的虐待，妈妈用石头把她砸得头破血流，给她的身心带来了重创；第三，毫无家庭安全感，就算晚上没按时回家妈妈也不会去找她，让她感受不到被牵挂、被在乎；第四，长期处于被贬低否定的环境，妈妈因衣服没洗干净而责骂她，使她的自信和自尊严重受挫，觉得自己无论怎么做都无法达标。这些问题给她的童年留下了深深的阴影。

在征得了媛媛的同意后，我们开启了本次个案过程。

## 个案实录

蔡敏莉：我听你对过去的描述，为了得到爱，你付出了很大的代价，现在你的日子是怎么过的？

媛媛：打工，干很多活。有时候在工地，有时候在厨房。

蔡敏莉：你做这么多是为了什么？

媛媛：都是为了挣钱。

蔡敏莉：你赚这么多钱是为了什么？

媛媛：我要养女儿。我希望女儿不要像我这样，能过得比我好一点。

蔡敏莉："不像你这样"，是什么样的？

媛媛：我在家里既没有得到母爱，又没有钱。

蔡敏莉：但是你的女儿虽然现在有书读，却和你分开了。

媛媛：是的。

蔡敏莉：在某个程度上来说，她也在重复着你的命运。

媛媛：是的，但是也没有办法啊！条件不允许，有谁不希望和自己的孩子在一起开开心心的呢？

蔡敏莉：那你觉得你的女儿是要学习还是要妈妈？

媛媛：当然是要妈妈。其实我也跟她说过"你不喜欢读书就别读了"，可是她又不肯，她还要读；让她读书，她又好像不喜欢学习，很贪玩。

蔡敏莉：每个小孩都是这样。

媛媛：我很担心她。她现在只有13岁，却在谈恋爱，最近又说要分手。我心里真的很矛盾，不知道是不是因为我不在家而让她得不到母爱，她才谈恋爱的。

蔡敏莉：你觉得是不是？

媛媛：我不知道，我心里很矛盾。

蔡敏莉：你爱不爱自己？

媛媛：我爱自己的。我很自私的，我很需要爱，需要别人来爱我。

蔡敏莉：你现在从哪些人身上可以得到爱呢？

媛媛：现在有一个朋友很关心我。

蔡敏莉：是男性朋友吗？

媛媛：是，他对我很好，也很照顾我。

蔡敏莉：你爱不爱他？

媛媛：我很喜欢他关心我、照顾我。

蔡敏莉：你喜欢别人爱你，是吗？

媛媛：是。

蔡敏莉：所以，为了让其他人爱你，你做什么都愿意。

媛媛：也不是。其实现在我老公很爱我，但是我不知道为什么，我甚至可以在心里对自己说要重新接受他，他对我这么好，我应该很感动的，但是我在真正面对他时觉得挺难。

蔡敏莉：所以，在你追求爱的路途中是峰回路转的，可不可以回看一下你小时候的成长过程？

媛媛：可以。

蔡敏莉：我们请现场的一些学员来进行角色扮演。你外公外婆的关系如何？

媛媛：我外公很怕我外婆。

蔡敏莉：（**引导外公扮演者面对外婆扮演者单膝跪地，外婆扮演者用手指着外公扮演者**）外婆是两个人中做主的那个。

媛媛：是的，而且他们很重男轻女。

蔡敏莉：你妈妈在家里排行第几？

媛媛：她是家里最大的孩子。

蔡敏莉：你外公外婆重男轻女，你妈妈又是他们的第一个孩子。她出生后，你外婆感到失望吗？她疼你妈妈吗？

媛媛：妈妈出生后，我外婆应该很失望，也不太疼她。

蔡敏莉：家里的第二个孩子呢？

媛媛：第二个孩子是儿子，外婆很疼我舅舅。

蔡敏莉：外婆很疼儿子，然后就忽略了你妈妈吗？

媛媛：是的。

蔡敏莉：（**引导妈妈扮演者面向外婆扮演者单膝跪地**）你妈妈作为姐姐，要做很多家务吗？

媛媛：是的。

蔡敏莉：她还要照顾弟弟妹妹吗？

媛媛：是的。

蔡敏莉：妈妈从这个家庭中学到了什么呢？

媛媛：学到了重男轻女的观念。

蔡敏莉：是因为她是女儿，所以她的前半生被人忽视吗？

媛媛：是的。

蔡敏莉：她活得很凄凉吗？

媛媛：是的。

蔡敏莉：你把你认为妈妈从这个家庭中学到的东西说给她听。

媛媛：**（站在妈妈扮演者面前）**妈妈，你从这个家庭中学到了重男轻女。

蔡敏莉：等妈妈长大之后，她选择了一个怎样的老公？

媛媛：她老公，也就是我爸爸，他很老实，也很听妈妈的话。我妈妈让他去做什么，只要他能做到就会去做。

蔡敏莉：也就是说，妈妈向你的外婆学习，找了一个好男人。**（引导妈妈扮演者站起来，爸爸扮演者面向她单膝跪地）**有很多女人学了妈妈的做法，妈妈怎么样她就怎么样，她对待老公的方法跟她妈妈对待她爸爸一样。因此，如果我们意识不到自己的家庭怎么样，就很容易重复家庭的命运。你在家里的排行是怎样的？

媛媛：我有一个哥哥，我是家里的老二。

蔡敏莉：哥哥出生之后妈妈就很疼他了？

媛媛：是。

蔡敏莉：你出生的时候呢？

媛媛：我妈妈不喜欢我，只是让我做事。我很懂事，她什么事都让我做，我要是干得不好、干得慢就会挨骂。

蔡敏莉：所以，你从小就重复着你妈妈的命运，是吗？

媛媛：是。

蔡敏莉：（引导媛媛面向妈妈扮演者单膝跪地，与爸爸并排）你看着妈妈，你想对她说些什么？

媛媛：（面向蔡敏莉）我对她很生气，也很讨厌她。她生了我，为什么不疼我？

蔡敏莉：你站起来，将心里话都说给妈妈听。

媛媛：妈妈，我很恨你，真的很恨你！你为什么不疼我？！你可以不疼我，但你为什么不疼我爸爸？！爸爸这么辛苦，你为什么要骂他，为什么对他不好？！哪怕是爸爸病了，你还要他干活，为什么不给他钱让他去看医生，为什么要逼他去死？！就算你死了，我也不会回来！

蔡敏莉：你对她说，“我恨你，你从来都没有爱过我，你把我当成狗、马一样地使唤。就是因为你不爱我，使我也不会爱我自己，我只好到处找人来爱我。别人爱我，我又不相信，我不信有人会真正爱我，这一切都是因为你！你没有资格当我妈妈，我学你、重复你的命运是我无知。我不知道如何面对自己，不会爱自己，也不会爱我身边的人——无论是对女儿还是老公，我都不知道如何面对他们。我每天晚上都严重失眠，每到晚上就很焦虑。我无法接受我的前半生，我为了获得爱竟然付出了这么大的代价”。

媛媛：我恨你，你从来都没有爱过我，你把我当成狗、马一样地使唤。就是因为你不爱我，使我也不会爱我自己，我只好到处找人来爱我。别人爱我，我又不相信，我不信有人会真正爱我，这一切都是因为你！你没有资格当我妈妈，我学你、重复你的命运是我无知。我不知道如何面对自己，不会爱自己，也不会爱我身边的人——无论是对女儿还是老公，我都不知道如何面对他们。我每天晚上都严重失眠，每到晚上就很焦虑。我无法接受我的前半生，我为了获得爱竟然付出了这么大的代价。

蔡敏莉：这就是你一生的挣扎，为了获得爱，你付出了最大的代价，而你现在没有勇气改正过来。人的心都需要回家，都需要一个心灵之家。因此，与其挣扎、逃避，不如问问妈妈，“你有没有爱过我？我一直都在等着你爱我。如果你不能爱我100分，你可不可以爱我20分”。

媛媛：**（面向妈妈扮演者）**妈妈，你有没有爱过我？我一直都在等着你爱我。如果你不能爱我100分，那么你可不可以爱我20分？哪怕只有一点也好。

蔡敏莉：**（面向妈妈扮演者）**你让媛媛过来，拥抱她。**（妈妈扮演者照做，但是媛媛的身体僵硬）**媛媛，你现在仍不敢相信妈妈要拥抱你、要爱你吧？因为你的手是垂着的，身体是僵硬的，你仍不肯定自己是否值得妈妈爱。你只需要移动身体，走过去，紧紧地抱着妈妈，告诉她，我等你的爱等了这么多年。

媛媛：（**和妈妈扮演者拥抱**）

蔡敏莉：（**面向大家**）遗憾的是，有一些女性从来没有被人爱过，因此她们不懂得如何爱人，在她们有了孩子后，爱就在这一代中断了。不过，我们相信每一个妈妈都是爱孩子的，她们只是被童年经历污染了——那些经历污染了她们的价值观念，比如，让她们认为儿子比女儿重要，和我年纪差不多的很多女性都是因为家里有这样的观念而受了很多苦难。希望从现在开始，每个人的观念可以改变过来，无论是男孩还是女孩都是很重要的。（**面向媛媛**）媛媛，为了保持心理平衡，建议你每天拥抱八次，全心全意和别人拥抱。这是你的需要，你的每个细胞、你的整个身体都需要这个拥抱，你已经等了这么多年了。慢慢地，在你拥抱得足够多了以后，你就会发现你的身体在慢慢改变，你的心终在某一天会打开，会相信有人爱你，这是非常重要的。

## 结语

很多家庭的悲剧是会一代一代地重复上演的。有些家庭将其归咎于迷信，认为这是被厄运操控，或是遭到了别人的诅咒。然而，在你真正地看清这些家庭的成员后，就会发现问题的关键往往在于他们是否懂得表达爱、是否知道如何去爱人。

媛媛的妈妈迷信儿子比女儿重要，亲手造就了女儿的悲剧。从中可见，我们在为人父母后，一定要懂得如何去爱孩子。因为只有父母给予孩子充分的爱，让孩子感受到自己是值得被爱的，孩子才会懂得如何爱自己。

倘若一个人懂得爱自己，那么无论未来命运如何起伏，他都能过得顺风顺水。毕竟，只有爱自己，才能更好地去爱家人，去拥抱生活。

## 心理咨询师观摩笔记

张宁

在这个个案中，媛媛提出的需求是希望自己过得开开心心。然而，蔡老师凭借敏锐的洞察力穿透表面现象，直击本质需求，指出媛媛从小就在不自觉地重复她妈妈的命运。

蔡老师运用家庭雕塑这一专业方式，为媛媛极其直观地展现了她是如何重蹈妈妈命运的覆辙的，甚至为了获得爱而付出了巨大代价。

一旦媛媛能够清晰地认识到这一关键问题，就能明白如果需要爱，就需要依靠自身去创造和争取。这样一来，才能为自己的生命带来转变的契机。通过持续进行相关练习，相信媛媛一定会迎来一个全新的开端！

# 第 5 章 相爱相杀的母女

## 如何跳出过往的阴影

雯雯 6 岁丧母，从此内心便缺失了一份温暖与依靠。8 岁时家中迎来后妈，后妈心胸狭窄，生子后常对雯雯和弟弟打骂，对自己的孩子则宠爱有加。有一次，雯雯因丢了农具而被后妈追打，当时她满心恐惧，若不是街坊劝阻，可能会造成重创。后来，她头上长了虱子，爸爸听从后妈建议给她剃了光头，她在整个暑假都把自己关在了家里，不敢外出，内心充满了自卑与无助。上学后，头发也没长出来多少，便用布把头包了起来，遭到了同学的嘲笑，这让她信心崩塌，痛苦不堪。

19 岁时，雯雯初次体会到爱情，两人年纪相仿。家庭破碎的她一直渴望幸福，便立刻像飞蛾扑火般投入这段感情之中。这个男人曾给她带来了短暂欢愉，让她有了托付终身的期待，两人很快就结婚了。然而，这幸福的泡沫很快就破碎了——老公出轨、争吵时狠心地将她从二楼踢下、在孕期将淋病传染给她（且女儿出生后也被感染），给她带来了巨大的身心创伤。

离婚 10 年后，雯雯一直独自带着女儿生活，母女的关系一直很差。雯雯常因控制不住情绪打骂女儿，打完又后悔不已。她内心并不想这么做，可过往的痛苦经历让她难以自控。因为前夫经常欺骗她让她心有余悸，所以她也不愿意相信女儿说的话。女儿很害怕她，害怕被骂学习差、没用，所以做错事后不敢承认，只好说谎，谎言被戳穿后又被骂，就这样形成了恶性循环。女儿觉得自己的性格像爸爸，因为她小时候是跟着爷爷奶奶长大的，长大后也对雯雯有诸多不信任，冲突不断。

雯雯被儿时的悲惨经历和失败的婚姻深深困扰，痛苦与无奈如影随形，并深感自己与女儿间的关系亟须改善，便决心带着女儿踏上一段自我疗愈与亲子关系重建的旅程。

在我们的交流过程中，我观察到雯雯内心深处渴望被无条件地爱护，改善因长期情感匮乏导致的自我价值低估。早年丧母的悲痛，加上后妈的苛刻对待以及爸爸情感上的疏离，这些共同作用，在雯雯心中种下了极度渴望关爱、自我价值认同缺失和自卑的种子。这些未解的心结在不经意间使她将对过去经历中负面人物（尤其是对爸爸、后妈和前夫）累积的愤怒与不满的情绪，间接地转移到了无辜的女儿身上。

在征得了雯雯的同意后，我们开启了本次个案过程。

## 个案实录

蔡敏莉：今天你带着女儿来到这里，希望改变什么？

雯雯：我希望能改善我和女儿的关系，疗愈我童年的痛苦。

蔡敏莉：现在你们的关系是怎样的？

雯雯：有时候还挺好的。

蔡敏莉：你可不可以用动作展示给我们看呢？

雯雯女儿：（**和妈妈抱在一起**）就是这样的，我们一起去逛街。

蔡敏莉：这样在一起的时间占你们生活中的百分之多少？

雯雯女儿：60% 左右。

蔡敏莉：其余的时间你们俩的关系是什么样的？

雯雯：要是她不听话我就骂她。

蔡敏莉：（引导雯雯指着女儿）你是不是指责她？

雯雯：是的。

蔡敏莉：在你指责她、骂她后，要是她还不听呢？

雯雯：要是她不听话，我就打她。

蔡敏莉：你一会儿是天使，一会儿是恶魔，你让女儿怎么办呢？

雯雯：（哽咽）我也知道，但我就是控制不住。

蔡敏莉：你爱你女儿吗？

雯雯：爱。

蔡敏莉：当你和她手牵手一起走的时候，她知道你爱她；但是当你打她的时候，她怎么知道你爱她呢？

雯雯：我也知道，但是我就是控制不住。

蔡敏莉：你控制不住……那么你想不想改变这个现状呢？

雯雯：想，很想。

蔡敏莉：你知道是什么阻碍了你们吗？

雯雯：不知道。

蔡敏莉：我刚才听了整个过程，比如女儿有时候做错了事情，但有时候是你逼迫她说谎的，你知道吗？

雯雯：（泪流满面）我就是不知道我自己在做什么。

蔡敏莉：比如，孩子告诉你“妈妈，我弄丢了一条金项链”，如果你凶巴巴地对她说“你做了错事，我要惩罚你”，孩子下次再做错事就只好说谎了。如果你可以开心见诚地和孩子交流，孩子就敢和你说实话，就不会用说谎来逃避责罚了。所以说，孩子的说谎行为往往是妈妈逼迫出来的，你觉得是这样吗？

雯雯：老师，听你这么一分析我就明白了，我之前真是没有想到这一点。

蔡敏莉：人们在年轻时常常会做一些错事，所以有句话叫“少年轻狂时”。你在20岁左右时做错了什么呢？

雯雯：我在19岁时认识了我前夫，没过多久就怀了女儿。

蔡敏莉：找错了男人并不是错，最错的是什么呢？你明明知道这个男人不会对你好，但还是和他在一起。

雯雯：是的。

蔡敏莉：他不会是一个好老公，但是你当初用自己的青春等他，是谁骗你呢？

雯雯：是我自己骗自己。

蔡敏莉：所以，你犯的错比你女儿犯的错大多了、严重多了。

雯雯：是的。

蔡敏莉：还有很多人阻碍了你们母女，我们邀请几位学员进行角色扮演，为你摆一幅图像好不好？（**引导雯雯扮演者和女儿面对面地站着**）当你们关系好的时候，你们可以在一起。但有时候，一些过去的阴影会在你的心中浮现出来。你女儿的有些行为可能会让你想起你的前夫，她肯定有些像你前夫的地方，因为她也是他的女儿。有时候，她还会让你想起你妈妈，或者你爸爸和后妈。（**引导前夫扮演者、妈妈扮演者、爸爸扮演者、后妈扮演者在女儿前面站成一排，面向雯雯扮演者**）每逢这种时候，你就发神经了，因为这段母女关系中还有第三者，甚至第四、第五、第六者的存在，让你们之间的关系变得复杂，是这样吗？

雯雯：是的。

蔡敏莉：好，让我们来逐个处理它。（**引导其他几位扮演者退后，只留下前夫扮演者，让雯雯站在前夫扮演者面前**）你想对你前夫说些什么？

雯雯：（**指着前夫扮演者**）我恨你，你害了我！

蔡敏莉：他是怎么害你的？

雯雯：（**指着前夫扮演者**）你答应我会回来的，还说我们一家三口好好过日子，但是你经常不务正业出去鬼混，你为什么要这么做？

蔡敏莉：你会相信一个19岁的男人说的话吗？

雯雯：我当时很小，也不懂事，只想有一个家。

蔡敏莉：他想不想结婚？

雯雯：不想。

蔡敏莉：他想有一个家吗？

雯雯：不想。

蔡敏莉：所以，是你想有一个家？

雯雯：是的。

蔡敏莉：你有一个这样的梦想？

雯雯：是的。

蔡敏莉：你想让他来实现你的梦想？

雯雯：可以这样说。

蔡敏莉：那是谁不负责任呢？你要找一个19岁的小男孩来实现你的梦想，他有没有很认真地告诉你“我要做一个老公”？

雯雯：没有。

蔡敏莉：他有没有很认真地告诉你“我要做一个好爸爸”？

雯雯：他从来都没有说过。

蔡敏莉：所以，这是你个人的期待。

雯雯：我想是吧。

蔡敏莉：他还做错了什么呢？

雯雯：他传染了两次性病给我。

蔡敏莉：所以，你认为这一切都是他的错。

雯雯：他害了我，我很恨他，直到现在我都很恨他。

蔡敏莉：你想恨他恨到什么时候呢？

雯雯：我也不知道。

蔡敏莉：你恨他，谁受苦？

雯雯：我女儿受苦。

蔡敏莉：还有你也在受苦。

雯雯：是的，这么做我自己也很辛苦。

蔡敏莉：你还打算让自己辛苦多久呢？

雯雯：我知道，但是我做不到。

蔡敏莉：你知道什么？

雯雯：我知道我这样做是不对的。

蔡敏莉：怎么不对了？

雯雯：有时候女儿不听话，我就说“你这臭脾气跟你爸一样”。我知道我这么说不对，但是我每次都这么说。

蔡敏莉：可是问题在于，她爸爸从来没有答应过你任何东西，如果他对你说“我想和你结婚，你嫁给我吧，我们生个孩子吧”，他就是骗你，这才叫欺骗，但是他从来没有说过，对吗？

雯雯：是的，他从来没有说过。

蔡敏莉：是你自欺欺人，你觉得作为一个好男人，他就应该是这样的；如果他没有做到，你就会生他的气。你可不可以放过自己？你可不可以告诉自己，“他就是一个不值得爱的男人，我在 19 岁那年遇见他，我为了获得爱付出了很大的代价，我吃亏了，我现在就走”？

雯雯：现在经过老师的指点，我终于醒悟了。

蔡敏莉：（**引导雯雯看向前夫扮演者**）那你现在告诉这个男人，“19

岁时，我希望你爱我，我为此付出了沉痛的代价。可惜那时你也是 19 岁，你还没有准备好要负起责任。在过去的 20 年，我一直都很恨你，但现在我确定不再恨你了，是我不走运，我放过你”。

雯雯：19 岁时，我希望你爱我，我为此付出了沉痛的代价。可惜那时你也是 19 岁，你还没有准备好要负起责任。在过去的 20 年，我一直都很恨你，但现在我确定不再恨你了，是我不走运，我放过你。

蔡敏莉：现在你感受如何？

雯雯：舒服多了。

蔡敏莉：（**引导前夫扮演者离开**）在女儿身上，你们有很复杂的情结，当年你没有获得足够的母爱，所以你希望做一个好妈妈。你妈妈去世的时候，你有没有见她最后一面？

雯雯：没有，我为此总觉得很遗憾。

蔡敏莉：我们搬一把椅子过来，请妈妈扮演者坐在这里，雯雯你站在她对面。假设这是妈妈的墓碑，你想对妈妈说些什么？

雯雯：（**看向蔡敏莉**）我很想念我的妈妈。

蔡敏莉：你不如在妈妈的墓碑前面跪下，对着早已离去的妈妈说，好不好？

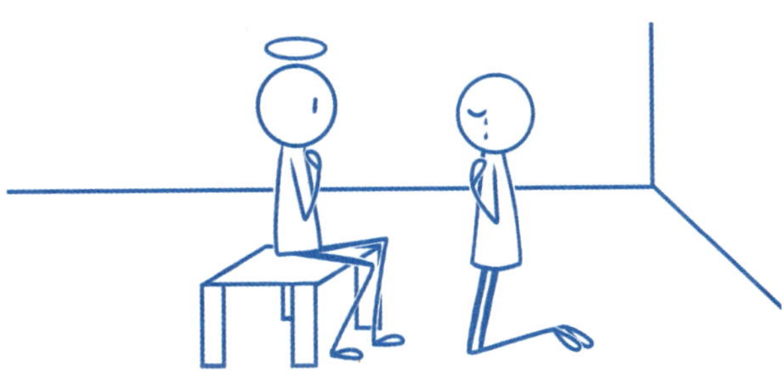

雯雯：（**跪到妈妈扮演者身前**）我很想你，你去世之后就没有人疼我了（**流泪**）。

蔡敏莉：告诉她，“我不只是一个孤儿，我还被后妈虐待，快被她打死了”。

雯雯：我不只是一个孤儿，我还被后妈虐待，快被她打死了。

蔡敏莉：你有没有想过跟妈妈一起“走”？

雯雯：有。

蔡敏莉：你是怎么想的？

雯雯：我当时很想去死，尤其是后妈打我的时候，我很想去死。

蔡敏莉：告诉妈妈，“妈妈，你去世之后，我就是孤儿了，而且我比孤儿还凄惨，我被后妈虐待，快被她打死了，她打我的时候我很想死”。

雯雯：妈妈，你去世之后，我就是孤儿了，而且我比孤儿还凄惨，我被后妈虐待，快被她打死了，她打我的时候我很想死。

蔡敏莉：去抱抱妈妈吧。

雯雯：（**和妈妈扮演者紧紧相拥，大哭**）妈妈……

蔡敏莉：这些眼泪你从6岁起就开始流了，直至今时今日，你的这些痛苦没有人可以倾诉，所以你的内心一直渴望有人爱你，这也是为什么你在19岁时见到你生命中的第一个男人时，你连看都没有看清楚就愿意跟他结婚。如果你曾获得了足够的爱，就可能不会这么冲动了。因此，缺乏父母之爱的孩子很容易陷入早恋，也会为此付出代价。告诉妈妈，“我的每个细胞都会永远记住你的爱，我知道你会在天上照顾我”。

雯雯：我的每个细胞都会永远记住你的爱，我知道你会在天上照顾我。

蔡敏莉：你向她鞠躬,（引导妈妈扮演者离开）你让她的魂魄上天，让她安息，不再为你担心。（引导爸爸扮演者和后妈扮演者站在雯雯面前）现在，我们再来看一下爸爸和后妈，你想对后妈说些什么？

雯雯：我很恨她。

蔡敏莉：你恨她什么？

雯雯：她为什么要经常打我？！要是我小时候她不这样对我，那么我现在一定会很孝顺她的，我很渴望得到母爱。

蔡敏莉：告诉她，“我看不起你，你不可以这样虐待我和弟弟，你只会疼你自己的孩子，你心胸狭窄”。

雯雯：我看不起你，你不可以这样虐待我和弟弟，你只会疼你自己的孩子，你心胸狭窄。

蔡敏莉：是不是这样的？

雯雯：是的。

蔡敏莉：你会怎样对她？

雯雯：我不搭理她。

蔡敏莉：你会不会给她钱？

雯雯：不会。

蔡敏莉：你告诉她，“我不会把你这个女人当妈妈，你不配”。

雯雯：我不会把你这个女人当妈妈，你不配。

蔡敏莉：你心里是不是这样想的？

雯雯：是的。

蔡敏莉：你想对爸爸说些什么？

雯雯：爸爸，我恨你在后妈打我的时候你都不站出来，你要是能对她凶一点，她就一定不会再这么对我，就不会打我打得这么狠。我恨你无能，我也是你的孩子啊，你为什么要这样对我啊……其实，我很爱你啊，爸爸……

蔡敏莉：如果可以选择，你想不想爱爸爸？

雯雯：想，其实我很爱他的，但是我又很恨他。

蔡敏莉：你告诉他，“我对你既爱又恨，在我最需要爱的时候你没有表露出来，现在我决定放下你”。

雯雯：我对你既爱又恨，在我最需要爱的时候你没有表露出来，现在我决定放下你，我还决定找一个新的伴侣来陪我。

蔡敏莉：过往的经历让你学会了很多东西，你可以找一个情投意合的伴侣，你会不会这样做？

雯雯：这些顺其自然吧。

蔡敏莉：当然要顺其自然，但是你心里有没有这样的希望？

雯雯：有。

蔡敏莉：告诉他，“我会尊重你，身为女儿，我应该对你做的都会做到，因为我真的爱你，我只是恨你当年没有保护我”。

雯雯：我会尊重你，身为女儿，我应该对你做的都会做到，因为我真的爱你，我只是恨你当年没有保护我。

蔡敏莉：现在你可不可以保护你自己？

雯雯：我的女儿会保护我。

蔡敏莉：你不要再靠她了。如今女儿也是 19 岁，这个年纪的女孩还要读书、谈恋爱……你是妈妈，为什么要女儿保护你呢？

雯雯：我也会保护她啊。

蔡敏莉：你可以保护她吗？

雯雯：可以。

蔡敏莉：但是你不可以期待一个19岁的孩子来保护你，因为这个期待是不合理的。与之相比，如果你想找一个高大威猛的男人来保护你，那么这个期待是合理的。你觉得怎么样，这样可以吗？

雯雯：可以。

蔡敏莉：这就对了，你继续告诉爸爸，“我会在私底下对你好的，我会请你喝茶吃饭，但我不会叫后妈。（笑）她要是有胆就跟我去，但我不会让她占便宜的”。

雯雯：（笑）我会在私底下对你好的，我会请你喝茶吃饭，但我不会叫后妈。她要是有胆就跟我去，但我不会让她占便宜的。

蔡敏莉：这么说可以吗？

雯雯：可以。

蔡敏莉：想不想抱一下爸爸？

雯雯：想（**拥抱爸爸扮演者**）。

蔡敏莉：其实每个孩子都很希望父母爱自己，无论当年发生了什么，孩子的这个渴望都不会改变。我们暂时让其他扮演者离开，只留下你和女儿两个人。（**引导雯雯和女儿面对面地站着**）她可能有一点像你前夫，她和你的关系也可能让你想起了你和妈妈的关系。你可不可以看一下她？她就是她。

雯雯：现在看清楚了。

蔡敏莉：你打算将来怎么对她？

雯雯：我会对她很好。

蔡敏莉：为什么你要对她这么好呢？

雯雯：（**面向女儿**）因为我爱你。

蔡敏莉：（**面向女儿**）你相信吗？

雯雯：（**面向女儿**）你相信吗？

女儿：相信。

蔡敏莉：（**面向女儿**）你可不可以接受妈妈的爱？

女儿：可以。

蔡敏莉：你对妈妈有什么想说的呢？

女儿：我是你的女儿，是你辛辛苦苦生下来的女儿。我是我自己，不是其他任何人。

雯雯：我现在知道了。

蔡敏莉：现在你想抱一下她吗？还是拉一下她的手？

雯雯：（**拥抱女儿，流泪**）我以后都不会骂你了，我会好好地对你。蔡老师，真的非常感谢你，否则我不知道自己什么时候才能从以前的事情里走出来。

## 结语

每个人的内心深处都渴求着爱与被爱的感觉，尤其是当原生家庭中父母之爱匮乏时，这份对爱的渴望会变得更加强烈。它像是一股无形的力量，驱使我们在面对哪怕是微弱的爱意信号时也会不顾一切地追寻。仿佛是夜空中的飞蛾，义无反顾地投向那点点火光，即便结局可能是燃烧自我。然而，如果我们发现自己在某种情绪中沉溺过深，甚至因此做出了令自己后悔的抉择，就是一个警醒——提示我们需要深入探究自己的内在世界。

这时，回溯并审视自己为何会对特定情境有如此强烈的反应是非常重要的。所有的外在行为，都是内心深层动机与期望的显现。我们只有通过自我觉察揭开行为背后的那一层面纱，理解这些动机与期待的本质，才能触及心灵的真实需求，以一种更为成熟和理智的态度，将过往的伤痛和遗憾转化为人生的磨砺石，助力自己蜕变，活出更加坚韧、美好的自己。

## 心理咨询师观摩笔记

孔红萍

在这个个案中，蔡老师运用家庭雕塑这一技巧，生动地展现了求助者母女关系背后复杂的第三方影响，揭示了她是如何无意识地将对过去经历中各个人物的情感投射到女儿身上，进而妨碍了母女沟通及亲子纽带的建立的。原生家庭的创伤进一步波及求助者的成年情感关系，形成连锁反应。

在雯雯在蔡老师的引导下意识到这一系列错综复杂的情感交织后，她开始有能力也能更有效地应对与原生家庭及前夫的关系。蔡老师引入对话疗法，帮助她在怨恨中寻找爱的痕迹，让她认识到女儿是一个独立的个体，不应成为他人情感的替身。这一认识为母女关系的改善铺设了道路。

尽管母女关系的全面修复仍需时日，但这一洞察无疑标志着她们关系重塑的曙光。看见即疗愈的开始，这次经历为这对母女开启了一段新的相互理解和成长之旅。

# 第 6 章 单亲妈妈的困惑 如何再获亲密关系

小南本是一个活泼开朗的女人。离婚后曾一度陷入沮丧的状态，并因此前来做过个案，之后生活有了积极改变，开始主动与父母交流。没过多久，新的问题出现了——小南的儿子在课堂上不够专心，她怀疑可能是自己离婚后的一段短暂的感情影响了孩子。

事情是这样的：离婚一年后，她在工作中与一个男人互生好感，且他和小南的儿子也相处得不错，这让小南一度想接受这段感情。但半年后，男友变得越来越依赖她，对她的行踪充满怀疑，甚至怀疑她与其他同事有更深入的关系。有一次，小南出差回来后没来得及通知男朋友，男朋友得知后就不停地打电话质问她。当晚还喝得酩酊大醉，使劲地拍打她家的门，开门后就冲进房间，失去理智，差点动手打人，小南目睹了这一切，怕极了。无奈之下，小南只好报警，随后又迅速搬了家，以免再次发生这种事情。

小南很困惑：初恋男朋友这样，前夫也是这样，为什么与自己建立亲密关系的人都对她这么紧张和不信任？她渴望找到让对方更信任自己的方法，也担心这段经历会给儿子带来不良影响。

小南希望将这次个案作为她生活中的一个新起点，拥有一种新的生活模式，让孩子有更好的生活。

在与小南的谈话中我了解到，在情感方面，她对爷爷过度依赖且情感固着。幼年时，爷爷很疼她，因此在爷爷去世后，小南一直在内心深处试图寻找能替代爷爷的男性，这让她难以真正投入新的感情关系中。由于爸爸经常打骂她，因此长期以来她对爸爸心存不满和愤怒，她还将这种不满和愤怒不自觉地转移到和她有亲密关系的男性身上。在行为方面，小南存在着不健康的相处模式。在与男性相处时，小南一方面渴望完整的爱，另一方面又采取敷衍的态度，这种反复无常的相处模式不利于建立稳定的关系。在认知方面，小南存在着错误的比较心理，总是将爷爷给予她的无条件的爱与其他男性对她的爱进行比较，这使得她在感情中难以感到满足和幸福。此外，小南还缺乏对自身行为影响的认识，没有意识到自己与男性相处的方式以及与儿子的亲密行为可能带来的后果，缺乏对自身行为对他人影响的深入思考。

在征得了小南的同意后，我们开启了本次个案过程。

## 个案实录

蔡敏莉：你跟男性是如何相处的？我看到你跟你儿子很亲密，你们可以抱在一起，还可以亲嘴。我没说这是对还是错，我只想了解你这一生与男性的关系是怎么样的。我想请现场的一些学员来与你进行角色扮演，可以吗？

小南：可以的。

蔡敏莉：我会邀请学员分别扮演你的父母，以及你生命中重要的男性——爸爸、初恋男朋友、前夫、后来在工作中交往的男朋友，还有你爷爷——他是你生命中一位很重要的男性。我很好奇，你爸爸经常打骂你，为什么你和男人的关系一边亲密，一边又把你对爸爸的不满和愤怒带入其中？你是把感情当游戏吗？

小南：（沉默）

蔡敏莉：好，我们暂且把这个疑问放在一旁，一起来回顾一下你小时候的经历。在你出生的时候，你父母因为工作不便，所以把你放在爷爷家，爷爷是不是很疼爱你？

小南：是的。

蔡敏莉：他会抱你吗？

小南：有时候会。

蔡敏莉：那时候奶奶已经去世了，所以爷爷比较孤独，于是他将所有注意力都放在你身上，让你集万般宠爱于一身。

小南：是的。

蔡敏莉：他会抱着你，有时会亲你一下，和你聊聊心事，讲讲故事，我的推测合理吗？

小南：是的，他无论去哪儿都会带着我——他去医院、去喝茶、去看电影。

蔡敏莉：所以你和他关系很亲密吗？

小南：是的。

蔡敏莉：你会不会觉得爷爷就像是扮演了爸爸的角色？

小南：我不知道爸爸是什么，只知道爷爷就在我身边。

蔡敏莉：所以在你 0~6 岁的时候，你的世界里只有爷爷，这对你的心理影响很大。在人生的最初 6 年，你的心只向爷爷敞开。可是，在你 6 岁的时候，爷爷去世了，是吗？

小南：是的。

蔡敏莉：（**面向爷爷扮演者**）请你坐在地上，代表爷爷的墓碑。（**引导小南看向爷爷扮演者**）你想对爷爷说些什么吗？

小南：我希望你不要那么早就离开我。

蔡敏莉：请你跪在爷爷面前，向他表达你对他的感激。

小南：爷爷，你走了之后再也没有人像你一样带着我喝茶吃饭，再也没有人像你这么爱我、理解我。在我爸爸打骂我之后，我都不知道跟谁说。

蔡敏莉：所以，爷爷去世后，有没有带走你的心？

小南：有。

蔡敏莉：你告诉他，“你死的那天我的心也死了，你还不如带着我一起走。在我的生命中，我不停地找一些男性来代替你，拿他们跟你做比较，但他们都没有你好。我会用我的办法弄走他们，我不允许任何男性来取代你在我心中的位置”。

小南：你死的那天我的心也死了，你还不如带着我一起走。在我的生命中，我不停地找一些男性来代替你，拿他们跟你做比较，但他们都没有你好。我会用我的办法弄走他们，我不允许任何男性来取代你在我心中的位置。

蔡敏莉：小孩子的爱很纯真，所以为了尊重爷爷，你不会让任何男性进入你的心。这是一种很愚蠢但又很忠实、很纯粹的爱，你要认识到这一点。你可以扶爷爷站起来，你想不想抱抱他？想不想最后给他一个拥抱？这个拥抱、这份亲情，将永远留在你的心里，没有任何人能取代爷爷对你的爱。爷爷对你的爱是一种无条件的爱，但是你们之间的爱是亲人之间的爱。

小南：（**点头，和爷爷扮演者拥抱**）

蔡敏莉：现在，你向爷爷磕头，对他说，“谢谢爷爷，我让你走，我将你对我的爱留在我的心里，我让你走”。

小南　　爷爷

小南：（**向爷爷扮演者磕头**）谢谢爷爷，我让你走，我将你对我的爱留在我的心里，我让你走。

蔡敏莉：（**引导爷爷扮演者离开，然后面向小南**）你和爸爸的关系怎么样？

小南：他大概有一半的时间在骂我和我妈。

蔡敏莉：（**引导爸爸扮演者向身体两侧伸出双臂，分别指着妈妈扮演者和小南**）那你会怎么样？

妈妈　　爸爸　　小南

小南：我觉得他不像我爸爸。

蔡敏莉：他比得上爷爷吗？

小南：比不上，差远了。

蔡敏莉：所以，你用什么态度敷衍这个男人？

小南：我和他很对立。

蔡敏莉：你会跟他对骂吗？

小南：不会，但我会顶撞他。

蔡敏莉：顶撞就是骂，谁更恶一点？

小南：只要他恶一点，我就会更恶一点。

蔡敏莉：你看得起这个男人吗？

小南：看不起。

蔡敏莉：在他管你的时候呢？

小南：我不等他说我就走了。

蔡敏莉：也就是说，你会找个借口打发他，这就是你跟男人相处的经验。对爷爷，你有无限的爱；对爸爸，你敷衍他。在你跟初恋男朋友相处的时候，你们两个谁会多指责对方一些？

小南：我。

蔡敏莉：你骂他，那他对你呢？

小南：他会哄我。

蔡敏莉：（**引导初恋男朋友扮演者面向小南单膝跪地，向她伸出一只手且手心向上**）小南，他这个样子，像不像你当年挨爸爸骂的样子？

小南：对。

蔡敏莉：（**引导小南指着初恋男朋友扮演者**）小时候，你爸爸对你呼来喝去，现在你也这样对你的初恋男朋友。（**引导初恋男朋友扮演者起身**）小南，你来随意地推他，把他搞得团团转，就像爸爸当年对你呼来喝去那样，你也可以将你对爸爸的愤怒完全发泄在这个男人身上。

小南：（**推着第一任男朋友扮演者转圈**）

蔡敏莉：在你们相处了一段时间后，关系会变得怎么样？

小南：我会觉得他很烦。

蔡敏莉：比如，他问你一些问题，你会怎么样呢？你会敷衍他吗？

小南：会。

蔡敏莉：你们最终是谁提出分手的呢？

小南：是我甩了他。

蔡敏莉：你一脚踹走了他，让他滚到一边去做个伤心的人吧！（**引导初恋男朋友离场，前夫扮演者上场**）我们再来聊聊前夫。你跟前夫的相处模式如何？是和你与初恋男朋友的相处模式差不多吗？

小南：是的。

蔡敏莉：（**引导前夫扮演者面向小南单膝跪地**）你有没有和他无理取闹，发发小女人的脾气？

小南：有时候有。

蔡敏莉：那你推着他转几圈。后来你嫌他哪里不好了？你们为什么分开了？

小南：在这段感情中不是我甩了他，而是因为我发现他出轨女同事我们才离婚的。

蔡敏莉：这个清楚一些——他跪的时间长了，就走了。（**引导前夫扮演者离场，后来的男朋友扮演者上场**）再聊聊你后来在工作中相处的男朋友吧。（**面向后来的男朋友扮演者**）你应该也知道自己要做什么了——面向小南单膝跪地吧。（**引导初恋男朋友扮演者、前夫扮演者、后来的男朋友扮演者都向小南伸出手且手心向上**）。这个姿势代表讨好，是关系中处于弱势的一方所呈现的姿态。（**面向小南**）你看，你和他们三个人的关系是不是这样的？

小南：是的。

蔡敏莉：所以你没有吃亏，你对爸爸的恨已报仇了。

小南：我从没有想过要报仇。

蔡敏莉：但是你可以看到你和男人是如何相处的——你对男人不公平，因为你永远都把爷爷对你无条件的爱与和你有亲密关系的人的爱做比较，而且你心里还有爸爸的影子。

小南：是的，有一点。

蔡敏莉：所以，一方面，你渴望完整的爱；另一方面，你在跟男人相处时会敷衍他，尤其是在他们缠绕你太多的时候更会敷衍他。你让男人怎么明白你？对于曾和你有亲密关系的三个男人，你有什么想说的？

小南：以前我跟你们相处时，将你们给我的爱去跟爷爷给我的爱做比较，所以你们永远最多只是60分。这对你们来说是不公平的，我向你们道歉。

蔡敏莉：还有吗？

小南：没有了。

蔡敏莉：（**引导初恋男朋友扮演者、前夫扮演者、后来的男朋友扮演者离场**）最后，你想跟你儿子建立什么样的关系？

小南：朋友关系、母子关系。

蔡敏莉：如果你愿意听我的忠告，那么我建议你，你们在身体上不要太亲密了，否则你会害了他。

小南：好的蔡老师，谢谢你。

## 结语

小南在与男性的相处中存在诸多问题，这背后有着深层的原因。爱是心灵的灯塔，会指引我们走向正确的方向。小南幼年时因父母工作原因由爷爷带大，爷爷给予她万般宠爱，因此爷爷去世后对她影响巨大。她在心中将爷爷的爱视为无人可取代，导致她在与男性相处时，一方面渴望完整的爱，一方面又因爸爸的打骂而敷衍男性。她将对爸爸的愤怒宣泄在前夫及两任男朋友身上，这种相处模式对男性是不公平的。小南需要认识到自己的问题，放下过去的影响，以更健康的方式与男性相处，同时在与儿子的关系中也要注意保持适当的身体距离。只有这样，她才能在人际关系中找到真正的幸福和平衡。

## 心理咨询师观摩笔记

葛静

在做这个个案的过程中，蔡敏莉老师展现出了专业的心理咨询技巧和深刻的洞察力。

蔡老师先是通过角色扮演的方式，帮助小南重现了她成长过程中的重要关系，包括与爷爷、父母、前夫及两任男朋友的关系。这种方式能让小南更直观地看到自己与男性相处的模式，以及这些模式形成的原因。

蔡老师还引导小南回忆爷爷对她的宠爱以及爷爷去世后她

的感受，让她认识到自己对爷爷的特殊情感对后来她与男性的相处的影响。同时，通过让小南面对“爷爷的墓碑”表达内心的想法和感激，帮助她释放对爷爷的情感，逐渐放下爷爷在她心中的过度影响。

对于小南与爸爸的恶劣关系，蔡老师通过提问和互动，让小南意识到自己对爸爸的反抗态度在与男性相处中的延续。她指出小南将对爸爸的愤怒发泄在前夫及两任男朋友的身上，使小南认识到这种行为的不公平性。

在整个过程中，蔡老师始终保持温和的态度，不断引导小南反思自己的行为和情感模式。她鼓励小南做出承诺，改变与男性相处的方式，为小南提供了具体的建议，比如，在与儿子相处中注意身体亲密程度，避免对儿子造成不良影响。蔡老师借助这些方法，既帮助小南认识自己的问题，还为她提供了改变的方向和动力，促进她的心理成长和人际关系的改善。

第 7 章

# 心灵的枷锁

## 如何确定人生方向

35 岁的阿紫拥有高学历，却一直为寻找人生方向而痛苦挣扎。

幼时，哥哥身体不好，妈妈对哥哥更关爱和照顾一些，阿紫则被爸爸如小情人般细心呵护，这导致阿紫和哥哥常常在暗中较劲。13 岁时，爸爸因车祸去世，这对这个家来说犹如晴天霹雳。失去了爸爸的宠溺，阿紫的生活发生了巨变。从此，她觉得家人不再爱自己，内心无比失落。

阿紫本科毕业后，经哥哥介绍，她与哥哥的同学相恋，但后来因男方家人反对而不再让两人来往。失恋后，阿紫独自前往陌生的城市，潜心准备考研。在此期间和一个男孩互生好感，但因忙于学习和考试，仅交往一个多月便分手了。她在读研究生期间结识了第三任男友，但她在这段感情中常常任性发脾气，两人最终不欢而散。硕士毕业后，阿紫找了份工作，没干多久就辞职准备考博，结果出师不利。身心疲惫时，高中暗恋她的同学热烈追求她，她虽在起初对对方没感觉，但因实在太累想找一份安定而接受了他（这是她的第四任男朋友）。然而，阿紫因男朋友买早餐时不考虑她等日常琐事而感到很失望。这段关系最终也以分手告终。

在工作上，阿紫曾在世界 500 强企业任职，却因看不惯公司对员工不公而放弃了升职机会。

爸爸的车祸给她带来了极大打击，哥哥也曾因接她在过年时出车祸。这两件事让她在生活中不停地工作、考学，在情感上也历经了波折。尽管阿紫的人生充满坎坷，但她始终在努力寻找自我，渴望找到属于自己的幸福和人生方向。对此，阿紫想搞清楚自己的追求和回避。

我在与阿紫沟通中发现，她深埋内心的伤痛如今看似云淡风轻，实则蕴含着未知命运。童年时得到过满满的父爱的她，失去后渴望再得，却无法区分父爱与恋爱之爱，在与异性相处时常常感到失望。爸爸的离世让她觉得无人爱自己，于是四处漂泊，不愿回家，逃避对失去之爱的眷恋和渴望。

在征得了阿紫的同意后，我们开启了本次个案过程。

## 个案实录

蔡敏莉：你父母的关系怎么样？

阿紫：还可以吧，不是很亲密。

蔡敏莉：他们是不是自由恋爱结婚的？

阿紫：是经人介绍的。

蔡敏莉：爸爸爱不爱妈妈？

阿紫：好像没觉得他很爱她。

蔡敏莉：妈妈爱不爱爸爸？

阿紫：也没觉得她很爱他。

蔡敏莉：但他们还是结婚了。我现在邀请几位学员来扮演你和你的家人。（面向父母扮演者）你们手牵着手，然后你们生了个哥哥（引导哥哥扮演者从父母扮演者牵手的空隙中钻出来，坐在地上，位于父母扮演者的中间）。哥哥和谁更亲近？

阿紫：哥哥自出生后就体弱多病，父母都很关心他，尤其是妈妈，非常疼哥哥。

蔡敏莉：也就是说，在这个家里，妈妈最关注哥哥？

阿紫：对。

蔡敏莉：（**引导哥哥扮演者坐在地上，位于妈妈扮演者面前**）直到你出生，家里都是这样的吗？

阿紫：对。

蔡敏莉：你和谁更亲近？

阿紫：爸爸。

蔡敏莉：（**引导阿紫扮演者从父母扮演者牵手的空隙中钻出来，坐在地上，位于爸爸扮演者面前**）爸爸很疼你？

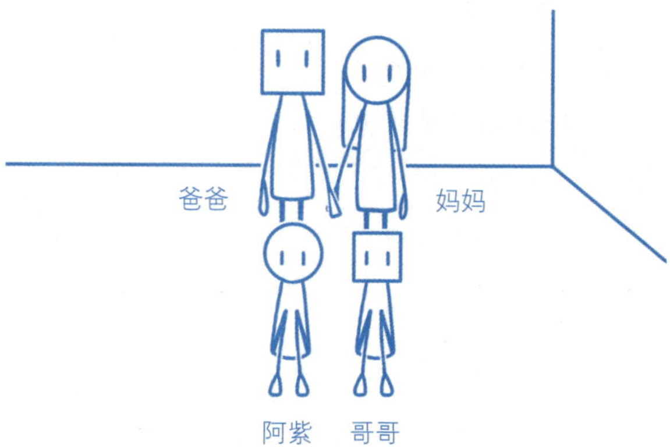


阿紫：对。

蔡敏莉：他是怎么疼你的？

阿紫：他每天早晨叫我起床时，都会给我唱一首他编的歌，只有两句，是“我的小姑娘，我的小姑娘”。

蔡敏莉：所以，你真的是他心中的宝贝吗？

阿紫：是。

蔡敏莉：如果用一个动作来摆一下你和爸爸的关系，你会怎样摆？爸爸是怎样疼你的？

阿紫：应该是抱着我的，他真的很疼我。

蔡敏莉：**（引导爸爸扮演者蹲下身抱住阿紫扮演者，阿紫扮演者向后靠在爸爸扮演者怀里）**爸爸真的很疼你，是吗？

阿紫：是。

蔡敏莉：看到这个动作，你感觉怎么样？

阿紫：好幸福。

蔡敏莉：所以，爸爸爱你多于爱妈妈？

阿紫：好像是。

蔡敏莉：对于这一点，你有没有觉得内疚？

阿紫：没有。

蔡敏莉：那你是觉得很开心吗？

阿紫：对啊。

蔡敏莉：你是爸爸的小公主，算不算爸爸的小情人？

阿紫：像吧，爸爸给我留下了很多开心的记忆，让我知道他很疼我。相比之下，妈妈就不怎么疼我了。

蔡敏莉：你怎么知道妈妈不疼你呢？

阿紫：所有外人都看得出来我妈妈偏心我哥哥，尤其是在我爸爸去世之后，我妈妈做的很多事情都能体现出她很疼我哥哥。

蔡敏莉：（**引导阿紫看向阿紫扮演者和爸爸扮演者**）但你再看一下你和爸爸的动作和关系。你有没有想过，就算妈妈想疼你，但她有没有空间去疼你？

阿紫：没有。

蔡敏莉：她会不会忌妒你？你得到了爸爸的爱，她则得不到。

阿紫：会。

蔡敏莉：因此，你跟她的关系怎么会亲密呢？对不对？

阿紫：对。

蔡敏莉：你被一个人深爱着，突然有一天，这个人因为意外去世了，（**引导爸爸扮演者放下阿紫扮演者，躺在地上**）他放下了你。（**引导阿紫背过身去面对墙壁**）你直到今天也不愿意接受这个事实。我想你从来都没有跟爸爸说过再见，所以我要做一件很“残忍”的事，（**引导阿紫转过身，看向爸爸扮演者的“尸体”**）请你试着转过来，试着跟爸爸说再见。

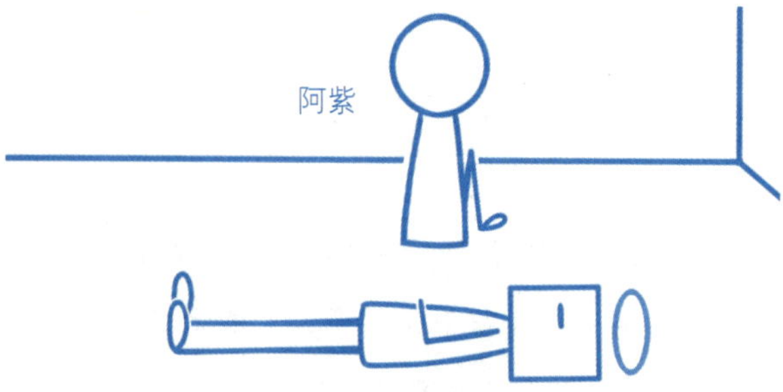

阿紫：（泪流满面，用手捂住脸，不停地抽泣）

蔡敏莉：如果不面对爸爸去世的这个事实，那么无论你这辈子谈多少次恋爱，都不会成功的，因为爸爸在你心里始终没有离开。

阿紫：（崩溃，再次转身面对墙壁）我不敢看。

蔡敏莉：你爸爸没有走，你爸爸的爱已经充满了你的心，你的心容纳不了其他男人。

阿紫：（转身面对，然后再次逃避，过了一会儿再次转身）

蔡敏莉：你先看看爸爸，你爱不爱你爸爸？你从13岁逃避到了现在，到现在已经有十几年了。（引导哥哥扮演者站起来，走到阿紫面前）你再看看哥哥，你想对他说些什么？

阿紫：哥哥，我对不起你。

蔡敏莉：跟着我说，“我忌妒你，你得到了妈妈所有的爱，但我没有。最爱我的爸爸去世了，我很生你的气”。

阿紫：我忌妒你，你得到了妈妈所有的爱，但我没有。最爱我的爸爸去世了，我很生你的气。

蔡敏莉：事实真的是这样的吗？他有没有你想象中的那么幸福？

阿紫：（摇头）

蔡敏莉：他怎么不幸福了？

阿紫：爸爸不疼他。

蔡敏莉：也就是说，你忌妒他，他也忌妒你，你们要彼此忌妒到什么时候呢？

阿紫：（摇头）

蔡敏莉：你可不可以抱一下哥哥？

阿紫：不想。（犹豫了一会儿后，还是走过去抱住了哥哥扮演者）哥哥，你也挺可怜的。

蔡敏莉：（面向哥哥扮演者）请你告诉她，“我们扯平了，我为了你差点在车祸中丧命。你不需要内疚，我用行动证明了我是爱你的，妹妹”。

哥哥扮演者：我们扯平了，我为了你差点在车祸中丧命。你不需要内疚，我用行动证明了我是爱你的，妹妹。

阿紫：我知道，我一直都知道。

蔡敏莉：有些人，尤其是小孩子，在看到图画时往往只看到了它的局部，所以他们只看到了一幅扭曲的图画。如果能像我们今天这样，把这些角色摆出来，就会让人看到一幅整体的图画。阿紫，你再来看看妈妈，你想对她说些什么？

阿紫：妈妈，你也好可怜。

蔡敏莉：她为什么这么可怜？

阿紫：那么早就守寡了，而且一直没改嫁，她独自带着我们兄妹俩真的很不容易。我还经常惹她生气，觉得很对不起她，跑得那么远让她够不着我，我这么做都是故意的。

蔡敏莉：对她说，“你原谅我吧，妈妈”。

阿紫：（哭着扑到妈妈扮演者怀里）你原谅我吧，妈妈，对不起，我让你受苦了。我不要你这么苦了，妈妈。

蔡敏莉：父母中的一方如果太爱孩子，就会剥夺另外一方爱孩子的机会。如果可以把这些未了情、未了事都处理了，你就会活得比较开心、快乐。（引领妈妈扮演者带着阿紫来到爸爸扮演者面前）你和阿紫都跪在爸爸面前，让她和爸爸说再见（引领爸爸扮演者抬起一只手，伸向阿紫的方向）。

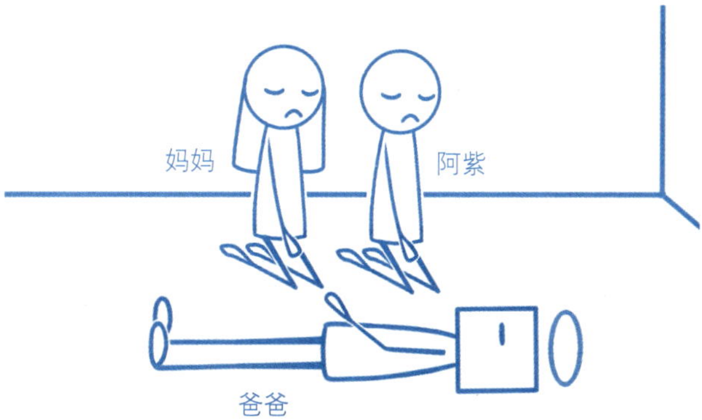


阿紫：他的手为什么抬起来了？

蔡敏莉：他在等你给他准许——他因为怕你孤独、怕你没人爱，所以他的魂魄留在这个世上保护你。你可不可以准许他离开？

阿紫：（不停地点头）可以的。

蔡敏莉：你跟爸爸说一声“谢谢”。

阿紫：谢谢你，爸爸。

蔡敏莉：你还想对他说些什么？

阿紫：你突然就走了，我为此气了很久，我也恨过你、怨过你。

蔡敏莉：你是不是想问他，你为什么丢下我就走？

阿紫：就是啊，怎么可以把我留在这里？你那么疼爱我，却把我丢在这里，自己离开了。

蔡敏莉：你是不是想告诉他，“我生你气，气到现在；但我也爱你，爱到现在，我甚至不会为任何一个男人而放下对你的爱”？

阿紫：是的。爸爸，我很气你就这么走了，很恨你。这也让我很自卑，人人都有爸爸，就我没有爸爸，我真的很自卑。

蔡敏莉：告诉爸爸，“以前我不想让你走”。

阿紫：是的，以前是我不想让你走。

蔡敏莉：告诉爸爸，“所以我不会爱上任何一个男人，因为一旦爱上了哪个男人，在你看到我幸福后就会真正地离开了。因此，我不会为了任何男人而离弃你”。

阿紫：所以我不会爱上任何一个男人，因为一旦爱上了哪个男人，在你看到我幸福后就会真正地离开了。因此，我不会为了任何男人而离弃你。

蔡敏莉：是不是这样？

阿紫：是。

蔡敏莉：这就是小孩子对爸爸最纯真的爱。你是不是认为如果爱上了别的男人，就意味着不爱爸爸了？所以，你在与这几个男朋友相处时，都没有付出太多的真心，是吗？

阿紫：是的。

蔡敏莉：你再看爸爸，你还想对他说些什么感谢的话？

阿紫：爸爸，谢谢你给我那么好的童年，给我 100 分的爱。

蔡敏莉：在接受过爸爸的爱之后，你是不是已经不能接受其他男人的爱了？

阿紫：是的。

蔡敏莉：他们给你的爱，是不是只有五六十分？

阿紫：哪有——也就是两三分吧，和爸爸给我的爱差远了。

蔡敏莉：告诉爸爸，“我一直都想找一个男人代替你，但是我找不到，因为没有人可以代替你。我现在明白了，我要把你100分的爱留在我的心里，我永远都会记得那些美好的时光。爸爸，谢谢你，我已经拥有了100分的父爱，我相信我将来是幸福的”。

阿紫：我一直都想找一个男人代替你，但是我找不到，因为没有人可以代替你。我现在明白了，我要把你100分的爱留在我的心里，我永远都会记得那些美好的时光。爸爸，谢谢你，我已经拥有了100分的父爱，我相信我将来是幸福的。

蔡敏莉：（**引导阿紫向爸爸扮演者叩头**）如果人在离世前有一个缓慢的过程，那么这对家里人是最好的。比如，一位老人因为生病而住院一个多月，身体慢慢变得衰弱，这样他在离世时家人就较为容易接受了。如果死亡过程很突然，的确会令家人难以接受。

阿紫：（**点头**）

蔡敏莉：我们假设你未来还会交到一个男朋友，（**引导阿紫面向未来男朋友扮演者**）你希望他是一个什么样的人？

阿紫：我希望他能支持我、鼓励我、认可我，我也会支持他、鼓励他，我们就这样陪伴着到老。

蔡敏莉：他需不需要像爸爸那样高大、帅气？

阿紫：不需要。

蔡敏莉：他需不需要像爸爸那样给你无条件的爱？

阿紫：不需要。

蔡敏莉：你对他有什么要求？

阿紫：我只要他做我男朋友、做我老公就好了。

蔡敏莉：你是要他走过来，还是你走过去？

阿紫：（**笑着走向未来男朋友扮演者，和他握手**）

蔡敏莉：遇到好男人的时候，你是要主动去追的。

阿紫：是啊。

蔡敏莉：你会不会答应对他好？

阿紫：会啊。

蔡敏莉：告诉你未来男朋友，“我会对你很好的，我会对你很温柔”。

阿紫：我会对你很好的，我会对你很温柔。我还会给你做好吃的，也会在你的事业上鼓励你、支持你。

蔡敏莉：继续告诉他，“让我们做伴侣，一起走我们的人生路”。

阿紫：让我们做伴侣，一起走我们的人生路。我还希望我们有一个儿子、一个女儿。

蔡敏莉：好啊，很好。

## 结语

在阿紫的人生历程中，我们能清晰地看到爱对她产生的深刻影响。在童年时期，爸爸给予她的爱太过完满，让她像个被宠爱的小公主，几乎占据了妈妈爱她的空间，甚至让她误以为妈妈更爱哥哥。然而，13 岁那年，爸爸突然离世，这个噩耗如同晴天霹雳，将她从天堂打入地狱，从此让她觉得自己无人疼爱。成年后，在几段恋情中，她心中那份 100 分的父爱成了她衡量其他男性对她的爱意的标尺，使她难以感受到他人的真情，并认为真命天子一直寻而不得。

爱与被爱，是我们一生都要修习的功课。那些曾经的美好其实从未真正消逝，而是化作内心深处的力量。就像阿紫，她应带着爸爸对她的爱，真诚地祝福远去的爸爸，不仅要重新审视妈妈和哥哥对她的爱，更要以全新的视角去看待未来伴侣的爱。要知道，真正的爱不是一味地索取，而是甘愿付出和守护。我们只有学会给予所爱之人支持和爱护，才能领悟爱的真谛，收获真正的幸福和温暖。

## 心理咨询师观摩笔记

黎湘玉

在这个个案中，阿紫的诉求是想明晰自己究竟在追求什么，又在回避什么。蔡老师先是带领阿紫现场重现其原生家庭关系，清晰还原阿紫童年时的家庭状况，引导阿紫在失去100分的父爱后探寻内心的渴望与期待。同时，让阿紫与妈妈、哥哥的关系回归温暖、流畅的状态，极大地提升了阿紫的自我价值感。

蔡老师还巧妙地安排了妈妈为阿紫提供力量，支持并陪伴她面对内心深处不肯放下的执念。通过现场呈现，让阿紫明白自己为何不愿让爸爸离开，以及在经历重大丧失后的心理状况，也让阿紫清楚了多次与男性交往却无人能走进她的内心的原因。蔡老师精心设计了一场阿紫与爸爸的告别仪式，帮助她完成了信念转换，让她主动选择允许爸爸离开，进而看清自己在潜意识中将其他男性与爸爸进行对比并在恋爱关系中排斥他们的行为。

此外，蔡老师还邀请阿紫与未来男朋友对话，促使阿紫在信念系统中改变与未来男朋友的互动模式，从“希望拥有像父爱那样的无条件的、100分的爱”转变为“互相支持、陪伴到老”，引导阿紫种下健康亲密关系的种子，让她学会为自己的人生负责。

相信经过这次个案，阿紫能够清楚地看到自己的内心黑洞。其实，爱从未远离，愿阿紫未来的人生更加美好灿烂！

# 第 8 章 浮萍般的心

## 如何找到生活的锚点

小言是一位 23 岁的女性。自 8 岁至高中毕业，这段本该无忧无虑的时光，对她而言却充满了无奈与苦涩。她总是被妈妈送往不同的亲戚家临时寄养，短则几个月，长则一年多。那时的她，内心充满了不情愿，但她又没有能力改变这一切，只能无助地接受现实。

长期寄人篱下，让小言自 8 岁起就睡眠不佳。那种漂泊无依的感觉深深地烙在她的心底，无力又无助的感受一直伴随她至今。

参加工作后，这种内心的不安定在工作中凸显出来。她做事时总是缺乏恒心，明明刚入职时觉得工作挺合适，但过了一段时间后就渐渐失去了兴趣，最终选择放弃。在工作的几年间，没有哪份工作能持续做满一年。这样的状态令她深感困扰，她既自责又感到无助，不知道该如何改变。

小言希望自己能改变无法自控、屡屡放弃的习惯，在事业上有所建树，找到自己人生的坐标。

我在和小言沟通中发现，她内心缺爱，也缺乏安全感，总是处于一种惴惴不安的状态，无法让自己安定下来。她需要有一个安定的"家"的感觉来支持自己、找回自己、爱护自己。

在征得了小言的同意后，我们开启了本次个案过程。

## 个案实录

蔡敏莉：在过去的几年，你做的工作是自己喜欢的吗？

小言：刚入职的时候还挺喜欢的，也会努力工作，但是渐渐就不喜欢了。

蔡敏莉：遇到这种情况的时候，你会希望谁来帮帮你？

小言：在遇到困难和压力的时候，我会希望身边的人——比如同事、朋友——来帮帮我，给我一些提示。

蔡敏莉：如果你得不到这些帮助呢？

小言：那我就会感到很无助。

蔡敏莉：然后你会怎么样呢？

小言：我会觉得没有能力去应付，很想逃避。

蔡敏莉：小时候你会不会经常觉得很无助、很想逃避？

小言：会，小时候总有这种感觉。因为住在亲戚家，如果有什么事情惹到别人，小时候的我就会觉得那是一个很严重的问题。在我不知道如何面对的时候，很希望父母会出现在我身边，或者赶紧带我搬走，不要再住在这里，也不要再和这个亲戚见面，要不然太尴尬了。

蔡敏莉：所以，你很希望父母能长伴左右，是吗？

小言：是的，非常希望。

蔡敏莉：你觉得一个家应该是什么样子的？

小言：一个家应该有一对夫妻、有老人，还有小孩。这个家应该是完整的、健康的。

蔡敏莉：那你现在有没有谈恋爱？

小言：没有。

蔡敏莉：你最大的愿望是不是有一个家，与一个人结婚、生子？

小言：我最大的愿望的确是能够组建一个家庭。

蔡敏莉：你有没有想过找一个男朋友，组建你想要的家呢？

小言：有，如果能实现，那么我一定会很开心。

蔡敏莉：你有没有努力找男朋友呢？

小言：没有，因为我觉得感情的事是随缘的，要是没有缘分，就算努力也是什么都求不来的。

蔡敏莉：你会不会为自己制造一些机会呢？

小言：会，我对感情的态度是很开放的。尽管我一切都会随缘，但如果有机会，我就一定会很认真地抓住机会。

蔡敏莉：你之前说，你不能很长久地做一份工作，其实这个问题不大。

小言：可是很多人在工作中有归属感，通过工作创造了价值，实现了自己的价值，也实现了自身精神、思想、经济的独立。

蔡敏莉：可以啊，你可以继续工作，也可以继续找你爱的人去组建家庭，因为每个人的需求都是不同的。你的需求是先有一个家，有了家才能安定下来工作，你觉得是这样的吗？

小言：是吧，如果我的家庭很安定，让我有安全感和归属感，那么无论我做什么事情都能集中精力。

蔡敏莉：那你就先成家，但这只是对你表面行为的解决办法。如果你从小到大都从未有过家的感觉，那么你就算结了婚，也未必懂得去经营。让我们来一起看看你当年的家，好吗？

小言：好的。

蔡敏莉：我们邀请几位学员扮演你的家庭成员。（**引导小言模仿小孩的样子跪下来；父母扮演者分别站在小言的两侧，握住她的手；面向妈妈扮演者**）你告诉女儿，“我没空照顾你”。

妈妈扮演者：我没空照顾你。

蔡敏莉：（**引导父母扮演者拖着小言的手，把她拖到外公外婆扮演者处**）你们把她交给了外公外婆，然后你们回来过自己的日子。（**面向小言**）他们是不是这样的？

小言：是的。

蔡敏莉：可能在你小的时候不会说，但这的确是你生命中第一次被父母遗弃。你跟外公外婆的关系是怎样的呢？

小言：很好，他们都很疼我。

蔡敏莉：你心里是疼外婆多一些，还是疼妈妈多一些呢？

小言：外婆。

蔡敏莉：你有时候会不会觉得外公是爸爸？

小言：是的。

蔡敏莉：爸爸对小时候的你来说是陌生人吗？

小言：是的。

蔡敏莉：在你小时候，你对外公外婆敞开心扉，以为他们是你的父母，只不过你对他们的称呼是“外公外婆”，而不是“爸爸妈妈”。

但你真正的父母则是陌生人，他们偶尔会来看你，你对他们没有深厚的感情。

小言：他们有时候会接我回家，我会跟他们说我不是他们家的，我跟外公姓，我不回家。

蔡敏莉：他们有什么反应？

小言：他们听了也不觉得怎么样，看我不回去就走了。

蔡敏莉：所以，你继续把外公外婆当作父母，但你到了六岁时，为什么要回爸爸妈妈家呢？

小言：因为外公外婆家在农村，我父母让我回城里读书。

蔡敏莉：**（面向外婆扮演者）**你对小言说，“你要回城里读书了，我们得把你送回去”。

外婆扮演者：**（和外公扮演者一起拖着小言扮演者的手，把她拖到父母扮演者处）**你要回城里读书了，我们得把你送回去。

蔡敏莉：**（面向小言）**对小时候的你来说，这是你人生中第二次被人遗弃，是吗？

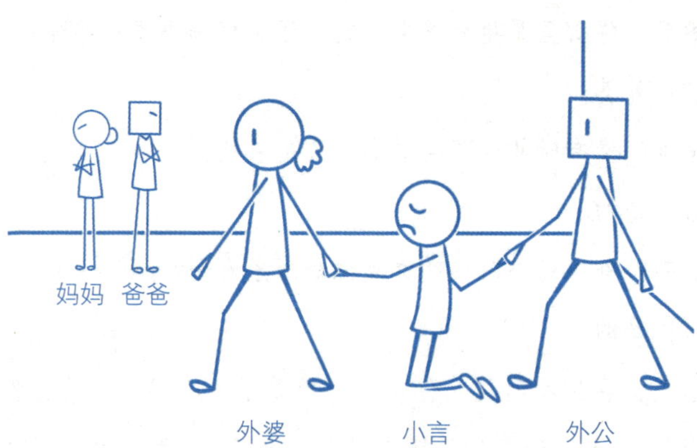

小言：是。

蔡敏莉：如果可以选择，你希望怎么样？

小言：我希望我能一直陪在外婆身边。

蔡敏莉：你有什么想对外婆说的吗？

小言：（**走到外公外婆扮演者面前**）外婆，我希望我一生都能和你在一起生活，等你老了我就照顾你，我们相依为命。

蔡敏莉：你对她说，“你就是我的妈妈，你是最爱我的那个人，在这个世界上没有人像你一样爱我”。

小言：我感觉你就是我的妈妈，你是最爱我的那个人，在这个世界上没有人像你一样爱我。

蔡敏莉：是不是这样的？

小言：是。

蔡敏莉：继续告诉她，“我离开你们家后，一直都像个孤儿。我晚上睡眠很差，因为我怕睡着了，明天不知身在何方。不过，我也很希望你出现在我的梦里”。

小言：（**拉着外婆扮演者的手，眼泪一滴滴地落下**）我离开你们家后，一直都像个孤儿。我晚上睡眠很差，因为我怕睡着了，明天不知身在何方。不过，我也很希望你出现在我的梦里。

蔡敏莉：想不想拥抱一下外婆？

小言：（**紧紧拥抱外婆扮演者**）

蔡敏莉：哭一会儿吧。你在人海中一直在寻找能让心安住下来的家园。每个人都需要这样的家园，否则会觉得活在这世上很孤独、很寂寞，哪怕你事业再成功，你的心也是很空虚的。你会对自己生气，你会放弃，因为你心里没有爱。请你好好地感受这个拥抱，这个世界上是有人爱过你的。现在，请你看着外婆，对她说，“谢谢你在我生命中出现过，谢谢你给予我的爱，我会记得”。

小言：谢谢你在我生命中出现过，谢谢你给予我的爱，我会记得。

蔡敏莉：你想对外公说些什么吗？

小言：外公，谢谢你照顾我、爱我。

蔡敏莉：（**引导外公外婆扮演者的手分别搭在小言的两个肩膀上**）你转身，带着外公外婆的爱回望童年（**引导小言看向对面的父母扮演者**）。你回去跟父母住在一起，但是他们很忙，就把你送到亲戚家了。（**面向父母扮演者**）你们对她说，“我们很忙，你去亲戚家住吧”。

妈妈扮演者：我们很忙，你去亲戚家住吧。

蔡敏莉：（**引导父母扮演者牵着小言的手，把她带到 1 号亲戚扮演者面前**）你们一起把她带到 1 号亲戚那儿，然后转身走开。你的父母不要你了，你在 1 号亲戚家过着寄人篱下的日子。然后，（**引导 1 号**

亲戚扮演者牵着小言，把她带到2号亲戚扮演者面前）1号亲戚也不要你了，把你送到2号亲戚家。没过多久，（引导2号亲戚扮演者牵着小言，把她带到3号亲戚扮演者面前）2号亲戚也不让你住在他家了，你只好去3号亲戚家暂住。（引导小言跪下来，向3号亲戚扮演者伸出一只手且手心向上）你住在别人家，处处谨小慎微，生怕自己惹祸。

小言：（流泪）是这样的。

蔡敏莉：尽管你现在已经长大了，但你的心仍像是浮萍一样地漂泊。当你在工作中感到无助时，就会想起这些日子，从而再次无意识地跌入当年的情绪陷阱中。为了自救，你就让自己辞职，其实这反映了你想如何去救小时候的自己。

小言：嗯，我就是想回家。

蔡敏莉：回谁的家？

小言：回外婆的家。

蔡敏莉：（引导幼年小言扮演者站在小言面前）这是小时候的你，

你想对她说些什么？

小言：我要带你回家。

蔡敏莉：你要带她回哪个家?

小言：回外婆家。

蔡敏莉：尽管外婆现在已经去世了，但外婆的爱留在你的心里。你可以收养幼年时的小言，给她一个家吗？你可不可以好好爱她?

小言：（**点头**）

蔡敏莉：跟我说，“我会爱你，我会负起爱你的责任”。

小言：我会爱你，我会负起爱你的责任。

蔡敏莉：抱抱幼年时的你。

小言：（**拥抱幼年小言扮演者**）

蔡敏莉：收留你漂泊的心，这个决定对你来说很重要。你要爱她，给她一个家。现在，带着幼年时的你，去告诉那些你曾借宿过的亲戚，“我找到小时候的自己了，她一直都在漂泊，现在我来收养她，我决定爱她，我决定用我的爱给她一个家”。

小言：我找到小时候的自己了，她一直都在漂泊，现在我来收养她，我决定爱她，我决定用我的爱给她一个家。

蔡敏莉：能分享一下你现在的内心感受吗?

小言：我从未回顾过这些事情。谢谢蔡老师，你让它重新发生一次。刚开始我觉得你很残忍，虽然现在还有些伤心，但如今漂泊的心安住下来了，有了更多的稳定感。我希望今后自己能更有力量。

## 结语

在小言的人生轨迹中，爱的脉络复杂且深刻。童年时，她的家支离破碎，频繁地转换寄宿地让她像无根的浮萍，安全感极度匮乏，内心满是无助与孤独。这份缺失一直蔓延到成年后的职场，让她难以长久从事一份工作，归属感成了遥不可及的奢望。

过往虽酸涩，但也是重塑自我的契机。那些在外公外婆家短暂停靠的爱恰似暗夜微光，从未熄灭。过去的伤痕不必再频频回望，相信小言会试着带着这点滴的温暖，敞开心扉去拥抱崭新的生活。爱从来不是被动等待，当你主动付出、用心感受时，就会发现，安定与幸福已悄然向你奔赴而来。

## 心理咨询师观摩笔记

黎湘玉

在这个个案中，小言的诉求是希望自己改变总是轻易放弃的习惯，期望能在事业上取得成就，找到属于自己的人生坐标。

蔡老师为小言梳理了童年经历，挖掘出她感觉自己不被爱以及产生漂泊感和无力感的根源。通过现场呈现的方式，让小言清楚地看到，其实她一直被爱包围着、被支持着，曾在外婆外公家生活的那段经历始终在她的内心深处给予她有力的支持。

上学后的动荡生活给小言的心理造成了创伤。蔡老师将这一伤痛呈现出来，使她看清了无力感和无助感的由来，以及自己不愿面对、想要逃避的原因。而后，蔡老师又借助外公外婆的爱为小言加持，凭借这份美好的情感赋予她力量，让她明白她能为自身负责，也能给予自己关爱，更能为漂泊的心建立一个让它安住下来的家园。一旦心灵有了栖息之所，小言便能勇往直前，克服困难，朝着自己的人生目标坚定迈进。

# 第 9 章 爱的放手

## 如何从牵你手到看你飞

阿忠有个哥哥，他是家里的小儿子，自幼备受呵护。阿忠因患有“蚕豆病”（一种遗传性溶血性疾病）而身体较弱，家人（尤其是妈妈）对他格外疼爱，凡事都为他安排好。随着年龄增长，阿忠读完中专参加工作后，妈妈对他的照顾依然无微不至，甚至让他觉得是一种管束。比如，他要和同学出去玩，妈妈会详细询问是哪个同学、去哪儿玩、什么时候回来等问题。对于妈妈的做法，阿忠虽不生气但是很反感。

上班后，阿忠因乱花钱和经常晚归甚至彻夜不归而与妈妈多次争吵（她习惯了对家人的紧张和牵挂，如果阿忠爸爸回来晚她也会一直等）。没过多久他就丢了工作，母子关系越发紧张。妈妈不理解儿子为何变得不听话、性格自闭、倔强，整天沉迷于网络世界。她觉得自己一直以来都是出于对他的关心。阿忠爸爸去世后，妈妈更加疼爱他，却未料到会因此与他距离越来越远，两人现在已没什么沟通。

阿忠并非不懂母爱，只是已长大成人，渴望尝试做出自己的选择，不想被妈妈过多管束，觉得有些事情妈妈不应管得太多——妈妈现在这个样子，就像是在黑板上一条条列出能做什么、不能做什么。阿忠与妈妈陷入了一种矛盾的关系中，他们都在思考如何找到一种合适的相处方式，让彼此既能感受到爱，又能拥有各自的空间和生活。

在咨询中我了解到，在情感依赖方面，妈妈过度依赖阿忠，尤其是在老公去世后，她将情感更多地寄托在阿忠身上，这种过度的依赖使她对阿忠的控制欲增强。在教育方式方面，她过度呵护与控制，阿忠小时候因身体较弱，妈妈对他的照顾无微不至；长大后，这种过度呵护和控制让阿忠感到压力非常大。尽管妈妈很希望阿忠独立，但在实际行动中却没有给予正确的引导，只是一味地按照自己的方式去管教，没有考虑到阿忠的感受和需求。

在征得了阿忠妈妈和阿忠的同意后，我们开启了本次个案过程。

## 个案实录

蔡敏莉：妈妈今年多大年纪？

妈妈：57 岁。

蔡敏莉：有没有想过再婚？

妈妈：没有。

蔡敏莉：有没有想过再找一个男朋友但是不结婚呢？

妈妈：也没想过。

蔡敏莉：为什么没想过呢？你这么年轻，也很漂亮。

妈妈：我已经不年轻了，都有两个小孩了，何必再找呢？就算再找，别人也不一定对我的孩子好，何必要这么麻烦呢？所以不想再找男朋友，更不想再婚。

蔡敏莉：你的男朋友还要照顾你的两个儿子啊？

妈妈：有时候要生活在一起的，平时也要有一些来往嘛。

蔡敏莉：阿忠现在多大了？

阿忠：28 岁。

蔡敏莉：你哥哥呢？

阿忠：我哥哥 32 岁，比我大 4 岁。

蔡敏莉：这两个男人迟早有一天会离开你的。

妈妈：是的，他哥哥已经离开家独立生活了。

蔡敏莉：那么，你打算什么时候让这个28岁的男人走呢？

妈妈：无所谓，如果他能独立生活就可以随时放他走的，我希望我可以不用再为他操心，我也可以独立生活，我还可以出去玩。

蔡敏莉：是谁让你为他操心的？孩子从刚出生到18岁都需要你照顾，但我刚才听他的意思是，他不想让你理他。

妈妈：我也不明白他为什么不想让我理他。

蔡敏莉：我不如让你看一下你平时是怎么教孩子的。我们请现场的一些学员进行角色扮演，将你和你家人的日常相处方式做给你们看。你跟老公的关系怎么样？

妈妈：还可以，挺好的。

蔡敏莉：从刚结婚到他去世，你们的关系都很好吗？

妈妈：是的。

蔡敏莉：（**面向父母扮演者**）你们两个手牵手。（**面向妈妈**）哥哥和你们谁的关系更好一些？谁更疼他一些？

妈妈：我老公疼他多一些。

蔡敏莉：所以，哥哥站在爸爸旁边。阿忠小时候因为生病而身体不太好，是吗？

妈妈：是的。

蔡敏莉：所以，妈妈是怎么照顾阿忠的？（**引导阿忠扮演者坐在地上，妈妈扮演者从阿忠扮演者背后抱住他**）是不是这样的？

阿忠　妈妈

阿忠：是。

蔡敏莉：（**面向阿忠**）小时候是这样吗？

阿忠：对，小时候就是这样。

蔡敏莉：（**面向妈妈**）你让他做家务吗？

妈妈：我们也要求他做，他有时候会做，有时候不会做。

蔡敏莉：如果他不做，你会怎么样？

妈妈：我就自己做。

蔡敏莉：所以，你这样做并不是很好。

妈妈：我知道。

蔡敏莉：我听说你帮他做家务，他的工资卡被你收着。

妈妈：我这么做是想教他怎么用钱，让他一点点地花，他之前花钱大手大脚的。

蔡敏莉：所以，你管着你儿子，怕他学坏，就连跟朋友玩你也会看得很紧，（**引导阿忠妈妈扮演者从阿忠扮演者背后用力按住他**）你对他管束就像这样。你心想，“如果有一天你能让我相信你长大了，我就让你走”。（**面向妈妈扮演者**）你再用点力按他。（**面向妈妈**）你还会认为，“现在，你不洗碗、不洗衣服，甚至连内裤都不自己洗，我就得管着你”。阿忠，是不是这样的？你觉得怎么样？

阿忠　妈妈

阿忠：是，我感觉压力好大。

蔡敏莉：你怎么应对？

阿忠：我会逃避。

蔡敏莉：你是怎么逃避的？

阿忠：我会出去玩，去放松一下。

蔡敏莉：去放松一下。

阿忠：是的。

蔡敏莉：所以，现实世界对你来说不是很好玩？

阿忠：是的。

蔡敏莉：你的现实世界就是跟妈妈在家里。（**面向妈妈**）他的现实世界太闷、太不好玩了，于是他就逃避，但他又不是那种会反抗的人，便逃到网络世界。（**面向妈妈扮演者**）你继续按住他。（**面向妈妈**）你可能会想，“我很知足、很开心，他只是上网，又不是去做什么违法的坏事”。

妈妈：（**眼泛泪光**）是的。

蔡敏莉：（**让爸爸扮演者坐在地上，并在他头上盖了一块布，代表去世**）有一天，你老公去世了。你更加呵护阿忠，但不知道你的每句话、每个动作对他来说都像一根大麻绳一样绑着他。你老公的去世对你的精神和经济上的打击都非常大，你能依靠谁呢？大儿子比较独立，已经离开这个家独立生活了。因此，你只能依靠小儿子，他就是我们所说的“家庭动力”。你看一下你老公，有没有什么话想对他说？

妈妈：（**流泪**）现在咱们家就像一盘散沙……

蔡敏莉：你很努力地去维系，是吗？

妈妈：是的，我做了很多工作，我很努力的，但我平时想跟儿子沟通都很困难。如果你还活着，我就不用负担那么重了。

蔡敏莉：对他说，“你为什么走得这么早，留下我一个人照顾儿子？你是我这辈子最重要的男人，你走了我只好跟儿子在一起生活。

如果他也走了，我就是一个孤独的老太婆，我真不知道怎么教孩子”。

妈妈：你为什么走得这么早，留下我一个人照顾儿子？你是我这辈子最重要的男人，你走了我只好跟儿子在一起生活。如果他也走了，我就是一个孤独的老太婆，我真不知道怎么教孩子。

蔡敏莉：所以，你用的办法就是把儿子留在身边。但你不知道，你这么做会让他越来越萎缩，于是他就用沉迷网络来抵抗——你越控制他，他就越躲在自己的世界里，就是不跟你玩。你看一下你儿子，他 28 岁了，他原本可以有一份工作，可以认识女孩子，可以在伦理范围内“坏”一下。我想他一定很后悔，他从来都没有“坏”过。他已经 28 岁了，按说都可以当爸爸了，但是因为你们有这样的相处模式，他只会越来越缩在自己的网络世界中。现在，你来拉着儿子的手，对他说，“你不准走”。

阿忠　　妈妈

妈妈：你不准走。

蔡敏莉：告诉他，“我宁愿你不工作，我可以养你一辈子，我宁愿你是一个傻儿子，也要让你在家陪我”。

妈妈：我说不出这句话。

蔡敏莉：那你换一句，“我宁愿你没前途，我也要有一个男人在家里陪我”。

妈妈：我的原意不是这样的。

蔡敏莉：你的原意是怎么样的？

妈妈：我希望他能变成一个真正的男子汉，就像他哥哥一样，我可以有时去他哥哥那边，有时去帮一下阿忠的，我是能两边兼顾的。

蔡敏莉：你不希望他在家里陪你吗？

妈妈：是的，我不想，我想让他出去工作，想让他独立。

蔡敏莉：你愿意为他做一些什么？

妈妈：我希望他能找到一份工作，可以过正常人的生活，每个人都有自己的家。

蔡敏莉：那你告诉他，“我宁愿自己一个人住，我放你走。我宁愿有一个健康的儿子。我本是想好好爱你的，但我不知道我这么管教你会令你这样。我错了，我现在放你走”。

妈妈：我宁愿自己一个人住，我放你走。我宁愿有一个健康的儿子。我本是想好好爱你的，但我不知道我这么管教你会令你这样。我错了，我现在放你走。

蔡敏莉：继续说，“我会通过照顾好自己来证明我是真心地想放你走的。哪怕我以前对你那样也是因为我想爱你，只是不知道怎么去爱你，你原谅我吧”。

妈妈：我会通过照顾好自己来证明我是真心地想放你走的。哪怕我以前对你那样也是因为我想爱你，只是不知道怎么去爱你，你原谅我吧。

蔡敏莉：想不想抱一下他？

妈妈：（**抱住阿忠**）我以前不知道怎么爱你，我希望你能原谅我。之前是我用的方法不对，现在希望你能做一个真正的男子汉。

蔡敏莉：（**面向大家**）我们可以看到，有些人沉迷网络的原因其实与这个人和家庭成员的关系有关——往往是父母尤其是妈妈对孩子管得太紧，而这种类型的孩子不会说出来，只能束手就擒，于是就逃避到网络世界中了。因此，在你决定对孩子做什么行为之前要征得他的同意，你需要问一下他，他想不想要。如果孩子还处于有点迷糊的状态，你就要后退一步，看着他再说一次。（**面向妈妈**）告诉他，"我愿意放你走"。

妈妈：（**后退一步**）我愿意放你走。

蔡敏莉：说，"我们开始照顾自己的比赛，看谁做得好"。

妈妈：我们开始照顾自己的比赛，看谁做得好。

蔡敏莉：你们拉一下手指，就表示你们都同意开始这场比赛了，看谁能照顾好自己。

妈妈：（**和阿忠拉手指**）我们看看谁能照顾好自己。

蔡敏莉：其实，你们母子俩都有自己的渴望，但遗憾的是，妈妈的照顾让孩子感觉像控制，便用消极的方式去抵抗，两人都走了极端。只要你们都能理解对方的爱，能听到对方想说的话，就能重新建立良好的母子关系。半年后，我们会给你打电话回访，期待你们成功！

## 结语

爱如风筝线，过紧则断，过松则失。妈妈因对阿忠过度呵护和控制，导致阿忠陷入网络世界以逃避现实。通过角色扮演，妈妈看到了自己的行为对阿忠的影响，并在意识到错误后决定放手，让阿忠去追求独立和成长。他们的经历提醒我们，在亲子关系中，要给予孩子适当的空间，尊重孩子的意愿。只有双方都能听到对方的心声，理解彼此的爱，才能重新建立健康的亲子关系，让孩子真正成长为独立的个体，妈妈也能学会照顾好自己，享受自己的生活。

## 心理咨询师观摩笔记

许少凤

在这个个案中，蔡老师先是通过提问了解家庭背景，包括妈妈的年龄、对感情的态度，以及家庭成员之间的关系等，为深入分析问题奠定基础。接着，蔡老师采用角色扮演的方式，生动地呈现出阿忠成长过程中的家庭动力，让母子俩直观地看到妈妈对阿忠过度呵护和控制的行为模式。

在角色扮演过程中，蔡老师不断引导妈妈和阿忠表达内心的感受。比如，让妈妈体会到自己的行为给阿忠带来的压力；让阿忠说出自己为了逃避现实而去上网的原因；还让妈妈体会老公去世后自己面临的困境，使她深刻地认识到自己对阿忠的过度依赖。

在妈妈意识到自己的错误后，蔡老师引导她向阿忠表达歉意和放手的决心。鼓励妈妈用具体的行动和语言（比如，“我愿意放你走”“我们开始照顾自己的比赛”），为母子关系的改善提供明确的方向。

最后，蔡老师为他们设定了一个目标和期限（即半年后回访），让他们报告情况，这给了他们努力的动力和期待。蔡老师通过这些方法帮助妈妈和阿忠认识到问题所在，促进他们相互理解，为改善亲子关系提供了切实可行的途径。

第 10 章

# 孤独的隐匿者
## 如何建立人际关系

凡凡是一名销售员。这几年，她常常觉得自己的人际关系有问题，不仅跟同事处得不好，跟身边的人也处得不好。渐渐地，她怀疑自己患上了抑郁症，并为此求医和吃药，这样的状况持续了好几年。

凡凡从小就受到姐姐的压制——姐姐总是能找到各种各样的理由责怪她，而沉默寡言的她则很少反驳姐姐。凡凡在成长过程中常会做噩梦，梦见姐姐骂她，骂到她哭湿了枕头，然后就醒了。

19 岁那年的初恋，是凡凡人生中匆匆划过的一笔亮色。两人在招聘面试中相识，又迅速相恋，爱情的甜蜜曾一度让凡凡几乎忘了伴随多年的痛苦。然而，这班幸福的列车很快就到站了——不到半年，男朋友就提出了分手。从此，凡凡认为自己的感情生活陷入了一个怪圈，几乎每次都是始于亲密终于疏远。她想不通这到底是成长过程中姐姐给自己的阴影所致，还是自己不懂得经营感情？

凡凡渴望变得更加自信，并在亲密关系中以及与同事的关系中，能更有信心和别人相处。

经过沟通我观察到，凡凡的成长背景在无形中为她设置了障碍。性格内向的凡凡自幼感到自己被忽视，逐渐习惯了隐匿自己的光芒。在感情世界中，凡凡同样被内心的不自信所困，受制于由家庭环境和成长经历所形成的心理枷锁。

在征得了凡凡的同意后，我们开启了本次个案过程。

## 个案实录

蔡敏莉：可不可以再说说你今天来的目的？

凡凡：想让自己变得自信。

蔡敏莉：在哪方面？

凡凡：对人和对事这两方面。

蔡敏莉：当你对人很有自信的时候，你是怎么样的？

凡凡：笑。

蔡敏莉：笑给我看看。

凡凡：（笑）

蔡敏莉：在你和别人的交往中，很有自信的时候是怎么样的？

凡凡：也是笑。

蔡敏莉：除了笑，还有什么呢？如果有一位男士，你很想和他交往，你会怎么样？

凡凡：引起他的注意。

蔡敏莉：你会通过怎么做来引起他的注意？

凡凡：把自己打扮得漂亮一点。

蔡敏莉：除了打扮得很漂亮，你还会怎么样？

凡凡：可能会去跟他说话，通过说话来吸引他。

蔡敏莉：我们请现场的一位男士过来。如果你对他感兴趣，你会怎么做？

凡凡：我会多看他几眼。

蔡敏莉：你希望会发生一些什么事呢？

凡凡：我希望他会走过来和我说话。

蔡敏莉：如果社交场合人比较多，他没有留意到你，你会有什么样的感受？

凡凡：我会有一点不开心。

蔡敏莉：你会怎么做呢？

凡凡：不会做什么。

蔡敏莉：什么都不做吗？

凡凡：对。

蔡敏莉：我怀疑这就是你不开心的原因。我听你对过往的描述中，你说别人不理你时，你好像也是等别人主动过来跟你聊天，对吧？

凡凡：对。

蔡敏莉：事实是什么样的呢？

凡凡：他们会说我不说话。

蔡敏莉：如果是我看到我喜欢的男士，我就会做一些事情。比如，我会走过去向他进行自我介绍，我还会告诉他，你今天穿的衣服很特别，在哪里买的？我会主动找一些话题，多和他聊聊天，你会不会这样做？

凡凡：不会。

蔡敏莉：你会怎么做？

凡凡：我只是去偷偷地看他。

蔡敏莉：可是，如果社交场合有很多人，他怎么知道你在看他？

凡凡：那也没有办法。

蔡敏莉：我看到你在原生家庭中存在一种模式，我想请现场的一些学员来进行角色扮演，让你更直观地看到这个模式。我推测在你成长的过程中，你妈妈和姐姐的关系很好，她们都指责你，是这样吗？

凡凡：是的。

蔡敏莉：（**引导妈妈扮演者和姐姐扮演者指着凡凡扮演者，凡凡扮演者面向她们单膝跪地**）她们通常会因为什么而指责你？

凡凡：她们说我懒。

蔡敏莉：你站在姐姐旁边，学着姐姐平时跟你说的样子来说说，好不好？让我们更了解一些。

凡凡：（**站在姐姐扮演者旁边，指着凡凡扮演者**）你怎么这么懒？！你看谁会像你这样，一点用也没有！你每一份工作都做不了多长时间，你以为你是谁啊，你以为你自己学历很高吗？！你都不照照镜子看看你是什么样子——既不漂亮，学历又不高，你还想怎么样？！

蔡敏莉：姐姐说你的时候，你会有什么反应？

凡凡：不说话。

蔡敏莉：如果可以选择，你想不想找一个洞躲起来？我们来拿一块红布来表示你就像躲在一个山洞中，（**引导凡凡扮演者坐在地上，用红布盖住她的头**）是不是这样的？（**引导凡凡坐在凡凡扮演者旁边**）你躲在山洞里，是不是会感到很安全？

凡凡：是有一些安全感。

蔡敏莉：是不是觉得挺舒服的？

凡凡：是……但是我不想这样。

蔡敏莉：可是你的确是这样做的——当年你妈妈和姐姐这样对你，你在和她们的相处中就选择了这个位置。如果在工作环境中，（**引导同事扮演者和凡凡握手**）有的人对你很好，主动过来和你聊天，你就很开心，你还认为他想追求你。你希望他下一步怎么做？

凡凡：多关心我一些，再多一些。

蔡敏莉：你会去做什么吗？

凡凡：好像不太会。

蔡敏莉：你什么都不做，只想让对方付出。你可以想一想，如果他关心了你两三个月后，他是不是也会觉得没什么意思？在你和他的相处中，有没有告诉他“我很喜欢你”“我谢谢你”之类的话？

凡凡：没有。

蔡敏莉：那他怎么知道你喜欢他呢？如果我是他，我在关心了你几个月后你都没有表态，我就会离开了。如果你可以换一种方式对待他，你会怎么做？我们先来请这位男士和你互动，可能会对你有所启发。你之前在这个山洞里待得太舒服了，所以在你有了男朋友之后，他在热恋期间会完全把你背起来（**引导男朋友扮演者背着凡凡走路**），是不是这样的？

凡凡：是的。

蔡敏莉：你在两个人的相处中愿意付出什么努力？

凡凡：让他感觉我喜欢他。

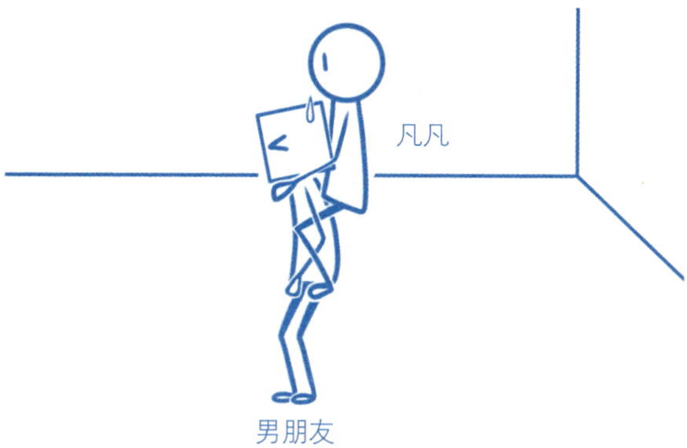


蔡敏莉：你觉得你可以通过做什么来让他感觉到你喜欢他？

凡凡：比如，眼神，或者……

蔡敏莉：拜托，这个世界上有多少人能看到你的眼神啊？！你站起来坐到我旁边，来看看你是怎么生活的。（**引导男朋友扮演者在凡凡扮演者身边绕圈**）如果有一位男士在你身边走，（**引导凡凡扮演者一直看着男朋友扮演者**）你就只是看着他，其他什么都不做。（**面向凡凡**）你来看看，你这时候有什么感受？

凡凡：我觉得自己很孤独。

蔡敏莉：你觉得没有人理你？

凡凡：对。

蔡敏莉：所以，你觉得这是谁的责任呢？你永远只是坐在这里，你很害怕，也不开心。

凡凡：是的，我想开心也开心不起来。

蔡敏莉：这就是你现在的生活方式——你觉得不开心，但又不知道做些什么才能让自己开心，这就是抑郁症的表现。其实，你还可以做很多事情。

凡凡：我想不出来还能做什么。

蔡敏莉：举个例子，在社交场合中有一位你很心仪的男士，你想不想走过去和他聊聊天？

凡凡：我不敢。

蔡敏莉：如果你不主动去和他聊天，他就会和别人喜结良缘了，你自己考虑吧。你可以继续陷入抑郁中，（**引导凡凡看向坐在地上的凡凡扮演者**）被盖在那块布中。（**引导凡凡心仪男士扮演者触碰凡凡扮演者**）你过去碰她一下，她什么反应都没有，你又去碰她一下，她仍是什么反应都没有，于是你很失望地走开了。（**面向凡凡**）你可以选择一辈子生活在抑郁之中，也可以做一些事情，让自己远离抑郁。

凡凡：唉，不知道。

蔡敏莉：你暂时不知道可以做些什么来让自己开心，是吗？

凡凡：是的。

蔡敏莉：那你今天可不可以通过和我握握手来做一个承诺？承诺你会做一些事情来让自己开心，你不能骗我。其实，你之前的人际关系不好并不是你的问题，别人也没有嫌弃你，只是你不知道如何和人相处。你可不可以学着如何和人相处？你要做一些跟以前不同的事情。

凡凡：（**和蔡敏莉握手**）老师我可以的，只是我不知道怎么做。

蔡敏莉：我可以慢慢教你，你可以慢慢学，你今天可不可以先来做一个决定？（**引导凡凡看向凡凡扮演者和其他扮演者**）你来看看你自己，你小时候因为受家庭环境的影响，为了保护自己，你便将自己藏在这个山洞里面，这就是你当年求生存的办法，你把自己保护得很好。如今你已经长大了，但是你忘记了你不再需要躲在这里。你今天只需要做一个承诺，说“我会摆脱抑郁，我会学着做一些事情让自己开心起来，我会为我的快乐负责任，我宁愿做一些事情建立社交，慢慢地，我将不再依赖药物”。

凡凡：（**流泪**）我会摆脱抑郁，我会学着做一些事情让自己开心起来，我会为我的快乐负责任，我宁愿做一些事情建立社交，慢慢地，我将不再依赖药物。

蔡敏莉：（**引导凡凡看向凡凡扮演者**）我想第一步应该是你将盖在她头上的布拿开。

凡凡：（**走到凡凡扮演者面前，拿开盖在她头上的布**）

蔡敏莉：看看你自己，告诉她，“我是长大后的你，当年为了保护自己，我坐在这个角落里，我很孤独，现在我将带你离开”。

凡凡：我是长大后的你，当年为了保护自己，我坐在这个角落里，我很孤独，现在我将带你离开。

蔡敏莉：你扶她站起来。

凡凡：（**扶凡凡扮演者起来**）

蔡敏莉：现在有一位女同事走过来了，她跟你打招呼（**引导女同事扮演者和凡凡打招呼**），你可以做些什么呢？

凡凡：也跟她打招呼。

蔡敏莉：她说早上好。

凡凡：我也说早上好。

蔡敏莉：她说想跟你一起去吃饭。

凡凡：那就一起去吃饭。

蔡敏莉：如果她约你两次，你会不会主动约她一次？

凡凡：会。

蔡敏莉：你告诉她，“我们做好朋友”。

凡凡：我们做好朋友。

蔡敏莉：面对这样的要求，一般人都会同意的。你这一关过了，你有了朋友。接下来，你看到一位你喜欢的男士，你可以做一些什么？当然要有身体接触，走过去告诉他，你叫什么名字。

凡凡：（**和男士扮演者握手**）你好，我叫凡凡。

蔡敏莉：接着可以做什么呢？比如，你会不会对他说，“你今天穿的衣服很帅”“你的发型很特别”，或者问问他“你在哪里工作”？

凡凡：不会。

蔡敏莉：我们试一下，看看你现在有什么感觉。（**笑**）你是觉得他的衣服不帅吗？

凡凡：（**笑**）不是，我不像会说这些话的人。

蔡敏莉：没有像不像的。说出来，你就可以认识很多新朋友，否则你就只能躲进山洞里了。试一下！

凡凡：但是我性格比较内向，我不会说。

蔡敏莉：这不是性格的原因，这是一种行为，是一种你以前在家里没有学过的行为。这跟性格没有关系，你只是不习惯。我现在就要求你一定要说，告诉他，“你这身衣服挺帅的”。

凡凡：你这身衣服挺帅的。

蔡敏莉：问问他，“你在哪里买的”。

凡凡：你在哪里买的？

蔡敏莉：你看看他的反应，他喜欢听吗？（**面向男士扮演者**）你会回答她吗？

男士扮演者：会的，我会告诉她，她很会称赞别人。

蔡敏莉：你再称赞一下他的发型。

凡凡：你的发型挺好看的。

男士扮演者：是吗，刚刚剪的。

蔡敏莉：（**面向凡凡**）你再想想，还有什么可以称赞他的？你们不过是聊聊天罢了，正常的社交而已，因为你不是很肯定自己是否喜欢他，所以这只是一个让你们看清楚彼此的机会。你会不会这样做？

凡凡：可能以前不会。

蔡敏莉：现在呢？

凡凡：以前察觉不到自己是这样的。

蔡敏莉：现在呢？你会不会为了自己的幸福快乐，走出第一步、第二步、第三步呢？

凡凡：很想，但是不知道能不能做到。

蔡敏莉：在你的前半生，因为你的样子楚楚可怜，所以有很多人主动来照顾你，但是你不知道你要有所反应的，也不知道要给对方回应。对你来说，真正的好朋友就不要宠坏你，要在你说话之后才有所反应，这样你才能慢慢学会，你只有主动做一些事情才能有朋友。其实，你最大的问题是你不知道如何进行社交，可能你在小时候跟小朋友玩的时候没有学过如何与朋友相处。你为此感到不开心，便去就医，被诊断为抑郁症，花了不少钱，也吃了不少药，还会让你总是想着“我有抑郁症”这件事。只有你看到背后的原因，才能更好地帮助你。

## 结语

在都市的喧嚣中，不乏与凡凡相似的灵魂，他们渴望周围人的关怀与温情。有时候，一个简单的微笑、一次温暖的握手，都足以融化心防，传递暖流。尝试主动迈出那一步吧！用你的善意作为钥匙，开启与他人沟通的心门，敞开心扉，去拥抱这个世界上无处不在的美好与温暖。

或许每个人内心深处都藏着一份孤独，但改变的契机掌握在自己手中。在社交场合，不妨先从一个微笑开始，这往往可以作为社交乐章的序曲。勇敢地展现出最真实的自我——那个阳光明媚、自信满满、美丽动人的你。学会用赞美的话语作为桥梁，主动联结心灵，编织人际纽带。

要想挣脱孤独的枷锁，就从转变你的言语态度做起，让温暖的话语成为你通往广阔世界的通行证。

## 心理咨询师观摩笔记

刘敏

凡凡因原生家庭中缺乏足够的关爱与温情，导致她在情感表达上有所缺失，难以自然地感受并表达对他人的感情。面对心仪之人，她虽愿意倾尽所有，却碍于自尊与不够自爱，难以启齿表达心意。

在咨询过程中，蔡老师精心设计了以下五个阶段的辅导策略。

- 第一，蔡老师教她如何在公共场合更加自在地与异性互动，提升社交的自然度与舒适感。
- 第二，蔡老师通过细致剖析原生家庭对凡凡性格形成的影响，帮助她理解和接纳过去的自己，释放积压的情绪。
- 第三，蔡老师引导凡凡探索有效的方法，逐步减轻抑郁症状，减少对药物的依赖，转而依靠内在的力量和积极的生活方式。
- 第四，在职场方面，蔡老师教她如何与同事和谐共处的技巧，改善工作环境中的互动，从而提升职业幸福感。
- 第五，蔡老师将重点放在帮助凡凡在社交场合中树立自信上，从简单直接的开场白（比如打招呼）到真诚的赞美（比如，“你这身衣服挺帅的”），每一个小步骤都是她重新找回自我、勇于表达的体现。

通过这一系列循序渐进的引导，凡凡不仅学会了基本的社交技巧，更学会了如何真正地爱自己，敢于表达内心的真实感受，逐渐从抑郁的阴影中走出来，生命之花得以重新绽放。

# 第 11 章 爱的重生

## 如何疗愈离婚带来的创伤

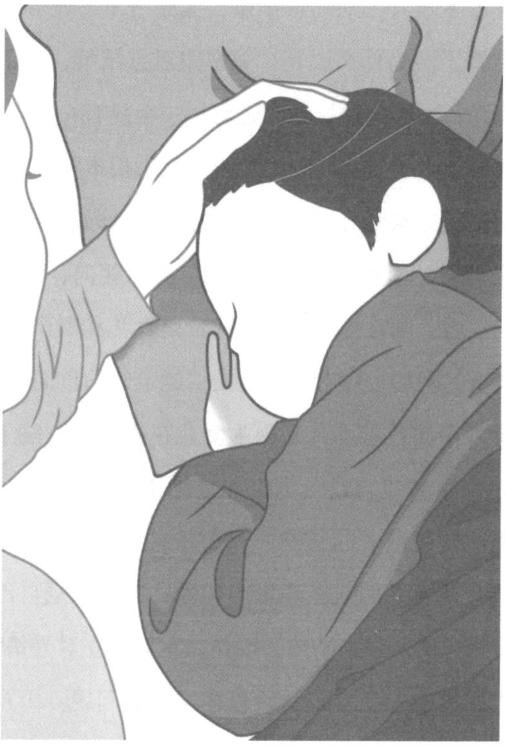

阿珍的童年很不幸。在阿珍五岁时，妈妈因糖尿病几次复发太痛苦而吃灭鼠药自杀。阿珍还有三个兄弟姐妹，爸爸自顾不暇，根本照顾不过来这么多孩子，便把她送到养父母家生活，而且之后很少来看她。养父母对她很不好，养母常常会骂她两个多小时，还会动手打她。因此，阿珍认为自己是个没人疼的孩子。

阿珍在她成年之后，曾拥有过一段她自认为是真爱的感情，但由于她比男朋友大三岁，男朋友的妈妈不同意两人交往，最终阿珍选择放弃。从那之后，阿珍总是觉得自己不会再遇到优秀的男人，更不会遇见真爱了。

后来，身边不断有人劝阿珍结婚，无奈之下，她和一个仅认识一年多的男人结婚了。为什么说是“无奈跟对方结婚，而不是找一个相爱的人结婚”呢？阿珍的解释是，她对另一半只有一个期待：“我不要求他爱我，只要他不要对我有家庭暴力，我就根本不在乎他是否爱我，只要给我一个温暖的家就可以了。”结婚后，阿珍越发觉得老公性格古怪，两人无法沟通。而且他还经常对阿珍暴力相向，动手之后又后悔道歉。结婚三年后，阿珍提出离婚，代价是女儿和财产都归属于前夫。然而，即便离婚，阿珍也没有摆脱前夫给她带来的负面影响。

阿珍之所以来向我求助，是因为女儿在前夫的影响下，以“离婚的女人不可以去学校接自己”为由而拒绝了阿珍，让阿珍伤心欲绝。她希望：一是能摆脱前夫的影响，和女儿建立良好的关系，夺回女儿的抚养权，给女儿更好的成长环境和关爱；二是修复自己因不幸的童年和失败的情感经历所带来的内心创伤，重新建立对爱情的信心。

经过简单的沟通，我发现阿珍存在这样的问题：因童年经历和感情挫败而对自我价值和亲密关系产生错误认知，并对婚姻缺乏足够的慎重。童年经历还使得她认为自己不被人疼爱，这种心理可能会影响她在人际关系中的自信心和安全感，让她在与他人相处时容易产生负面情绪和消极行为反应。

在征得了阿珍的同意后，我们开启了本次个案过程。

## 个案实录

蔡敏莉：让我们看一下你的成长过程是怎么样的，好吗？我们请两位学员分别来扮演你的父母。（**引导父母扮演者背靠背站立**）你妈妈一个人带四个小孩子，你爸爸不在家。

阿珍：是的。

蔡敏莉：她是不是很孤独？

阿珍：是的。她有很严重的糖尿病，反复了几次，后来可能因为太痛苦，受不了，所以吃灭鼠药自杀了，那个药还是她让我姐姐买给她的。

蔡敏莉：你看到妈妈死了吗？

阿珍：没有，当时我不在家。我只是听别人说我妈妈让我姐姐去买一包灭鼠药，结果第二天妈妈就死了。后来大家才知道她吃了那包灭鼠药。

蔡敏莉：你有没有参加妈妈的葬礼？

阿珍：有。

蔡敏莉：妈妈去世之后，你怎么过日子？

阿珍：在那个年代，我家出那样的事，我们家的几个孩子在村子里很容易遭到歧视，也很容易被人冤枉——因为我们没有妈妈爱。

蔡敏莉：妈妈去世后，爸爸有没有经常回来陪伴你们？

阿珍：他很少回来。

蔡敏莉：妈妈自杀了，爸爸不经常回家。

阿珍：是的。

蔡敏莉：（**用布盖在妈妈扮演者头上**）哦，这样。你怎么长大的？你跟谁一起过？

阿珍：可能是爸爸一个人照顾四个孩子太辛苦了，他把我送给别人做女儿。

蔡敏莉：送给谁？

阿珍：他认识的一个人，但不是我的亲戚，而且我的养父母家离我家很远。

蔡敏莉：我们请两位学员扮演你的养父母，再请一个人扮演儿时的阿珍。（**引导阿珍扮演者蹲在地上，爸爸扮演者将阿珍扮演者拖到养父母扮演者面前**）爸爸不能照顾你，便将你送到养父母家。（**面向阿珍**）爸爸告诉你，“我不能照顾你了”，是不是这样的？

阿珍：是。

蔡敏莉：（引导阿珍扮演者跪在地上，爸爸扮演者转身离开）爸爸继续去忙了，是不是这样的？

阿珍：是。

蔡敏莉：你愿意被爸爸送到别人家养吗？

阿珍：当然不愿意啊。

蔡敏莉：你在养父母家过得开心吗？

阿珍：不开心。

蔡敏莉：当时的日子是怎样的？

阿珍：养母经常虐待我。

蔡敏莉：她打你？

阿珍：是的。

蔡敏莉：她怎么打你？

阿珍：她一开骂就能骂我两个多小时，还不允许还嘴，我一旦还嘴她就会拿棍子打我。

蔡敏莉：（**面向养母扮演者**）请你围着阿珍扮演者走一圈，边走边骂她，然后踢她两脚。（**面向阿珍**）你觉得这个世界有没有人爱你?

阿珍：好像感觉不到。

蔡敏莉：养母有没有爱过你?

阿珍：没有。

蔡敏莉：爸爸有没有爱过你?

阿珍：应该有吧。

蔡敏莉：请你看看呈现在你眼前的这幅画面，这就是你成长的片段，你想不想对谁说些什么?

阿珍：我很想跟我妈妈说。

蔡敏莉：你走到妈妈那里去，跪在她面前，掀开盖在她头上的布。你想对她说些什么呢?

阿珍：妈妈，你为什么那么不勇敢，因为病痛就自杀了，难道我不值得你爱吗？你一共有四个儿女，你不可以为了我们而坚强地生活下去吗？你就这样死了，你逃避了你的婚姻和孩子，你不觉得把我们留下来，会让我们过得很惨吗?

蔡敏莉：你问妈妈的方式并没有清晰地表达出你的感受，也无法让你得到你想要的东西。你不如这样直接说，“妈妈，你去世之后，我的日子过得很凄凉，我被爸爸送到别人家寄养。在养父母家，我被养母虐待，我就像是一只流浪狗。就是因为你离开了我们，我才觉得这个世界上没有人爱我，我不知道爱自己，也不相信会有人爱我，就算有人爱我，我也会很快放弃自己。妈妈，你到底有没有爱过我”。

阿珍：妈妈，你去世之后，我的日子过得很凄凉，我被爸爸送到别人家寄养。在养父母家，我被养母虐待，我活得好惨啊！就是因为你这样离开了我们，我才觉得这个世界上没有人爱我，我不知道爱自己，也不相信会有人爱我，就算有人爱我，我也会很快放弃自己。妈妈，你到底有没有爱过我？

蔡敏莉：你知不知道这个问题的答案？

阿珍：我相信妈妈应该是爱我的。

蔡敏莉：阿珍你过来坐在妈妈旁边，你来扮演你妈妈。（**面向阿珍扮演者**）也过来，站在阿珍和妈妈对面。你把阿珍刚刚对妈妈说的那段话复述给阿珍，注意，她现在扮演了你妈妈。

阿珍扮演者：妈妈，你去世之后，我的日子过得很凄凉。爸爸把我送到别人家寄养，我被养母虐待，我就像是一只流浪狗，你到底有没有爱过我？

阿珍：有。

蔡敏莉：（**面向阿珍**）你对女儿做过什么事情，可以证明你爱过她？

阿珍：我那时病情加重，不想连累家里人，所以我选择了自杀。因为如果继续给我治病，家里就会花更多的钱，所以我才选择了这条路。可是，就算我这么做，我也是很爱你的。

蔡敏莉：（**引导阿珍看向阿珍扮演者**）你跟着我对她说，“我希望你好”。

阿珍：我希望你好。

蔡敏莉：（**引导阿珍走到妈妈扮演者对面**）你做回你自己，你来问妈妈，“你有没有爱过我”。

阿珍：妈妈，你有没有爱过我？

妈妈扮演者：有。

蔡敏莉：（**面向妈妈扮演者**）你对女儿做过什么事情，可以证明你爱过她？

妈妈扮演者：我自杀其实是为你们好。

蔡敏莉：你跟我说，“我不想让你们为我治病花太多钱，我不想拖累你们。我是爱你的，我知道你的日子过得很惨，我也很伤心。过来，妈妈抱抱你”。

妈妈扮演者：我不想让你们为我治病花太多钱，我不想拖累你们。我是爱你的，我知道你的日子过得很惨，我也很伤心。过来，妈妈抱抱你。

阿珍：（**紧紧地抱住妈妈扮演者，在她怀中流泪**）

蔡敏莉：（**面向大家**）很多人在长大后的亲密关系中出问题，是因为有这样的假设——“我是不值得被爱的”，所以才不会找一个合情合理的伴侣。在假设自己不值得被爱后，就放弃了对亲密关系的追求。因此，最重要的是回到原始的关系之中，如果你深信父母爱你、你是可爱的、你是值得被爱的，那么在选择伴侣的时候，你的要求就会比较高。一个人只有能把自己的价值看得高一些，获得良好的亲密关系的概率才会高一些。我刚刚对阿珍的引导，就是让她去追溯源头，让她知道“原来妈妈是爱我的”。（**面向阿珍**）阿珍，你感受到妈妈的体温了吗？

阿珍：感受到了。

蔡敏莉：你能记住和妈妈拥抱的感觉吗？这份感觉会告诉你，妈妈是爱你的。

阿珍：是的，妈妈是爱我的。

蔡敏莉：你跟着我说，“原来我是值得妈妈爱的，我能学会如何爱自己，我知道妈妈在天上保佑我”。

阿珍：原来我是值得妈妈爱的，我能学会如何爱自己，我知道妈妈在天上保佑我。

蔡敏莉：现在，慢慢地和妈妈分开，试着将妈妈的体温留在心中。你是知道妈妈的爱会留在心中的，是不是？

阿珍：是的，我知道妈妈的爱会留在心中。

蔡敏莉：暂时跟她说再见。

阿珍：再见。

妈妈扮演者：（**离场**）

蔡敏莉：（**引导阿珍看向阿珍扮演者**）现在你怎么对自己呢？你告诉她你的梦想，你希望找一个什么样的男人？

阿珍：我希望找一个阳光、有男子气概、有责任心的男人，我希望能和他有共同语言，能无话不谈。

蔡敏莉：如果他说他要你养，你会怎么想呢？

阿珍：如果他这么说，我可能就会在心里打个问号。

蔡敏莉：你向世界说出你的要求，如果你知道自己想怎么样，那么往往能让你找到自己想要的东西。你跟我说，“我想要一个合情合理的男人，我们不需要养对方，我们之所以能走到一起纯粹是因为爱。我不希望自己变成别人的负担，也不希望别人变成我的负担”。

阿珍：我想要一个合情合理的男人，我们不需要养对方，我们之所以能走到一起纯粹是因为爱。我不希望自己变成别人的负担，也不希望别人变成我的负担。

蔡敏莉：是不是这样的？

阿珍：是的。

蔡敏莉：要想享受这样的亲密关系，其中最重要的一点就是你要爱自己。

阿珍：是的，我爱自己。

蔡敏莉：你会做什么事情来表示你爱自己呢？

阿珍：我会关心自己。

蔡敏莉：（**引导阿珍面向阿珍扮演者**）告诉她，“我会关心你、照顾你”。

阿珍：我会关心你、照顾你，让家里有更多的氛围感。

蔡敏莉：可是你家里只有你一个人而已啊！

阿珍：是的，没关系。

蔡敏莉：那你继续告诉她，“我会爱你”。

阿珍：我会爱你到老，我会一直在你身边陪伴你，无论是苦还是甜。

蔡敏莉：（**面向阿珍扮演者**）你相信她说的吗？

阿珍扮演者：相信。

蔡敏莉：在你有自己做伴后，你还需不需要找一个伴侣呢？可能不那么重要了，但如果碰到合适的伴侣也不必拒绝。因此，只要你能爱自己，和自己在一起很开心，与自己和睦相处，你就会理解她，她也会理解你。找伴侣的时候你要挑剔一些，对方要合情合理。你来告诉有意追求你的男士，“只有你合情合理，才可以追求我”。

阿珍：只有你合情合理，才可以追求我。

蔡敏莉：说完后感觉怎么样？

阿珍：舒服些了。

蔡敏莉：心里有没有多一些希望？

阿珍：有。谢谢蔡老师。

## 结语

在人生的旅途中，很多人都渴望拥有一份美好的感情，但首先要清楚的是，这份美好的感情其实是与自己息息相关的。只有我们能全身心地爱自己，与自己建立良好的关系，才有可能与他人构建一段美好的关系。因为只有懂得对自己合情合理的人，才能明白如何对他人合情合理。我们本就拥有自己，这已经是一个无比珍贵的存在，但为了能更好地爱自己，我们或许会选择走进亲密关系，多去寻找一个人来爱自己。因此，学会爱自己才是一切的根本前提。而一个人是否懂得爱自己、是否觉得自己可爱、是否认为自己值得被爱，往往源自原生家庭。不过，无论我们多大年纪，都可以踏上学习爱自己的征程，这既是一种选择，也是一段充满意义的学习之旅。

## 心理咨询师观摩笔记

徐红

阿珍的确拥有一个不幸的童年：妈妈的离世让她的内心充满悲伤；爸爸把她送到别人家寄养，让她体会到了被爸爸抛弃的痛苦；养父母虐待她，让她在人生的早些年没有感受到被爱，而是痛苦和伤害。因此，她对伴侣的要求是，“只要不对我暴力相向，爱不爱我不重要，只要给我一个温暖的家就好”。这就是阿珍在儿时对于爱和家庭的渴望。为什么阿珍不敢寻求一个真正爱自己的人呢？因为儿时的经历让她在内心深处形成了这样的信念——“我不值得被爱，也不配被爱”。

因此，在这次咨询中，蔡老师并没有在阿珍与前夫的关系上做工作，而是直接针对阿珍的核心信念“我不值得被爱，也不配被爱”进行工作。

首先，蔡老师用雕塑还原了阿珍童年的生长历程，从妈妈的离世、爸爸的送养，到养母的不断指责，情境再现了阿珍儿时的经历。

其次，蔡老师在阿珍的“未了情”上做工作。在邀请阿珍和自己童年中的某一个角色对话时，阿珍选择了妈妈。因为在儿时，阿珍将妈妈的离世解释为不负责任。不过，这个解释源自她的头脑，而非与内心一致。对此，蔡老师引导她表达自己内在真实的感受。蔡老师还让阿珍站在妈妈的角色回答阿珍一直以来的问题：“妈妈，你到底有没有爱过我？你对我做过什么事情，可以证明你爱过我？”当阿珍扮演妈妈说出对女儿的爱时，阿珍就会相信自己是一个被妈妈爱的孩子。

再次，蔡老师引导阿珍拥抱了妈妈扮演者，让她用身体去体验被拥抱和被爱的感受，让阿珍有一次温暖的体验。

接着，蔡老师引导阿珍为自己做一个正向积极的决定，让阿珍自己说出她希望找一个怎样的伴侣，去更改她原本对于伴侣的期待。

最后，蔡老师邀请阿珍学会爱自己、陪伴自己，因为这才是建立良好关系的关键。

# 第 12 章 卑微的自我
## 如何击碎不配得感

小光一心想成为一名优秀的心理咨询师并为之努力多年。然而，在当了心理咨询师后，他常常感到自己无法切实帮助来访者解决问题，并因此怀疑自身的能力，在工作中总是感到很累。

在亲密关系中，小光也感到很辛苦。他想不通为什么对女朋友全心付出后，两人仍然无法变得亲密；还怀疑自己是不是不值得让别人对他好。

小光的成长经历并不是很幸福。从小到大，虽然他为家里做了很多，却从未得到妈妈的认可，妈妈认为“做得好是应该的，做不好就不对”。他还有一个严厉暴躁的哥哥，常因小事对他暴力相向，甚至一度让小光产生自杀念头。身为心理咨询师，小光深知自己当下的困惑与原生家庭有关，可究竟是什么产生了这么大的影响？又是什么让他对心理咨询行业及未来产生怀疑？

尽管困惑重重，小光仍对未来充满期待：希望疗愈原生家庭带来的心理创伤；希望提升对自身能力的信心，可以更好地应对工作中的压力，成为一名优秀的助人者；希望改善和女朋友的关系，日后能与之结婚生子，拥有幸福的家庭。

在和小光的沟通中，我发现他情感联结困难、自我价值感低，有一些原生家庭带来的创伤尚未得到妥当处理，这给他的工作和生活持续带来了负面影响。他的认知模式也受到了影响，形成了一些不良的认知模式，比如，“做得好是应该的，做不好就不对”。这种认知模式可能会让他对自己过于苛刻，同时也影响了他对他人评价的看法，进一步降低了他的自我价值感。

在征得了小光的同意后，我们开启了本次个案过程。

## 个案实录

蔡敏莉：你想解决好几个问题，如果我们只来处理一个问题，你会选择哪个？

小光：我想找回做心理咨询工作的自信，要是还可以说一个，那就是我希望自己不要活得这么累。

蔡敏莉：你爱不爱自己？

小光：不知道。

蔡敏莉：你认为这个“不知道”的背后可能是什么？

小光：是我害怕自己做得不够好。

蔡敏莉：你想不想知道这个信念是从哪里来的？

小光：想。

蔡敏莉：你对此有没有一个猜测？

小光：我想应该是两个方面吧—— 一个是家庭，一个是自己。

蔡敏莉：那我们先来看看家庭这一方面。你父母的关系如何？

小光：他们经常吵架。

蔡敏莉：谁骂谁？

小光：我说不好，他们往往互不相让。

蔡敏莉：我们在这个过程中会邀请一些学员进行角色扮演。（**引导父母扮演者面对面站着，互指对方**）你的父母是这样互相指责吗？

小光：是的。

蔡敏莉：在父母争吵的时候，哥哥有什么反应？

小光：他觉得这很正常。在我们家，就算是每年春节他们都要吵架，所以争吵已经成为一种日常了。

蔡敏莉：你看到父母吵架的时候，你有什么反应？

小光：我通常是赶紧找点事来做。

蔡敏莉：他们吵架的时候你就干活，对吗？（**面向小光扮演者**）你来幻想手里拿着一块布，擦擦桌子，再擦擦椅子。（**面向小光**）你看看是不是这样的？

小光：是的。而且每次父母吵架的时候，我总是想为什么别人家不怎么吵架，就是我家总吵架。

蔡敏莉：你的行为是去干活，但是你的态度是指责他们，也就是说，你生他们的气。

小光：对，是有这种感觉。

蔡敏莉：（**引导爸爸扮演者离场**）先让爸爸离开一会儿。在妈妈和哥哥同时在场的时候，他们对你的态度如何？

小光：妈妈往往是让我做很多事，哥哥对我很严厉，动不动还打我。

蔡敏莉：（**引导哥哥扮演者和妈妈扮演者同时指着小光扮演者**）你在这个家是如何生存的呢？第一，就是让自己变得麻木，封闭自己的感受；第二，小孩子在这样的家庭动力中很容易产生这样的感受——"我不够好，我不值得"。（**引导小光扮演者单膝跪地**）一旦孩子形成了这样的感受，在发生了什么不好的事情后，就会觉得"是我不好，是我的错"。我们来给他做一个道具，代表他的信念"是我不好，是我的错"（**在小光扮演者胸前挂一个牌子，画一颗心，并在上面打了一个大大的"×"**）。所以在这个家庭中，你是以这种方式求生存的，对吗？

小光：对。

蔡敏莉：在你后来谈恋爱的时候，你仍然按照你小时候的这种生存方式与她相处（**引导阿光扮演者面向女朋友扮演者单膝跪地，后者指责前者**）。因为你学到的唯一的沟通方式就是讨好，所以在你遇到问题时就会怀疑自己不够好，是这样吗？

小光：出问题之前好像不是这样，现在已经很封闭自己了。

蔡敏莉：你现在已经到了一个很累的状态了，所以一旦出现问题，你就会再退缩甚至是封闭自己。

小光：我觉得还有一个原因，可能跟我小时候哥哥总打我也有关吧？

蔡敏莉：你那时候有什么感受？

小光：小时候我常常想，要是我掌握一种奇特的武功就好了，可以一拳把他打倒。

蔡敏莉：（**引导小光面对哥哥扮演者**）什么事会让人发神经呢？你的亲人一面说爱你，一面打你。你是相信他的话还是相信他的行为？为了换取他的爱，你就要挨他的打。你想对哥哥说些什么？

小光：你打我的时候我很难受。

蔡敏莉：哥哥的做法逼得你发神经。你要知道，现场的几位学员只是角色扮演者，不是你真实的亲人，你不能伤害他们，但是你可以将你的愤怒打在这张沙发上。（**引导小光走到沙发旁**）你过来，将你的愤怒发泄出来吧，可以狠狠地打沙发，哪怕把它打烂也没关系。

小光：（**狠狠地捶打沙发**）

蔡敏莉：你做得很好，再用力一点，一次性地把它发泄出来。跟着我说，“我恨你，你让我感到屈辱，你给我痛苦！你是我哥哥，你却这样对我，你疯了吧？！我还那么小，你就打我、虐待我，让我受到了天大的屈辱”。

小光：我恨你，你让我感到屈辱，你给我痛苦！你是我哥哥，你却这样对我，你疯了吧？！我还那么小，你就打我、虐待我，让我受到了天大的屈辱！

蔡敏莉：你不要伤害自己，也不要伤害别人。你可以通过一拳拳狠狠地打沙发来发泄情绪。你现在明白自己当年受了多大的屈辱了吧，于是你选择让自己变得麻木。这个做法很聪明，因为如果你不这么做，可能就会扑过去跟他打架，让自己受到更严重的伤害。你现在可能会认为，“我把自己对哥哥的恨转化成了一股力量，我希望当年我能懂得怎么爱自己”，是吗？

小光：是的。

蔡敏莉：你想对哥哥说些什么？

小光：你当时那样对我，让我总是不敢有自己的要求，而且我总是害怕自己出错，还总是觉得自己做得不够好。你毁了我的自信心，我当时真想杀了你，但是我不敢。直到现在，我仍然很害怕说恨你。

蔡敏莉：如果你可以说出你的愤怒，就可以把很多东西放下。我感到你的身体中还有很多的愤怒，我这里有一块布，你能不能像拧毛巾一样将你的愤怒拧出去？你拿着布的这边，哥哥来拿着布的那边。来吧，小光，将你所有的愤怒一次性地拧出来！因为你不是很擅长用语言来表达愤怒，所以我建议你来用身体表达。你一边将你的愤怒表达出来，说“我恨你，但是我不伤害你，我只是想告诉你我当年的委屈，你知不知道你毁了我的自信和自尊，你甚至毁了我的一生”，一边用行动表达出来——拧布、跺脚，或者其他你想用的、不会伤害你自己和哥哥的方式。你有愤怒并没什么错，你是为了救自己，所以你要把这些话说出来，我支持你说。

小光：蔡老师，我不敢……

蔡敏莉：你试着小声说一次。

小光：我觉得我好像只敢恨自己，不敢恨其他任何人。

蔡敏莉：那你先不说恨谁，只说恨当年发生的事情。（**引导小光扮演者走过来，把手搭在小光后背上**）来，你和你自己在一起，更有力量了。告诉哥哥，“我恨当年发生的事，这些是不公平的”。

小光：我恨当年发生的事，这些是不公平的。

蔡敏莉：做得好，继续说，“你伤害了我的自尊”。

小光：蔡老师，我很想打他。我恨他！

蔡敏莉：记住我刚刚说的，我们不可以伤害任何人。你可以看一下你的心结，你一直被困在这些愤怒之中，愤怒是一种很强大的力量。你可不可以先放下愤怒，只把这份力量拿过来？

小光：蔡老师，我不知道怎么做。

蔡敏莉：先不去关注哥哥，来关注你自己。（**引导小光面向小光扮演者，让小光扮演者单膝跪地**）你看，这是你儿时在家庭环境中的境地，你给自己这样的定位，你想改变吗？你可不可以救救他？

小光：想改变，但是很难。

蔡敏莉：我来教你怎么做。用你的心和力量去扶起他。你看他身上有什么令你感到不舒服的地方是你可以改变的？

小光：（**取下小光扮演者胸前的牌子，扔到地上**）

小光

蔡敏莉：告诉他，你希望他成为一个什么样的人？

小光：（**扶起小光扮演者，面向他**）不要对自己要求太高，但对身边人该做的还是要去做。

蔡敏莉：你说的话总是从不好开始的，这样没有力量，（**引导小光看向小光扮演者**）我们反过来说，“你已经够好了”。

小光：你已经够好了。

蔡敏莉：对他说，“对身边的人合情合理就可以了”。

小光：对身边的人合情合理就可以了，不需要付出你的所有，也不需要什么事都由自己来承担。

蔡敏莉：告诉他，“我会学着如何爱你”。

小光：我会尽可能地去爱你。

蔡敏莉：继续说，“我明白你的过去”。

小光：我明白你的过去，虽然现在好像还没有足够的勇气去面对，但是我想这是一个开始，并且需要经历一个过程，我会给你时间。

蔡敏莉：对他说，“我会给你30年的时间变成心理学大师”。

小光：（笑）我尽力吧。

蔡敏莉：现在你可以对他做些什么？比如，可不可以对他温柔一点？

小光：尽可能吧。

蔡敏莉：你感到愤怒没错，但你可以将愤怒化为力量，还可以将你的经历变成经验并去帮助别人——你很懂得受过虐待的孩子的感受，也很明白那些不自信的人生活在这个世界上的艰辛。所以，你的那些经历都是你的宝藏，它能帮助你在日后更好地帮助他人，你相信吗？

小光：相信。

蔡敏莉：（**引导小光面向小光扮演者**）你告诉自己，“我已经够好了”。

小光：蔡老师，我觉得自己还是不够好。

蔡敏莉：你不是说要改变吗？快告诉他，“我已经够好了”。

小光：（**面向小光扮演者**）我已经够好了。（**面向蔡敏莉**）说完这句话，我突然感觉释怀了许多，谢谢蔡老师。

## 结语

每个孩子都是在原生家庭中学习如何生存、如何说话、如何与他人相处的，并通过与家人互动来认知自己是一个怎样的人。

小光在他的原生家庭中学会了用讨好的方式生存——当父母争吵时，他学会了用做家务来讨好家人。在与妈妈和哥哥的互动中，他习得了“做得好是应该的，做不好就不对”。如果没有得到好结果，就是自己的问题，是自己不值得、不够好。于是，他带着这些童年的经验在长大后的生活中糊里糊涂地过了很多年。直到此刻，他才决定去认识自己、接纳自己、看到自己已经做得够好的部分，改变就在此时发生了。

从这个个案中我们可以学习到，身为父母，我们需要学习如何处理自己与另一半的冲突，以及如何更好地养育孩子——不仅要多去肯定、赞美孩子，还要教孩子如何欣赏和赞美自己。只有这样，孩子在未来的人生长河中才会懂得如何去爱自己、爱别人；才会懂得在受到别人不公平对待的时候，敢于为自己挺身而出；才能去教导别人如何爱自己。

## 心理咨询师观摩笔记

徐红

在这个个案中，小光在蔡老师的引导下看到了自己在原生家庭中习得的生存模式是如何影响他与女朋友的相处模式的，并看到了他为什么会觉得自己很累、为什么累。

第一，蔡老师邀请现场学员进行角色扮演，通过摆出的雕塑让小光从第三者的角度看到原生家庭的家庭动力，以及他身处其中是通过讨好的方式生存下来的。这也是他在做得不够好的时候产生自我否定和深深的不配得感的根源。

第二，蔡老师让小光看到，他是如何把原生家庭中的讨好模式带进他与女朋友的相处之中的。他只有用不断地付出、付出、再付出，才能换得女朋友的一点点关心，但在他得到后又认为自己不配得。这引发小光带着觉察去反思，为什么自己无法接受别人对自己的好，以及他为什么要对自己那么刻薄。

第三，小光把对哥哥的愤怒深埋于心，蔡老师引导他用捶打沙发、拧布的方式把愤怒宣泄出去，并一次次地鼓励小光表达“我恨你，你对我不公平”等内心感受。当小光表达不出来的时候，蔡老师做了清晰的剥离——你不是恨他，只是恨他当年所做的事情。这有助于小光理解人和事情的不同。在小光做不到的时候，蔡老师选择耐心等待，并不断地鼓励他；在小光做到的时候，她及时给予肯定，让小光更有力量表达自己。

第四，蔡老师引入了小光扮演者这个角色，其实就是小光的内在小孩。蔡老师带领小光与他的内在小孩联结：把自己扶起来，看到自己已经做到的、做得很好的部分，肯定自己。她还教导小光，在未来对待身边人时只需做到合情合理就可以了。在小光觉得自己依然不够好的时候，蔡老师借现场观众的第三者视角来给小光“照镜子”，让他客观地看待自己，同时推动他继续改变。

最后，蔡老师帮助小光看到他自己身上的正向资源，提升他的自我价值。因为他儿时过得很辛苦，有过被虐待的经历，所以这会让他可以更好地理解这些孩子内心的感受，懂得如何去帮助他人。她也让小光相信，他可以成为一名优秀的心理咨询师。

# 第 13 章 重燃希望

## 如何在迷茫中找到出路

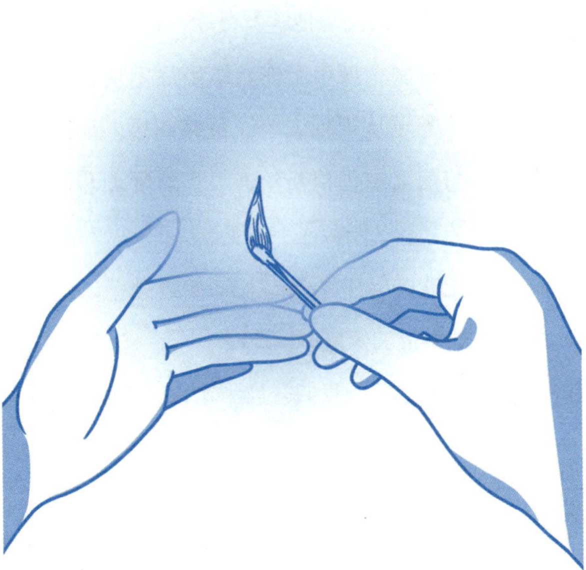

阿珊是一个南方女孩，自懂事起就一直追求幸福充实的感觉，却似乎总是被命运捉弄。

在阿珊三四岁的时候，父母离异，从此阿珊与妈妈和 90 多岁的外婆生活，对爸爸没什么印象。妈妈不讲道理、没主见，而且很凶，常骂人，还不许阿珊提起爸爸。妈妈还觉得阿珊是个负累，这让阿珊总是觉得自己很多余，也让阿珊感到精神备受折磨。尽管阿珊对妈妈颇有微词，但毕竟自己那时年纪还小，不得不继续和她们在一起生活。这种生活环境让她感到压力巨大，不知如何排解。

18 岁那年，为逃离毫无温暖的家，阿珊报考了外地大学。临近毕业时，她初尝恋爱的甜蜜，却在不久后因妈妈不愿意让她找外地人而不得不与男朋友分手。妈妈禁止阿珊再去联系他，并删掉了男朋友的所有联系方式，这让阿珊无法与他解释分手原因。

失恋后，阿珊辗转多个城市工作，结婚后定居北方。婚后老公很少主动承担家务，让阿珊从累到失望，最终离婚。离婚后，阿珊又遇到一位男士，但他与前女友仍藕断丝连，且对阿珊和前女友的态度也截然不同，阿珊一气之下又结束了一段感情。

阿珊在命运的兜兜转转中不断寻找却始终迷茫，渴望获得一份真正的情感，组建一个幸福的家庭。

在征得了阿珊的同意后，我们开启了本次个案过程。

## 个案实录

蔡敏莉：我们邀请现场的学员来扮演你成长过程中的一些人。我们先来看看你的原生家庭，你对爸爸的感觉是怎样的？他在你生命中没怎么出现过。

阿珊：现在爸爸已经去世了。一直以来，我都感觉他离我很远，我很想去拥抱他，但他永远都走不到我这里。

蔡敏莉：（**引导阿珊面向爸爸扮演者**）你对他说，“爸爸，你抱抱我吧”。

阿珊：我说不出口。

蔡敏莉：那你就对他说，“爸爸，你离我近一些，让我感受一下我此生还是有爸爸的。为什么我们的缘分这么浅呢？我真想在梦里再见到你，起码留一个印象”。（**引导爸爸扮演者伸开双臂**）阿珊，你问问自己的身体，想不想抱抱爸爸？

阿珊：想。

蔡敏莉：你叫他一声“爸爸”。

阿珊：爸爸。

蔡敏莉：你跟爸爸说，“我这一生最大的遗憾，就是我对你没什么印象，我只能看到你的遗物，妈妈又不让我提起你，所以在我生命的图画中像是缺了一个角，永远都是一个遗憾”。

阿珊：我这一生最大的遗憾，就是我对你没什么印象，我只能看到你的遗物，妈妈又不让我提起你，所以在我生命的图画中像是缺了一个角，永远都是一个遗憾。

蔡敏莉：其实你是有感受的，只是你不愿意让自己流露出来，你怕会伤感。

阿珊：（**拥抱爸爸扮演者哭诉**）是的！奶奶抱过所有孙辈的孩子，唯独没有抱过我，他们好像都不喜欢我。妈妈说，我小时候经常整晚整晚地哭——有人关心我、拥抱我，我才会不哭。奶奶在隔壁房间睡觉，根本不理会我，妈妈早上来奶奶家发现我一直在哭，就问奶奶为什么让我哭了整晚而不来看看我，奶奶说她没听见。

蔡敏莉：是否有可能是因为老人家耳朵不灵光？

阿珊：我不知道，这都是妈妈告诉我的。

蔡敏莉：你愿意相信哪个版本？

阿珊：我不知道。每当妈妈说爸爸那边的亲戚对她不好的时候，我都会跟她吵架；每当爸爸那边的亲戚说妈妈不好的时候，我又会跟他们吵架。总之，我觉得所有人都不要我了。

蔡敏莉：我们请一些学员来扮演你的亲戚，你站在他们面前，试着对他们说说你的感受和想法。

阿珊：（**面向亲戚扮演者**）我很累啊！我很想离开你们，我再也不想见到你们了！你们不要再找我，我很怕你们，真的很怕你们！

蔡敏莉：告诉他们，“就算我的父母有很多错，但是我这一生只有这一双父母，你们叫我这个小孩做什么”。

阿珊：就算我的父母有很多错，但是我这一生只有这一双父母，你们叫我这个小孩做什么？！我不知道我能做什么，但那不是我的错，为什么你们都指责我，反过来还要我去孝敬你们？！我做不到，真的做不到！

蔡敏莉：你讲给他们听，“我只是小孩子而已，你们放过我吧”。

阿珊：我只是小孩子而已，你们放过我吧！可是，你们从来都没有把我当作小孩，都把我当作大人，要求我表现好——有好的成绩，有好的工作，找到好的老公，组建一个好的家庭，难道我不想吗？可是，你们教过我什么？没人指点我，也没人告诉我应该怎么做。在我有困难去找你们帮忙的时候，你们只会躲避、只会推开我，我还可以去找谁？谁可以帮得到我？我不想见到你们，我不想见到你们所有人，你们只懂得利益关系，只懂得跟我说金钱、房子之类的，其他还有什么时候找过我啊？！我为什么要爱你们——你们都不爱我，我根本没办法爱你们！你们没把我当成亲人，你们只会在涉及利益时才来找我。

蔡敏莉：如果连这些人都不爱，那么你觉得你在这个世界上还可以去爱什么人？

阿珊：没有谁，我剩下的只有回忆——既有短暂的美好的回忆，也有长期痛苦的回忆。

蔡敏莉：亲戚不要就不要吧。再看看爸爸，你想不想要他？

阿珊：（**看向爸爸扮演者**）不想要。

蔡敏莉：为什么？

阿珊：我不知道，我很害怕。

蔡敏莉：你怕他这个人？

阿珊：我不知道，我只是觉得很害怕。

蔡敏莉：你跟他说，“我很怕你的命运，很怕你的遭遇”。

阿珊：蔡老师，不要说这个，我很害怕。

蔡敏莉：那么你告诉他，“但是你始终是我的爸爸，我接受，我向你的命运鞠躬”。

阿珊：蔡老师，我做不到。

蔡敏莉：你试着跟着我说，“我这辈子是有爸爸的，但是爸爸，你的命运不好，我不想像你有这样的厄运。在我的前半生，我努力想逃开这样的命运；现在我停下来了，我接纳你是我的爸爸，你有你的命运，我向你的命运鞠躬”。

阿珊：我这辈子是有爸爸的，但是爸爸，你的命运不好，我不想像你有这样的厄运。在我的前半生，我努力想逃开这样的命运；现在我停下来了，我接纳你是我的爸爸，你有你的命运，我向你的命运鞠躬。

蔡敏莉：现在你觉得怎样？

阿珊：现在觉得他不再离我那么远了，我还在生活，但我不知道下一步该怎么走。

蔡敏莉：你让他慢慢地消失，再看看那些亲戚，还有你自己，你可不可以接纳这个现实？

阿珊：我接纳不了。

蔡敏莉：你接纳不了他们吗？

阿珊：是的，而且我也接纳不了自己——这是最让我痛苦的。

蔡敏莉：那你要过去打他们吗？

阿珊：不要。

蔡敏莉：那你要去原谅他们吗？

阿珊：不要。

蔡敏莉：你既不想打他们，又不想原谅他们，那你就不用去理他们或者原谅他们啊！

阿珊：但是所有人都要求我原谅他们。

蔡敏莉：那你让他们闭嘴，那些人不明事理还愿意对别人的生活指手画脚，你能不能去理会他们？

阿珊：但是我生活在这个社会中啊！社会要求我这么做，要求我对他们好，但是我做不到，我接纳不了自己……我是在和社会抗衡，你理解我的意思吗？

蔡敏莉：你想不想掌握活得心安理得的办法？比如，如果有人指责你，你就可以告诉他们，“我能做好我自己的事，以后你们要是再说这些，我就会问你们自己在做这些事时做得好不好。如果你们做得不好，我就根本不关心你们说了什么”。

阿珊：我能做好我自己的事，以后你们要是再说这些，我就会问你们自己在做这些事时做得好不好。如果你们做得不好，我就根本不关心你们说了什么。

蔡敏莉：是不是这样？

阿珊：但是我没办法根本不关心他们说了什么，我觉得压力好大。

蔡敏莉：你再跟着我说，“你们说的那些话对我伤害太大了，让我活在内疚之中，那些内疚足以让我抑郁，你们是不是想让我死？你们能不能对我仁慈一些？我拜托你们管好你们的嘴，也管好你们自己的事”。

阿珊：你们说的那些话对我伤害太大了，让我活在内疚之中，那些内疚足以让我抑郁，你们是不是想让我死？你们能不能对我仁慈一些？我拜托你们管好你们的嘴，也管好你们自己的事。

蔡敏莉：你认为他们明白吗？

阿珊：他们不明白。

蔡敏莉：那怎么办？

阿珊：我不知道。

蔡敏莉：你自己能不能明白自己？

阿珊：我明白自己，但我有时能接受，有时无法接受。

蔡敏莉：（**引导阿珊面向阿珊扮演者**）你把你内心的话说给自己听，你知道你能接受自己的哪些做法。

阿珊：我明白你为什么要这么做，但在你这么做之后大家都指责你，你很不容易。我明白你为什么这么做——因为你除了这么做，还能有什么办法呢？只是，我无法接受你这么不容易，你为什么要这么不容易？！

蔡敏莉：这就是你前半生的经历，你找第一任男朋友，你找你的老公，你都将爱自己的责任放在你爱的人身上，但是你爱自己的责任还是要自己去背。现在，（**引导阿珊看向阿珊扮演者**）你能不能答应她去爱她？

阿珊：怎么做才能爱自己？

蔡敏莉：要想爱自己，就要先把注意力放在自己身上，还要无条件地接纳自己，哪怕是做错了事也不要指责自己，你能不能做到？

阿珊：我会试试，不再只是一味地对别人好，也要慢慢地对自己好。

蔡敏莉：（引导阿珊扮演者面向阿珊）你对她说，“你可不可以走过来？我想你拉拉我的手，然后抱抱我”。

阿珊扮演者：你可不可以走过来？我想你拉拉我的手，然后抱抱我。

阿珊：（走到阿珊扮演者面前，拉住她的手，紧紧地抱住她）

## 结语

有些人在儿时因他们的父母不懂得如何爱子女，这些人也不懂得如何爱自己，所以在他们长大后，为了追求爱而在亲密关系中兜兜转转很多年，付出了很大的代价。因此，要想踏上回归之路，就要先答应自己，多花一些时间和自己在一起，学着如何爱自己。在人们做了这个决定后，身体就会教人们如何去爱自己了。

对于任何人来说，无论他曾经历过什么样的事情，无论这些经历是好是坏，都要接纳自己、爱自己，这样才有力量从不好的经历中走出来，在未来活出真实的自己。

阿珊很有生命力——她经历了那么多，是她养大了自己，是她陪伴自己走过这么艰难的路，只不过她没有看清楚自己有多大力量，因此她需要接受这一切。如果她愿意面对、接纳，继而放下，她的前途就会是很好的。

一个人内心的力量是无穷的，如果能将这份力量运用得当，就会活得更健康。如果你常常能和自己的心在一起，你就能活得更开心。

## 心理咨询师观摩笔记

葛静

在这个个案中，蔡老师通过角色扮演的方式帮阿珊和爸爸建立情感联结，并引导阿珊一步步地表达对爸爸的渴望、遗憾和恐惧，让阿珊释放内心深处被压抑的情感。在面对阿珊对亲戚的复杂情感时，蔡老师鼓励阿珊勇敢地说出自己的感受和想法，让她释放内心的痛苦和压力。

当阿珊对爸爸感到害怕和无法接纳时，蔡老师耐心地引导她用语言表达对爸爸命运的感受，逐步帮助阿珊正视自己与爸爸的关系，拉近与爸爸的心理距离。

看到阿珊无法接纳自己的困境，蔡老师让阿珊与自己的角色扮演者对话，从而让她更多地明白自己，并引导她明确自己的界限，即要对不合理的要求勇敢地说“不”。蔡老师还引导阿珊思考如何爱自己，强调将注意力放在自己身上，不再将爱自己的责任放在爱人身上，鼓励阿珊无条件地接纳自己——无论是成功还是失败。

整个过程中，蔡老师始终以理解和支持的态度陪伴阿珊，帮助她梳理内心的混乱，找到面对生活和自己的力量与方向。

# 第 14 章 爱的续航

## 如何在受伤后重新出发

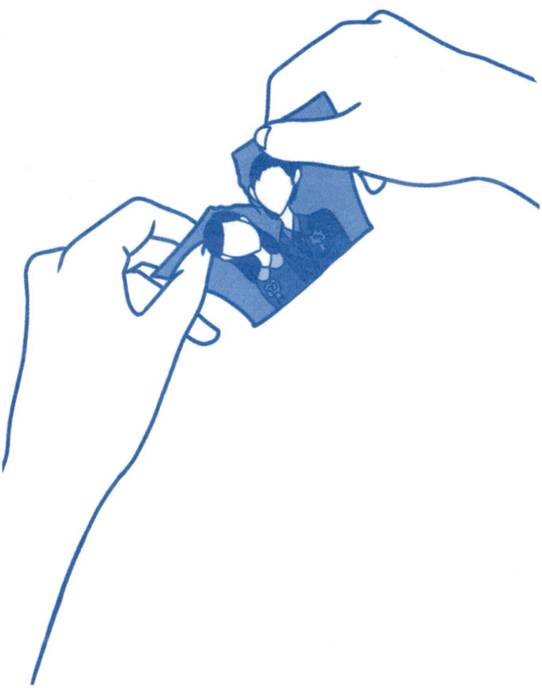

26 岁的阿娟在五年前因工作与老公相识，如今有一个四岁的儿子。阿娟需要值夜班，每周都有一两天要到半夜两点半才下班。在最初的热恋期，每逢阿娟值夜班，男方都会提前做好饭，接阿娟下班。阿娟怀孕后，两人决定结婚。最近，老公因爱上了另一个女人而向阿娟提出离婚。阿娟问他为什么这么做，他说尽管他和这个女人只认识了一个多月，但是两人很聊得来，且都深爱着对方，并认为这个女人能助他事业飞黄腾达，这些都是阿娟做不到的。

阿娟说，她在日常生活中完全听从老公的安排。其实，在两人相处的这五年来，老公曾在外面还有过两三个女人，阿娟一直默默忍受，并劝慰自己："男人在外面应酬是很正常的。如果他爱我，他就不会因为别的女人而跟我离婚；如果他不爱我，要跟别的女人结婚，觉得那样才幸福快乐，我就成全他。"

关于儿子的抚养问题，阿娟与老公都希望获得儿子的抚养权。老公觉得阿娟只想要钱，不懂如何教育儿子；阿娟则认为，老公不负责任，因为他会因为别的女人而抛弃老婆，还曾为了要跟那个女人旅游而把儿子独自锁在家里。阿娟既不希望儿子在单亲家庭长大，也不想痛苦地与老公维持这样的关系，她很纠结。最近，阿娟发现自己总是质疑和反思，是不是因为自己对老公关心不够才导致了目前的情感困境。

在深入交谈后，我发现阿娟在婚姻中长时间扮演着迎合者的角色，她对自己的需求和愿望认识模糊，经常沉浸在自我质疑的循环中，总是怀疑是不是自己哪里做得不够完美。此外，她还缺乏为自己的快乐和幸福主动出击的能力和意识。

在征得了阿娟的同意后，我们开启了本次的个案过程。

## 个案实录

蔡敏莉：婚姻中的你是什么样的？

阿娟：很沉默……用保持沉默的心态过日子。

蔡敏莉：你结婚的时候爱他吗？

阿娟：我在刚结婚的时候很爱他。

蔡敏莉：现在呢？

阿娟：其实一直以来，我爱他都多过他爱我。

蔡敏莉：你小时候是一个什么样的人？

阿娟：我很开朗，心里有什么话都会说出来，不会愁眉苦脸地过日子。

蔡敏莉：我们请一位学员扮演你老公。平时你们谁更迁就谁一些？

阿娟：我更迁就他一些。

蔡敏莉：（**引导老公扮演者双手举高；引导阿娟面向老公扮演者单膝跪地，向他伸出一只手且手心向上**）你们的关系是不是这样的？结婚后，你从一个很快乐的人变成了一个很沉默寡言的人。

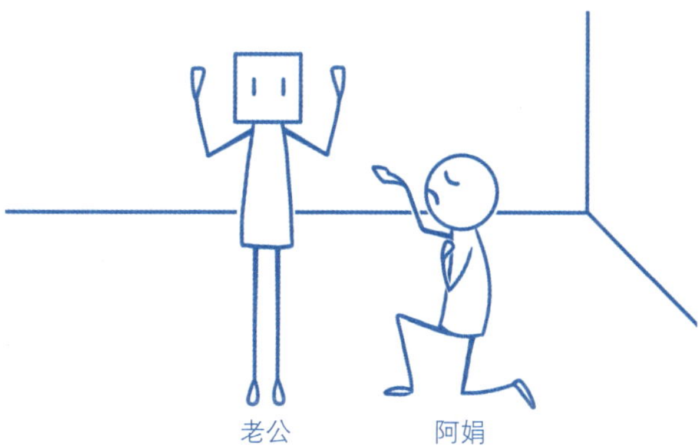

阿娟：是的。

蔡敏莉：你结婚后过得开心吗？

阿娟：有时候开心，有时候不开心。

蔡敏莉：什么时候开心？

阿娟：不吵架的时候我就会觉得很开心。

蔡敏莉：他很疼你吗？

阿娟：有时候是。

蔡敏莉：他知道怎么疼你？

阿娟：是的，他知道。

蔡敏莉：但有时候，老公会出去潇洒，（**引导老公扮演者举起双手，在附近转一圈后回来**）和别的女人发生关系，是不是这样的？

阿娟：是的。

蔡敏莉：他出去潇洒的时候是怎么样的？

阿娟：他会抛弃整个家，什么都不管。

蔡敏莉：你呢？你是怎么样的？你是会出去找他，还是继续待在家里？

阿娟：以前我有时会去找他，但是今年就不会了。

蔡敏莉：其实你已经在某种程度上放弃他了，是不是？他从头到尾都没有变。

阿娟：是啊。

蔡敏莉：所以你像他的父母那样宠他？

阿娟：他的性格一直都这样，很依赖家里。

蔡敏莉：他没有改变过吗？

阿娟：有过改变，但时间不长。

蔡敏莉：你很迁就他，这就是你现在对他的态度。（**引导老公扮演者和情人扮演者站在一起**）他则摆明了要和那个女人在一起。

阿娟：我放弃了。

蔡敏莉：你有什么话想对你老公说？

阿娟：如果你觉得……

蔡敏莉：（**引导阿娟起身**）你站起来说。

阿娟：你如果觉得和那个女人在一起幸福快乐……

蔡敏莉：（**引导阿娟单膝跪地**）你继续跪着吧。你说的每一句话都在表达"你要是觉得开心，你就走吧"这个意思，是不是这样？

阿娟：是的。

蔡敏莉：有些女人为了自己的幸福，会跟老公说"我想让你回来，咱们还有一个家呢"；可是你不是这样的，你会说"你要是觉得开心，你就走吧"（**站在阿娟身边，面向老公扮演者，做出了手往外推的动作**）。（**扶阿娟起身**）来，你站起来，边双手推他走边再说一次"你要是觉得开心，你就走吧"。

阿娟：你要是觉得开心，你就走吧。

蔡敏莉：是不是这样的？

阿娟：是的。

蔡敏莉：那他现在不爱你了。

阿娟：不爱我就算了。

蔡敏莉：那你可以怎么做呢？

阿娟：分开，我成全他。

蔡敏莉：那你跟他说。

阿娟：我会成全你们，我不想再爱你了，爱你爱得太辛苦，爱你爱得太累了，我想放弃了。

蔡敏莉：你感到开心吗？

阿娟：是的，开心。

蔡敏莉：真的吗？

阿娟：是的。

蔡敏莉：请一位学员来扮演你自己，你走到她面前，跪下来告诉她，“我现在摆脱了”。

阿娟：（**走到同样跪在地上的阿娟扮演者面前，跪下来**）我现在摆脱了，轻松一些了。

蔡敏莉：如果可以选择，你是选择留在婚姻中还是怎样？

阿娟：我会选择分开。

蔡敏莉：为什么？

阿娟：因为他不爱我了。

蔡敏莉：如果他爱你呢？

阿娟：如果他爱我，我就会跟他一起相伴到老。

蔡敏莉：但是你刚才说你在婚姻中是不开心的，你变得沉默，你感到很委屈，你要讨好这个男人。

阿娟：是的。

蔡敏莉：你宁愿自己是这样的？

阿娟：是的。

蔡敏莉：你宁愿自己不开心，也要留在这段婚姻中？

阿娟：是的。

蔡敏莉：**（用一条围巾缠绕着阿娟扮演者的脖子，围巾的另一端由老公扮演者拽着，阿娟扮演者背对着老公扮演者和情人扮演者跪着）**所以，如果可以选择，你希望继续被绑住？

阿娟：可能是。

蔡敏莉：为什么？你觉得这么不开心，为什么还要继续这段婚姻？

阿娟：因为我儿子需要一个完整的家庭。

蔡敏莉：这句话是谁说的？

阿娟：我说的。

蔡敏莉：你说的话，是不是都是对的？

阿娟：也不是，但是我儿子也这样说。

蔡敏莉：小孩子会说许多需求的。

阿娟：我知道。

蔡敏莉：小孩子会说想吃糖、吃雪糕，还要去迪士尼乐园，你是不是要全都满足他？

阿娟：但是我真的想尽量满足他。尽管我之前在婚姻生活中变得沉默，感觉很委屈，但是为了给我儿子一个完整的家，我就告诉自己不能活得那么自私。于是，后来有很多事情我都不愿多想了，我愿意被老公牵着走。

蔡敏莉：现在呢？

阿娟：现在我累了，走不动了，不想再被他牵着走了，我想放弃。

蔡敏莉：（**引导老公扮演者松开了拽着的围巾的一端；引导阿娟面向阿娟扮演者**）现在你来看看自己，你可以为她做些什么呢？

阿娟：我去帮她解开束缚（**把缠绕在阿娟扮演者脖子上的围巾解开，扶她起来**），不想让她永远都被人牵着走。

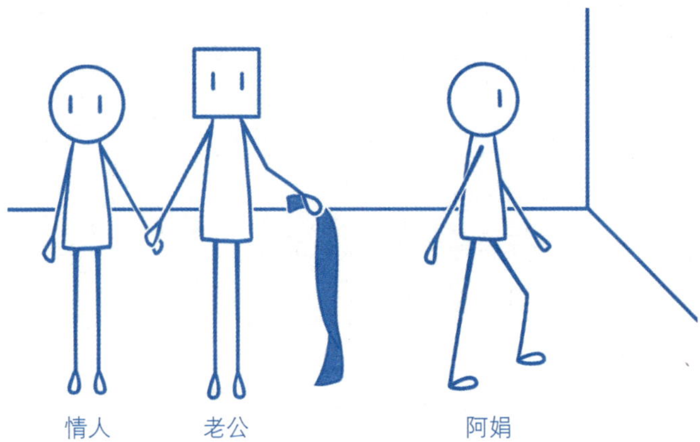


蔡敏莉：（**引导阿娟面向阿娟扮演者**）好啊，你想对她说些什么？

阿娟：我要你做回你自己。

蔡敏莉：你会对她好吗？

阿娟：会。

蔡敏莉：你会通过做些什么来对她好呢？

阿娟：不想让她受到任何伤害。

蔡敏莉：你会不会爱她？

阿娟：会。

蔡敏莉：你会不会对她好？

阿娟：会。

蔡敏莉：你牵着她的手，和她一起看看老公，你想对他说些什么？

阿娟：你想离婚就离婚，我觉得无所谓。

蔡敏莉：这么说太没有力量了。你跟他说，“我在这段婚姻中并不开心，但因为我想让你爱我，便用尽各种办法来讨好你。现在你爱上别人了，我很开心，我终于可以让自己自由了，我终于可以做回我自己了。我要学一下如何爱自己，我希望有一天我能重新开心地笑出来，我会做回活泼少女时的自己，我不想像做你老婆时那么沉默。我会努力做我儿子的好榜样，让他从我身上学会什么是开心。你我已经缘尽了，再见”。

阿娟：我在这段婚姻中并不开心，但因为我想让你爱我，便用尽各种办法来讨好你。现在你爱上别人了，我很开心，我终于可以让自己自由了，我终于可以做回我自己了。我要学一下如何爱自己，我希望有一天我能重新开心地笑出来，我会做回活泼少女时的自己，我不想像做你老婆时那么沉默。我会努力做我儿子的好榜样，让他从我身上会学到什么是开心。你我已经缘尽了，再见。

蔡敏莉：告诉他，“为了儿子的心理健康，我会让你见他”。

阿娟：为了儿子的心理健康，我会让你见他。不过，只有他愿意，你才可以见他。

蔡敏莉：你叫他走。

阿娟：你走吧。

蔡敏莉：（朝着老公扮演者离开的方向指了指，面向阿娟）请你睁大眼睛看着他走。

阿娟：（看着老公扮演者离开）

蔡敏莉：我们邀请刚刚在休息室的儿子过来。

阿娟：宝贝。

儿子：妈妈。

蔡敏莉：告诉他，“妈妈很爱你，你知道吗”。

阿娟：妈妈很爱你，你知道吗？

儿子：（笑）知道。

蔡敏莉：告诉他，“妈妈现在有一个决定，就是我暂时会跟爸爸分开住。妈妈还是那么爱你，爸爸也永远都是你的爸爸，只是我们会分开住。这不是因为你做错了什么事，妈妈的这个决定跟你完全无关，这只是爸爸妈妈两个人的决定”。

阿娟：妈妈现在有一个决定，就是我暂时会跟爸爸分开住。妈妈还是那么爱你，爸爸也永远都是你的爸爸，只是我们会分开住。这不是因为你做错了什么事，妈妈的这个决定跟你完全无关，这只是爸爸妈妈两个人的决定。（拥抱儿子）我爱你，儿子。

阿娟　儿子

儿子：我也爱你。

阿娟：如果妈妈带着你，你会不会爱你爸爸？

儿子：不爱。

阿娟：但是他是你爸爸。

蔡敏莉：抱歉我打断一下，我们不能让小孩子选择的，你只需要告诉他，“日后爸爸来见你，你要叫爸爸”。

阿娟：日后爸爸来见你，你要叫爸爸，知道吗？

蔡敏莉：（**面向儿子**）他永远都是你爸爸。（**面向阿娟**）这些慢慢来吧。

阿娟：蔡老师，很感谢你的支持。只要我勇敢面对就能走出那个阴影，不再停留在那个位置。

## 结语

根据九型人格理论推测，阿娟的老公可能属于第七种性格的人，即享乐主义者，或者叫开心型。

这种性格型号的人来到世界上，就是希望自己开开心心的。任何会阻碍自己的事，他们都不喜欢；他们赚钱后很快就花完了，因为他们要买很多自己喜欢的东西；就算是在婚姻中，他们也需要很大的自由度。如果他在家和学校没有接受过良好的教育，他们成年后在亲密关系中就会只顾着自己，不会照顾伴侣，伴侣就会受苦。作为他们的伴侣，如果像阿娟这样，不说话、不提要求，就会吃亏，哪怕是默默忍受了几年，也不代表对方会发生改变。因此，如果一个人找了享乐主义者这种性格型号的人做伴侣，就要提醒对方需要承担一些责任。

我们不可以宠坏伴侣，伴侣应该是一个合情合理的人。

## 心理咨询师观摩笔记

梁颖琳

我们在生活中常常会看到很多讨好型人格的朋友，他们经常付出，似乎总在无休止地讨好着身边的每一个人，努力满足着身边人的一切需求，跪求着身边人的开心。他们往往把他人的需求看得尤为重要，却常常压抑了自己的需求，忘记了自己的需要，忘记了自己也是很重要的。长此以往，讨好型的人会活得很痛苦，身体也会付出惨痛的代价，比如，有的人会因此感到委屈、压抑，有的人会感到腰背疼痛。要想改变这种情况，就要从跪着的讨好姿态慢慢站起来，意识到自己也是很重要的！

在这个个案中，蔡老师通过与阿娟的多次问答和角色扮演的画面呈现，让阿娟认清自己当前在婚姻中的姿态——无比忍让和迁就；尽管老公有了情人，阿娟依然表示“如果老公认为这样很幸福，我就放弃”。蔡老师在此指出了阿娟的一种模式：把老公往外推，而并非自己把握主动权，让他回归家庭。阿娟似乎很愿意让自己被缠绕着的围巾束缚住，被老公牵着走。随后，蔡老师让阿娟明确自己此刻的意愿。在阿娟选择与老公分开后，蔡老师引导阿娟回看自己，给自己解绑，并对自己许下爱自己的承诺；同时，也让阿娟对老公说出自己的想法和决定，并目送他离开。

最后，蔡老师引导阿娟与儿子对话。尽管他只有四岁，这么小的孩子尚不能完全理解父母的行为，但会效仿父母的做法。就像在这个案例中的这样，如果父母双方打算分开，就要及时、清晰地告诉孩子：我们做出的这个决定并不是因为你做错了什么，这只是大人之间的事，与你无关。父母应该允许孩子继续爱父母双方，而不是限制孩子只能爱父母的其中一方。就算父母分开居住，父母也依旧还是孩子的父母，父母依旧都爱着孩子！

第 15 章

# 分裂的自我

## 如何清理生活的一地鸡毛

小峰看似平和，内心却经历着事业不顺和家庭不和睦的双重暴击。

事业上，他跳槽后为了证明自己的实力每天辛苦加班。半年后，不但工作上未见成效，他的身体也透支得厉害——最近的体检报告显示，仅仅 30 多岁的他，身体状况已经接近 60 岁老人的状态了，这对小峰来说宛如一个晴天霹雳。

在家里，他和老婆已从最初的争吵打闹不断到现在的冷战，其间写过几份离婚协议。如今精疲力竭的两人虽然同在一个屋檐下，却将对方视为透明人。小峰自述，他很爱老婆，但苦于找不到恰当的方式表达爱意，多年来的矛盾让两人的爱消耗得差不多了。

小峰厌倦了现在的生活，只想让生活变得平静简单，让心变得平和。但看着眼下的一地鸡毛，他不知所措。

在我与小峰深入对话后，我观察到他是一个积极进取、不断努力的人，但是他的内心被一股难以平息的烦躁所困扰，这使他形成了较大的心理消耗，且难以调节情绪波动。

在征得了小峰的同意后，我们开启了本次个案过程。

## 个案实录

蔡敏莉：你经常感到愤怒，我们来看看你愤怒的来源是什么——到底是和你的亲密关系有关，还是和你早期的成长经历有关。我们请学员扮演你的父母，在你小时候，他们是如何相处的？

小峰：印象不太深了，但我隐约记得是爸爸骂妈妈。

蔡敏莉：（引导爸爸扮演者指着妈妈扮演者；妈妈扮演者面向爸爸

扮演者单膝跪地，向他伸出一只手且手心向上）爸爸会不会打妈妈？

小峰：会。

蔡敏莉：会打成什么样？

小峰：我听妈妈说，爸爸下手可狠了。

蔡敏莉：打得她遍体鳞伤？

小峰：是的。

蔡敏莉：他们现在的婚姻状况如何？还在一起吗？

小峰：没有，他们离婚了。在我很小的时候，妈妈就离开我们了。

蔡敏莉：他们为什么离婚？

小峰：因为爸爸打妈妈。

蔡敏莉：他们是自由恋爱结婚的吗？

小峰：是的。

蔡敏莉：起初他们是相爱的吗？

小峰：是的。

蔡敏莉：爸爸常年打她妈妈，妈妈丢下我们几个小孩就离开了。

这全都是爸爸的错，他要是不打人，你怎么会像一个孤儿般落到今天的这般田地？你是不是这样想的？

小峰：（**闭上双眼，默默点头**）

蔡敏莉：你可能没有觉察到自己对爸爸的愤怒，但是你把这份愤怒从那么小背负到现在。（**引导小峰走到爸爸扮演者面前，用手指着他**）现在，你可以指着这个男人，把你想对他说的话都说出来。

小峰：（**微笑着摇头**）你不要再打人了！

蔡敏莉：你为什么笑？

小峰：我其实更想告诉他，要是他再打人，我就会打回去，是他打碎了我的家。

蔡敏莉：你告诉他，“这全都是你的错，就是因为你打人，咱们家才会变成这样”。

小峰：是，这全都是你的错，就是因为你打人，咱们家才会变成这样，现在什么都没了！

蔡敏莉：你跟着我说，“你让我没有了妈妈，让我变成了孤儿，我本来应该有妈妈的。你算什么男人？！除了打人，你还会干什么？！你控制不了自己的情绪，我看不起你”。

小峰：我就是想这样骂他。

蔡敏莉：那你就这样对他说。

小峰：要是让我自己说，说不出来，因为我曾经骂过他。

蔡敏莉：如果嘴巴无法解决内心的愤怒，就需要借助动作表达出来。（**面向爸爸扮演者，递给他一条毛巾**）你拿着毛巾的这边，（**面向小峰**）你拿着毛巾的那边，你来试着运用你愤怒的力量来拧这条毛巾。在你拧毛巾的同时，如果你觉得自己能说出来你想说的话，就可以对爸爸说。

小峰：（**用力地拧毛巾，深深地叹了一口气**）小时候，我很想杀了你。

蔡敏莉：把你的愤怒一次性地拧出来。

小峰：（**更加用力地拧毛巾**）你不应该生我出来！生了我，你就应该负责！如果你不负责任，就不要生我出来！

蔡敏莉：他有没有打过你？

小峰：有。

蔡敏莉：他是怎么打你的？

小峰：他用皮带抽打我。

蔡敏莉：那时候你多大？

小峰：很小。

蔡敏莉：我们再找一个人来扮演你。现在，（**引导妈妈扮演者和小峰扮演者跪着绕圈**）妈妈和你一起跪着绕圈，（**引导小峰将毛巾递给爸**

爸扮演者；引导爸爸扮演者跟在妈妈扮演者和小峰扮演者后面，假装抽打他们）假设这条毛巾现在变成了一条皮鞭，爸爸想抽打谁就抽打谁。（面向小峰）看看小时候的你，爸爸不仅打你，还打你妈妈——他打走了妈妈，让你这辈子没有妈妈，这一切苦难的来源全都因为他的臭脾气。现在，你继承了他的臭脾气，他就像个恶魔一样，破坏了你现在的婚姻生活。你老婆一和你发生矛盾，就触发了你儿时被打的回忆，你便会发起反击。

小峰：（小峰扯住爸爸扮演者的手，试图制止他）

蔡敏莉：你这么扯他是不行的，你要说出来。

小峰：不要再打了。

蔡敏莉：不行，你得跪下来求他。

小峰：我不会求他。

蔡敏莉：可是，你现在这样就已经是在求他了，我们用“跪下来”这个动作代表求他。

小峰：我叫你不要再打了。

蔡敏莉：我都说了，你是在求他，所以你要跪下。

小峰：不要再打了好不好？

蔡敏莉：你这么说没用的，（引导爸爸扮演者继续假装打人）爸爸只会继续打。

小峰：（跪下）你不要再打了。

蔡敏莉：没用的。

小峰：我叫你不要再打了。

蔡敏莉：没用的，你是在求他。

小峰：不准打。

蔡敏莉：跟着我说，“我不让你打，你再打我就反击你”。

小峰：（**起身，站在小峰扮演者和妈妈扮演者中间**）我不让你打，你再打我就反击你。

蔡敏莉：你在可怜自己，也在恨自己——恨自己不敢大叫、不敢在这个恶魔面前站起来，所以你感到很挣扎。

小峰：（**一边流泪，一边点头**）

蔡敏莉：我们请小峰扮演者和妈妈扮演者来扮演小峰头脑中的想法。（**引导小峰扮演者拉起小峰的一只手**）你来告诉他，“你要做个乖孩子，要孝顺爸爸”。（**引导妈妈扮演者拉起小峰的另一只手**）你来告诉他，“我要崩溃了，快要受不了了”。

小峰

小峰扮演者：你要做个乖孩子，要孝顺爸爸。

妈妈扮演者：我要崩溃了，快要受不了了。

蔡敏莉：你就这样逃避了几十年，所以你没有存在于你的亲密关系之中。只要你老婆一出现你就想起你爸爸，是不是？

小峰：是。

蔡敏莉：（**引导老婆扮演者站在爸爸扮演者前面**）你以为你老婆就是你爸爸，你搞乱了啊！

小峰：我觉得我有时很爱她，有时又恨不得杀死她。

蔡敏莉：（**引导小峰面向老婆扮演者**）你把这些话说给你老婆听。

小峰：老婆，我很爱你，但你总说你感觉不到我的爱，也许我真的不懂爱（**闭上双眼，头微微后仰**）。

蔡敏莉：你闭上了双眼，没有看你老婆，又回到了过往的经历中。如果你不处理好和爸爸的关系，就永远都无法享受亲密关系。（**引导老婆扮演者离开**）所以，老婆可以暂时离开，爸爸继续打，（**面向小峰扮演者**）你们继续对他说。

小峰扮演者：你要做个乖孩子，你要孝顺。

蔡敏莉：（**面向小峰**）你可以做些什么？你现在多大了？

小峰：30 岁出头。

蔡敏莉：你可不可以作为一个成年男人对爸爸说些什么？

小峰：过去的事情已经过去了。

蔡敏莉：你又在回避。正是因为你一直在回避，你现在才进退两难。（**引导小峰面向爸爸扮演者**）你跟着我说，“我要将童年时受到的屈辱一次性地讲出来。我恨你，你只知道打人，你算什么爸爸？！你就是个屠夫——你剖开了我们的心，让我们的心都碎了”。

小峰：我要将童年时受到的屈辱一次性地讲出来。我恨你，你只知道打人，你算什么爸爸？！你就是个屠夫——你剖开了我们的心，让我们的心都碎了。

蔡敏莉：是不是这样的？

小峰：是，但是，就算我说了他也不会知道。

蔡敏莉：不要紧，重要的是，你要明白你对爸爸是有恨意的，你要承认你恨他。

小峰：是的。

蔡敏莉：那你说出来。

小峰：我承认我恨你。

蔡敏莉：（**引导小峰面向爸爸扮演者**）你告诉他，“当年我受到了伤害，我恨你恨到想杀死你；但我对你仍有一丝的爱，可是因为心中有恨，让我没有能力去爱你”。

小峰：当年我受到了伤害，我恨你恨到想杀死你；但我对你仍有一丝的爱，可是因为心中有恨，让我没有能力去爱你。

蔡敏莉：是不是这样的？

小峰：是的。

蔡敏莉：（引导小峰看向小峰扮演者）你看着自己，告诉他，“我知道我要做一个孝顺的儿子，我会这么做的，你放下我吧，谢谢你提醒我”。

小峰：我知道我要做一个孝顺的儿子，我会这么做的，你放下我吧，谢谢你提醒我。

小峰扮演者：（放下紧握着小峰的手）

蔡敏莉：继续说，“我知道我被过去的事弄得快崩溃了。”

小峰：我知道我被过去的事弄得快崩溃了。我一想起来以前的事情就想哭，我真的快疯了。

蔡敏莉：你告诉他，“你放过我吧”。

小峰：（紧闭双眼，泪流满面）你放过我吧。

蔡敏莉：你在和谁说话？

小峰：和我自己。

蔡敏莉：对他说，“我求你放过我吧”。

小峰：我求你放过我吧。其实我在很早之前就感觉到了，我内心有两个分裂的自我，我很挣扎。

蔡敏莉：你跪在这里向妈妈说，“你放过我吧”。

小峰：（紧握妈妈扮演者的手向她跪下，泣不成声）你放过我吧。

蔡敏莉：对她说，“我求你放过我吧”。

小峰：我求你放过我吧。蔡老师，我很想向她叩头。

蔡敏莉：那你就叩吧。

小峰：（一边不断地向妈妈叩头，一边不停地喃喃自语）你放过我吧，我不想再这么痛苦了。（站起身）蔡老师，我决定放下以前的痛苦了。

蔡敏莉：那你和自己说，“我要放过自己，放过30多岁的自己。我要放下我的童年，我知道我的童年过得很不开心，我曾想过死，我曾想过杀人，但是那是以前发生的事情。如今我把它摆在一边，我不会抹掉它，但是我会让这个伤口结痂，不让它再影响我的今天和未来。今天，我决定重生”。

小峰：我要放过自己，放过30多岁的自己。我要放下我的童年，我知道我的童年过得很不开心，我曾想过死，我曾想过杀人，但是那是以前发生的事情。如今我把它摆在一边，我不会抹掉它，但是我会让这个伤口结痂，不让它再影响我的今天和未来。今天，我决定重生。

蔡敏莉：告诉这个世界，“今天是我的重生之日。我放下了过去的东西，我知道曾经发生过的事，我爱过，也恨过。我受过很多伤害，现在我让我的伤口愈合”。

小峰：今天是我的重生之日。我放下了过去的东西，我知道曾经发生过的事，我爱过，也恨过。我受过很多伤害，现在我让我的伤口愈合（**向蔡敏莉深深地鞠了一躬**）。

蔡敏莉：你可以允许自己哭。

小峰：我一想到我老婆就想哭……

蔡敏莉：（**引导老婆扮演者站在小峰面前**）你有什么话想对她说？

小峰：你之前不是这样的，后来因为我而改变了。如果你以前也是这样，我怎么会喜欢你呢？你我之间，是我错了。

蔡敏莉：在你们中间有一堆垃圾，那堆垃圾成天发出臭味，你可不可以处理它？

小峰：我可以把这堆垃圾扔了。

蔡敏莉：你希望和老婆有一段怎样的关系？

小峰：（**面向老婆扮演者**）我们从头开始好不好？前几天我才意识到，我们不知不觉已经结婚好几年了。

蔡敏莉：因为你的心之前还在那段情仇里，现在你的心回来了，你对她可以许下什么承诺？

小峰：我可以向你许诺，我要和以前不同，我会变回我们刚刚相恋时的样子。其实，我也不喜欢近两年的我，我甚至曾想过去死。唉，我死了你可怎么办，我们从头开始吧！

## 结语

要想维持深刻的亲密关系，就需要个体勇敢地面对和解决过往的经历和情感纠葛，否则未处理好的事务可能会成为关系中的隐性阻碍，干扰双方建立联结。小峰早年遭遇了诸多挑战——与爸爸有情感冲突，对妈妈情感复杂，还自我指责，这些都形成了沉重的心理负担，像阴影般影响了他的亲密关系。所幸，小峰意识到问题的根源，体现出了他的自我反省意识，并主动寻求心理咨询，开启解决困扰、重建生活的新旅程。

人生路上，无人能避伤痕，每段创伤都是成长的伏笔，关键在于如何看待。只有正视并接纳过去的伤痛，勇敢地向内探索和自省，才是获得治愈和成长的契机。个体借此才能释放积压的情绪，更坚强地拥抱未来，让亲密关系在自我觉醒与成长中绽放纯净和谐之光。

## 心理咨询师观摩笔记

王均安

在这个个案中，蔡老师运用了家庭雕塑技术，通过角色扮演的方式生动直观地展现了小峰家庭动力的现状。

蔡老师先是聚焦于小峰对爸爸长期压抑的愤怒，鼓励其勇敢表达多年积累的内心独白，开启了情感释放的第一步。接着，通过精心设计的角色互动，模拟了小峰与妈妈之间复杂的情感纠葛，引导小峰通过象征性的跪拜与请求宽恕的仪式，实现自我宽恕与接纳，认识到自己作为孩童时的无能为力，从而释怀过往，迈向心灵的自我愈合。

随后，蔡老师巧妙地安排了小峰与老婆的互动环节，借助直观的“垃圾”比喻，形象地展示了影响在他的亲密关系中的阻碍因素。当小峰主动清理象征性“垃圾”的那一刻，不仅是对过往负罪感的告别，更是对未来积极改变的承诺与行动，这一简单却极具象征意义的行为极大地鼓舞了小峰直面历史、重塑生活的决心与勇气。

# 第 16 章 丁克的抉择

## 如何活出人生的全新意义

阿寻结婚六年了，婚后一直过得幸福美满。在刚结婚时，夫妻俩就约定要当丁克。

其实阿寻很喜欢小孩，但仅限于别人家的小孩。她始终觉得自己还是个小孩，永远 18 岁。她之所以选择当丁克，是因为她在小时候经常挨妈妈打，她很害怕自己会像妈妈那样打骂孩子。老公想丁克，是因为他的两个外甥都是由他妈妈一手带大的，外甥们小时候常在他家生活，他在大学时就体会到了家里有小孩会带来的烦恼。最近，老公因为他妈妈经常暗示他让他们要孩子，便产生了要孩子的想法，想要结束丁克生活。

阿寻和老公感情深厚、十分恩爱，阿寻也愿意为老公生个孩子，可内心深处还是充满了担忧和惧怕，害怕自己会像妈妈那样对孩子打压、施暴。

我在和她的沟通中发现，她的这一系列担忧的根源在于其原生家庭内的未解的情结和未处理的创伤。爸爸在她七岁时去世，长期的情感忽视让阿寻深陷孤独与不被爱的感受中，她的心智仿佛停留在了那个渴望父爱却永远无法得到的孩童时期。阿寻内心对于爸爸的怀念和未能完成的情感联结形成了令她持续至今的挂念，即便如今已步入婚姻生活，这份缺失的爱和童年的情感创伤仍让她感觉自己像是一个未曾长大的孩子，迫切需要弥补那份失去的关爱和安全感。

在征得了阿寻的同意后，我们开启了本次个案过程。

## 个案实录

蔡敏莉：我们有两个选择——如果你根本不想要孩子，我们就选择第一个方向来解决；如果你想要孩子，但是你很怕，我们就选择第二个方向来解决。因此，事先明确你的需求是很重要的。我可以简要地为你解释一下这两个选择。先说第一个选择，也就是你根本不想要孩子，你可以坦诚地告诉你老公，这很重要。如果他可以接受，你们就可以继续做夫妻；如果他不能接受，他可能就会离开你，找一个愿意给他生孩子的女人，你们就不要耽误彼此的时间。再来说第二个选择，也就是你愿意生孩子，但不知道为什么心里很恐慌。你可以先仔细思考一下你心中的答案。

阿寻：我选择第二个方向。

蔡敏莉：好的，就是说你愿意生孩子，但不知为何心里有很多东西阻碍着你。其实很多女性都是很自然地想做妈妈的，所以我很奇怪，你担心生了孩子之后会发生什么？

阿寻：怕小时候的事情重蹈覆辙。

蔡敏莉：是因为你妈妈跟你的关系对你造成了很大的影响吗？

阿寻：是的。

蔡敏莉：我们接下来可以借助角色扮演来处理当年的未了事。在你小时候，父母的关系怎么样？

阿寻：妈妈更强势一些。

蔡敏莉：在他们吵架的时候，（引导妈妈扮演者指着爸爸扮演者）妈妈会指着爸爸。此时爸爸有什么反应，他会不会让着妈妈？

阿寻：爸爸会赔笑脸。

蔡敏莉：在两人的关系中，爸爸的姿态是跪着的（**引导爸爸扮演者面向妈妈扮演者单膝跪地，向妈妈伸出一只手且手心向上**），他要讨好这个女人。你姐姐呢？她在关系中处于什么位置？

阿寻：她很会讨好妈妈。

蔡敏莉：（**引导姐姐扮演者面向妈妈单膝跪地，向妈妈伸出一只手且手心向上；面向阿寻**）你呢？

阿寻：（**抱住爸爸扮演者**）我和爸爸关系好。

蔡敏莉：尽管回忆可能会给我们带来痛苦，但我们也需要通过回忆来解开那时的心结。为了更好地让你看清过去发生的事情，我们请一位学员来扮演你（**引导阿寻扮演者蹲在爸爸身边**）。

蔡敏莉：你为什么黏住爸爸？

阿寻：因为我更喜欢爸爸。

蔡敏莉：你也蹲在爸爸旁边，看着他，他在你七岁的时候去世了，你跟他说，“爸爸，其实只有你才疼我。你去世之后，再也没有人像你那样疼我了，妈妈一点都不疼我，她只疼姐姐。爸爸，在你去世之后，我的心也跟着你走了，不如你也把我带走吧”。

阿寻：爸爸，其实只有你才疼我。你去世之后，再也没有人像你那样疼我了，妈妈一点都不疼我，她只疼姐姐。爸爸，在你去世之后，我的心也跟着你走了，不如你也把我带走吧。

蔡敏莉：想不想让爸爸抱抱你？

阿寻：想（拥抱爸爸扮演者）。

蔡敏莉：对爸爸说，“爸爸，只有你爱我”。

阿寻：爸爸，只有你爱我。

蔡敏莉：很多孩子在童年时都能享受父母的爱，但遗憾的是，你爸爸在你七岁那年去世了，你为此感到很伤心，却说不出来，但你的心已经跟着爸爸一起离开了。请对爸爸说，“爸爸，我不让你走！你去世后，我的心就已经跟着你走了，你怎么这么忍心把我留在这里”。

阿寻：爸爸，我不让你走！你去世后，我的心就已经跟着你走了，你怎么这么忍心把我留在这里？

蔡敏莉：你大声喊出来，“我不让你走，你是我的！在这个世界上，我只有你这一个亲人，你去世之后我过得很惨，妈妈只疼姐姐，我则像个孤儿，我都不想活了。你知不知道啊，我的生活很凄凉”。

阿寻：我不让你走，你是我的！在这个世界上，我只有你这一个亲人，你去世之后我过得很惨，妈妈只疼姐姐，我则像个孤儿，我都不想活了。你知不知道啊，我的生活很凄凉。

蔡敏莉：（**面向爸爸扮演者**）请你对阿寻说，“我知道你很孤独，但是我对你的爱留在了你心里，我只是肉体离开了你。为了我，你要好好地活下去，好好地找一个和你相爱的男人结婚生子，享受幸福的家庭生活”。

爸爸扮演者：我知道你很孤独，但是我对你的爱留在了你心里，我只是肉体离开了你。为了我，你要好好地活下去，好好地找一个和你相爱的男人结婚生子，享受幸福的家庭生活。

蔡敏莉：（**面向妈妈扮演者**）请你面向他们站过来，仍然保持指责的姿态。（**面向阿寻**）请你挽着爸爸，告诉妈妈，她是一个怎样的妈妈。

阿寻：你是一个凶狠的妈妈，那时候我还那么小，我也有压力，你没必要这样对我。

蔡敏莉：当你妈妈这样指着你的时候，你有什么反应？你试试跟我说，“我恨你，我不要像你！你是怎么做妈妈的？！你就是一个很糟糕的妈妈，为了避免我变成像你那样的人，我都不想做妈妈，因为我担心我会像你一样虐待孩子——这是我的童年阴影。就算我现在很爱我老公，我也不敢生孩子”。

阿寻：我恨你，我不要像你！你是怎么做妈妈的？！你就是一个很糟糕的妈妈，为了避免我变成像你那样的人，我都不想做妈妈，因为我担心我会像你一样虐待孩子——这是我的童年阴影。就算我现在很爱我老公，我也不敢生孩子。

蔡敏莉：（**面向妈妈扮演者**）你张开双手，对阿寻说，“乖女儿过来”。

妈妈扮演者：（**张开双手**）乖女儿过来。

蔡敏莉：（**面向阿寻**）你来试着接触一下妈妈。

阿寻：（**用手碰了一下妈妈扮演者的手然后迅速缩回去了**）

蔡敏莉：你有这样的反应很正常，因为你的细胞有个记忆——只要妈妈伸出手就是要打你。（**面向妈妈扮演者**）你慢慢地走近阿寻，我不强迫你抱她，但至少要有一点的肢体接触。

妈妈扮演者：（**面向阿寻站立，手搭到阿寻肩膀上，轻轻地抚摸阿寻**）

蔡敏莉：（**面向阿寻**）你和妈妈的肢体接触，你等了这么多年。妈妈不懂如何和你接触，你可不可以教教她？你可不可以用手来教教她如何抚摸你？妈妈只知道怎么工作，但没有人教她如何做一个好妈妈。

阿寻：（**抱住了妈妈扮演者**）

蔡敏莉：在心里面默想，“妈妈，我是要你爱的”。

阿寻：（**在心里默想**）

蔡敏莉：如果一个女人可以接纳她的妈妈，和妈妈建立亲密的关系，她就能做好心理准备，容许自己成为妈妈；如果一个女人抵触她的妈妈，她就会抗拒妈妈这个身份，不想成为妈妈。之前，你感受到了爸爸的爱；现在，你也可以接纳妈妈的爱了。（**引导父母扮演者站在阿寻背后，手轻搭在阿寻肩膀上；引导阿寻面对老公**）你看着你老公，你告诉他，“我现在是一个真正的女人，不再是一个还没长大的小女孩。我爸爸爱我，我妈妈也爱我，我愿意将他们的爱延续，愿意为你生一个孩子，你愿不愿意”。

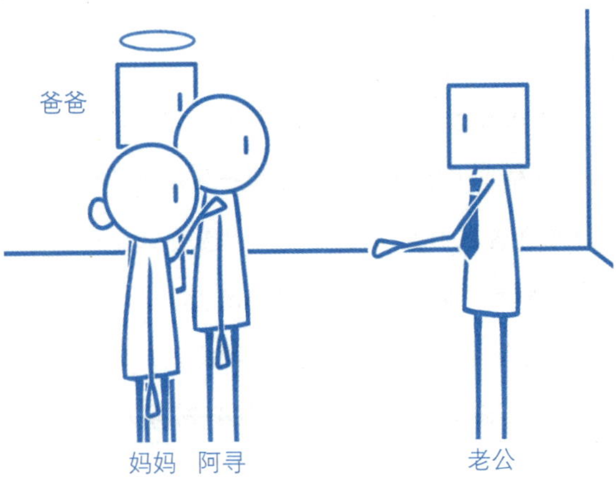


阿寻：我现在是一个真正的女人，不再是一个还没长大的小女孩。我爸爸爱我，我妈妈也爱我，我愿意将他们的爱延续，愿意为你生一

个孩子，你愿不愿意？

老公：慢慢来，不要紧。

蔡敏莉：当你成为一个真正的女人的时候，就可以真正享受到夫妻之爱了。

阿寻：（抱住老公）

## 结语

心理学大师阿德勒曾说，幸福的童年治愈一生，不幸的童年需要一生去治愈。

作为父母，我们的肩上担着重要的使命——不仅要成为孩子的引路人，更要用智慧和爱心去培育孩子。这意味着：我们要赋予孩子无条件的爱和满满的正能量，让他们在爱的沐浴下茁壮成长；教会孩子自我珍视和自我爱护，这是帮助孩子构建强大内心世界的基石；营造充满爱和支持的家庭环境，帮助孩子建立坚实的自我价值感和情感韧性，这不仅是我们能给孩子的最宝贵的礼物，也是确保孩子未来能够拥抱幸福、无畏前行的关键所在。

## 心理咨询师观摩笔记

林雨

童年经历给阿寻带来了深深的伤痛，不仅早早失去了爸爸，还得不到妈妈的温情和爱，这让她感觉自己被遗弃了，内心深处缺乏支撑她继续前行的力量。这样的背景使得她在成年后，尤其是在面临成为妈妈这一角色转换时，感到极度恐慌和不安，并因此想要逃避。

在咨询过程中，蔡老师先是细致地倾听了阿寻的叙述，并通过原生家庭雕塑呈现了一幅图画，揭示了一个动态的家庭关系网：在这个家庭系统中，爸爸和姐姐都在努力迎合妈妈，妈妈则常常对阿寻及爸爸表示不满，画面中的阿寻靠在爸爸身旁，爸爸的离世加剧了她的孤独感和无助感。

蔡老师采用了一种深度的情感联结技巧，引导阿寻与记忆中的父母分别进行虚拟对话，帮助阿寻从内在发掘并增强了自身的力量。尤为重要的是，通过这些心灵层面的沟通，阿寻仿佛接收到了来自父母的迟到但很珍贵的爱的祝福，它就像一股温暖的源泉，滋润和重塑她那曾经干涸的心田。

重获内在力量的阿寻在面对与伴侣讨论生育问题时，展现出了前所未有的自信与坚定。这次心灵的转变不仅帮助她跨越了个人成长的一大障碍，也为她的婚姻生活带来了积极的转机，让她更加勇敢地面对生活的挑战，拥抱未来的可能性。

第 17 章

# 亲情的回响

## 如何理解孩子的异常行为

小北从两岁起就和爷爷奶奶生活在一起。九岁时，爸爸吸毒，妈妈改嫁，他的生活变得一片灰暗。

之前小北还算懂事乖巧，那时父母虽不在他身边，但每年都会回来看他，他也没觉得有什么异常。然而，去年一切都变了。在他得知妈妈改嫁后又有了孩子，且爸爸因吸毒问题不断时，他的世界崩塌了。爸爸曾让小北帮他偷奶奶家里的东西（比如奶奶的手机）去卖。小北虽不情愿，但出于对爸爸的爱，还是做了。

在学校里，小北上课好动，但很聪明，思想和说话都比同龄人成熟。在学习遇到困难时，他怕回家被爷爷奶奶打骂，就用头撞墙来逃避。他曾在日记中写，爷爷奶奶没给他空间，他觉得自己还不如去死。小北的早熟让人怜悯，他的个性又让爷爷奶奶和老师很担心。

奶奶带小北来做咨询。小北说，他最大的心愿是爸爸妈妈和好，一家人能开开心心地生活在一起。他还希望爸爸能做一个好人——至少是一个健康的人，能戒毒并找到一份正当工作。他爱爸爸，很希望爷爷奶奶能让爸爸回来。

在征得了小北和奶奶的同意后，我们开启了本次个案过程。

## 个案实录

蔡敏莉：小北，你觉得奶奶对你有什么期待？

小北：她想让我好好读书。

蔡敏莉：你可以做到吗？

小北：对我来说很难。

蔡敏莉：你需要什么才能专心读书呢？

小北：我需要两种买不到的东西。

蔡敏莉：是什么？

小北：爸爸和妈妈。

蔡敏莉：我们请两位学员来扮演你的父母。你对他们在一起时发生的事情还有什么印象？

小北：我曾听妈妈说，爸爸以前回来就会向她要钱，她要是不给爸爸就会打她。不过，我不知道这是不是真的。

蔡敏莉：也就是说，你对他们在一起时发生的事情没什么印象？

小北：很少。

蔡敏莉：所以，爸爸跟妈妈之间的关系并不是很亲密？

小北：是的。

蔡敏莉：他们曾经相爱过吗？

小北：曾经肯定相爱过，但后来就不爱了。

蔡敏莉：在他们不爱的时候，你已经出生了吗？

小北：好像是我出生后没多久，他们就没什么感情了。

蔡敏莉：我们再请几个学员来扮演你和奶奶。你的爸爸妈妈曾经都很爱你，但他们之间总吵架，（**引导妈妈扮演者一手叉腰，一手指着爸爸扮演者**）妈妈总是指责爸爸，（**引导奶奶扮演者拉走小北扮演者**）奶奶把你接走了，是不是这样的？

小北：那时候我爸妈总吵架。后来他们离婚了，把我交给了爸爸，他说自己没能力养我，又把我交给了爷爷奶奶。

蔡敏莉：你爸妈吵架、互相指责，后来他们就分开了（**引导父母扮演者背对**）。

小北：他们不仅吵架，还打架。

蔡敏莉：他们打架？

小北：对呀，爸爸打妈妈，但是妈妈打不过爸爸。

蔡敏莉：你看到过吗？

小北：我没看到过，都是我在睡梦中被吵醒时听到的。

蔡敏莉：你完全是听来的？你知道他们在争吵吗？

小北：不知道。

蔡敏莉：那你知道奶奶为什么有时要跟你说爸爸妈妈的坏话吗？

小北：不知道，但是我很难过。

蔡敏莉：奶奶骂爸爸的时候你很难过，你希望是怎么样的？你告诉奶奶。

小北：（**面向奶奶**）奶奶，希望你不要骂爸爸妈妈了，我听着就烦。

蔡敏莉：你是因为想爸爸而不想上学了吗？

小北：我只是一想到爸爸就分心，他没有钱。

蔡敏莉：你是怕他会死。

小北：是的，我是怕他会死。

蔡敏莉：所以你整天都想念他。

小北：是的。

蔡敏莉：所以你的心不在学校吗？

小北：有时候在，有时候不在。

蔡敏莉：你上课的时候心不在课堂上，那是在哪里？

小北：在爸爸那里。

蔡敏莉：（**面向奶奶**）对于这种情况，你可以做些什么？

奶奶：他跟我说过这种情况，但是我也不知道我可以做些什么。

蔡敏莉：他之所以出现行为问题，只是因为对父母的思念。（**引导父母扮演者并排站立；小北扮演者面向他们单膝跪地，两只手向前分别伸向父母扮演者且手心向上**）小北，你看你和父母的关系是不是这样的？你很想念妈妈，也很想念爸爸，所以你的心就不在学校了。你可以做些什么既让你的心在学校，又能想念爸爸妈妈？

小北：我希望他们能回家——只要其中一个人能回家就可以了。

蔡敏莉：也就是说，你不会强求妈妈回来，但是希望爸爸可以回来跟你一起住。如果爸爸又偷了奶奶的钱，那么你是要爸爸还是要奶奶？

小北：两个都要。

蔡敏莉：如果爸爸每周抽出半天时间陪你，行不行？

小北：行。

蔡敏莉：那让我们握手承诺，如果爸爸每周抽出半天时间陪你，你就可以照顾好自己，是不是？

小北：是。

蔡敏莉：那你把这句话告诉奶奶。

小北：如果爸爸每周抽出半天陪我，我就可以照顾好自己。

蔡敏莉：(**面向奶奶**) 我们先不说别的，小北这个要求你能不能帮助他实现？

奶奶：不行，他爸爸接他出去玩半天甚至一天都可以，但是他不能回家。

蔡敏莉：小北要爸爸回家。

奶奶：不行。

蔡敏莉：(**面向小北**) 爸爸每周可以接你出去半天。

小北：可以。

蔡敏莉：(**面向奶奶**) 这样可以吗？

奶奶：如果小北很想他爸爸、认为见他爸爸对他学习有帮助，那么我可以让他去，但是他爸爸不能回家。

蔡敏莉：（**面向小北**）你信不信奶奶？她说你可以去见爸爸，每周半天或者一天都可以，相信她吗？

小北：相信。

蔡敏莉：那你走过去跟奶奶握手。

奶奶：我答应你这么做，这对你的学习会不会有帮助？

蔡敏莉：先不要说这些，小北已经答应了。（**面向大家**）其实，孩子求救是有很多种方式的，因为他太想念爸爸了，我想他肯定跟奶奶说过好多次了，但是奶奶很强势，不同意爸爸回家。孩子没什么可以跟奶奶谈判的条件，便在学校表现出了一些行为，这其实就是一个求救信号。在孩子看来，这是一个谈判技巧，但大人往往不了解这一点，就认为孩子有病，认为是孩子的智商或其他方面有问题，就耽误了他的前程。因此，我们不妨实在一点，来一次坦诚的谈判——看看孩子要什么，大人能给孩子什么，谈判后大家都遵守这个规则，这样孩子的其他行为就可以修正过来了。如果大人长期不理孩子，孩子的行为可能就会升级，可能让他无法集中精力甚至做出一些伤害自己或他人的暴力行为。既然如此，就和孩子事先谈好并尽量满足孩子的要求。

我们听到了小北的谈判办法，无论父母做错了什么、再怎么不好，孩子都是需要父母的，长辈不应该离间孩子跟父母的关系。长辈需要告诉孩子，“你有爸爸，爸爸爱你，但是他有一些行为我不能接受，所以我不能让他回家；你还有妈妈，但是妈妈因为现实条件发生了变化，她不能回来了，但她还是爱你的”。这样一来，孩子的心里就会踏实多了。如果长辈经常说孩子父母的坏话，就会让孩子的希望变得粉碎。如果孩子没了希望，他就很可能会做出破格的事情。因此，长辈如何跟孩子聊天是很重要的。

其实，刚刚我们不仅帮了小北，还帮奶奶做了分析，为什么要这样做呢？因为如果只是处理小北的行为问题，我们前半部分就做完了，但如果只是孩子一个人改变是不够的，奶奶还需要明白孩子求救的方式。如果大人听不到，孩子的行为就不会改变，我看小北在重复他爸爸当年的命运，所以我提醒奶奶，只要你改变，他爸爸就可以改变，只要他爸爸改变，小北就可以改变，你们可以这样改变家族的命运。因此，如果大家都希望小北能变好，大人的作用更重要。小北现在和奶奶生活在一起，奶奶的作用更大。

奶奶：是的。

蔡敏莉：谢谢你，祝福你们一家。

奶奶：希望小北爸爸能看在儿子的份上变好。

蔡敏莉：我们相信他能做到。

奶奶：我这个做奶奶的、做妈妈的，我做多一点无所谓，主要是让他和他爸爸好。

蔡敏莉：祝福你们。

## 结语

每个孩子都是家庭的镜子，其行为反映着家庭的状态。

小北的行为是一种求救信号。他因思念父母，在奶奶强势阻止爸爸回家的情况下，只能通过在学校做出异常行为来引起关注，这是他无奈的谈判技巧。

作为长辈，不应离间孩子与父母的关系，而是要让孩子明白，虽然父母存在不足，但依然爱他。对于小北来说，只要大人能理解他的需求、改变对待他的方式，他的行为就有可能发生改变。这就像一组齿轮，大人的改变会带动孩子的改变，从而有可能改变整个家族的命运。

在孩子心中，父母的地位是至高无上的，父母树立正面、健康的榜样至关重要。希望小北的家人能听到他的求救，给予他温暖和希望，让他的人生从此不同，让爱成为照亮他前行道路的明灯。

## 心理咨询师观摩笔记

周敏丽

在这个个案中，蔡老师先是通过与小北对话，深入了解了小北内心的想法和感受。她引导小北说出自己对父母的思念，以及这种思念对他学习和生活带来的影响。在了解到小北的父母经常吵架、打架，且爸爸有不良行为后，蔡老师通过角色扮演的方式，让小北更加直观地感受家庭矛盾对他的影响。

接着，蔡老师引导奶奶参与到对话中，让奶奶了解小北的内心需求。当奶奶不同意爸爸回家时，蔡老师提出了一个折中方案——让爸爸每周抽出半天时间陪小北，这既满足了小北对爸爸的思念，又在一定程度上缓解了奶奶的担忧。

蔡老师还强调了孩子求救方式的多样性，指出小北在学校的不良行为实际上是一种求救和谈判的技巧。她提醒大人不要误解孩子的行为，而应该通过真挚的谈判了解孩子的需求并给予满足，以修正孩子的行为。同时，蔡老师还强调了父母在孩子心中的重要地位，提醒长辈不要离间孩子与父母的关系，而要让孩子感受到父母的爱。

最后，蔡老师不仅帮助小北解决了问题，还为奶奶分析了小北出现异常行为的原因，提醒奶奶改变对待小北和他爸爸的方式，这很有可能会改变家族的命运。在整个过程中，蔡老师以温和、理性的方式引导着各方，为解决问题提供了切实可行的方案。

# 第 18 章 失控的父子关系

## 如何解开期待的束缚

阿豪阳光的外表下实则有一颗消沉的心，最近他在工作中提不起劲，心情抑郁不堪，唯有爱情是他生活中的亮点。

阿豪曾找我做过咨询，之后发生了明显的变化。他之前曾认为虽然自己有七尺男儿之躯，但内心仍是个小男孩，像个“妈宝男”；在做过咨询后，阿豪觉得自己成长了，变得更加勇敢了，甚至敢于挑战之前难以想象的事情——他刚刚成功主持了一家世界 500 强企业的全英文晚会。

在一次关于心灵成长的培训中，阿豪结识了女朋友，她被阿豪的坦诚和勇敢所打动，很快便确定了关系。过春节时，阿豪带女朋友回老家想让父母看看，并希望和爸爸深入聊聊自己在接受咨询后的这半年多的成长，以缓和多年来紧张的父子关系，结果两人大吵了一架。

虽然女朋友学过不少心理学知识，能够理解阿豪，但是她也很担心有了孩子后，孩子和阿豪会延续阿豪与其父的关系。从老家回来后，阿豪为了避免发生正面冲突，尝试给爸爸写信沟通，但满篇都是控诉。女朋友劝他不要再这么做，否则只会让父子关系更加恶劣。阿豪也懂这些道理，但一想到爸爸就无法控制情绪，愤怒之余还觉得很委屈。在咨询时，阿豪说希望能改善父子关系。

我在和阿豪沟通时发现，他把自己不愉快的童年、不乐观的性格都归咎到爸爸身上。即使他如今已长大成人，但爸爸对他造成伤害所产生的伤痛依然存在。一方面，他的头脑告诉他要去理解爸爸；另一方面，身体和情绪则对爸爸充满抗拒。这种两极的拉扯让阿豪感到备受困扰。

在征得了阿豪的同意后，我们开启了本次个案过程。

## 个案实录

蔡敏莉：你说你生活发生了一些变化，还说你变得更有勇气了，你生活得这么开心，你再次来到这里的目的是什么？

阿豪：蔡老师，其实我生活得并不是很开心，生活中也有很多不开心的时候。当这些不开心涌出来的时候，我总是不停地想为什么我小时候那么委屈，或者为什么我小时候没有反抗而是懦弱地顺从，这些想法让我很抑郁。

蔡敏莉：所以，你是将很多的时间和精力放在往事上了吗？

阿豪：是的。

蔡敏莉：你这么做，是在惩罚你爸爸还是你自己？

阿豪：我知道我这么做是在惩罚我自己，我完全知道我做得不对，但就是无法控制自己。

蔡敏莉：听起来你对爸爸有很多期待。我们请一位学员来扮演你爸爸，让我们重现你带女朋友去见你爸爸的场景。（**引导阿豪面向爸爸扮演者**）你为他介绍你的女朋友。

阿豪：爸爸，这是我的女朋友。你放心，我对她肯定不会像你对我和我妈妈那样。

蔡敏莉：（**引导阿豪用手指着爸爸扮演者**）听起来好像是指责，是不是？

阿豪：是啊。

蔡敏莉：你爸爸当时是怎么回答你的？

阿豪：我爸爸说，“我哪有这样对你和你妈妈，对你们够好了”。

蔡敏莉：（**引导爸爸扮演者用手指着阿豪**）你爸爸也是这样指责你吗？

阿豪：是啊。

蔡敏莉：你觉得他该怎么回答你，你会开心一些？

阿豪：我希望他说，“我希望你能原谅我之前对你做的那些事情，因为我自己也不是一个身心健康的人”。

蔡敏莉：所以你希望他道歉，是吗？

阿豪：是的。

蔡敏莉：我们再让一位学员扮演妈妈。（**引导妈妈扮演者用手指着爸爸扮演者**）妈妈就这样指责爸爸，你站在妈妈旁边，我们做一个沟通分析。当你向爸爸介绍女朋友时，你希望爸爸怎么回答你？

阿豪：他说，“儿子对不起，请你原谅，希望你能够做得好”。

蔡敏莉：（**引导爸爸扮演者面向阿豪单膝跪地**）你希望爸爸立刻向你道歉，也就是说你对爸爸是有期待的，但是爸爸没有这样做，你有什么反应？

阿豪：我很生气。

蔡敏莉：爸爸没有做到你就很生气，你还对爸爸说了些什么？

阿豪：你真是没用，真不像个男人。

蔡敏莉：你这样跟爸爸说，是在沟通还是在侮辱他？

阿豪：我这样说话肯定不好，但我就是控制不住自己才这么说的。

蔡敏莉：你希望你爸爸怎么回答你？

阿豪：我希望他说，“我虽然做得不好，但是我也是个男人，这是我不可改变的事实”。

蔡敏莉：你希望他认错吗？

阿豪：是的。

蔡敏莉：（**在阿豪手上放了几本书**）这就像是你的期望。你希望爸爸这样做，但他并没有这样做，于是你生气了，你还跟爸爸说了些什么？

阿豪：我说，“我觉得你之前在工作中屡战屡败，总是不吸取经验教训，我做事才不会像你这样”。

蔡敏莉：（**引导爸爸扮演者站起来，递给阿豪一本便利贴**）我想你对爸爸有很多期望，你每有一个期待就往他身上贴一张便利贴（**又往阿豪手上放了几本书**）。但是，你每对他有一个期待就会带来一次失望，他说的每句话你都希望是他向你道歉，但是他从来没有这样说过，因为他是一个愤怒的男人，所以你每贴一张便利贴也很生气，一直生气，你的愤怒变得越来越厉害。你现在开心吗？

阿豪：（**一只手托着书，另一只手不停地往爸爸扮演者身上贴便利贴**）当然不开心。

蔡敏莉：痛苦吗？

阿豪：痛苦。

蔡敏莉：够不够愤怒？

阿豪：够了，救我啊！

蔡敏莉：可是，你玩这个游戏玩了一辈子，你继续贴，但是他又不听你说话，你继续贴。

阿豪：（痛苦）不要贴了！够了！

蔡敏莉：相比之下，爸爸就不是很痛苦，因为这是你的期望——你期望他后悔、你期望他改变，但是他知道吗？他不知道，他继续跟你吵架，你这么粗鲁，我也这么粗鲁；你这么狠，我也这么狠；如果你继续骂我，我也会继续骂你。（**再次往阿豪手上放书**）你对爸爸的那些期望，他会做出改变吗？

阿豪：（**手开始摇摇晃晃，有些支撑不住书的重量**）很难。

蔡敏莉：可能他到死都不会改变，你继续贴。

阿豪

阿豪：不用放书了吧？

蔡敏莉：（笑）我没有书了。

阿豪：可以换一只手吗？

蔡敏莉：你是不是继续期望他改变呢？你可不可以接纳爸爸如今已经60多岁了，他这辈子很可能就是这个样子了？你到底折磨了谁呢？你可以怎么办呢？

阿豪：放下。

蔡敏莉：是谁阻止你放下了？

阿豪：老师，你不给我命令，我怎么放下？

蔡敏莉：你都是成年人了，还需要我给你命令吗？请你告诉我，是谁不肯放下对别人的期望？

阿豪：是我自己。

蔡敏莉：你可以两只手捧着这些书在这里走一个圈，代表你不能放下，但现在过得很开心。

阿豪：可我并不开心。

蔡敏莉：那就没有办法，我们没有人可以救你，你可以做什么呢？

阿豪：放下（**把手上的书全都放下**）。

蔡敏莉：你可不可以承认，这些期望都是你加在他身上的？

阿豪：是的。

蔡敏莉：他没有答应过你要改变？

阿豪：有。

蔡敏莉：所以，他从年轻到现在，始终是一个愤怒的人，就算去世的时候都可能含着愤怒离去，你想学习他吗？

阿豪：不想。

蔡敏莉：那你打算怎么做呢？

阿豪：放下。

蔡敏莉：怎么放下呢？当你跟他说话的时候，你可不可以告诉他，“爸爸，我当年很不开心——不是说你没有教好我，而是说你可以和我分享你的感受，我知道这些期望是我加在你身上的，我都要拿走”？

阿豪：（**点头**）

蔡敏莉：告诉他，“这些期望都是我给你的”。

阿豪：（**边说边把爸爸扮演者身上的便利贴全都摘下来**）这些期望是我给你的，现在我全都要拿走，我对你没有任何期望了。

蔡敏莉：期望和希望是不同的，期望是我觉得有一点冷，望一下你，你就应该拿一件衣服给我穿——你要做你应该做的，要是不做我就生气。希望则是我觉得冷，希望你能拿一件衣服给我穿，我说出了我的希望，如果你给我拿了，我就很开心；如果你没给我拿，我就接纳。做人是要有希望的，但是如果对人有很多期望，对方很可能不知道的，对不对？

阿豪：对。

蔡敏莉：你爸爸知道你希望他向你道歉吗？

阿豪：不知道。

蔡敏莉：所以他的日子过得很开心，你却越来越生气，你还想惩罚自己多长时间呢？

阿豪：如果我没有意识到这一点，很可能就是一辈子。

蔡敏莉：在你的性格里，你很容易期待别人做很多事情。你现在跟着我做，伸一只手出来，你要怎么样？

阿豪：（**伸出一只手，向外界指指点点**）你要这样，你要那样；你要给我这样，你要给我那样。

蔡敏莉：你觉得好玩吗？

阿豪：好玩。

蔡敏莉：把脚也用上，继续。

阿豪：（**伸出一只脚，向外界指指点点**）你要这样。

蔡敏莉：继续做。

阿豪：你要这样，你要那样。

蔡敏莉：开心吗？

阿豪：开心。

蔡敏莉：你对外界有这么多期望，但是他们没有说要做，做这个动作倒是显得你傻乎乎的，你却乐在其中。以后你还想不想继续这样过日子？

阿豪：不想。

蔡敏莉：我们唯一的办法就是你要先知道自己是一个这样的人——你很容易在短时间内就对人有很多期望，如果心里冒出了期待，你就要告诉自己，“这是我对别人的期望，对方没有责任一定要满足我对他的期望”。

阿豪：这是我对别人的期望，对方没有责任一定要满足我对他的期望。

蔡敏莉：说完之后你觉得怎么样？

阿豪：踏实了。

蔡敏莉：如果你改变你的沟通方法，就会改变你的情绪和命运。我们并不是让爸爸向你道歉，他就是一个这样的人。你可以告诉他，“我遗传了你很多的特质，谢谢你。我不期望你会有什么改变，你也不要期望我会有什么改变，我们打平手了”。

阿豪：我遗传了你很多的特质，谢谢你。我不期望你会有什么改变，你也不要期望我会有什么改变，我们打平手了。

蔡敏莉：你觉得怎么样？

阿豪：舒服一些了。

蔡敏莉：告诉他，“我希望我们能做朋友。我现在有老婆爱我，没空对你有什么期待了”。

阿豪：我希望我们能做朋友。我现在有老婆爱我，没空对你有什么期待了。老师，我觉得轻松多了。之前我一直提醒自己要原谅他、要放下愤怒，但我的确做不到。

蔡敏莉：你的问题很实际，你要知道自己有什么感觉以及自己想要怎么样。比如，在你说话之前可以做个深呼吸，问问自己“我有什么感受、我想怎么样”，而不是“猜测对方想我怎么样”。如果对方想让你开心、搞笑，你就开心、搞笑，满足他对你的期待，你就很可能出卖了现实中的自己。你只有了解自己的感受、知道自己想怎么样，才能深刻感受自己的感受，活出自己的真性情。

## 结语

阿豪的身体中有一个被期望束缚的灵魂。他对爸爸有着诸多期望，希望他道歉、改变，但这些期望却让阿豪陷入了痛苦与愤怒之中。

期望是枷锁，希望是翅膀。人们常常会不自觉地对他人寄予过高期望，却忘了每个人都有自己的人生轨迹。阿豪把自己的期望强加在爸爸身上，当爸爸无法满足他的期待时，他就陷入了无尽的痛苦之中。然而，人生不是一场控制他人的游戏，每个人都无法改变别人，只能改变自己。

阿豪最终意识到了问题所在，选择放下期望。这是勇敢的一步，也是走向解脱的开始。只有我们学会放下对他人的期望、接纳他人的本来面目，才能真正活出自己。深呼吸，感受自己的内心，问问自己想要什么，从而在生活中找到属于自己的幸福与安宁。让我们放下期望的枷锁，展开希望的翅膀，自由地翱翔在人生无垠的天空之中。

## 心理咨询师观摩笔记

王均安

阿豪是一个勇敢的人，我很欣赏他两次向蔡老师寻求帮助。他勇敢地面对咨询师，是他走出心灵困境的开始。

在咨询过程中，蔡老师让阿豪用便利贴代表期待，一张一张地贴在爸爸扮演者的身上，同时用书代表每一份期待给他带来的压力。直到阿豪无法承受压力，他才主动把书放下。强烈的身体反应让阿豪明白，压力并不是别人给他的，而是他自找的。

之后，蔡老师让阿豪用手和脚不停地做指责别人的动作，以此来让阿豪明白，期待他人改变是多么愚蠢和可笑。他需要主动放下期待，并对自己的期待负责，任何人都没有完成他人期待的责任。

最后，蔡老师引导阿豪与爸爸扮演者对话，使其父子关系得到了修复。

# 第 19 章 缺失的母爱

## 如何打破孤独的冰层

阿欢一直视女儿为生命中最重要的人，但她却常常控制不住地对女儿发火。女儿很懂事，有一次阿欢住院，当时只有七八岁的女儿贴心地在一旁照顾她。母亲节时，还给她亲手制作了小礼物，让阿欢十分感动。女儿的成绩优秀，在班里担任班长。尽管女儿堪称“别人家的孩子”，但这并不能让阿欢对女儿温柔以待，每次对女儿发火后，阿欢又会因为女儿的乖巧而对自己的失控备感自责。

阿欢对女儿寄予厚望，希望她成才有出息，这源于阿欢不想被人看不起的心态。阿欢的童年充满坎坷，两岁时父母离异，她和爷爷、爸爸、哥哥一起生活。后来，爸爸病重，阿欢带着女儿去寻找妈妈，却被妈妈拒之门外。从此，阿欢和妈妈再无联系，这件事让她一度感到孤独，不愿与人交流。

阿欢很少和老公谈及自己的家庭。有一次，她因怀疑老公有外遇便迁怒于女儿，甚至用衣架打了女儿，打完就后悔，又打了自己。女儿的学校开展了“双合格家长”活动，老师让阿欢发言，她觉得自己是不合格的家长。女儿对阿欢的态度也因此改变，不再像以前那样和她聊得来了。

阿欢内心的孤独就像厚厚的冰层，阻隔了她对幸福的期望。她是一个全职妈妈，每天只围着这个家转，很少与外界接触，深陷在孤独的泥淖中。阿欢深知自己对女儿不公平，却总是忍不住这样做。她渴望打破孤独的冰层，去呼吸久违的新鲜空气；也希望改变自己对女儿的态度，成为一个合格的妈妈。

我在阿欢讲述她的人生故事时，观察到她存在着一些问题：第一，她脾气暴躁，常对女儿发火，虽事后自责却在发火时难以自控；第二，她因童年坎坷变得孤独，不愿与人交流（包括老公），影响家庭关系；第三，她将对老公的怀疑转化为对女儿的暴力，处理问题方式欠妥；第四，她缺乏自信，觉得自己不是个合格的妈妈；第五，没有工作的她陷入孤独无法自拔，虽渴望改变但行动力不足；第六，她对女儿寄予厚望的心态也给女儿带来了压力。这些问题让阿欢陷入困境，影响了自己和女儿的生活与成长。

在征得了阿欢的同意后，我们开启了本次个案过程。

## 个案实录

蔡敏莉：我想邀请一些学员，通过雕塑技术为你展现一幅画面，你看完之后能不能告诉我你的感受？

阿欢：好啊。

蔡敏莉：（**引导妈妈扮演者从背后环抱住女儿扮演者**）这是一对普通的母女，妈妈抱着女儿，和女儿聊天。你看到这幅画面后有什么感受？

阿欢：很温馨。

蔡敏莉：如果可以选择，你希望你在这个场景中是妈妈还是女儿？

阿欢：我希望自己是女儿。

蔡敏莉：每个人都希望在小时候和妈妈建立一种很亲密的关系。我听了你的故事后，发现你在童年缺失了这种关系，这也会影响你和孩子之间的关系。让我们回溯过去，去看看你童年成长的环境好吗？

阿欢：好。

蔡敏莉：请你记住母女相拥的这个画面，这也是你的渴望。接下来，（**引导父母扮演者并排站立**）请爸爸和妈妈站在一起，他们当时是不是自由恋爱结婚的？

阿欢：应该不是。

蔡敏莉：他们之间有没有感情？

阿欢：应该没有。

蔡敏莉：（**把父母扮演者的手放在一起**）那就是别人把他们撮合到一起的，但其实他们不愿意（**引导父母扮演者将被放在一起的手放下，背对彼此**）。如果让你嫁给一个你不喜欢的人，你愿意吗？

阿欢：不愿意。

蔡敏莉：那你很幸运，因为你可以选择。你妈妈当年结婚的时候年纪跟你差不多，却嫁给了一个她未必喜欢的人。她那时候是不是很穷？

阿欢：是。

蔡敏莉：有多穷？

阿欢：平时都吃不上肉，只有过年过节才能吃得上。

蔡敏莉：他们结婚后生了哥哥，哥哥和谁的关系更亲近？

阿欢：不知道。

蔡敏莉：我猜是妈妈，（**引导哥哥扮演者坐在妈妈扮演者旁边**）孩子通常都和妈妈更亲近一些。如果父母相爱，（**引导父母扮演者都面向哥哥扮演者，抚摸他的头**）一家三口就会其乐融融，孩子就能享受到父母的爱，呈现在我们面前的就是一幅幸福的画面。但是，我猜当年不是这样的——（**引导父母扮演者放下手，都背对哥哥扮演者**）父母之间并不是很亲密，他们对哥哥的照顾也不是很多。

阿欢：是。

蔡敏莉：在农村，他们每天要做些什么？

阿欢：耕田种地。

蔡敏莉：父母都要去吗？

阿欢：对。

蔡敏莉：（引导父母扮演者的手不停地动，表示忙于生计）那他们每天都很忙，无暇照顾哥哥，对不对？

阿欢：对。

蔡敏莉：没过几年，你出生了。你和谁关系更亲近一些？

阿欢：妈妈。

蔡敏莉：（引导阿欢扮演者坐在妈妈扮演者身前）好。（引导父母面向两个孩子扮演者）如果父母相爱，你们一家四口就会很幸福。

阿欢：应该是。

蔡敏莉：（引导父母扮演者背对背站立，且背对两个孩子扮演者，手不停地动）但他们并不相爱，而且还都很忙，家里的日子容易过吗？

阿欢：不容易。

蔡敏莉：（引导阿欢面向妈妈扮演者）那你告诉妈妈，他们的日子过得有多难。

阿欢：妈妈，你既要去干农活，又要照顾我和哥哥。

蔡敏莉：妈妈有没有时间休息？

阿欢：比较少。

蔡敏莉：（引导阿欢站在妈妈扮演者的位置）你站在妈妈的位置，去感受一下你既要照顾两个小孩，又要去干农活，还要每天和一个自己不爱的男人朝夕相处，你有什么感受？

阿欢：很辛苦。

蔡敏莉：你感到前途没有希望，你会怎么选？

阿欢：无论多难，我都会选择照顾好孩子的。

蔡敏莉：你会牺牲自己。

阿欢：是。

蔡敏莉：你看着妈妈说，“我看不起你，你欠我一个妈妈，我这辈子就只有你这个妈妈，你竟然走了”。

阿欢：我看不起你，你欠我一个妈妈……（流泪，哽咽地说不出话来）

蔡敏莉：（引导妈妈扮演者离开原来站立的位置，背对着爸爸扮演者、哥哥扮演者、阿欢扮演者）妈妈就这样离开了这个家。

阿欢：是的。

蔡敏莉：妈妈对这个毫无希望的家庭、一个没什么感情的男人、两个不是她自愿生出来的孩子，做了一个不同于你的决定——她离开了这个家、抛弃了你，没有留下任何解释。可是，你这辈子只有这个妈妈，你过来，看看这个女人——你生命中的第一个女人、你唯一的妈妈，她却选择离开了你、遗弃了你，让你和哥哥没有妈妈，让爸爸成了鳏夫，你想对她说些什么？

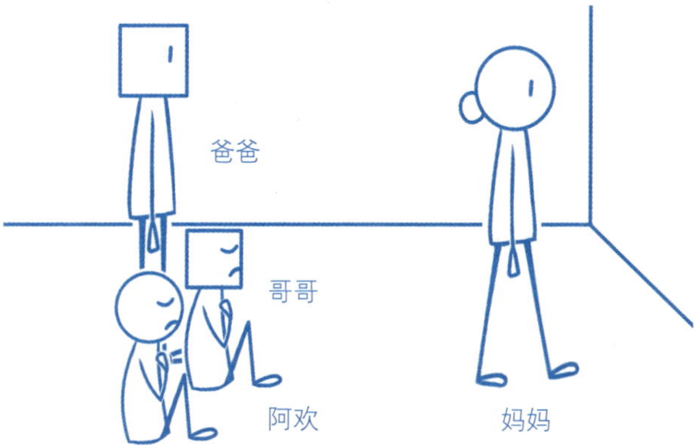


阿欢：（**走到妈妈扮演者面前**）我恨你。

蔡敏莉：对她说，“你不是一个好妈妈！你一点都不负责任！你遗弃了我、哥哥，还有爸爸，你为什么要这么做？你可以留在这个家里的啊！如果我是你，我就会留下，我会做一个好妈妈，我根本不会遗弃我的孩子”。

阿欢：（**用手指着妈妈扮演者**）你不是一个好妈妈！你一点都不负责任！你遗弃了我、哥哥，还有爸爸，你为什么要这么做？你可以留在这个家里的啊！如果我是你，我就会留下，我会做一个好妈妈，我根本不会遗弃我的孩子。

蔡敏莉：在妈妈离开后，你和哥哥的生活变成什么样了？

阿欢：我们失去了妈妈的爱……有的人会可怜我们，还有的人会嘲笑我们没妈妈、看不起我们。

蔡敏莉：告诉妈妈，“有的人可怜我们，但我才不要那些可怜，统统走开吧！这一切全都是你造成的，都是你的错！就是因为你抛弃了我们，我们才要承受这样的苦难！你这么自私的女人怎么配做妈妈？！我就要做一个跟你完全不一样的妈妈”。

阿欢：有的人可怜我们，但我才不要那些可怜，统统走开吧！这一切全都是你造成的，都是你的错！就是因为你抛弃了我们，我们才要承受这样的苦难！你这么自私的女人怎么配做妈妈？！我就要做一个跟你完全不一样的妈妈。

蔡敏莉：继续对她说，“哪怕你死了，而不是不爱我们了，我们的日子都能比那时过得好一些。但是你还活在这个世界上，你改嫁了，而且竟然过得很好，还和别的男人有孩子。你彻底不要我了！你根本就不配做我妈妈！我要将你在我的记忆中删除！我恨你还活着，我恨你活得这么好”。

阿欢：哪怕你死了，而不是不爱我们了，我们的日子都能比那时过得好一些。但是你还活在这个世界上，你改嫁了，而且竟然过得很好，还和别的男人有孩子。你彻底不要我了！你根本就不配做我妈妈！我要将你在我的记忆中删除！我恨你还活着，我恨你活得这么好。

蔡敏莉：我要跟你声明，我之所以让你这么说，不是鼓励你去指责你妈妈，而是让你表里如一地把曾在心里埋了几十年、说了成千上万次的话一口气全都说出来。妈妈当时离开了你们肯定是有她的苦衷，但你不要再把这些话憋在心里了。现在你说出来了，你再看看妈妈，你想对她说些什么吗？

阿欢：我过得比她好。

蔡敏莉：你要证明给她看吗？

阿欢：是的，我要证明给她看。

蔡敏莉：是要向她证明，即使没有她，你也会过得很好吗？

阿欢：是。

蔡敏莉：所以你对待生活的态度或者说姿态如何？我发现你的嘴很特别。

阿欢：有什么特别的？

蔡敏莉：你总是仰起头，嘴巴紧紧地闭起来，你是不是就这样麻木了你所有的感情？你对其他的朋友是不是也是这种“就算没有你，我也没问题”的态度？

阿欢：我好像是这样的。

蔡敏莉：你是不是想告诉妈妈，“你在我最需要你的时候离开了我，我要证明给你看，没有你我会活得更棒”？

阿欢：有这样的想法。

蔡敏莉：这算不算是一种报复？

阿欢：不知道。

蔡敏莉：当你以这样的态度对待其他人时，他们会不会和你做朋友？

阿欢：不会。

蔡敏莉：为什么不会？

阿欢：他们可能会觉得我很高傲。

蔡敏莉：是啊，你总是一种“就算没有你，我也没问题”的态度，谁还敢和你做朋友？起码我就不敢，因为怕被你拒绝。听我这样说后，你有什么感受？

阿欢：有点感触。

蔡敏莉：对什么有感触？

阿欢：对我对待他人的态度有感触。

蔡敏莉：其实这源自你小时候的不甘心——你被妈妈抛弃，你是否忍心骂她？我们回到她刚结婚时生活的环境——她和一个自己不爱的男人结为夫妻，生了两个孩子，这未必是她心甘情愿的，她也是环境的受害人。

阿欢：但是她既然生我出来，就有责任照顾我。

蔡敏莉：她尝试过的，在你刚出生的那几年她努力过的，只是她始终看不到前途，就放弃了。

阿欢：乡下的生活都是这样的。

蔡敏莉：但她不认命。你可以接纳这个不认命的妈妈吗？你可以接纳这个为自己争取幸福的妈妈吗？

阿欢：无论如何，我都无法原谅她。

蔡敏莉：那你来告诉她，“我不打算原谅你，你是我生命中的第一个女人，我不接纳你，我也不会原谅你”。

阿欢：我不打算原谅你，你是我生命中的第一个女人，我不接纳你，我也不会原谅你。

蔡敏莉：（引导女儿扮演者站在妈妈扮演者身边）来看看女儿，她是你生命中和你关系亲密的第二个女性，你是不是对她也很愤怒？你跟她说，“我都没有妈妈，你凭什么有一个好妈妈”。

阿欢：（**一只手指着妈妈扮演者，另一只手指着女儿扮演者**）我都没有妈妈，你凭什么要有一个好妈妈？可是，蔡老师，不是这样的！

蔡敏莉：你继续对女儿说，“我都没有妈妈，你凭什么要有一个好妈妈？我妈妈让我受了这么多苦，我也要让你受这么多苦，你凭什么有一个好童年——我没有，我也不准你有”。

阿欢：（**边说边流泪**）我都没有妈妈，你凭什么要有一个好妈妈？我妈妈让我受了这么多苦，我也要让你受这么多苦，你凭什么有一个好童年——我没有，我也不准你有。

蔡敏莉：是不是这样的？

阿欢：不是。

蔡敏莉：是不是这样的？

阿欢：（**有点动摇**）不是……

蔡敏莉：是这样的。

阿欢：是有一点。

蔡敏莉：你告诉她，“我活得不开心，我在潜意识中忌妒你，我也不让你活得开心”。

阿欢：我活得不开心，我在潜意识中忌妒你，我也不让你活得开心。

蔡敏莉：是不是这样的？

阿欢：不是。

蔡敏莉：是这样的。

阿欢：不是。

蔡敏莉：是这样的，你一天不原谅妈妈，你一天接纳不了她，你的潜意识就会这样想并让你这样去做。

阿欢：我想让我的女儿好。

蔡敏莉：你的心想她好，但你的行为却正在虐待她。

阿欢：是有一点虐待她，但我也不想这样，可是我不知道为什么会这样。

蔡敏莉：所以，你到底是想女儿好还是不好？

阿欢：想女儿好。

蔡敏莉：那你可不可以原谅你妈妈？这是一个代价，是不能讨价还价的，因为妈妈是你生命中的第一个女人，如果你接受不了她，就接受不了你生命中其他和你关系亲密的女性——比如你女儿。

阿欢：蔡老师，我想我女儿好，但我又很难原谅我妈妈，我陷入了一种极度矛盾之中。

蔡敏莉：我可以教你一个办法，为了让女儿好，你可不可以接纳“妈妈当年就是选择了一条这样的路，她也为此牺牲了很多，这就是你的命”这个事实？

阿欢：我可以接纳这个事实。

蔡敏莉：你接纳了这个事实，也要接纳它所带来的后果，接纳你为此付出了很大的代价。在你漫长的余生中，你可能都要铭记这个教训。你看着妈妈，告诉她，“妈妈，我希望你爱过我、抱过我，我希望我是你的宝贝”。

阿欢：妈妈，我希望你爱过我、抱过我，我希望我是你的宝贝。

蔡敏莉：（引导妈妈扮演者伸开双手）你叫她过来。

妈妈扮演者：（伸开双手）乖女儿，过来。

阿欢：（紧紧地抱住妈妈扮演者，在她的怀里号啕大哭）

蔡敏莉：很多人都是环境的受害者，有些人选择去恨，有些人选择去原谅。（引导阿欢走到爸爸扮演者面前）试着对爸爸说，“我知道你是疼我的，我会把你的爱交给我的女儿，我在心里永远都会记得你”。

阿欢：我知道你是疼我的，我会把你的爱交给我的女儿，我在心里永远都会记得你。

蔡敏莉：（引导爸爸扮演者站在阿欢背后，右手搭在阿欢的右肩上；面向阿欢）你愿不愿意接纳妈妈也曾爱过你，爱过你两年？

阿欢：（点头）

蔡敏莉：（引导妈妈扮演者也站在阿欢背后，左手搭在阿欢的左肩上；面向阿欢）你试着闭上眼睛感受一下，你一直有着爸爸的爱，你曾经还有过妈妈的爱，只是后来你失去了母爱，于是你选择了恨。现在，你可不可以让自己重新选择——去选择记住那份爱，放下那份恨？

阿欢：我愿意。

蔡敏莉：（**引导女儿扮演者站在阿欢面前**）对于女儿，你打算如何去爱她？

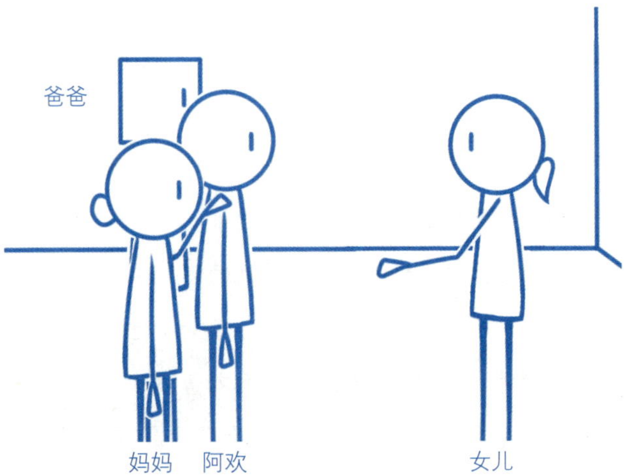


阿欢：和她建立一种很亲密的关系。

蔡敏莉：她要不要学习成绩优异？

阿欢：要。

蔡敏莉：你所说的“优异”，是80多分还是90多分？

阿欢：最好是90多分。

蔡敏莉：（**面向女儿扮演者**）你来对妈妈说，“你爱我就爱我吧，但不要把我当作你的成绩单，如果你把这叫作‘爱’，那么爱就太沉重了，你可不可以一直爱我这个人”。

女儿扮演者：你爱我就爱我吧，但不要把我当作你的成绩单，如果你把这叫作“爱”，那么爱就太沉重了，你可不可以一直爱我这个人？

阿欢：（面向女儿）可以。

蔡敏莉：（面向女儿扮演者）告诉妈妈，“我自己会好的”。

女儿扮演者：我自己会好的。

阿欢：（面向女儿）好。

蔡敏莉：（面向女儿扮演者）你要不要和妈妈拉钩？

女儿扮演者：（面向阿欢）最好能这样。

蔡敏莉：（面向阿欢）看来女儿不太相信你，你可不可以抱抱她？

阿欢：（拥抱女儿扮演者）

蔡敏莉：你可不可以无条件地爱她？你爱她，就只是因为她是她，而不是因为她学习成绩好不好。你可不可以答应我，不要再虐待她？

阿欢：可以。

蔡敏莉：你可不可以也答应我，也不要再虐待自己？

阿欢：可以。

蔡敏莉：你对女儿的要求那么高，还对她有无名的愤怒，这愤怒很可能源于你早年和妈妈的关系，并不自觉地发泄在女儿身上，这对女儿来说是不公平的。希望你能和妈妈对话，说出你对她的期望、希望与失望，接纳现实。你的很多痛苦源于不甘心和不接纳，因此，你要接纳妈妈只是普通人，并放下对妈妈的怨，从新的角度去看女儿——她值得拥有一个好妈妈，值得被爱，她不需要证明自己，别让她走你那条很孤独的路。

阿欢：好的，谢谢蔡老师。

## 结语

我们从阿欢的经历可以看出，童年时妈妈的离开给她带来了极大的创伤。她对妈妈既渴望又怨恨，这种复杂的情感影响了她对待他人的态度，并让她不自觉地将对妈妈的愤怒转移到女儿身上，对女儿要求过高，这是一种不健康的亲子关系模式。

对此，我们需要让阿欢直面内心的痛苦和矛盾。在这个过程中，她会逐渐意识到自己的问题，意识到自己的愤怒源于对妈妈的不甘心和不接纳。只有她接纳了妈妈当年的选择，放下怨恨，才能以正确的方式去爱女儿。

阿欢的故事提醒我们，童年经历对人的影响深远。我们需要正视过去的创伤，学会接纳和原谅，才能建立健康的人际关系。同时，作为父母，我们要避免将自己的情绪和期望强加给孩子，要给予孩子无条件的爱。

## 心理咨询师观摩笔记

郝少杰

在这场心灵的探索中，阿欢经历了对妈妈复杂情感的释放与和解。蔡老师通过角色扮演的方式，让阿欢直观地感受童年时父母的关系和家庭环境。她巧妙地引导阿欢站在不同角色的位置去体会他们的感受（比如，让阿欢站在妈妈的位置去感受妈妈的辛苦与无奈），让阿欢对妈妈的行为有了更深刻的理解。

蔡老师还鼓励阿欢表达内心对妈妈的真实情感，通过让阿欢将压抑的情感一次性地表达出来，帮助她释放情绪、正视自己内心的矛盾。

随后，蔡老师引导阿欢思考自己对待他人的态度与童年经历的关系，指出阿欢的高傲姿态可能源于对妈妈的不甘心，有助于阿欢意识到自己行为模式的根源。

当阿欢陷入无法原谅妈妈又渴望女儿好的矛盾中时，蔡老师建议她接纳妈妈的选择，让她明白妈妈也是环境的受害者，帮助她从另一个角度看待妈妈的行为，从而逐渐放下怨恨。最后，蔡老师引导阿欢将焦点转移到她与女儿的关系上，提醒她不要把对妈妈的情绪投射到女儿身上，要学会无条件地爱女儿和自己，促进阿欢实现自我成长和亲子关系的改善。

希望阿欢能真正走出孤独，用爱拥抱生活，成为女儿的好妈妈，也成为更好的自己。愿每个人都能勇敢面对内心的伤痛，在理解与接纳中找到幸福的方向。

第 20 章

# 被忽视的女儿

## 如何不再用成功去证明自己值得被爱

三年前，小晗还是个快乐的“单身贵族”。当时，30 岁的她已在公司做了八年销售主管，生活衣食无忧、逍遥自在。在一次扶贫助学活动中，她认识了一个比她大 10 岁的男人。一个月后，仅见过四次面的两人便领了结婚证。

婚后第二年，小晗怀孕，因妊娠反应严重且工作压力大，她辞掉了工作回家待产。从未做过家务的她开始慢慢适应家庭生活，但仅仅是去菜市场买菜都让她感到很不舒服。小晗没了工作，也没了收入，出门时不再像之前那样随意打车了，这让她感到委屈和焦虑。生了孩子后，她有产后抑郁倾向。终于等到孩子长到六个月，她迫不及待地出门找工作。

最近，她在保险公司找到了一份工作。公司要求很高，她工作十分投入，每天从早上六点忙到晚上九、十点，有几次甚至忙到了凌晨两三点。这让老公很担心她的身体和安全，小晗则认为好不容易再入职场自然要全力以赴，两人为此常有争执，但也努力在工作和家庭之间寻找平衡。

我在和小晗的沟通中发现，她在面对生活重大转变时总是准备不足：闪婚让她对老公了解有限，婚后生活出现很大落差后难以快速适应；小晗本就情绪管理欠佳，孕期及产后又因各种情况而焦虑，常对老公发泄情绪，虽事后道歉但仍影响了他们的夫妻关系；对生活的困难预估不足，从“单身贵族”到家庭主妇再回归职场，每一步都显得有些被动。

在征得了小晗的同意后，我们开启了本次个案过程。

## 个案实录

蔡敏莉：我们将邀请小晗的老公和几位学员，通过雕塑的方式呈现一幅画面。（**引导小晗扮演者和老公手挽手，引导女儿扮演者坐在两人中间**）你们原本是很恩爱的，一家三口其乐融融。是不是这样的？

小晗：是。

蔡敏莉：但是，因为你们工作忙碌，而且你是一个对工作很负责任的人，所以你总是想做到最好。我们请两位学员代表工作压力，让他们每人拉着你的一只手，带你去见老板。

工作压力扮演者：（**把小晗扮演者拉走，边拉她边摇晃她的手**）

蔡敏莉：（**引导老公和女儿扮演者面向小晗扮演者单膝跪地，向她伸出一只手且手心向上**）你老公和女儿则在这里等着你回来。这是不是你生活中真实发生的？

小晗：（**泪光闪烁**）是。

蔡敏莉：你为谁而流泪？

小晗：女儿。

蔡敏莉：（**引导小晗站在小晗扮演者的位置，被工作压力扮演者拉扯；面向工作压力扮演者**）你们对她说，“你做得到的”。

工作压力扮演者：你做得到的。

蔡敏莉：告诉她，“你可以做到全公司第一的”。

工作压力扮演者：你可以做到全公司第一的。

蔡敏莉：（**面向女儿扮演者**）你说，“妈妈回来”。

女儿扮演者：妈妈回来，妈妈回来，妈妈回来。

小晗：（**情绪爆发，一下子哭了出来，用力甩开两位工作压力扮演者**）不做了！

蔡敏莉：说一下你现在的感受。

小晗：其实我对女儿是最歉疚的，我总觉得我欠她的，但是我也有其他的追求。

蔡敏莉：你过去说给她听。

小晗：（**仍然面向蔡敏莉**）我对女儿真的很抱歉，因为我觉得我欠她的，但是我真的希望我能在工作中取得成功，也希望我可以成为一个很好的妈妈，还可以做我女儿的榜样。蔡老师，我再努努力，今年真的可以在工作中有一番作为的。

蔡敏莉：是不是一定要是今年呢？成功对你来说意味着什么？

小晗：成功对我来说就是对自我价值的肯定。我从小在家不受重视、不被肯定，所以我希望自己通过努力获得成功。其实，在从孕期待产到孩子六个月这一年多的时间里，我虽然暂时离开了职场，但也在尽力做一个合格的家庭主妇、一个妈妈。可是，我活得没什么自信，而且活得很压抑。蔡老师，我真的很需要被肯定，因为我很在乎别人的看法。

蔡敏莉：（**引导小晗走到女儿扮演者面前**）你跟女儿说，“我要牺牲你，为了成功，我看不见你，我不要看见你，我要牺牲你，你走开”，你也可以假装用脚把她踢开。

小晗：（**不停地摇头**）蔡老师我做不到，她是我女儿啊！

蔡敏莉：可事实是，你正在牺牲她。三岁之前的宝宝最需要妈妈，（**引导小晗扮演者背对着女儿扮演者站立**）但你是一个缺席的妈妈。你从早工作到晚上，经常加班。你早上走的时候，宝宝还没醒；晚上到家的时候，宝宝已经睡了。宝宝很难看到你，更别提有你的陪伴和拥抱了。你可不可以五年之后再成功？或者，你可不可以不争第一名，当第二名或第三名，行不行？

小晗：（**沉默流泪，犹豫**）

蔡敏莉：你不要哭，你对女儿说，“不好意思，我要牺牲你，我要把你踢开，你不要妨碍我成功”。

小晗：（流泪）蔡老师，我希望女儿可以跟我一起成功。

蔡敏莉：等她到了20多岁的时候，可以跟你一起成功。我很好奇，你当年想要证明给谁看？谁忽略了你？

小晗：我在家里排行第五。小时候，全家人都不怎么理我。后来我听奶奶说，其实在我出生的时候他们就说不想要我了，甚至想偷偷弄死我，但因为妈妈不忍心而留下了我。

蔡敏莉：虽然妈妈留下了你，但她没有怎么照顾你，是吗？

小晗：是。家里孩子多，无论大的还是小的，都欺负我。

蔡敏莉：你妈妈没来帮你吗？

小晗：没人帮我，只有哥哥帮我。

蔡敏莉：如果你有得选择，是不是希望妈妈能来帮你？

小晗：是的，但是她太忙了，根本没时间帮我。

蔡敏莉：所以，（**引导小晗和女儿扮演者并排跪下，妈妈扮演者背对着小晗**）如果你可以选择，你希望妈妈如何对你？

小晗：我希望妈妈疼我、关心我、多抱抱我，还可以搂着我睡觉。

蔡敏莉：她有没有这样做过？

小晗：没有。

蔡敏莉：所以，那时的你有什么反应？心里是怎么想的？

小晗：我从小就是遇到什么事都憋在心里。我还对自己说，我以后一定要成功，我一定要出人头地，我一定要比别人强。

蔡敏莉：你在证明什么？

小晗：我要证明自己，我要让他们看见我。

蔡敏莉：所以，你现在玩的游戏是这样的——（**引导妈妈扮演者绕着圈走，小晗扮演者跪着跟着妈妈扮演者走**）小时候的你跪在这里求妈妈，跪着跟她走，说“妈妈你不要走，妈妈你看看我”。（**引导女儿扮演者跪下跟着小晗扮演者走**）你女儿也跪下来跟着你，说“妈妈你不要走，妈妈你看看我”。你正在用你妈妈当年对待你的方式对待你女儿，你女儿现在重复着你儿时的命运。

小晗扮演者、女儿扮演者：妈妈你不要走，妈妈你看看我。

小晗：（**泪流不止**）

蔡敏莉：（**引导小晗面向妈妈扮演者**）如果当年你有机会跟妈妈说说，你想对她说些什么？

小晗：我希望你能抽点时间关注我、关心我，他们都欺负我。

蔡敏莉：告诉她，“我没有你的爱，我过得很凄凉”。

小晗：我没有你的爱，我过得很凄凉。

蔡敏莉：（引导妈妈扮演者向小晗伸开双手）妈妈叫小晗过来，说“过来，妈妈抱抱你”。

妈妈扮演者：过来，妈妈抱抱你。

小晗：（身体晃动了一下，想过去拥抱妈妈，但是犹豫了一下后停下来了）

蔡敏莉：（面向妈妈扮演者）告诉女儿，“妈妈只是忙，没想到对你造成了这么大的伤害”。

妈妈扮演者：妈妈只是忙，没想到对你造成了这么大的伤害。

蔡敏莉：（面向小晗）你相不相信妈妈的话？

小晗：我不知道。

蔡敏莉：你对妈妈说，“我愿意相信你”。

小晗：我愿意相信你。

蔡敏莉：（面向妈妈扮演者）你问问女儿，“妈妈很爱你，只是那时候因为太忙而忽略了你，你信不信”。

妈妈扮演者：妈妈很爱你，只是那时候因为太忙而忽略了你，你信不信？

小晗：我相信，我知道那时候妈妈太忙了，她是为了生活，没办法。

蔡敏莉：那你还需不需要这么努力工作来证明你值得妈妈爱？因为你妈妈已经爱你了。

小晗：我还是需要努力工作的，这样才能更好地养女儿。

蔡敏莉：那你有没有第二种选择？比如，是要付出100分的努力还是70分的努力？（引导小晗面向小晗扮演者）不如我们问一下小时候的你——你是宁愿妈妈是付出100的努力但没时间陪你；还是付出70分的努力但有时间陪你？

小晗：你是宁愿妈妈付出100的努力，给你一个好的环境，但没时间陪你；还是付出70分的努力，但这样不一定能给你提供一个好的环境，却有时间陪你？

小晗扮演者：我只想要妈妈陪我。

蔡敏莉：小时候的你是不是这样的？你信不信她说的是真话？

小晗：我相信。

蔡敏莉：那你也问问你的女儿，看看她有什么选择？

小晗：元元，你希不希望妈妈付出100分的努力去工作，给你赚很多的钱，让你能上很好的学校，买很多的东西？但是这样的话，妈妈就没办法有太多的时间陪你。还是说，你希望妈妈付出70分的努力，虽然我们不会有那么多的钱、有那么好的生活环境，但是妈妈能有更多的时间来陪你？

女儿扮演者：我要妈妈给我做好吃的、陪我睡觉，我能天天跟妈妈在一起。我不在乎妈妈赚多少钱，只想要妈妈能跟我在一起。

蔡敏莉：你信不信她说的？你想不想做一个成功的妈妈？

小晗：我想。

蔡敏莉：女儿和事业，你以后更想选哪个？

小晗：我选女儿。

蔡敏莉：（**引导小晗面向女儿扮演者**）你告诉她，“我选择你”。

小晗：元元，妈妈会选择你，因为妈妈真的很爱你。

蔡敏莉：你可不可以走过去把她扶起来，不让她再跪着求你？你去说给女儿听，“我选择你”。

小晗：（**扶起女儿扮演者**）元元，妈妈选择你，因为你是妈妈的唯一。

蔡敏莉：你想对老公说些什么？

小晗：亲爱的，对不起。

蔡敏莉：告诉他，“我选择你”。

小晗：我会选你，因为你和元元是我的唯一、我的全部。之前我忽略了你们，对不起。

蔡敏莉：你们一家人牵手。

小晗：（**和老公、女儿扮演者牵手**）谢谢蔡老师。

蔡敏莉：我们在童年发生的事情往往会影响我们今时今日的决定，它们就像是无形的手在推着我们向前，但那未必是我们真正想要的。因此，我们需要时不时地停下来，问问自己，我到底想要什么。我也经历过和你类似的挣扎，最后我还是选择了家庭——家庭排第一位，女儿排第二位，事业只能排第三位。我现在一把年纪了，可以在事业上多花些时间冲刺了。一辈子那么长，我不一定需要二三十岁成功，四五十岁成功也可以。我有时间等，但我女儿的成长不能等，我就是这样选择的。你觉得怎么样呢？

小晗：我确实是忽略了一些东西，我一直以为我可以同时兼顾家庭和事业，并认为我可以处理得很好。在我周末办业务时常常会带着女儿，但是刚才看到那个场景，才发现我之前一直是在往前走，却从未回头看——原来在周一到周五这些工作日，女儿都在等我。我以为我尽了妈妈的责任，但前两天我老公告诉我，女儿长了第七颗牙，我却一点都不知道。也许我真的错过了太多。蔡老师，可能就像你说的那样，我应该重新去考虑一下我这段人生，因为我在工作中一直都太在乎鲜花和掌声了，把自己逼得很辛苦。哪怕是现在重回职场，我也是快速回到了以前的那种状态，但我之前一直都没有意识到这一点，也没有看到我家人的感受。我真的很感谢蔡老师，谢谢。

蔡敏莉：（**面向老公**）你有什么话想说呢？

老公：虽然我也是做婚姻辅导方面的咨询师，但是我一直无法解决我们之间的这个问题。非常感谢蔡老师。

蔡敏莉：（笑）你没法辅导自己的婚姻。

老公：其实我觉得我们在生活中的一些方面做得还挺好的，懂得互动。但今天所呈现出来的问题涉及她价值观的内容，这可能也是导致我们有些问题无法解决的关键。感谢蔡老师帮我们厘清了这个关系，非常感谢。

## 结语

人生之路充满了各种抉择和挑战，就像小晗所经历的那样。小晗因童年缺乏关爱与肯定，在内心深处种下了对成功的强烈渴望。这种渴望驱使着她在事业上全力拼搏，却在不知不觉中忽略了家庭。

我们从小晗的案例中可以看到，童年的经历会深刻地影响一个人的价值观和行为模式。小晗曾在家中不受重视，甚至曾面临被放弃的命运，这让她坚定了要出人头地的决心。然而，当她在追求事业成功的道路上狂奔时，却忘记了回头看看自己的家人。

小晗的女儿就像当年幼小的她一样，也渴望着妈妈的陪伴。小晗在这个过程中逐渐意识到，自己正在重复着妈妈曾经的错误。通过这次深刻的体验，小晗开始反思自己的人生选择。

成功并非只有一种模样，家人的陪伴才是最珍贵的宝藏。对于小晗来说，重新调整事业与家庭的平衡至关重要。她可以在追求事业的同时，给予家人更多的关爱和陪伴。不要让过去的遗憾继续延续，而是要勇敢地面对自己的内心，做出改变。

## 心理咨询师观摩笔记

苗海防

在这个个案中，蔡老师先通过角色扮演的方式，呈现了小晗在家庭与事业之间的矛盾冲突。让小晗亲身体验被工作压力拉扯与家人等待的场景，使小晗直观地感受到自己在现实生活中的困境，引发小晗对自己行为的反思。

接着，蔡老师不断提问，深入挖掘小晗内心深处的情感和动机。她询问小晗眼泪的含义、对成功的定义等问题，帮助她梳理自己对女儿的愧疚以及对成功的渴望背后的原因，即童年时期缺乏关爱和肯定。

当小晗陷入矛盾时，蔡老师采用极端的方式，让小晗说出“牺牲女儿”的话。虽然小晗抗拒，但这一做法让小晗更加清楚地认识到自己在无意中对女儿的忽视。同时，蔡老师还引导小晗回忆童年对妈妈的期望，进而让她意识到自己正在重复妈妈当年的行为，使她深刻理解到这种行为对女儿的伤害。接下来，蔡老师通过让不同角色对话（比如，小晗与妈妈扮演者对话、小晗与女儿扮演者对话），帮助她释放内心的情感，增强对他人的理解和信任。尤其是在小晗与妈妈的互动中，引导小晗相信妈妈的爱，抚平了小晗内心的创伤。

最后，蔡老师以自己的经历为例，为小晗提供了一种新的价值观和生活选择，即家庭第一、女儿第二、事业第三，让小晗明白成功不一定要在年轻时实现，而女儿的成长则不容等待。蔡老师的引导不仅帮助小晗解决了当前的困惑，也为小晗未来的生活指明了方向。

阅读成就思想……

Read to Achieve

# 重新书写人生故事

2

个人成长

蔡敏莉 著

每一個生命都渴望被看見

蔡敏莉

Monita

中国人民大学出版社

· 北京 ·

图书在版编目（CIP）数据

重新书写人生故事．2，个人成长 / 蔡敏莉著．
北京 ：中国人民大学出版社，2025．6．-- ISBN 978-7
-300-34002-9

Ⅰ．B849.1

中国国家版本馆 CIP 数据核字第 2025SU1179 号

**重新书写人生故事2 · 个人成长**

蔡敏莉　著

CHONGXIN SHUXIE RENSHENG GUSHI 2 · GEREN CHENGZHANG

| | | | |
|---|---|---|---|
| **出版发行** | 中国人民大学出版社 | | |
| **社　　址** | 北京中关村大街 31 号 | **邮政编码** | 100080 |
| **电　　话** | 010-62511242（总编室） | | 010-62511770（质管部） |
| | 010-82501766（邮购部） | | 010-62514148（门市部） |
| | 010-62511173（发行公司） | | 010-62515275（盗版举报） |
| **网　　址** | http: //www.crup.com.cn | | |
| **经　　销** | 新华书店 | | |
| **印　　刷** | 天津中印联印务有限公司 | | |
| **开　　本** | 890 mm×1240 mm　1/32 | **版　次** | 2025 年 6 月第 1 版 |
| **印　　张** | 9.375　插页 1 | **印　次** | 2025 年 6 月第 1 次印刷 |
| **字　　数** | 204 000 | **定　价** | 199.90 元（全三册） |

# 前　言

读过第一册的“原生家庭”后，想必你已领略了家庭对我们产生的深远影响。父母的养育方式、家庭氛围，都在不经意间为我们的人格上色：有的家庭充满温暖、支持的氛围，孩子能带着自信前行；有的家庭矛盾重重，孩子在压抑与挣扎中求生。多年来，我致力于萨提亚模式的研究与实践，深知原生家庭是我们人生的起点，或滋养或束缚着我们的成长，是我们理解自我的关键线索。

第二册的“个人成长”恰似一座桥梁，搭建在原生家庭与未来亲密关系之间。它是一段引导我们向内探索的深度旅程，引领我们从对原生家庭的认知，迈向对自我的重塑。

每个人都有着无尽的内在资源，但是往往会被外界声音和过往经历所掩盖。在这本书中，我还是会为你提供一些真实个案。这些来访者曾如你我，在生活中感到迷茫、困惑。他们或是在人际关系中屡屡受挫，或是对自身价值深感怀疑，但他们后来都踏上了蜕变之旅。

他们学会敏锐地觉察情绪。曾经，情绪如脱缰野马，愤怒让他们冲动行事，悲伤将他们困于黑暗；如今，他们能在情绪涌起时，静下来倾听内心的声音，理解情绪是需求的信号，从而不再被情绪所左右。

他们开始审视思维模式。逐一打破那些限制自身的固有想法（比如，“我做不到”“我不值得”），并以积极的视角看待世界，为自己创造更多可能。

他们努力修复自我价值感。原生家庭的影响可能会让他们的自我价值感蒙尘，但他们可以为自己拂去尘土，从自身优点、成长进步中找到价值，重新找回自信与力量，让自己闪闪发光。

个人成长不仅关乎自我完善，还能为亲密关系奠基。如果你能在个人成长中认识自己、接纳自己，就能以健康成熟的姿态步入他人的生活。在亲密关系中，不再盲目地延续原生家庭的问题，而是与爱和理解建立深度联结。

本书中的个案均为真实生命的写照，希望它们能像明灯照亮你前行的路。无论你处于人生的哪个阶段，都愿萨提亚模式的智慧助你在个人成长路上勇敢探索，书写属于自己的精彩人生。

# 目 录

# 第 1 章 想当 100 分的妈妈

## 如何将更多精力回归自我

彤彤是一个美丽而坚强的女人，独自背负着生活的重担，她的人生充满了波折与挑战。

彤彤先有一个女儿，后来又有了一个儿子。她本是庆幸自己终于儿女双全了，但是儿子被诊断为大脑发育迟缓。为了给孩子们一个更好的未来，她毅然放弃了自己蒸蒸日上的生意，去了更发达的城市生活。没有了丰厚的经济来源，还要照顾两个孩子，尤其是要在儿子身上花费大量的心血，老公无法忍受这样的生活，没多久两人就离婚了。

离婚后，为了抚养孩子，彤彤又回老家做起了生意，父母帮她带孩子。几年后，虽然生意做得不错，赚了不少钱，但她的身体却在日复一日的应酬中越来越差，还患上了失眠症。

在感情方面，彤彤在离婚后有过一段恋情，男朋友是一个细心且勤快的人，但由于两人的成长不同频，感情未能继续。如今，彤彤渴望能遇到一个能帮助她分担生活压力、照顾孩子、共同教育孩子并在事业上给予支持的人。

彤彤意识到自己如今的生活失去了平衡，觉得连自己都不了解自己了，这么多年来一直不知道为了谁而活。她想改变自己的心境，为自己好好生活。

在征得了彤彤的同意后，我们开启了本次个案过程。

## 个案实录

蔡敏莉：你为什么这么累呢？

彤彤：因为我不仅要照顾年迈的父母，还要照顾一双没有成年的儿女。尤其是我儿子，他大脑发育迟缓。离婚后，我又做了四年多生意，现在身体透支了，我打算近期把生意交给别人做了。可是，我之后可能就要一直和失眠相伴了。

蔡敏莉：你为什么要付出这么多呢？当初为了孩子，你连事业都放弃了。

彤彤：因为我儿子大脑发育迟缓，我想给他一个更好的成长环境，就去了更发达的城市。

蔡敏莉：医生说可能是什么原因了吗？

彤彤：医生说这可能与我孕期抑郁有关，我在孕早期每天都会失眠，要等到天亮才能睡着。

蔡敏莉：为什么会这样呢？

彤彤：可能那时候我操心的事情很多。

蔡敏莉：你是如何发现孩子有问题的？

彤彤：他比正常孩子发育得慢，到七个多月还不会翻身，到一岁多才会坐，到三岁多才会走路。

蔡敏莉：都是你一个人照顾他吗？

彤彤：嗯，离婚后都是我一个人照顾他，我儿子才几个月大的时候我和我前夫就分居了。

蔡敏莉：后来你们离婚了？

彤彤：儿子一岁半的时候，我觉得这个男人不再是我依托的对象了，因为我跟他在一起时毫无安全感，而且我觉得我儿子这样他也有责任的，所以我在心里很恼恨他，一定要和他分开。

蔡敏莉：离婚之后你一个人带着两个孩子，你怎么生活呢？

彤彤：我带孩子们回老家了，我爸妈帮我照看孩子，我去工作。

蔡敏莉：你后来又谈了一个男朋友，可以聊聊那段恋情吗？

彤彤：他是一个很细心的男人，而且愿意帮我照顾儿子。我儿子就是在他的帮助下，一点一点学会走路的。后来我的生意越做越好，我也越来越忙，但是他还是在原地踏步，我们两个人就觉得不同频了，就分开了。

蔡敏莉：你理想中的另一半是什么样的人呢？

彤彤：可以和我一起照顾两个孩子，一起做生意，在我遇到事情的时候和我商量。

蔡敏莉：对于你儿子，你已经尽力了。

彤彤：是的。

蔡敏莉：你儿子开心吗？

彤彤：开心。

蔡敏莉：既然他开心，那么为什么你还不开心？

彤彤：他什么都不知道，无忧无虑的。

蔡敏莉：你女儿开心吗？

彤彤：有点不开心。

蔡敏莉：她为什么不开心呢？

彤彤：因为我离婚，多多少少对她有一些影响。

蔡敏莉：你对她内疚吗？

彤彤：内疚。

蔡敏莉：什么程度的内疚？

彤彤：很深。

蔡敏莉：你的生活过得很凄凉，但我不会可怜你，因为这都是你自己造成的，为什么呢？因为每个孩子在每个成长阶段都会有一些不开心，都需要自己挣扎，这样才可以成长。如果你把这也当作自己的责任，你就不会开心。你是不是想当 100 分的妈妈？就是全心全意地为子女付出，没有自己的生活，总觉得自己做得还不够，是这样吗？

彤彤：有时候我也会觉得自己的生命不平衡，会想我这么做到底是为了什么呢？好像我活了这么多年都不知道自己是为了谁，我只是知道，我没有为自己而生活。

蔡敏莉：所以你玩的不是“我赢你赢”这种双赢的游戏，而是“我失败你失败”这种双输的游戏。你会想，“我放弃了自己的幸福，我希望你幸福”。但是因为你对孩子的期望太高，他们做不到。如果我是一个小孩，看到妈妈对我的要求比天还高，我就不玩了，干脆把自己封闭起来算了。

彤彤：（若有所思）

蔡敏莉：我感觉你现在算是一个“大女人”，是吗？

彤彤：是的。

蔡敏莉：你的这种性格是在什么时候形成的？

彤彤：离婚之后。

蔡敏莉：我觉得并不是。

彤彤：为什么？我离婚之前，有很长一段时间都在家里相夫教子。

蔡敏莉：你找伴侣时，对另一半有什么要求？

彤彤：不跟我吵架，会做家务，懂得体贴我。

蔡敏莉：如果归纳总结一下，就是“听话、好用”，当然，在两个人相处的过程中也是有爱的。我说话是很直白刻薄的，我知道你对伴侣的态度不是你在离婚之后形成的。我们来一起来看看你有什么心结，好不好？

彤彤：好的。

蔡敏莉：在你小时候，你父母吵架吗？

彤彤：吵。

蔡敏莉：他们在吵架时通常是谁骂谁？

彤彤：他们对骂。

蔡敏莉：我们邀请现场的几位学员来扮演你的家人，让他们帮忙呈现你家庭中的沟通模式等。（**引导父母扮演者面对面站立，指着对方**）你的父母经常指责。你在家里是独生女吗？

彤彤：不是，我还有个哥哥。

蔡敏莉：在父母吵架的时候，哥哥在什么位置？

彤彤：哥哥和我躲在一旁听。

蔡敏莉：爸爸对哥哥的态度是怎么样的？

彤彤：打。

蔡敏莉：打得很厉害吗？

彤彤：是的。

蔡敏莉：拳打脚踢吗？

彤彤：是的。

蔡敏莉：爸爸对你怎么样？

彤彤：他会骂我，偶尔也会打我。

蔡敏莉：你让他打你吗？

彤彤：小时候不敢反抗，长大后就反抗了。

蔡敏莉：（**引导哥哥扮演者和彤彤扮演者坐在妈妈扮演者两旁的地上**）在你小时候，他打你打得狠吗？

彤彤：狠，他会打我的脸，还会踢我。

蔡敏莉：你会怎么办？

彤彤：我会大哭，还会离家出走。

蔡敏莉：那你看到你的家庭目前的呈现，你对婚姻有没有信心？

彤彤：我觉得我父母这样的相处模式很烦人，心想要是两个人在一起每天都要这样打打杀杀、吵吵闹闹的，真没意思。

蔡敏莉：所以，你那时候的感受是什么样的？

彤彤：我跟自己说，等我长大了一定要赚钱、要独立，我不会赡养他。

蔡敏莉：（**边讲解边在白板上画图**）在萨提亚模式中，有一个冰山理论。意思是说，我们的行为只是整座冰山浮出海平面的一小部分，其他还有很多部分，比如应对方式、感受、观点等，位于海平面之下。而且，我们表现出来的行为受这些看不见的因素的影响。我之所以这样问你，是想帮助你探索冰山中的感受层面。你看得起这样的男人吗？

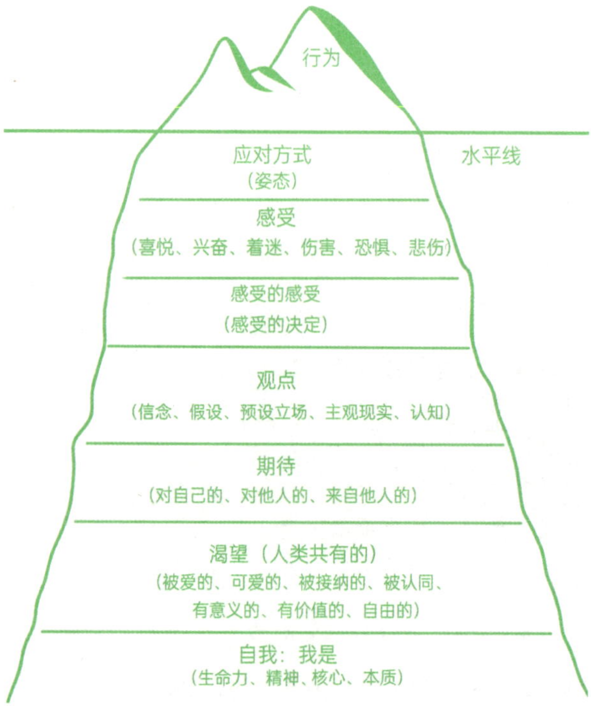


冰山理论图

彤彤：看不起。

蔡敏莉：所以你在小时候就做了一个决定，你不会让男人欺负你。

彤彤：是的。

蔡敏莉：你看，这就是你因感受而形成的观点。你对男人的态度就是这样对立的，所以你会很累，而且你一辈子都会这么累。因为你认定了，（**引导男朋友扮演者面向彤彤扮演者单膝跪地，一只手伸向她**

**且手心向上，表示讨好）**你跟男人的关系就是这样的，所以你挑的伴侣都是懂得迁就你的、配合你的、让你开心的、懂得享受生活的。在谈恋爱阶段，你是不是很开心？

彤彤　　男朋友

彤彤：是的。

蔡敏莉：结婚前，你很享受他哄你、照顾你；结婚后，你是不是就看到了他的缺点，觉得他没用，觉得他不能让你继续开心了？

彤彤：是的。

蔡敏莉：你离婚后相处的男朋友很能迁就你，他不仅要做你的男朋友，他还要做你的保姆、秘书。他起初把你服侍得很舒服，后来想拿钱独立，你就会想，“这个男人竟然敢离开我的五指山”。他服侍你，你觉得他没出息、太闷；他想独立，你又不让。于是你离开了他，对不对？就算你再找男朋友，也一定会继续找这样的人。

彤彤：对。

蔡敏莉：我这么做，是想让你看到你的冰山中的因观点而形成的行为模式。回顾你的前半生，是不是一切都在你的掌握之中？你事业有成，你在婚姻中觉得无须再依托男人，你在恋情中提出分手。所以，你不是受害人，而是一个挺成功的人。生命待你不薄，没有哪个男人辜负过你，我怀疑是你辜负了很多男人。

彤彤：我也有这样的感觉。

蔡敏莉：（笑）算了，对于他们来说，能有你这么漂亮又能干的老婆或女朋友，也是他们的福气，所以也不能说是谁辜负了谁。我只是想帮助你看到自己的行为模式带来的后果，并帮助你转化受害者的身份，从其他角度完整地看待这件事。

彤彤：嗯，我理解。听你这么说，我心里舒服多了。

蔡敏莉：我相信你不会担心你的前途，因为你的过去证明了你有能力工作，有能力发达，还有能力找到伴侣。你这么漂亮，我估计你到了 80 岁也会是个迷人的老太太——只是，你承担了这么多责任，把自己搞得这么累，我都担心你活不到 80 岁。

彤彤：是啊。

蔡敏莉：所以，我们现在可以好好聊一聊，你将来想怎么爱自己。

彤彤：（若有所思）

蔡敏莉：你通过回顾过去，可以发现自己是一个很有能力的人，对不对？

彤彤：对，我对自己更有信心了。

蔡敏莉：你之前将所有的精力都用来照顾父母、孩子、男朋友，还有生意，现在是不是可以决定重新爱自己了？

彤彤：是的。

蔡敏莉：对自己好一点。

彤彤：嗯。

蔡敏莉：你打算怎么做？

彤彤：不要给自己太大压力，做一些自己想做的事情。我其实想做很多事，只是没时间去做。

蔡敏莉：你的前半生都放在别人身上了，能不能给自己留一些时间？你是值得被自己疼爱的。

彤彤：是的。

蔡敏莉：（笑）那我想帮助你设定一个小目标，为你的行动明确方向——下一次见你时，我希望你更加漂亮。

彤彤：（笑）好啊，谢谢蔡老师。

## 结语

从彤彤的个案中，我们可以看到她在生活中面临着诸多挑战。她觉得自己生命中的男人都“没用”，这或许能反映出她在选择伴侣时的一些潜在模式。她看似是个大女人，实则可能是在生活的重压下不得不掌控一切。她在回顾小时候的经历后，可以看到那些感受所形成的观点和行为模式对她生命的影响。

人只有先学会爱自己、尊重自己，才能懂得如何爱他人和尊重他人。彤彤在为家庭付出的同时，也应关注自己。当她看到自己的能力时就能找回自信，就不会再对前途感到无助和恐惧。以她的性格，完全有能力创造奇迹。

我们也应从这个个案中反思，在生活中不要忽视自己的需求和健康，要努力为自己和家人创造一个更加美好的未来。

## 心理咨询师观摩笔记

陈玉莲

作为一名心理咨询师，蔡老师在这个个案中展示出了专业的素养和深刻的洞察力，也为我们呈现了冰山在海平面之下的各个因素是如何影响海平面之上的行为的。

蔡老师先是通过深入的提问，引导彤彤逐步剖析自己在生活中感到累的根源。从孩子的状况、婚姻问题到个人情感，蔡老师耐心倾听彤彤的讲述，帮助她梳理出各种问题之间的关联。

在探索彤彤大女人性格形成的过程中，蔡老师采用角色扮演的方式，重现彤彤小时候的家庭环境，让彤彤清晰地看到父母的争吵以及爸爸打骂她和哥哥对她产生的深刻影响。这个方法有助于彤彤认识到自己对男人的态度和观念的形成源头。

蔡老师不断引导彤彤反思自己的行为模式，比如在选择伴侣时的标准以及婚后对伴侣的态度转变。通过分析，让彤彤明白她在关系中的责任，从而转化她的受害者身份，让她看到自己的能力和成就，而不是一味地自怜。

最后，蔡老师鼓励彤彤爱自己，为自己设定行动方向和目标；强调彤彤过去的成就证明了她的能力；引导她将精力分一些给自己，做自己想做的事情，重新找回生活的平衡。整个过程中，蔡老师以温和而坚定的态度，帮助彤彤认识自己、接纳自己，并为未来的生活注入新的希望和动力。

# 第 2 章 不相信男人的女孩如何获得幸福的亲密关系

小雨出生在一个普普通通的家庭。在她的印象中，父母之间的争吵从未中断过。那激烈的争吵声如同尖锐的刺，一次次扎在小雨的心上，让她从小就渴望拥有一个宁静、温暖的家。家中原本还有两个妹妹，但她们在出生后不久便被父母过继给了别人做养女。每当想起妹妹们的离去，小雨心中总会涌起无尽的惆怅与失落。

2004 年 7 月，已成家的妹妹回来看望小雨和家人。那一刻，久违的团聚氛围让小雨感受到了一丝难得的温馨。她满心欢喜地沉浸在这份亲情之中，可谁都没想到，几天后妹妹竟然在房间里自杀了。小雨被这突如其来的悲剧震惊得呆若木鸡，悲痛如潮水般将她淹没，心中更是充满了错愕与不解。

小雨的感情经历也颇为曲折。2002 年 8 月的一天，小雨在回家的路上被前男友拦截。这个刚和她分手的男人强行将她拉进出租屋，关上门后把钥匙从窗户扔出去。他苦苦哀求小雨，甚至跪在地上，那卑微的模样让小雨心中五味杂陈。可小雨无法接受他的这种行为方式，只觉得恐惧与厌恶，一心只想逃离这个可怕的地方。在那漫长的一夜，小雨不断挣扎，心中充满了绝望，深知自己处境危险，但又不敢轻举妄动。后来，她在厕所里偷到了一部手机，连忙偷偷地打电话向表哥求助。在她被解救的那一刻，她终于如释重负，泪水奔涌而出。

2008 年 5 月，小雨因为怀孕和年龄较大而不得不结婚。在与老公从相识到结婚不到一年的时间里，她曾对未来充满了憧憬，但她在婚后不久便发现，自己对老公的感情并没有多么深厚，两人的性格更是格格不入。小雨渴望与老公沟通，希望能拉近彼此的距离，可他却总是忽略她的感受，宁愿看电视或打游戏也不愿与她交流，这让小雨感到无比的孤独与失望。他们曾共同参加老公叔叔的生日聚会，尚在孕期的小雨因身体不适而想早点回家，却遭到了老公的拒绝。那一刻，小雨觉得自己被世界抛弃了，心中满是孤独和委屈。第二天，她毅然决定离家出走，只给老公留下了一张纸条，告诉他，他们的感情耗尽了，然后住进了宾馆。尽管小雨的心中充满了不舍与无奈，但她明白，这是她必须做的决定。从此，她独自踏上了未知的旅程，努力去面对未来的种种挑战。这段亲密关系最终以离婚告终。

小雨感到非常困惑，不知道为什么自己在感情方面一直没能获得良好的结果，她希望我能帮助她找到答案。

我对小雨的观察是，她自幼生活在争吵不休的家庭环境中，这或许使得她在情感上缺乏安全感。妹妹自杀之事给她带来了极大的心理压力和困惑。她在亲密关系的处理上存在困难，与前男友、前夫相处时感到不被尊重和理解，沟通不良，有情感疏离痛苦。她易被感动、易妥协，反映出其内心价值感低、易在感情中迷失。面对感情压力冲突，她缺乏有效应对策略，比如，与前男友发生争执时选择沉默逃避，与前夫发生冲突时选择离家出走。这些负面经历（包括妹妹自杀）使其情感受创，影响她对亲密关系的信任和投入。

在征得了小雨的同意后，我们开启了本次个案过程。

## 个案实录

蔡敏莉：小时候爸爸会骂妈妈吗？

小雨：会，而且妈妈毫不示弱。

蔡敏莉：那在父母互相指责时，谁骂的声音更大一些？

小雨：爸爸。

蔡敏莉：我们邀请现场的学员来扮演你的父母。请两位扮演者互相用手指着对方，以表示对对方的指责。（**面向小雨**）你和谁的关系更亲近一些？

小雨：我对他们两个都很反感，因为我觉得他们不应该这样，这对我造成了很大的伤害，每次听到他们吵架我都很害怕。有一次，我记得我躺在床上不停地哭，跟我姐姐说我很害怕。

蔡敏莉：所以，他们一吵架对你来说就像是世界末日吗？

小雨：是的。

蔡敏莉：所以，爸爸妈妈一吵架你就害怕到躲起来哭吗？

小雨：是的。

蔡敏莉：请你坐在地上，我会用一块布半盖在你头上，代表躲起来的你。现在，你的内心在颤抖，你偷看着他们俩，你是否相信自己会有幸福的婚姻呢？

小雨：当时我倒是没这么想过，但是现在很渴望幸福的婚姻。

蔡敏莉：你从父母的婚姻关系中学会了什么？

小雨：我从中只能感受到他们互相指责，还有永无休止的争吵。

蔡敏莉：男人可不可以信任呢？

小雨：挺难的。

蔡敏莉：男人在结婚之后会怎么对女人呢？

小雨：对女人很差的。

蔡敏莉：你举例说一下，是怎么个差法？

小雨：比如，我爸爸不懂得理财，虽然每个月都有固定收入，但是很少为家庭分担。我们读书需要花钱，但在经济方面都是我妈妈操心。

蔡敏莉：所以，你认为男人是不负责任的、对数字不敏感的。除此之外，你对男人还有什么看法？

小雨：听我妈妈说，我爸爸在外面对其他人很好，却对自己家里人不好，经常骂人，而且他们俩经常吵架。

蔡敏莉：那么你会不会觉得爸爸是一个伪君子——在外面是好人，在家里就是恶魔？

小雨：嗯，我感觉很不舒服。

蔡敏莉：这就是你从父母的婚姻中学到的，这是你婚姻观的源头。带着这样的婚姻观，你会不会愿意嫁人呢？长大后，你或许很容易在遇到的每一个男人身上看到爸爸的影子，比如，你对爸爸有某种看法，你的前男友对你做这样的事情，你对他有什么看法？

小雨：我觉得他不应该这样对我，就算我决定跟他分手，大家也应该互相尊重。

蔡敏莉：你的前男友要禁锢你、要你就范，你对他有什么看法？现在请一位学员扮演你的前男友。你们是相互指责吗？如果是，就都指着对方。

小雨：（**小雨和前男友扮演者互相指着对方**）是。我觉得他根本不是真的爱我，如果是真的爱我，那么在我想离开他的时候，他就会选择放手，最起码要懂得尊重我。

蔡敏莉：那时候他多大年纪？

小雨：25 岁。

蔡敏莉：是一位很年轻的男士，他以前谈过恋爱吗？

小雨：我不知道，可能没有。

蔡敏莉：所以他对谈恋爱没什么经验，是吗？

小雨：是的。

蔡敏莉：我这样说你感觉如何？

小雨：我觉得他不应该这样对我。

蔡敏莉：他是做错了，这个是肯定的。不过，他是不是加强了你对男人的固有印象呢？你认为男人可不可以相信？

小雨：不可以相信。

蔡敏莉：还有呢？

小雨：如果他得不到，就会用手段做出一些不利于我的行为。

蔡敏莉：男人会伤害你吗？

小雨：是的，会伤害我。

蔡敏莉：男人不会保护你吗？

小雨：没错。

蔡敏莉：这些都是你对男人的看法，而且这些看法是逐渐累积起来的。爸爸作为你生命中的第一个男人，他是伪君子、假好人，他和老婆打架；第二个男人是你的前男友，他会不择手段；第三个男人是你的前夫，他是一个什么样的人？和你的关系算不算是指责的？

小雨：跟他深入相处的时候，我发现他脾气并不是很好，没有耐心，也不懂得体谅我。特别是在我怀孕的特殊时期，他跟我严重缺乏沟通。

蔡敏莉：他令你对男人产生了什么看法？

小雨：他从来不会因为爱我而做出妥协让步，也不能真正地接受我。

蔡敏莉：你对他的期待是什么？是不是你在骂他的时候，他能让你骂？

小雨：是的。

蔡敏莉：那你有一点霸道，你觉得这算不算残忍呢？

小雨：我性格的确比较霸道，我早就发现这一点了。

蔡敏莉：你骂他的时候，希望他不要回骂，而是和你平心静气地沟通，是吗？请一位学员扮演小雨的前夫。

小雨：（指着前夫扮演者）是的。

蔡敏莉：这个要求会不会太过分了呢？你这样骂人家，他却不可以反驳你。

小雨：我觉得是他做得不够好。

蔡敏莉：你先骂人，但是你认为自己做得很好，是他做得不够好，是吗？

小雨：当时的确是这样认为的。

蔡敏莉：现在呢？

小雨：现在我意识到自己有做得不对的地方了。

蔡敏莉：我观察到一点，你在很多个男人身上都看到了他们的缺点，请爸爸、前男友、前夫站到一起，你用双手指着他们。你对男人的态度是不是这样？

小雨：（**指着爸爸、前男友、前夫三人的扮演者**）是的。

蔡敏莉：这是不是你的恋情不会开花结果的原因呢？我猜，你对男人有一定的意见。你相不相信男人？

小雨：不相信。

蔡敏莉：你有没有胆量去真正地爱一个男人？

小雨：我每次都很想去爱，但是很害怕自己爱错。

蔡敏莉：那你到底有没有爱过呢？

小雨：应该有。

蔡敏莉：如果满分是 100 分，你认为自己付出了多少分的爱？

小雨：对我的前夫，至少是付出了 80 分。

蔡敏莉：可是，基于你之前对男人的经验，你很快就离开了。

小雨：是的。

蔡敏莉：你这段婚姻结束得快，你对他的态度如何？

小雨：差。

蔡敏莉：你和前夫之间，通常是谁先骂谁？

小雨：通常都是我先攻击他。

蔡敏莉：你希望对方先友好，可为什么不是你先友好呢？

小雨：当我和他有分歧的时候，我认为他应该去化解这种矛盾，而不是去激化矛盾。

蔡敏莉：你想问题很周到，我想他一定说不过你。

小雨：是的。

蔡敏莉：你是个辩论高手，你觉得只要你一发脾气，他就应该想一些办法来化解矛盾，而不是激化矛盾，尽管你是引发战争的人。

小雨：（**指着前夫扮演者**）是的。

蔡敏莉：看来你对男人的要求很高，你要求他近乎圣人。

小雨：起码不要跟我吵架。

蔡敏莉：（**引导前夫扮演者面朝小雨单膝跪地；面向小雨**）你要求男人是这样的，那你就去找这种男人吧。

小雨：我要他对我俯首称臣。

蔡敏莉：（**引导前夫扮演者面朝小雨趴下；面向小雨**）你期望的男人是这样的，那你有没有找个这样的男人做男朋友呢？

小雨：有。

蔡敏莉：你对这样的相处模式有什么感受？

小雨：同样没有好结果。

蔡敏莉：因为什么？

小雨：我嫌他没出息。

蔡敏莉：那你走过去踢他吧，也可以对他说话。注意，他只是协助你做个案的扮演者，你不能真去踢他。

小雨：（**象征性地踢前夫扮演者**）你不是男人！我恨不得杀了你！

蔡敏莉：为什么？他都对你俯首称臣了。

小雨：但是他还没有让我满意。

蔡敏莉：他需要做些什么才能让你满意呢？

小雨：我要他对我说话时很贴心——他给前女友发信息时都很贴心的，比对我说的贴心多了。

蔡敏莉：如果他对你说话贴心，你会感觉如何？你相不相信他？

小雨：起码会让我感觉舒服，证明我和他之间没有距离，让我们更加亲密。

蔡敏莉：你真是说理论的高手。

小雨：我可能做得不好，但是的确很会说。

蔡敏莉：你还很会提要求，就好像去菜市场买菜，但这个不行、那个不喜欢，那就算了嘛。

小雨：到头来一场空。

蔡敏莉：是的，那都无所谓。

小雨：可这样下去不行啊，青春是短暂的。

蔡敏莉：那你想怎么样？

小雨：现在很渴望好好地和一个男人交往，组建一个幸福的家庭。

蔡敏莉：你理想中的亲密关系是什么样的？

小雨：两个人能好好相处、好好相爱。

蔡敏莉：你愿意去爱吗？

小雨：可能我以前比较自私，在我付出之前，我会去想值不值得、会不会爱错。

蔡敏莉：但是你选择男人就像选择股票，这个是不是蓝筹股，会不会升值，值不值得投资？

小雨：是的，很形象。

蔡敏莉：你的功利心比较重，不如去选股票算了。

小雨：但是我想我还年轻，有时间去选择。

蔡敏莉：那就去选股票吧。

小雨：但是现在没有时间再等下去了。

蔡敏莉：（**用反方向的描述来点醒小雨**）在你发财之后，你就可以按照你的理想去找个听话的、爱吃软饭的。你和他之间就好像做生意，你不需要付出爱心，给他钱就可以了，一旦你发现他哪里不符合你的想象就换一个。

小雨：（**摇头**）听话的男人，没有出息；有出息的男人，又不听话。

蔡敏莉：是的。

小雨：所以很烦啊！

蔡敏莉：是的，所以你看，我都没有让你去找男朋友，而是让你先发财，再用钱去找一个听话的男人。这样多好，用钱就可以了，不需要付出真心。

小雨：可是这样并不是真感情。

蔡敏莉：你又不想付出感情，又希望男人给你真感情，你这样计较，只是因为你想拥有一段真正的感情。那么你现在有两条路——第一，用爱换取对方的爱，真心换真心；第二，用一些钱买一些爱回来。你选择走哪条路？

小雨：我要第一条。我不要空壳，我要真感情。

蔡敏莉：真的吗？

小雨：真的。

蔡敏莉：那你可不可以原谅爸爸？

小雨：我现在原谅他了。

蔡敏莉：你为什么会原谅他呢？

小雨：我觉得两个人吵架，一个巴掌拍不响，可能我妈妈也有错，她的性格比较倔强，还比较爱面子。

蔡敏莉：你和妈妈的性格像不像？

小雨：我和妈妈在性格上有很多相似之处。这么看来，爸爸可能是一个无辜者，他扮演的或许并不只是骂人的角色，同时还是一个受害者。现在，我原谅他了。

蔡敏莉：你跟爸爸说，“原来你也只是一个普通人，一个普通的男人。我现在看清楚你们的关系了，妈妈也有责任的，你也是这段关系的受害者。你们两个人的关系，你们自己处理”。

小雨：原来你也只是一个普通人，一个普通的男人。我现在看清楚你们的关系了，妈妈也有责任的，你也是这段关系的受害者。你们两个人的关系，你们自己处理。

蔡敏莉：现在觉得怎么样？

小雨：我觉得这是他们两个人之间的选择，既然他们选择了这样的生活，就要自己去承受、自己去承担。我做好我自己就可以了，不要去怨恨亲人。

蔡敏莉：你对普通的男人有什么期待呢？我希望你说一些比较实际的期待。

小雨：我现在的体会是，我不要求对方有多帅气、高大，我甚至可以接受他在性格或外形方面的缺陷，但是我始终坚持我的原则——他能用实力征服我。

蔡敏莉：你是要一段关系或者说是一个伴侣，还是要一个用来崇拜的英雄？

小雨：我渴望被照顾。

蔡敏莉："照顾"有很多的意义。比如，他跟你一起走这段人生路、互相支持；或者他是一个很成功的人，可以给你很多钱来照顾你。你说的是哪种意思？

小雨：在情感方面可以互相扶持，也要有一定的经济基础，可以过比较好的生活。

蔡敏莉：说来说去都是要钱。

小雨：钱多一点自然比穷光蛋好。

蔡敏莉：你告诉他，"我要的男朋友只是一个伴侣，就是一个普通人，跟我一起走完我的人生路"。

小雨：我要的男朋友只是一个伴侣，就是一个普通人，跟我一起走完我的人生路。

蔡敏莉：是不是这样的？

小雨：是的。

蔡敏莉：你是想要一个这样的男朋友，还是想要一个很有钱的男人来照顾你？

小雨：不要，我要和他有真感情，因为两个人只有有感情，才能走完一生。

蔡敏莉：所以，你愿意冒这个险吗？

小雨：我愿意鼓起勇气去冒这个险。

蔡敏莉：你愿意相信男人吗？

小雨：我愿意相信男人。我现在才知道，原来爱情也需要冒险。

蔡敏莉：是的。

小雨：我以前从未想过这一点。

蔡敏莉：因为你在两个人的相处中总是想赢。

小雨：我觉得我跟他在一起，他就应该好好待我，否则就是辜负了我。

蔡敏莉：那你岂不是成了“女皇帝”？

小雨：因为我对他也有付出啊！

蔡敏莉：你付出了什么？

小雨：感情、时间、精力。

蔡敏莉：对方没有付出吗？

小雨：对方当然也有，但是比我付出得少，这会让我感到不平衡。

蔡敏莉：（笑）如果我是男人，我可不敢娶你。（**面向前男友扮演者**）你背起她，（**面向小雨**）你整个人骑在他背上。你是不是要男人这样背负着你？

前男友　小雨

小雨：是的。

蔡敏莉：你变成了他的包袱，你要他全身心、全方位地照顾你。

小雨：以前是这样的，但是我现在的想法发生了一些转变。

蔡敏莉：我想你现在年纪还不大，你是不会变的。

小雨：我已经够大了。

蔡敏莉：我知道。

小雨：我都快到30岁了。

蔡敏莉：我知道，我说你不到30岁，你是不会改变的。

小雨：是的。

蔡敏莉：（笑）那你继续做“女皇帝”吧。

小雨：（笑）没错，我之前的确是做了很多年的“女皇帝”。

蔡敏莉：如果只是听你描述自己过往的情感历史，那么你好像是一个受害人。可是，在刚才的这个过程中，我们可以看到更为全面的情景——你很保护自己，你对男人的指责更多，你要求对方先服从你、配合你，然后侍候你。这种相处模式在短时间内是可以的，但是时间一长，这些关系就是不可以持续的。我给你的忠告就是，试着去相信这个世界是有好男人的，而这个男人只是一个普通的男人，他既有优点也有缺点。如果你懂得欣赏他的优点，你就会拥有幸福婚姻；如果你总是挑剔，一旦他有什么做得不好就会令你不开心，这样你即使有100段姻缘也是不得善终的。我希望你勇敢地去相信，勇敢地去爱，勇敢地去改变。

小雨：我愿意去尝试改变！

## 结语

在这个个案中，小雨进行了深刻的自我反思，认识到自己在感情生活中的问题，比如，对男人的不信任、对婚姻的恐惧等。通过对话，小雨逐渐放下了对父母的怨恨，开始尝试用更宽容的心态去看待他们，也意识到了自己在婚姻观念上的偏执——对男人的期待可能过于理想化了，他们也是普通人，既有优点又有缺点。在对话的最后，小雨表示愿意鼓起勇气去相信爱情，去相信世界上有好男人。这是一个非常积极的转变，也是她在心理治疗过程中取得的成果。

## 心理咨询师观摩笔记

阿茹娜

人们渴望被爱，却又恐惧受伤，二者形成了拉扯。以小雨为例，她自幼见父母婚姻矛盾，对男人印象差，认为男人都是缺乏责任、不会理财、脾气差、不顾家的，这也影响了她对男人的信任，使她在感情中难以投入。父母经常吵架，让她恐惧婚姻，在感情中易焦虑；防备心使她性格独立，不愿依赖对方，甚至要求对方顺从自己、照顾自己，她的强势导致了双方关系紧张。

她处理感情过于理想化，期待完美伴侣，不知足，对付出苛刻，易失衡，倾向指责抱怨，不找自身原因，易引发冲突致感情破裂。

这个个案为我们展示了心理治疗对小雨的积极作用。在蔡老师的引导下，她愿意试着以一种成熟的心态面对感情。蔡老师建议她调整对男人的看法，学会在感情中寻求安全感，放下强势，培养以更为成熟的视角看待亲密关系，这些建议对于有类似感受的我们也适用。

# 第3章 迷茫的学霸

## 如何在学习之外丰富生命的色彩

苗苗是一名大三的学生。最近她陷入了巨大的困惑之中。

苗苗曾对大学生活充满了憧憬。初入大学时，她兴奋不已，觉得自己终于可以独立、开启全新的人生篇章了。然而，现实却与想象大相径庭。大学生活一天比一天辛苦，而且她还发现自己越发害怕说话，不懂得与人沟通，认为同学们都不喜欢她，她觉得自己就像是一个怪物。

不仅如此，在大二下学期备考期末考试时，苗苗在学习上也遇到了难题。尽管她在备考时花费了大量时间，却怎么也无法吸收书本里的知识；看到别的同学要么能轻松应对，要么有自己的排解方式，苗苗感到压力非常大。在这之前，她的学习成绩一直不错，这也是她大学生活中唯一让她感到欣慰的；如今，她觉得连学习这根最后的稻草都抓不住了，并由此认为自己一无是处。

有一天，妈妈给她打电话。苗苗在通话中情绪崩溃，说自己不想活了，想自杀。这引起了父母的重视，于是他们一家来到这里进行咨询。

我在和苗苗的沟通中发现，她的心理问题主要包括因沟通障碍、学习压力大导致的自我价值感低，以及对生活感到迷茫痛苦。

在征得了苗苗的同意后，我们开启了本次个案过程。

## 个案实录

苗苗：有一次，我帮室友交了水电费，事后不知道怎么和她们说这件事，觉得说了显得小气，不说又不妥。我真的很担心我和她们的关系太差，害怕说出来后会得罪同学。我不会处理这种事，也不知道用什么样的语气、态度和她们说。尽管我后来还是说了，但她们爱答不理的，这让我更加不知道怎么办了。我觉得自己很没用。

蔡敏莉：也就是说，你不知道她们这样爱答不理是什么意思，所以你才会想很多事情，是吗？比如，她们是不是不喜欢你？

苗苗：是的，我觉得我不善于跟同龄人沟通。如果换作我们宿舍的其他任何一个人遇到这种事，都能处理得很好。可是，我连怎么跟她们说都不会，我真的觉得自己很没用。

蔡敏莉：你已经说过两次自己没有用了，是因为你觉得自己没有和同学沟通的能力吗？

苗苗：对，我就是缺乏这种最基本的能力。

蔡敏莉：所以在大学里，你觉得最大的困扰是人际关系吗？

苗苗：对。

蔡敏莉：为什么呢？

苗苗：我觉得是因为我从小跟别人交流比较少。

蔡敏莉：你这个年龄段的孩子的心理状态如何，主要取决于其童年经历和性格。有些孩子在童年时什么都玩过，可能读书一般，但是在他到了大学后，有了真正的自由，就可以活得很有力量；有些孩子从小是“小学霸”，但只会学习，他的自信心、自我价值都是与成绩挂钩的，在大学面临更多的要求时，他可能不能再考第一了，除了学习还要求有其他的能力，就会怀疑自己能力，自信心变低，压力增大，很多大学生走极端都与此有关。因此，在这个过程当中，你有没有怪过父母从小没培养自己多与人交流、提升人际关系方面的能力？

苗苗：这种想法曾在我的脑中闪现过，但是我深入地想了想，觉得他们这么做都是为了我好。在上大学之前，我一直都是以学习为主，他们包办了我生活中的各个方面。他们的出发点是好的，只是我自己处理不好人际关系。

蔡敏莉：其实每个孩子，尤其是在步入大学的时候，需要学的第一门功课就是人际关系。我的意思是，并不是直到上大学才要学会与人沟通，应该是在两三岁的时候，在还没上幼儿园的时候就去尝试了——跟小朋友玩、沟通、发生争执、解决矛盾，如果在那时就学了，步入大学就不需要再学了。

苗苗：我在遇到这种事情时会不自主地产生一种很负面的情绪，我不知道如何控制。

蔡敏莉：你可不可以停一停，问问自己，“我是这样想的，对方会不会是那样想的”，然后去跟她们核对一下，“为什么你们直到现在还不把我帮你们交的水电费给我，是因为你们不喜欢我吗”。如果你多问一句，她们可能就会回答你，你能不能做到？

苗苗：我应该能做得到。

蔡敏莉：也就是说，你将来一想到负面的东西，就要去跟其他人澄清。

苗苗：跟很熟的人应该可以澄清，但是跟一些不太熟悉的人，我就会觉得自己说不好，反倒会让别人误会。

蔡敏莉：你分享了这么多关于你的事情，我们听得很清楚。是你自己说你分享得不好，但是我觉得你分享得很好、很有条理，我对你想说的内容没有什么误解。

苗苗：老师你刚才说的这些话给了我很大的鼓励。

蔡敏莉：一个孩子性格的形成，与他的成长环境有着直接的关系。现在，我们来邀请你的父母一起来聊一聊。（**面向苗苗的父母**）苗苗从小到大一直都是一个特别乖的孩子，她小时候成绩特别好，是个“小学霸”。你觉得这是她自己的努力和天分，还是你们帮她，才让她取得了这么好的学习成绩？

妈妈：几方面原因都有的。我觉得她现在有这样的问题，主要是因为我之前在日常生活中包办得太多，让她很多自理能力减退了。

蔡敏莉：你是怎么包办的？

妈妈：我连她的学习都包办了。比如学英语，本来她是可以自己朗读的，但是我会拿着她的英语书，让她逐词逐句地读给我听。哪里错了，就要求她停下来，我纠正她。

蔡敏莉：无论是生活还是学习，苗苗所有的事情你都会包办下来吗？

妈妈：是的。

蔡敏莉：（**面向爸爸**）你是怎么教苗苗的？你和她的关系怎么样？

爸爸：在女儿没产生那些复杂的想法之前，我一直都觉得她很像我小时候。

蔡敏莉：她跟你小时候很像？

爸爸：是的，我小时候读书有一点天分，而且我也不是很喜欢说话。在苗苗小时候，我老婆说，女儿比较内向，应该多给她一些机会让她出去见识一下。我觉得不如先把学习搞好，到了一定时候，她的能量自然就能释放出来。不知道是不是因为我的这种想法导致她不合群、不喜欢集体活动。

蔡敏莉：（面向妈妈）在和孩子沟通时，你会留意她如何沟通吗？

妈妈：我是个比较急躁的人，她说话时要是不能一句话讲出来，我就想着我来帮你说算了。她形成现在的性格可能跟我有很大关系，但我主要是注重她的学习，连吃鱼我都觉得挑鱼刺很浪费时间，只想多给她争取一些时间学习。

蔡敏莉：我的推测是，你觉得一个人要在社会上有立足之地，就一定要有学历。所以孩子从小到大，你一定要把她培养得成绩优异，这样才能确保她考入大学，才能有高学历，是吗？

妈妈：我的确有这方面的想法。

蔡敏莉：（面向大家）在很多家庭中，父母性格开朗，孩子则比较内向。父母的每句话都会给孩子一些信息。比如，孩子想说话，你嫌她说得慢、替她说，就会让她觉得自己说话不好、表达不清晰，降低了自信。父母在说话时，要注意有些信息会影响孩子的潜意识。苗苗这么漂亮、成绩这么好，却总说自己沟通不好。听了她的描述，我完全能理解她说的每句话，来自父母的信息一定会影响她的自信。父母对孩子的爱是无条件的，但产生的结果并不总是自己想看到的，因为父母没给孩子自由，也没让孩子学会独立和为自己的行为负责。孩子常常会从父母说的话中接收到“控制”的信息。如果孩子很少听父母说“我想让你开心”“我想让你自由”“我想爱你”之类的话，孩子就会很容易认为，“如果我成绩好，父母就会爱我；如果我成绩不好，父母就很可能不爱我了”，这会对孩子日后的生活带来严重的影响。

父母可以做些什么来改善这种状况呢？要根据孩子的年纪及时转

换角色，满足孩子的需求。比如，在孩子0~3岁时，父母就是他的全世界，父母要全心地陪着他；3~7岁，父母是孩子的玩伴，要跟孩子一起玩，也要让孩子有适当的社交；7~15岁，父母是孩子生活的教练，需要教孩子做什么是适当的、做什么是不适当的，就算他碰了钉子，也要让他碰；孩子在过了15岁后，父母最好要做孩子的朋友，而不是“我蒸条鱼给你吃，我帮你挑了所有鱼刺”，更不是“你只管好好学习就行了，不要浪费时间学煮饭和洗衣”。如果父母给孩子传递了这样的信息，孩子就会觉得自己的一生都要围绕着学习。如果他学习成绩好，自然就会有自信；如果学习成绩不太理想，就会不那么自信。因此，父母应该根据孩子的年纪调整与他的关系。

苗苗：在我四岁的时候，有一天我突然很不想去幼儿园。妈妈说，“今天你不用去幼儿园了，我现在带你出去玩。”结果，妈妈把我带到了幼儿园。在她将我抱给幼儿园老师的时候，我就觉得连妈妈这个最亲的人都不可以完全相信。

蔡敏莉：在这件事情中，小苗苗收到的信息就是，为了让女儿读书，妈妈可以背叛她，背叛孩子对妈妈的信任。所以，什么都不重要，只有读书高，于是孩子就用所有的时间读书来讨妈妈欢心。可是，在她上大学后，由于她从小到大都没有玩过、没有开心过，读了十几年书很闷的，她就像一根橡皮筋那样拉得很紧，不敢放松。因此，在她上了大三后，她感觉自己太累了、太闷了，她活得不够开心，所以她才会有这样的反应。

蔡敏莉：父母在养育孩子的过程中，往往会在不经意间创造了与孩子的心理裂痕。或许这并不是父母的错，因为他们并不知道该如何面对这样的情形，但在无形之中给孩子的心里留下了深深的阴影。（**开始用卷纸做捆绑示范**）其实很多父母都是这样做的，他们为了保护孩子而让孩子“非礼勿视”，也就是不让孩子接触事实的真相——不让孩子玩，跟孩子说谎；父母还会绑住孩子的耳朵，有些事情不告诉孩子，也就是“非礼勿听”；父母还会经常告诉孩子，你说话说得不好，你不要说了，这么做就相当于绑住了孩子的喉咙；父母不让孩子去做、去尝试，就相当于绑住了孩子的双手；父母不让孩子去冒险、不让孩子玩，只让孩子学习，就相当于绑住了孩子的脚。父母为什么要这样做呢？其实他们的本心是很好的，他们都想孩子好好学习，所以才这样“保护”孩子。遗憾的是，他们并不知道这会给孩子带来什么影响。我想请大家思考一下，如果将孩子的眼睛、耳朵、喉咙、手脚都绑住了，那么孩子的自尊心和自我价值感是高还是低呢？

学员：低。

蔡敏里：现在，请妈妈站在苗苗后边，压住她，给她压力，告诉她，“学习就是一切，你什么都不用做，你只需要好好学习就行了”。

妈妈：学习就是一切，你什么都不用做，你只需要好好学习就行了。

苗苗　妈妈

蔡敏莉：孩子活得开不开心呢？父母不知道，他们也可能不理会。孩子很少开心地玩过，上大三后就支持不住了。苗苗，你开不开心？

苗苗：不开心。

蔡敏莉：如果可以选择，你想怎么样呢？

苗苗：我想丢下所有的束缚。

蔡敏莉：这是一个很难的过程，但是好在你有这个觉醒。现在，你想先解开哪个部分？

苗苗：眼睛。

蔡敏莉：我帮你打开眼睛的束缚。很多人都是这样长大的，甚至活到四五十岁都不知道自己的内心为什么不开心。他们只是隐隐地感到自己不开心，这可能会让他们被诊断为抑郁症；他们还可能会活得没有力量，甚至患病，严重的话还会因病去世。身为父母，唯一可以帮助孩子的就是放开孩子的压力。苗苗父母，请你们告诉她，“苗苗，我们是非常爱你的”。

苗苗父母：苗苗，我们是非常爱你的。

蔡敏莉：继续说，“无论你做什么决定，我们都支持你”。

苗苗父母：无论你做什么决定，我们都支持你。

蔡敏莉：如果有了父母的准许，孩子就能开始尝试做一些不同的事情。苗苗，你可不可以为自己释放这些枷锁呢？如果可以，你现在就去做。

苗苗：（**释放了枷锁**）

蔡敏里：你现在觉得怎么样？

苗苗：我觉得放松了很多，但是我不知道这种情况可以维持多久。

蔡敏莉：所以，你要向前走，你跟我走一步（**苗苗跟着蔡敏莉走了一步**），再走一步（**苗苗又跟着蔡敏莉走了一步**），再看看自己喜欢什么东西。如果你喜欢音乐，就可以去试试学习音乐；如果你喜欢跳舞，就可以去试试学习跳舞。无论你喜欢什么，都可以让自己去尝试。现在你已经21岁了，你要去试着走你自己的人生路，可能开心，也可能不开心；可能成功，也可能失败。你敢不敢去走自己的人生路？

苗苗：敢。

蔡敏莉：你愿不愿意为自己的生命负责？

苗苗：愿意。

蔡敏莉：那你试着把这个想法告诉现场关心你的朋友，或者告诉你的父母。

苗苗：爸爸妈妈，我知道你们把我养这么大付出了很多，我也很想按照你们的想法继续做下去，但是我真的做不到，我也不想让你们失望、担心。

蔡敏莉：你告诉他们，"其实我心里很愿意做你们心目中的乖乖女，但是我的肉体真的做不到，我想我需要学习如何照顾自己，如何做一些令自己开心的事情，不知道你们能不能同意我这么做"。

苗苗：其实我心里很愿意做你们心目中的乖乖女，但是我的肉体真的做不到，我想我需要学习如何照顾自己，如何做一些令自己开心的事情，不知道你们能不能同意我这么做？

蔡敏莉：你问妈妈，"我现在学习成绩平平，你还爱不爱我"。

苗苗：妈妈，我现在学习成绩平平，你还爱不爱我？

妈妈：就算你是全校学习成绩最差的那一个，我也永远爱你。

蔡敏莉：如果她大学不能毕业呢？

妈妈：就算你不能毕业，你也是我的女儿。

蔡敏莉：苗苗，你再问问爸爸。

苗苗：爸爸，如果我真的什么都做不到，你会不会很失望、很伤心？

爸爸：不会的。人生那么长，就算你这方面做得一般，也可以在其他方面做得不错，没关系的。

蔡敏莉：苗苗，你想不想抱一下爸爸或者妈妈？如果你想，就走过去。

苗苗：（**站着不动**）

妈妈：学习成绩没那么重要。

蔡敏莉：你跟我说，“只要你健康快乐，大学能不能毕业不重要”。

妈妈：只要你健康快乐，大学能不能毕业不重要，你知不知道？

苗苗：我知道你会不开心，你很不愿意的。

妈妈：不会的。

苗苗：妈妈是会不愿意的。

蔡敏莉：你妈妈只关注你学习。

妈妈：是我处理得不好，就像蔡老师说的，你从小到大，我只要求你认真学习，没有真正关心过你的感受，其实这样害了你，我现在才知道。

蔡敏莉：我们不再去追究过去做错了什么事情，但是现在你们可不可以一起承诺，一起去学着如何让日子过得开心一点？

苗苗：我们会忘记之前所有的事情，从现在这一刻开始，我们一起学着如何让生活变得快乐幸福。

妈妈：其实有很多事情我都没有女儿想得周到，我现在要重新跟着女儿学，不明白的事情就会问女儿。如果我哪里说得不对，就会征求老公或女儿的意见。

爸爸：苗苗，今天你在这里大胆地倾吐自己的心声，这是一个很大的进步。

蔡敏莉：请你祝女儿快乐。

爸爸：祝女儿苗苗快乐。

蔡敏莉：其实你的过往已经证明了你可以的，你现在只是有点累罢了。那么，你可不可以让自己好好休息一下再继续前行？

苗苗：可以。

## 结语

家庭教育如同一把双刃剑，既能给予孩子力量，又能给孩子带来束缚。

苗苗父母的出发点是好的，他们希望孩子借助优异的成绩在社会上立足。然而，过度强调学习成绩，包办孩子的生活，只会让孩子失去独立成长的机会。

《资治通鉴》中说，“爱之不以道，适所以害之也”。如果父母没有按照正确的方式爱孩子，就会伤害孩子。

在苗苗步入大学后，需要多元发展，她却因单一的价值观而陷入困境。她的自我价值完全与学习成绩挂钩，一旦成绩不如意，自信心就会在瞬间崩塌。对此她感到迷茫与无助，甚至产生了消极的想法。

父母应该给予孩子更广阔的爱。关注孩子的全面发展，让孩子在学习之余有机会去探索自己的兴趣爱好，培养社交能力和适应能力。只有这样，孩子才能在人生的道路上绽放出属于自己的光彩。

## 心理咨询师观摩笔记

曾成刚

在这个个案中，蔡老师展现出了专业的心理咨询能力和引导技巧。

首先，蔡老师耐心地倾听了苗苗的困扰，包括她在大学遇到的人际关系问题、对自己沟通能力的不自信等。通过不断追问和引导，让苗苗更深入地认识到自己的问题和情绪来源。比如，当苗苗提到帮室友垫付水电费却不知如何与她们沟通时，蔡老师引导她思考室友的态度和自己的担忧，并提出具体的解决方法，比如，与室友核对想法。

其次，蔡老师邀请苗苗的父母参与对话，深入了解苗苗的成长环境。通过询问父母对苗苗的教育方式，指出他们过度包办和只关注学习成绩给苗苗带来的负面影响（比如，自信心降低、性格内向等）。同时，蔡老师让父母意识到自己的行为会给孩子的潜意识传递一些信息，促使他们反思自己的教育方式。

最后，蔡老师引导苗苗和父母共同面对问题，促进双方的理解和沟通。她帮助苗苗表达内心的真实想法和需求，让父母给予苗苗支持和准许（比如，解开束缚、尝试新事物、为自己的生命负责等）。通过一系列的引导，苗苗和父母达成了共识，承诺要一起学着如何让日子过得开心一点，为苗苗的成长和改变创造了良好的环境。

# 第 4 章 母爱的反思

## 如何给予孩子更优质的爱

小雯是一名销售员，有一个三岁的女儿，白天由婆婆帮她带孩子。小雯白天工作很忙，压力也很大；晚上还要照顾女儿，生活中充满了焦虑。

女儿经常在夜里莫名其妙地大哭大叫，怎么哄都不行，甚至哭得脸都肿了，让小雯心惊胆战。女儿不仅夜里哭闹，还有轻微癫痫，发烧时会抽筋、面色发青。平时如果不开心她也不会说出来，只会抓自己的衣服或扔东西、掐人。为此，小雯带着女儿四处求医却无果。

小雯对女儿的情况感到困惑，不知该如何管教，也不知该如何为女儿创造更好的成长环境。

在征得小雯的同意之后，我们开启了本次个案过程。

## 个案实录

蔡敏莉：大概每五个小孩子中就有一个会感到害怕或做噩梦。如果你的女儿这样，那么你只需抱着她，告诉她“你是安全的，妈妈在你身边”，就可以安抚孩子过激的情绪。

小雯：可是，无论我们说什么她好像都听不进去，只有她哭到累了才能入睡。

蔡敏莉：在你和孩子的相处中，或者在婆婆带孩子的过程中，是否有一些让你们自己想不通的东西，让孩子的情绪这么不稳定？

小雯：我有时候也会想这个问题，尤其是在我和女儿闹别扭的时候。比如，有时我刚有一点得罪她，她就哭，我很害怕她哭，就想尽办法哄她，叫她不要哭了。要是在她好不容易停下来不哭了后奶奶进来了，她就立刻又哭了起来。奶奶见她哭了，就会责备我，这让我不知道怎么办。我的女儿为什么不听我的话呢？我可以有什么办法呢？

蔡敏莉：我觉得这个问题很好，你很想知道为什么你的孩子不听你的话，是吧？

小雯：是的。

蔡敏莉：所以你觉得是自己控制不了女儿，是吗？

小雯：是的。

蔡敏莉：这可能是我们需要讨论的一个部分。

蔡敏莉：在个体的成长过程中，家庭环境是非常重要的，会影响个体的人格发展和完善。你家的家庭环境怎么样？

小雯：我是奉子成婚的，结婚时已有五个多月的身孕了。我和我老公是相亲认识的，我从一开始就没对他甚至没对这段婚姻抱太高的期望，以为只要自己能够全心全意地照顾这个家就可以了。我对女儿很上心，希望她能健康成长，可如今她的身体和心理都出了问题，让我觉得无力应对。

蔡敏莉：你跟老公的关系如何？

小雯：我们做什么都不在一起，就连吃饭也不在一起吃。

蔡敏莉：那他不管你和孩子的事吗？

小雯：他从不关心这些。

蔡敏莉：那他是孩子的爸爸，也是你的老公，在照顾家庭方面，他不给你钱吗？

小雯：这些我一点都不在乎。

蔡敏莉：你不在乎？

小雯：是的。

蔡敏莉：为什么你不在乎呢？你们俩共同组建了一个家庭，大家都有共同的责任。

小雯：因为我认识他的时候，他算不上一个很好的人。我并不是很喜欢他，他也不是很喜欢我——更确切地说，他对我既不喜欢也不讨厌吧。我们结婚时，我只有一个想法——只要有一个属于自己的孩子就可以了，我不需要靠男人才能幸福。

蔡敏莉：你一开始就知道他算不上一个很好的人。

小雯：是的。那时我还心怀希望——我辛苦些，就能让他变成一个好人。

蔡敏莉：所以，你是想改变他，让他从“算不上一个好人”变成“好人”，是不是？

小雯：是的。

蔡敏莉：现在你老公跟女儿的关系怎么样呢？

小雯：他从来不管家里的事。在我女儿还不到一岁时就什么都会说了，哪怕只有一点点好吃的，也说要留给她爸爸吃，就算她不给我吃，也要留给她爸爸吃。

蔡敏莉：也就是说，女儿反而跟爸爸很亲？

小雯：是的。

蔡敏莉：可是她爸爸平时并不怎么管她，对吗？

小雯：对。女儿从出生到一岁多，他从来都没有抱过她，也很少正眼看她。可是，她却什么好吃的都要留给她爸爸吃。如果我让她爸爸去做什么事，她就会说，“妈妈你去做”。

蔡敏莉：在她心中，爸爸是第一位的？

小雯：是的，小时候真的是这样。

蔡敏莉：现在你女儿和谁在一起的时间多一些？

小雯：和她奶奶。

蔡敏莉：也就是说，你婆婆全职照顾你女儿？

小雯：是的。

蔡敏莉：听起来现在除了家庭关系问题，也就是你跟你老公的关系不是很默契外，还有一个问题——孩子的隔代养育。如今很多家庭都有这样的问题，隔代养育对孩子有利也有弊。因为老人家年纪大了，本身就很宠孩子，再加上他们怕惹事，所以很多事情都会迁就孩子。如果孩子觉得奶奶最相信、最亲密、最能满足自己的要求，孩子就会对奶奶的话全盘接受，就完全不理你了。

如今，很多带孩子的老人或保姆，对孩子只是起到了看管的作用，不能起到教育的作用。如果孩子跑快一点，老人或保姆就会担心，从而限制了孩子的行为——拼命地告诉孩子，这也不行那也不行。这样的限制往往会让孩子胆小，还会让孩子在潜意识中觉得外面有很多危险，不敢去探索。孩子什么都不敢试，也不知道什么是为自己负责任；孩子没有冒过险，不相信自己可以做得到。这对于孩子来说太不好了，因为很多事情都需要孩子经历过、跌倒后再爬起来才能学到东西。此外，老人家还往往会宠坏小朋友，把孩子宠得像小公主、小王子，要想让孩子改变就很难了。

小雯，我想请现场的几位学员进行角色扮演，让你看清楚家庭的环境，然后再请你选择一个最好的位置来抚养女儿。目前你和老公的相处模式如何？

小雯：他过他的，我过我的。

蔡敏莉：也就是说，你站在一边，他站在另一边，你们两个背对背。你现在爱他吗？

小雯：不是很爱他，但也不算讨厌他。

蔡敏莉：那你老公爱不爱你呢？

小雯：他也是这样——不是很爱我，但也不算讨厌我。

蔡敏莉：你们之间的感情不足以让你们向往婚姻。你婆婆呢？你婆婆站在哪里呢？

小雯：她知道她儿子这样，所以她做事时都会为我着想。

蔡敏莉：所以你婆婆为了爱儿子，她既讨好儿子又讨好你？

小雯：她对儿子不是很讨好，只是不想儿子那么坏。

蔡敏莉：（**引导婆婆扮演者面向小雯单膝跪地**）所以，她是讨好你？

小雯：我婆婆除了说话难听一点，她对我其实挺好的。

蔡敏莉：你和老公关系疏远，也不怎么照顾女儿，那么他算不算站得很远呢？

小雯：应该是的，他根本不会去照顾这个家。

蔡敏莉：看来他是活在自己的世界里。

小雯：是的。

蔡敏莉：如今你女儿离谁近一些？

小雯：奶奶。

蔡敏莉：你觉得女儿应该站在哪个位置呢？

小雯：她站在奶奶那边。

蔡敏莉：**（面向婆婆扮演者）**请你将手搭在孙女的肩膀上。**（面向小雯）**女儿对奶奶怎么样？

小雯：女儿很听奶奶的话，经常去跟奶奶说好听的，比如，“奶奶你辛苦了，等我长大了就不用你做什么事了，我会帮你洗衣做饭，赚

钱给你买好东西”。

蔡敏莉：现在对你女儿来说，奶奶是排在第一位吗？

小雯：是的。

蔡敏莉：第二位是谁呢？

小雯：我。

蔡敏莉：第三位才是爸爸？

小雯：是的。

蔡敏莉：你现在看一下这个家，你有什么想说的呢？或者，你对这个家有什么希望？

小雯：我希望我老公离我们近一些，大家一起和和气气地过日子。

蔡敏莉：但他现在有没有和你们在同一个家里住呢？

小雯：他是跟我们一起住，但我和他已经很久没有在一起睡了。

蔡敏莉：这样还算是夫妻吗？

小雯：算是名义上的夫妻吧。

蔡敏莉：你和他只是名义上的夫妻，你对此满意吗？

小雯：肯定不满意啊。

蔡敏莉：你开不开心？

小雯：不开心。

蔡敏莉：（**引导小雯面向老公扮演者**）你试着将老公带过来，摆出一张家庭照片给我们看看，你理想的一家人的关系是什么样的？

小雯：（**面向老公扮演者**）麻烦你走到我们这边。（**面向蔡敏莉**）我想让他跟我们站在一起，大家和和气气的，很开心。

蔡敏莉：一家人在一起。

小雯：是的，我就是这么想的。

蔡敏莉：你觉得你可以通过做一些什么事情，让你老公离你们近一些，真正地成为家中的一分子？

小雯：（**沉思片刻**）我想不出来。

蔡敏莉：没关系。那么，你对女儿有什么希望呢？

小雯：我希望她健康成长，学好一点。我们平常应该如何照顾她呢？

蔡敏莉：其实你们现在已经做得不错了，不要因为她哭这件事而特别惊慌，也不用对她特别好，只需要合情合理就可以了。也就是说，你不要宠坏她，不要把她宠成小公主一样。现在，请你站在中间，婆婆站在你后面，你和婆婆都面对女儿单膝跪地。

（面向大家）要知道，孩子都是很聪明的，当她知道妈妈和奶奶都听她的话的时候，她就会继续用病来要挟奶奶和妈妈。（面向小雯），你可以适当地告诉孩子，有些事情是可以做的，有些事情是不能做的，就算你病了我们也不让你做。你像这样清楚地告诉她，她就知道了，她就不会做了。否则，如果你们将她宠成小公主，她就会越来越任性，行为越来越过分。

小雯：是的。

蔡敏莉：你对这个家还有什么希望呢？

小雯：我希望我老公能和我们和气一点，和我们在一起生活，而不是像现在这样，各过各的。

蔡敏莉：（**引导小雯面向老公扮演者**）那你向老公说出你的要求。

小雯：我希望你回到我们这个家中来，让我们做一对亲密爱人。

蔡敏莉：你对他说，“让我们做一对真正的夫妻”。

小雯：让我们做一对真正的夫妻。

蔡敏莉：继续说，“让我们的女儿有一个真正的、完整的家”。

小雯：让我们的女儿有一个真正的、完整的家。

蔡敏莉：很好，“在她还小的时候，我们还可以影响她，给她一个完整的、健康的家”。

小雯：在她还小的时候，我们还可以影响她，给她一个完整的、健康的家。

蔡敏莉：最后告诉他，“我在这里等你”。

小雯：我在这里等你。

蔡敏莉：是不是这样的？

小雯：是的。

蔡敏莉：你对这个家还有什么希望？

小雯：我希望女儿健康、听话，希望我老公能参与到我们这个家中，让一家人和睦相处。

蔡敏莉：对你自己呢？

小雯：没有想过。

蔡敏莉：现在想一下，你好像完全是为别人而活的。

小雯：我不知道，我没有想过我自己。

蔡敏莉：如果妈妈不懂得为自己着想，那么你觉得女儿可以从你身上学到什么呢？

小雯：她会活得像我一样。

蔡敏莉：这个结果是不是你想要的呢？

小雯：不是。

蔡敏莉：那你可以做些什么呢？

小雯：开心一点。

蔡敏莉：你需要做些什么事情才能让自己开心一点呢？

小雯：我老公能跟我在一起，我跟他有话说，我们可以一起吃饭，这些都能令我开心。

蔡敏莉：你还是希望通过别人的改变才能令自己开心一点。如果他不改变，那你是不是就这样一辈子都不开心了呢？我想你现在需要想一下，因为很多东西你都从来没有想过。现在，请你反思你目前的生活现状，你感到无奈，进也不行退也不行。你不妨跳出自己的生活，以旁观者的视角来扮演自己，想一想你需要在这个家里做些什么才能让自己开心一点？

小雯：（**扮演自己**）我要先想着自己，只有把自己活好了，女儿才能好。如果我都没能健康成长，没有好的心态，那么女儿也不会健康成长。

蔡敏莉：你会不会这么做呢？

小雯：我试一下。

蔡敏莉：你现在的感受是怎么样的？

小雯：我将自己不开心的事情说了出来，还学到了很多东西，原来我这样对女儿以及对我自己是不对的，还让我产生了一些新的想法，我为此感到很开心。非常感谢蔡老师的指点。

蔡敏莉：小雯，我觉得你能走到今天这个地步，在某个程度上说你需要为自己的行为负责任。基于你的家庭现状，你能做些什么事情来改善你的生活、女儿的生活，都是由你决定的。你的女儿没有什么大问题，问题的关键在于，你活得够不够开心、懂不懂得为自己着想。如果你开始为自己打算，女儿就会从你身上学到很多东西。

## 结语

每个父母（尤其是妈妈）都希望孩子日后能有出息、有成就。在孩子成长的过程中，最好的榜样就是父母。

父母的行为和处事方式都会被孩子一点一滴地学习，因此父母与其想改变周围，不如改变自身。也就是说，如果父母能去改变自己、让自己成长，周围的环境就会有所不同。

因此，小雯先要学会为自己着想，让自己开心起来。只有小雯活出了自我，孩子才能从她身上学到积极面对生活的态度。同时，小雯和老公也需要努力改善关系，给孩子一个完整的家。家庭的和谐稳定对孩子的成长来说至关重要，小雯应勇敢地承担起改变家庭状况的责任，为孩子创造一个良好的成长环境。

## 心理咨询师观摩笔记

林涛

作为一名心理咨询师，蔡老师在这个过程中起到了至关重要的引导作用。

蔡老师先是耐心倾听了小雯的困惑和苦恼。小雯因女儿的情绪问题、家庭关系的复杂，以及自身的迷茫而苦恼。小雯在尽情倾诉后，可以释放内心的压力。

在了解情况的过程中，蔡老师逐步分析问题的根源。对于孩子夜里哭闹的情况，蔡老师指出这是很多孩子都可能出现的问题，建议小雯给予孩子安全感（比如，抱着孩子，告诉她妈妈在她身边）。蔡老师还敏锐地察觉到了家庭环境对孩子的影响，包括隔代抚养可能带来的问题，比如，老人的过度宠溺和限制行为会让孩子胆小。

蔡老师通过角色扮演的方式，让小雯直观地看到了家庭关系的现状。这有助于小雯更清晰地认识到自己、老公、婆婆以及女儿在家庭中的位置和关系，让她深入思考家庭关系。

在引导小雯的过程中，蔡老师不断提问，促使小雯去思考自己可以做些什么来改变现状。比如，让小雯思考如何让老公回归家庭，成为真正的家庭成员；如何避免过度宠溺孩子等。

蔡老师还强调了小雯自身的重要性，提醒小雯要为自己着想，只有自己开心、懂得成长，孩子才能从她身上学到积极的生活态度。蔡老师的引导温和而有力量，为小雯提供了明确的方向和可行的建议，帮助小雯逐步走出困境，从而为孩子创造更好的成长环境。

第5章

# 情感的复兴

## 如何重燃伴侣间爱的火花

芳芳的生活本是很幸福的——老公年轻有为，工作稳定且待她温柔备至，几乎承担了家中所有家务。他们有一个一岁半的女儿，因为老公认为芳芳还像个小孩子，无法照顾好女儿，便把女儿送到爷爷奶奶家，这对小夫妻则享受着近乎完美的二人世界。

然而，这一切在芳芳去年 11 月接受甲状腺肿瘤手术后发生了剧变。手术后，芳芳脖子上留下的疤痕成了老公难以面对她的借口，他开始变得沉默寡言，夫妻间的沟通几近中断，家庭氛围渐渐冰冷，老公回家的时间也越来越少。芳芳的噩梦始于偶然发现老公手机中有一名女子亲密地称他为“老公”，婚外情的事实对她来说犹如晴天霹雳。

此后，芳芳独自守候在两人的出租屋内，期盼着老公能给她一个解释或决定，但回应她的只有无尽的等待和空荡的房间。最终，她不得不向公公求援。在长辈的介入下，老公虽然暂时回归，却提出“如果春节团聚后两人能重拾恋爱感觉就考虑共同生活”的条件。此后的日子里，两人在白天虽表面和谐，到了晚上则如同陌路，各自怀揣心事。遗憾的是，这样的表面和平并未持续，老公再次和芳芳分居，只留下芳芳在无尽的困惑和痛苦中徘徊。

芳芳向我倾诉，她最近反思，认为自己在婚姻中也存在着需要调整的地方，希望通过自我改进，减少对老公的过分依赖，以此挽回婚姻。

在倾听她的个人经历的过程中，我察觉到芳芳似乎还未完全掌握自爱的真谛，未能实现个人成长，好像仍然停留在需要妈妈庇护的阶段。她在扮演女儿、儿媳、老婆乃至妈妈等多重社会角色时显得力不从心，这说明她在这些角色上还有一定的成长空间。内心的空缺与力量的缺失，使得她在面对情感上的忽视时感到迷茫和无助。

在征得了芳芳的同意后，我们开启了本次个案过程。

## 个案实录

蔡敏莉：你希望如何解决这件事呢？

芳芳：我想试试改变自己或者不那么依赖他，看看能不能挽救这段婚姻。

蔡敏莉：一段婚姻出了问题，男性有一半的责任，女性也有一半的责任。

芳芳：我现在是在找我的责任。

蔡敏莉：所以，你对他没有抱怨，是吗？

芳芳：是的。

蔡敏莉：你真的很爱他吗？

芳芳：我一点都不恨他，我也不知道为什么。

蔡敏莉：因为他之前对你太好了。

芳芳：是的。

蔡敏莉：你根本不舍得怨他，那么我们来看看你在这段关系中需要付出什么。我想先问问你，你的父母谁更疼你？

芳芳：妈妈。

蔡敏莉：为什么她这么疼你？

芳芳：我也不知道，她说在我小时候，有个算命的说我的命是最好的，所以她很疼我。在我成长的过程中，有很多事都是妈妈来做的，她不让我做。

蔡敏莉：所以，你从小到大都像是一个小公主。

芳芳：是的。

蔡敏莉：你的父母都很迁就你吗？

芳芳：是的。

蔡敏莉：我请你做一件事好不好？

芳芳：好的。

蔡敏莉：这里有一个凳子，请你站上去。我在跟你聊天之后发现，你父母很迁就你，什么家务都不用你做，是不是？

芳芳：（**站到凳子上**）是的。

蔡敏莉：如果妈妈喂你吃你不喜欢吃的东西，你会怎么样？

芳芳：我会说这些东西不好吃。

蔡敏莉：妈妈会怎么对你？

芳芳：她会再给我做我喜欢的。

蔡敏莉：全家人都迁就你，当你是心肝宝贝，你妈妈有没有教你做家务？

芳芳：没有。

蔡敏莉：有没有教你在婚后的生活中女性应该做什么事情？

芳芳：没有。

蔡敏莉：有没有教你应该如何对你的伴侣？

芳芳：没有，我都不懂。

蔡敏莉：完全不懂？

芳芳：对。

蔡敏莉：很有趣，一个正常的少女应该学的东西，你完全没有学过。请两位学员扮演你的父母。（**面向父母扮演者**）请你们围着她绕一圈，然后在她两侧面向她单膝跪地，抬起一只手且手心向上。（**面向芳芳**）芳芳，请你举起双手。这就是你成长的背景——你什么都不用做，不需要迁就别人，没有人教你作为一个少女或者一个成年女性应该学的东西。比如，做家务、照顾身边的人、为别人做一点事情，你从未学过。你在这种无风无浪的环境中成长，你认为世界就应该是这样的。好的，请父母起身，站在一旁。

当你谈恋爱的时候，什么样的男人可以和你相处呢？请一位学员扮演你的老公。这个男人会有什么特征呢？他会很迁就你，继续把你当作小公主。（**面向老公扮演者**）你继续围着她转。（**面向芳芳**）他一定要很迁就你，还要承担家务，让你感觉很舒服、很开心，这样你才能继续做你的小公主。（**面向老公扮演者**）请你围着芳芳绕圈，然后面向她单膝跪地，抬起一只手且手心向上。

老公　　　芳芳

在谈恋爱的时候，你们一个星期可能会有三天见面，每次三个小时，一周九个小时，他追求你的时候迁就你是没有问题的。但是，在你们结婚之后还要继续迁就，迁就的程度可能就要更高了，你老公只能忍。在你们的婚姻中，一个继续做梦想中的小公主，一个一直在忍。终于有一天，你老公忍不住了，（**引导老公扮演者起身离开，背对着站在凳子上的芳芳**）他站起来就走了，他就这样绝情地离开了。因为在他看来，他已经忍了你这个小公主两年——服侍你、看你的脸色、完全迁就你。在你看来，他可能未必能做一个真正的男人，是不是？

芳芳：不知道。

蔡敏莉：他是不是一个服侍你、很迁就你的老公？

芳芳：是的。

蔡敏莉：遗憾的是，你老公离开后，你还站在这个位置，你无所适从，不知道自己可以做什么。

芳芳：是的。

蔡敏莉：你觉得你可以怎么做？

芳芳：要重新开始，什么都要学会做。

蔡敏莉：你现在可以怎么做？

芳芳：我想从凳子上下来，不想站得那么高。

蔡敏莉：请你再在凳子上站一会儿。做小公主有个好处——不需要为自己的行为负责任，一旦失败了，就可以怨别人，是吗？

芳芳：我之前的确是这么想的。

蔡敏莉：你现在是怎么怨别人的？请你学给我看一下。（**引导妈妈扮演者站回来，恢复之前的姿势**）比如，在你对妈妈不满时，你是怎么骂她的？

芳芳：（**指着妈妈扮演者**）你最坏了！我从小到大，你什么都不让我做，让我现在栽了这么大的一个跟头。（**流泪**）我很想成为一个成熟的女人，什么都可以做，就像一个正常的女人一样，但是我都做不到。

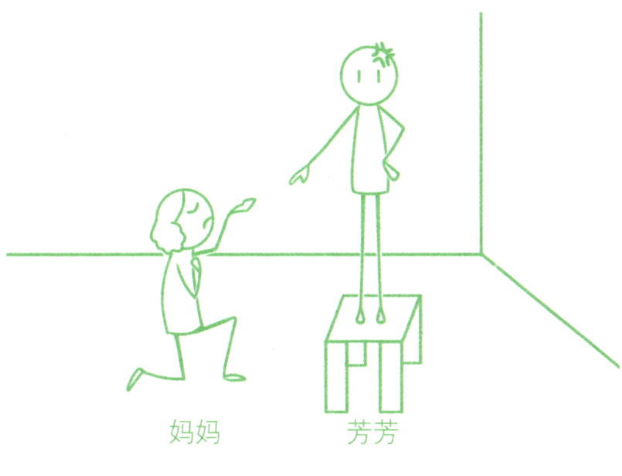


蔡敏莉：你觉得都是妈妈的错。

芳芳：我什么都不会做，我很自卑。

蔡敏莉：你来告诉妈妈，你有多自卑。

芳芳：去公公婆婆家时，他们什么都懂，我则什么都不会做，挑水挑不了，打水也打不起来，都要他们帮我，我真的不想这样。

蔡敏莉：你想怎么样？

芳芳：我想像其他人那样，什么都可以做，什么都会做，什么都懂，但是我什么都不懂。

蔡敏莉：你之后有没有学习怎么打水？

芳芳：我学了，很多东西都要从头开始学，真的很辛苦。

蔡敏莉：**（引导芳芳面向妈妈扮演者）**嗯，你把这些都告诉妈妈。

芳芳：我要学会如何带小孩，如何挑水，如何跟公公婆婆相处。

蔡敏莉：你觉得这些都是你妈妈当年应该教你的吗？

芳芳：是的。

蔡敏莉：现在呢？

芳芳：现在就要从头开始学，但是经常栽跟头。

蔡敏莉：所以你觉得这是他们的错？

芳芳：有时候会这么想。

蔡敏莉：所以你有些埋怨他们。

芳芳：是的。

蔡敏莉：**（引导老公扮演者站回来，恢复之前的姿势；芳芳看向老公扮演者）**你对你老公有什么埋怨？现在，请你把它一次性地说出来。

芳芳：**（指向老公扮演者）**我希望你能迁就我，还能告诉我哪里做得不对、应该怎么做。**（面向蔡敏莉）**但是他不是这样的——他什么都做，还将不满都放在心里，从来都不说出来。

蔡敏莉：所以，哪怕是他忍无可忍地离开你，你也不会埋怨他？

芳芳：是的。

蔡敏莉：因为他对你真的太好了。

芳芳：是的。

蔡敏莉：但是听你说了这么久，你有一个思考模式，它无关对错。这个模式是，你很希望有个人来教你，而且你也一直在等这个人，但是你等不到。

芳芳：是的。

蔡敏莉：你遇到了这么大的挫折，该怎么办？

芳芳：我今天也是很想找到这个答案。

蔡敏莉：你可以做自己的教练吗？你可以教自己怎么做人吗？你可以负起这个责任吗？

芳芳：可以。

蔡敏莉：你可以负担起帮助自己成长的责任吗？

芳芳：可以。

蔡敏莉：（引导芳芳看向家人扮演者）你告诉他们，“我愿意长大，我愿意负起帮助自己成长的责任”。

芳芳：我愿意长大，我愿意负起帮助自己成长的责任。

蔡敏莉：请一名学员来扮演你，（引导芳芳面向芳芳扮演者）你向她做出承诺。

芳芳：我要做我现在这个年龄需要做的事情，再也不做三四岁的小女孩，不会对自己不负责任，也不会对别人不负责任。我不会总是埋怨别人，我不想再过那样的生活了，我真的觉得心很痛。

蔡敏莉：你过去过得开心吗？

芳芳：虽然很享受，但是不开心，觉得压力很大。

蔡敏莉：你因为什么不开心？

芳芳：我总是觉得自己做得不够好。

蔡敏莉：那么你现在有什么打算呢？

芳芳：我打算尽量去做好，去学着做那些在小时候没学的东西。

蔡敏莉：会不会再埋怨别人？

芳芳：不会了。

蔡敏莉：你会给自己多长时间去成长？

芳芳：半年。

蔡敏莉：好啊，（引导芳芳面向芳芳扮演者）你想不想牵她的手？

芳芳：想（与芳芳扮演者牵手）。

蔡敏莉：你想抱她吗？

芳芳：想，活了这么久，都不知道自己是什么样的（拥抱芳芳扮演者）。

蔡敏莉：你来告诉她，“我现在会好好地和你相处，我要好好地认识你，我既要认识你的优点，也要认识你的缺点，我要做一个真实的人”。

芳芳：我现在会好好地和你相处，我要好好地认识你，我既要认识你的优点，也要认识你的缺点，我要做一个真实的人。

蔡敏莉：你对父母有什么要说的？

芳芳：（**与父母扮演者牵手**）不知道怎么说。

蔡敏莉：你告诉妈妈，“妈妈，我知道你爱我，我对你很感激。我之所以偶尔会抱怨你，是因为我日子过得不开心”。

芳芳：妈妈，我知道你爱我，我对你很感激。我之所以偶尔会抱怨你，是因为我日子过得不开心。

蔡敏莉：你抱一下妈妈，告诉她，“你这么爱我，看到我现在受苦一定很伤心。妈妈，我曾经是你的宝贝，现在竟然变成了别人眼中的垃圾”。

芳芳：（**与妈妈扮演者拥抱，在她的肩头啜泣**）你这么爱我，看到我现在受苦一定很伤心。妈妈，我曾经是你的宝贝，现在竟然变成别人眼中的垃圾。妈妈，我感到很不开心。

蔡敏莉：接着说，“我根本没有脸面见你，但是我知道你爱我，现在我要学会如何爱自己。我从你身上没有学到的东西，我会从其他地方学习，我对你的爱有无限的感激，我不会再抱怨你”。

芳芳：我根本没有脸面见你了，但是我知道你爱我，现在我要学会如何爱自己。我从你身上没有学到的东西，我会从其他地方学习，我对你的爱有无限的感激，我不会再抱怨你。

蔡敏莉：(**面向父母扮演者**)请你们过来，站在芳芳的两侧，把手搭在芳芳的肩头。(**面向芳芳**)你知道父母爱你吗？

芳芳：知道。

蔡敏莉：你爱你自己吗？

芳芳：爱。

蔡敏莉：你告诉他们，"我决定爱自己，我决定让自己长大，一切都是对我的考验。过去的失败不是我个人的失败，我会让自己成长，面对真实的人生"。

芳芳：我决定爱自己，我决定让自己长大，一切都是对我的考验。过去的失败不是我个人的失败，我会让自己成长，面对真实的人生。

蔡敏莉：请你问一下自己现在身体真实的感受。

芳芳：觉得舒服了很多。

蔡敏莉：心呢？

芳芳：心平静了很多，以前跳得很快。

蔡敏莉：请你接着跟我说，“我是有希望的，我以前不知道怎么做，所以我做得不好，现在我知道怎么做了，我终有一天会做好”。

芳芳：我是有希望的，我以前不知道怎么做，所以我做得不好，我现在知道怎么做了，我终有一天会做好。

## 结语

不爱的另一面，是自爱的觉醒。只有在一个人能够全然地珍视自己、达到内心的满分之爱时，才能拥有无畏前行的力量，勇敢地直面生命中的缺爱与挑战。

爱是一把双刃剑，既可能是滋养心灵、促进个体成长的甘露，又可能成为限制个体成长、束缚飞翔的枷锁。父母的目标应是赋予孩子展翅高飞的能力，而非在无意识中剪去他们探索世界的羽翼，让他们在自卑的阴影下蹒跚。爱孩子，深层次的意义在于培养他们的独立与韧性，让他们在爱之光的照耀下，不仅能感受到温暖，更能学会如何自立自强、不畏将来。

## 心理咨询师观摩笔记

林雨

在这个个案中，芳芳想知道要是改变自己或是不那么依赖老公，能不能挽救这段婚姻。

蔡老师直击要害，运用家庭雕塑的方式，把芳芳的原生家庭呈现了出来——父母围绕着她转，她是一个小公主。然后，又把芳芳及其老公的关系呈现出来——老公围绕着她转，她仍然是一个小公主。

原来，问题的根源是在她小时候，妈妈什么事情都不让她做，她是小公主，周围的一切都围绕着她转。在芳芳长大遇到挫折时，她的自我价值感又非常低，停留在原地不知道该怎么办。蔡老师通过呈现，让她看清了自己的问题，接纳现实，提升了自我价值感。

无论什么时候，我们都要先学会对自己负责，提升自己的内在能量，百分百地爱自己，这样在面对困难时，我们才会有力量面对、接纳、改变自己，越来越好。

# 第6章 年龄的碰撞

# 如何化解亲子矛盾

几年前，婷婷为了母子二人的幸福而毅然决然地选择离婚，成了一名单亲妈妈。那时她已是一名中层管理者。尽管家庭发生了变故，她也不忘一边追求职业上的成就，一边给予儿子全心全意的关爱和教育。

然而，在儿子进入青春期、婷婷也步入更年期后，二人日常的琐碎差异逐渐演变成摩擦和误解。婷婷时常因儿子未能遵守承诺而失望落泪；儿子则抱怨妈妈的严格、传统及偶尔的体罚，他渴望获得更多的个人空间和理解。在那个常常有电视声并充斥着青春秘密的小屋里，两颗心都渴望着彼此的靠近和深入理解。

在儿子看来，妈妈虽然有所改变，但仍保留着那份令他感到压抑的严厉，他希望妈妈能看到他的成长，给予他更多的自主权；对婷婷来说，放手让孩子自由飞翔与担忧青春期的种种诱惑之间存在着难以调和的矛盾，她既害怕过度干预影响儿子的独立性，又担心稍有不慎，儿子会误入歧途。

有一天早上，婷婷出于好意催促儿子动作快一点，却因方式与时机不当触发了儿子的反感与反抗，他一气之下就不去上学了。婷婷意识到矛盾升级了，便等双方气消了，和儿子坐下来冷静地反思和商量，最终签订了一份包含了承诺和谅解的协议书，暂时达成和解。为此，婷婷甚至不惜谎称“孩子病了”来帮他跟老师请假。

婷婷在向我倾诉时，表达了她内心深处对改善与儿子关系、让家庭重获和睦的深切渴望。

在与他们的互动中，我留意到一个显著的沟通模式问题：婷婷倾向于使用责备的语气与儿子交流，尽管她的初衷是出于深沉的爱，但这显然不是最有效的沟通方式。青春期的儿子正处在一个渴望自我探索和个人空间的关键阶段，妈妈频繁的干涉和指责让他感到了误解和压力，这无疑给母子间的关系蒙上了一层阴影，迫切需要一场对话模式的变革来修补裂痕。

在征得了婷婷和她儿子的同意后，我们开启了本次个案过程。

## 个案实录

蔡敏莉：我大概了解你们的情况了，你希望和儿子是一种什么样的关系？

婷婷：我希望和他能像朋友一样沟通，他心里有什么想法都可以跟我倾诉，我们能互相理解。

蔡敏莉：那你们每天有没有花15分钟左右的时间聊聊天？

婷婷：应该有吧。

蔡敏莉：你们是聊一些事情吗？

婷婷：对。

蔡敏莉：你有没有关心他今天过得怎么样？

婷婷：有，但是很少。

蔡敏莉：母子关系之间需要开一个情感账户，里面储存着每天的关心和理解。比如，妈妈对孩子说“我很关心你，今天你过得还好吗”，孩子听后就会觉得很舒服，他能感受到妈妈的关爱。你们平时是怎么沟通的呢？

婷婷：我一般就问他作业做得怎么样，最近有没有考试之类的。

蔡敏莉：很多妈妈都很关心孩子，但关心的往往是孩子的学习。接下来，我们将用一些很夸张的动作来示范你们的关系。你很关注他的学习，（引导婷婷用手指着儿子）你来做这个动作。他在小时候很听话的，他全听你的话，你让他学习他就去学习。我们让他面向你单膝跪地，这个动作代表他很听你的话。是不是这样？

婷婷：是。

蔡敏莉：他现在为什么不听你的话了呢？因为每个人都是有自尊心的，我们请两位学员来分别代表儿子的自尊心，以及你的自尊心（引导自尊心扮演者分别跪在儿子和婷婷的身后）。现在，我们来研究一下说话的魔力。（面向儿子的自尊心扮演者）如果妈妈说"我爱你"，你感觉怎么样？

儿子的自尊心扮演者：（站起身，欢呼）很开心！

蔡敏莉：婷婷，你来说，“我是爱你的，儿子”。

婷婷：我是爱你的，儿子。

蔡敏莉：这样一来，儿子就不需要讨好你了，在他后面的自尊心可以站起来，而且可以站得很高。（**面向儿子**）可是，妈妈都不对你说“我爱你”，只是问你的学习成绩怎么样、老师有没有骂你、你有没有调皮，你听到这些话心里舒不舒服？

儿子：不舒服。

蔡敏莉：（**面向大家**）儿子在小时候听到这些话，为了讨好妈妈，他只能回答妈妈喜欢听的话。妈妈这样问他，往往就是在逼他说谎话。如果妈妈只会问“你的学习成绩怎么样、老师有没有骂你、你有没有调皮”，（**引导儿子的自尊心扮演者低头、弯腰、跪下**）他的自尊心就会受损，你看是不是具象化多了？

儿子的自尊心扮演者：（**低头、弯腰、跪下**）

儿子的自尊心　　婷婷

蔡敏莉：（面向大家）如果儿子的自尊心能听到妈妈说“我爱你，我希望你学习成绩好”，就会站起来；如果妈妈骂他或者不理他，只是关心他的学习成绩，他就会觉得自己没有价值，怀疑“妈妈是不是不爱我了，就算妈妈爱我也是有条件的”，他会有怎样的感受呢？12岁之前，孩子凡事都要听妈妈的话，因为他没有反抗的余地；12岁之后，孩子就长大了，但只是身体长大了，自尊心还没有长大。步入青春期的孩子，如果妈妈再质问他“作业有没有做好”“考试考得好不好”，很多孩子就不再理妈妈了，因为已经听她唠唠叨叨了十几年；妈妈则会感到很伤心，认为孩子长大了、不听话了。如果妈妈一直都习惯于指责孩子，此时就会走过来继续骂孩子，要是不听话就一巴掌打过去——要知道，孩子在小时候能让她打，长大了可就不让了（引导婷婷用右手作势要打儿子，儿子抓住妈妈的右手）。她再打一巴掌打过去（引导婷婷用左手打儿子，儿子抓住妈妈的左手）。他们的现状就是这样的，但其实他们的自尊心都在说“我只是想让你看到我，我想你爱我”。（面向婷婷的自尊心扮演者和儿子的自尊心扮演者）你们一起说。

婷婷的自尊心扮演者、儿子的自尊心扮演者：我想让你看到我，我想你爱我。

蔡敏莉：一起说10次。

婷婷的自尊心扮演者、儿子的自尊心扮演者：我想让你看到我，我想你爱我。我想让你看到我，我想你爱我。我想让你看到我，我想你爱我（**共重复10次**）……

蔡敏莉：这就是每个人内心深处都很渴望的，就像刚才妈妈所说的，“我想他听我的话，我想他自己照顾自己”，但她说这些话的方式会影响到他们的关系。如果她说“你为什么不听我的话，你现在长大了，翅膀硬了、会飞了”，那么这些话就会很伤感情。如果她可以不再指责，只是跟孩子说“你长大了，我相信你，你想做什么事就去勇敢地做吧，如果你需要我帮忙就告诉我”，那么他们的关系一定能好起来。婷婷，你对儿子说说吧。

婷婷：儿子你长大了，以后你需要妈妈帮忙就跟我说，妈妈是爱你的。

蔡敏莉：儿子听了妈妈说的这些话后，有什么想说的吗？

儿子：谢谢你。

蔡敏莉：（面向婷婷）儿子对你表示了感谢，你开心吗？

婷婷：开心。

蔡敏莉：如果你能经常对儿子说那样的话，他的自我价值就会提升，这就是你们改善关系的技巧。

## 结语

家庭内部的矛盾往往源于代际间视角的差异：妈妈善意的叮咛因传递方式欠佳，反被孩子误解为苛责；孩子偶尔的懈怠或沟通不畅，则可能被父母误读为成长的偏离。这种交流中的失衡与欠缺尊重会对双方造成无形的伤害，加深了情感的裂痕。因此，随着孩子的成长，及时调整亲子沟通策略与爱的表现形式至关重要，这能有效促进彼此的理解与支持。

孩子在不同阶段，父母的身份应随之转变。

- 0~3 岁（婴幼儿期）：父母几乎是孩子的全世界，此时父母扮演着决策者的角色，为孩子的生活做出种种安排。
- 3~6 岁（学龄前期）：父母应转变为孩子的玩伴，与孩子一起做游戏，通过互动建立信任与亲密感。
- 7~12 岁（小学阶段）：父母的角色更像是教练，在行为引导和思维培养上发挥作用。适时的鼓励能增强孩子的自信心，如果孩子出现偏差则需温和纠正，指导孩子健康成长。

- 12 岁至成年：父母最好的角色是成为孩子的同行者与顾问，陪伴他们探索自我、规划未来。此时，父母要给予孩子适当的自由，让儿子在父母智慧的引导下勇敢飞翔。

总之，良好的亲子关系的维系是一场伴随着理解、尊重与放手的旅行，每个阶段都需要双方共同努力，以适应孩子成长的步伐，共同编织和谐的家庭篇章。

## 心理咨询师观摩笔记

刘敏

这个个案深刻地体现了在家庭中，尤其是在父母处于更年期、孩子处于青春期这一特殊时期，亲子间沟通的复杂性和挑战性。更年期可能会导致家长情绪波动较大，对事物的敏感度增加；而青春期的孩子则正处于自我认同探索的关键阶段，渴望独立又需要引导。在这种情况下，双方都可能因为情绪管理和期望差异而产生冲突。

蔡老师通过运用情绪的雕塑这一方式来展现双方的误解和期待，是一种非常直观且富有创意的辅导手段。这种方式不仅帮助母子二人看见彼此在交流中的真实状态（包括身体姿态、面部表情等非言语信息），还促进了他们对对方内心世界的理解。这种方法强调了共情的重要性，让双方都能站在对方的角度思考问题，从而意识到沟通中的障碍并非不可逾越。

总之，这个个案不仅是对一个具体家庭问题的解决展示，更是为所有面临类似挑战的家庭提供了一种启示——通过增强相互理解、改进沟通方式，可以有效地缓解亲子间的紧张关系，建立更加和谐的家庭环境。

第7章

# 儿子的谎言
# 如何把握教育契机

10 岁的小鹏生活在一个四口之家，家里有他和他的父母以及外婆。小鹏在一所重点小学上学，成绩中等。从小到大，外婆对小鹏照顾得无微不至，不仅每天帮他穿袜子、穿鞋子，还接送他上下学。

妈妈是一家公司的财务经理，工作很忙；到了晚上，她还要辅导小鹏学习，督促他写作业。妈妈总觉得小鹏很粗心，如果自己不盯着他学习，他的成绩就会很差。妈妈不仅为小鹏的学习操心，还为他在生活中不能独立而感到焦虑、痛苦。

爸爸工作忙碌，每天早出晚归，闲暇时他更愿意和小鹏打游戏。爸爸并不欣赏妈妈的做法，认为妈妈对小鹏的照顾过于事无巨细，反而影响了小鹏提升自主学习和生活的能力。

最近，一张成绩单将家庭矛盾推向高潮。妈妈在无意中从小鹏的书包里发现了一张 60 多分的试卷，但之前问过小鹏几次，他都说还没发成绩。妈妈因小鹏说谎而十分生气，对小鹏实施了体罚。对此，虽然爸爸与外婆都认为说谎需要挨罚，但并不认同妈妈的做法。

小鹏的父母因教育理念存在差异而前来咨询，他们都表示，希望小鹏能学会承担责任。

我在沟通中观察到，家庭环境缺乏对小鹏自主能力的信任，这导致他在内心深处有一种无力感。妈妈在学习方面的过度介入，在不经意间构筑了一道障碍，使得小鹏难以向妈妈敞开心扉，与其分享真实的学习情况，从而以不诚实的方式来应对。

在征得了小鹏及其父母的同意后，我们开启了本次个案过程。

## 个案实录

蔡敏莉：（**面向妈妈**）你现在在哪些方面感到有压力呢？

妈妈：白天工作，晚上回家后还要辅导他学习。

蔡敏莉：是谁让你辅导他学习的呢？

妈妈：我自己。

蔡敏莉：你不辅导行不行？

妈妈：我不放心。

蔡敏莉：小鹏，妈妈白天做一份工作，晚上也要像做一份工作那样辅导你学习，你觉得妈妈辛不辛苦？

小鹏：很辛苦。

蔡敏莉：你开不开心？

小鹏：不开心。

蔡敏莉：你想不想看到妈妈那样辛苦？

小鹏：不想。

蔡敏莉：好的，我看到你们家存在一种家庭动力，我想邀请你们一起来呈现家庭成员的位置。（**引导小鹏站在凳子上**）小鹏就像家里的小皇帝、掌上明珠，站得高高的。爸爸妈妈相比，爸爸比较理智一些，可以站得离孩子远一些。（**引导妈妈面向小鹏单膝跪地，左手压着心口，右手向上伸向孩子且手心向上**）妈妈是家里最辛苦的，像是跪着求他读书似的，有时还要对小鹏说，“孩子，我求你好好读书”。（**引导外婆以和妈妈相同的姿势跪在妈妈旁边**）外婆帮着妈妈服侍小鹏，也在心里说，“我求你好好读书”。你们以这种方式持续多少年了？

妈妈：四年了。

蔡敏莉：你看看这样的家，觉得怎么样？

妈妈：我觉得不太平衡。

蔡敏莉：你身体的哪个部分告诉你不太平衡？

妈妈：心里面。

蔡敏莉：你可不可以正常呼吸？

妈妈：有点急促。

蔡敏莉：如果你可以和儿子说一些话，你想说什么呢？

妈妈：儿子，你最好别让妈妈这么辛苦，我希望你能自己搞好功课，取得优异的学习成绩。

蔡敏莉：你现在怎么辛苦了？

妈妈：白天在工作中很辛苦，但这是我可以自己调整的；我晚上再辛苦地辅导你学习，但你的学习成绩还是提不上来，我就很伤心了。

蔡敏莉：你伤心的时候会做什么？

妈妈：会闹情绪，还会骂人。

蔡敏莉：其他人知不知道你伤心？

妈妈：我老公和我妈都应该知道。

蔡敏莉：你不如看看你儿子，问问他，他知不知道你很伤心？

妈妈：你知不知道妈妈伤心啊？

小鹏：知道。

蔡敏莉：如果有选择，你想怎么做？

妈妈：我希望你最好能管好自己的学习，不用我操心，生活上可以自立，不再依赖外婆。

蔡敏莉：（**面向爸爸**）你知不知道你老婆很伤心？

爸爸：我知道她很伤心，她把全部的精力都放在儿子身上了。

蔡敏莉：（**面向外婆**）你呢？

外婆：我希望我外孙子能掌握好的学习方法，不用我女儿整天辅导他。

蔡敏莉：（**面向小鹏，引导他从凳子上下来**）你看着你妈妈，你看妈妈那么辛苦，你想对她说些什么？

小鹏：妈妈，我自己就能好好地长大，你不用再为我操心了。

妈妈：（**欣慰地流着泪点头**）

蔡敏莉：（**面向妈妈**）你信不信他？你可不可以告诉他，你的眼泪表达了什么？

妈妈：妈妈信你。

外婆：（**流泪**）

蔡敏莉：（**面向小鹏**）过去扶妈妈起来。你想不想抱抱妈妈？再把外婆扶起来。（**面向外婆**）我看到你也哭了，你想不想说说你的眼泪？

外婆：我想到平时带他的时候，看到他懂事的一面，我就很感动；看到他调皮的一面，我就又觉得他没长大，他长大的背后有这么多人的辛苦。

蔡敏莉：你付出了多大的代价？

外婆：从他出生起我就开始带他，照顾他的起居饮食。

蔡敏莉：所以你差不多把自己所有的希望都放在了他的身上，你全心全意地照顾了他那么久。

外婆：是啊，照顾了他 10 年。

蔡敏莉：孩子往往并不知道这些，会认为这是应该的，所以你应该很直接地告诉他。请你告诉他，“我很爱你，我为你辛苦了 10 年”。

外婆：（流泪）我很爱你，我为你辛苦了 10 年。如果你能听话、好好学习，我就会感到很欣慰。

小鹏：（**听了外婆的话，也流下了眼泪**）

蔡敏莉：告诉他，“你知不知道？如果我看到你成长，我就会很欣慰”。

外婆：你知不知道？如果我看到你成长，我就会很欣慰。

小鹏：知道。

蔡敏莉：你想对外婆说些什么？

小鹏：外婆，我爱你。

蔡敏莉：告诉外婆，“我也知道你爱我”。

小鹏：我也知道你爱我。

外婆：你要努力学习，听妈妈的话。

蔡敏莉：你想对妈妈说些什么？

小鹏：妈妈，我爱你。

蔡敏莉：告诉妈妈，“我会为自己的学习负责的，我不会再让你那么辛苦了，我不想让你做两份工作，你只需要做我的妈妈就够了，不需要做我的辅导老师”。

小鹏：我会为自己的学习负责的，我不会再让你那么辛苦了，我不想让你做两份工作，你只需要做我的妈妈就够了，不需要做我的辅导老师。

蔡敏莉：（**面向妈妈**）你相信他说的吗？

妈妈：我相信他。

蔡敏莉：（**面向小鹏**）你想对爸爸说些什么？

小鹏：爸爸，我爱你。

蔡敏莉：还要告诉爸爸，“我知道你们爱我”。

小鹏：我知道你们爱我。

蔡敏莉：（**引导父母、外婆和小鹏手牵手站成一排**）此刻的画面已没有了之前的讨好，较为平衡了。如果每个人在以后的生活中都能像现在这样，做回自己、承担自己的责任，这个家就会越来越好。妈妈的痛苦在于，她太负责任了，她不仅要做妈妈还要做孩子的辅导老师。天真烂漫的小鹏会觉得，“我做作业时不用那么用心的，妈妈会帮我核对的，妈妈能帮我搞定”，所以他会很开心，他不知道自己需要负责任。在很多家庭中，如果妈妈太负责任，孩子就往往不需要负太多责任。因此，我希望父母渐渐地对孩子放手，不要再那么负责任，让孩子为自己的学习承担责任，和家人在一起时，就可以开开心心地去玩了。最让我感动的，是这个家充满了爱，每个大人都深深地爱着这个孩子，并认为自己所做的事都是为了让孩子得到最好的。如果孩子在某一次做得不够好也不要紧，他可以从错误中学习到他要学的东西，大人们就可以享受自己的生活了。你们有没有什么想说的？

妈妈：我很感谢今天的这个机会，我终于对儿子说出了心里话。

蔡敏莉：（**面向爸爸**）你呢？

爸爸：希望我儿子能变得自信、独立。

蔡敏莉：你知不知道你这么说很伤孩子的自尊心？因为孩子会在潜意识中相信父母说的。你说你希望他“变得自信、独立”，就说明他现在不自信、不独立。（**面向小鹏**）如果爸爸对你说“我相信你”，你开不开心？

小鹏：开心。

蔡敏莉：如果爸爸对孩子说“我相信你”，孩子就会觉得“我可以的、我是值得相信的”，就会很开心。如果爸爸总是说“我不相信你可以”，孩子就会想“是啊，我不行的，连爸爸都不相信我”，并因此感到不开心、觉得自己没有价值感。因此，父母要是想和孩子高效沟通，就要说一些正向的东西，相信孩子可以做到。你不妨试试这么对孩子说，“我相信只要你愿意，你就可以对你的学习负责”。

爸爸：我相信只要你愿意，你就可以对你的学习负责。

蔡敏莉：（**面向小鹏**）你听后有什么感受？

小鹏：很开心。

蔡敏莉：嗯，父母需要一次又一次地给予孩子肯定，让孩子相信“我有信心，我做得到，我可以的”。

## 结语

在生活和心理咨询中经常会听到父母抱怨：“孩子不愿意好好学习，没有学习动力，要是不催一点都不动，怎么办？”然而，父母往往忽略了探究这个现象背后的深层缘由——真的是孩子天生抗拒学习、逃避责任吗？

希望每个父母都能懂得，每一个生命都具有向上、向善的动力，每一个孩子都希望独立地成为自己；他们希望父母能慢慢放手，让自己成为自己人生的主人；他们在内心深处渴望获得父母的信赖、理解、陪伴与爱。如果一个家能建立起基于相互尊重与信任的坚实基石，每个家庭成员都被爱包围，这个家就能踏上越发美好的道路。

## 心理咨询师观摩笔记

徐红

在这个个案中，从表面上看是孩子不愿意学习、不愿意为自己的学习负责任，但细细探究就会发现，这其中蕴含着很多潜在的、未被看到的家庭动力。

蔡老师通过萨提亚模式中的家庭雕塑技术，把无形的、看不见的家庭动力用有形的方式表达出来，从而让小鹏及其家人清晰地看到家庭的模式，直指核心。

这个个案包括以下几个核心。

- 妈妈角色混乱且功能不良。妈妈原本应是家中温暖的港湾，给予孩子满满的爱、安全感和温馨。然而，妈妈在家里的角色更像是辅导老师——专注于督学，帮孩子查漏补缺。这样就在无意中削弱了孩子自我管理学习的信心，使得孩子内在的学习动力不足。蔡老师用雕塑的方式展现出了妈妈和外婆对于孩子的讨好，并呈现出她们内在的想法——“我求你好好读书”，这种做法从表面看是为孩子好，实则限制了孩子的自由。
- 妈妈和外婆在对待孩子的教育上界限不明。学习在本质上说是孩子自己的责任，但妈妈充当起了辅导老师，无意间剥夺了孩子自我负责的机会。蔡老师利用雕塑引导，帮助妈妈将责任重新交回孩子手中，鼓励他学会自我担当。
- 家庭成员之间沟通存在问题，常常言不由衷。在雕塑过程中，蔡老师鼓励大家用心口一致的方式，正面传达自己的期望与情感：

“我期望你……我对你有信心。”这种沟通方式能让孩子实实在在地感受到来自家人的爱。

咨询的结束是新旅程的起点。在他们回归生活后，希望他们可以在生活中更多地觉察、更多地运用蔡老师教导的方式和方法。如果父母和外婆能对孩子怀揣尊重、信任和满满的爱心，伴孩子成长；如果家人之间能够坦诚相待，真诚地表达期望与情感；如果每个人都能勇敢地承担起自己的那一份责任，我们就有理由相信，这个家将会变得更加和谐与温馨。

# 第8章　重拳之下长大的孩子如何向阳生长

阿海是一名小有名气的自媒体博主，但这份工作并不是很稳定。

阿海的家族有家暴史：阿海的爷爷经常家暴奶奶和阿海的爸爸，爸爸成年后又延续了这种做派，经常家暴妈妈和年幼的阿海。为了给阿海一个完整的家，妈妈多年来默默地忍受着这份痛苦，无论是身体还是内心都是伤痕累累。

在阿海上初中时，有一天，爸爸把妈妈打晕了，阿海连忙把妈妈送到医院。妈妈身体恢复后立刻提出离婚，并带着阿海离开家，在外租房住，过着流浪般的生活。初中毕业后，由于妈妈的身体越来越虚弱，阿海不得不辍学打工，但因为学历低，只能找一些薪水很低的工作。不仅要交房租、维持生活，还要给妈妈看病，生活十分艰难。

在妈妈弥留之际，阿海既要工作又要在医院照顾妈妈，实在无能为力，希望亲戚能帮他照顾妈妈，但是只得到了亲戚的埋怨。唯一幸运的是，阿海在这期间在网上交了个女朋友，女朋友很理解他的艰难处境，这让他得到了慰藉并与之步入了婚姻的殿堂。

如今，虽然妈妈已离世，但是阿海夫妇婚姻幸福、感情融洽。阿海希望找一份稳定的工作担当起养家的责任，让老婆舒舒服服地过日子。但是因为学历低，他在求职时屡屡受挫，并为此感到失落。

在我与阿海的深入交流中，我了解到虽然他在原生家庭中未能充分感受到爸爸的关怀，但幸运地沐浴在妈妈的爱中。遗憾的是，阿海内心对妈妈的感激之情以及对爸爸未曾言说的想法，至今未能找到合适的出口得以表达。

在征得了阿海的同意后，我们开启了本次个案过程。

## 个案实录

蔡敏莉：听了你的讲述，你对你的婚姻很满意？

阿海：是的，我很满意，我和老婆很恩爱。

蔡敏莉：很好。关于你暂时没有找到工作，你很介意吗？

阿海：是的，我很介意。

蔡敏莉：嗯，你有什么表现呢？

阿海：在家百无聊赖的时候，我常常会胡思乱想。我的成长经历和学历都让我有一种自卑感，但我也只能靠自己来调整，为自己打气。因为我知道，一旦我泄气就什么都做不了了。

蔡敏莉：我们再来聊聊你的原生家庭。如果你爸爸坐在这里，你想跟他说些什么？

阿海：我只想跟他说一句话，“我现在所拥有的东西都是你赐给我的，我现在所有的生活也都是你给我的”。

蔡敏莉：你这是感恩还是抱怨？

阿海：其实我爸爸并不知道我现在的生活情况是怎样的。

蔡敏莉：你不妨告诉他你所经历过的事情和你受过的委屈，并告诉他如今你已经长大成人了。

阿海：其实，我在爸爸面前是没有自尊心和自信心的，因为他脾气暴躁，经常打骂我和我妈妈，我从小到大都被他打习惯了。

蔡敏莉：好的。我想请现场的几位学员来呈现一幅画面，演示你前半生的经历，以及你曾面对的挣扎，可以吗？

阿海：蔡老师，其实我今天来做咨询，并不会介意谈论这些事情。

但是在我之前的工作中，我不太喜欢谈起关于我爸爸和我小时候的生活，可能是因为爱面子。

蔡敏莉：你说的是你爱面子还是担心爸爸爱面子？

阿海：是我爱面子。其实我不介意我爸爸怎么想，这么多年来，我每年只回去看他一两次。

蔡敏莉：你很绝情。

阿海：蔡老师，如果你了解我从小到大的生活经历，你就会明白我刚刚对爸爸说那句话的意思了。

蔡敏莉：那你介不介意把你的生活和你的成长经历摆出来，当作帮你的生命做一个总结？

阿海：好的。

蔡敏莉：你父母是自由恋爱结婚的吗？

阿海：是的。

蔡敏莉：（**引导父母扮演者手挽手**）他们相处得怎么样？

阿海：他们相处得不太融洽，爸爸经常打妈妈。

蔡敏莉：爸爸通常会因为一些什么事情打妈妈呢？

阿海：无论是多么鸡毛蒜皮的事，爸爸都会动手。

蔡敏莉：（**引导妈妈扮演者面向爸爸扮演者单膝跪地，一只手伸向爸爸扮演者且手心向上；引导爸爸扮演者指着妈妈扮演者，假装用手打妈妈扮演者**）爸爸是动不动就打妈妈吗？

阿海：不是这样打的。

蔡敏莉：拳打脚踢吗？

阿海：对，拳打脚踢。

蔡敏莉：爸爸还打你，对吗？

阿海：对。

蔡敏莉：（**引导阿海面向爸爸扮演者单膝跪地**）为什么会这样呢？

阿海：可能是因为爸爸的脾气很暴躁、行为很粗鲁吧，还有他跟我妈妈的关系不太好，所以爸爸才会打妈妈。

蔡敏莉：这不是夫妻关系，而是一种三角关系。你爸爸和奶奶的关系是不是很好？

阿海：是的，很好。

蔡敏莉：所以他们很亲密？

阿海：是的。

蔡敏莉：（**引导奶奶扮演者站在爸爸扮演者身旁**）如果奶奶和妈妈吵架，奶奶就会推爸爸去打妈妈，是吗？

阿海：是的。

蔡敏莉：奶奶是不是很嫉妒妈妈呢？

阿海：我不理解奶奶的想法，但是她的观念可能比较陈旧，她很赞同爸爸打妈妈，她经常说老婆不打是不行的。可能就是因为这样，才使得爸爸一直都打我和妈妈。

蔡敏莉：他们让不让你妈妈吃饱饭?

阿海：让，反倒是我在小时候经常吃不饱。

蔡敏莉：为什么呢?

阿海：因为我奶奶说，小孩不能吃得太饱，只能吃一碗饭。如果我比较馋，大人就会用筷子打我的手，特别特别疼。

蔡敏莉：你当时做了什么呢?

阿海：我的菜不够吃，想偷爷爷奶奶的菜吃。

蔡敏莉：你爷爷奶奶的关系好不好?还有你爷爷和姑姑的关系怎么样?

阿海：我爸爸和姑姑都很讨厌爷爷，因为爷爷总打奶奶，而且也不怎么照顾我爸爸和姑姑。

蔡敏莉：（**引导奶奶扮演者、爸爸扮演者、姑姑扮演者面向爷爷扮演者单膝跪地；奶奶扮演者向爷爷伸出一只手且手心向上；爷爷扮演者假装打其余三人**）爷爷对奶奶、爸爸、姑姑拳打脚踢。耐人寻味的是，人们就像是活在了催眠状态之中。你爸爸和姑姑都是在这样的家庭环境中成长的，所以你爸爸在长大成人后也会这样对待自己的老婆，你姑姑若在婚姻中遭到了老公的责骂也可能会觉得这是合理的。奶奶会怎么想呢?奶奶会觉得，老公就应该这样对待老婆。在奶奶发现自己无法依靠爷爷后，就觉得自己只能依靠儿子。在儿子长大成人后，他可能会承诺照顾奶奶一生一世。然而，由于童年的经历如同催眠一般影响着奶奶和爸爸，因此在爸爸成家后，奶奶会很不开心，她会觉得自己一辈子的依靠被儿媳妇抢走了。于是，奶奶紧紧地抓住你爸爸，把你妈妈视为外人。在这样的家庭中，男人学到了“老公要打老婆”，所以你爸爸也会打妈妈。有些家庭缺乏爱的流动，存在着很强的保护主义，认为只有和自己有血缘关系的人才是人，把没有血缘关系的人视为外人，甚至不把他们视为人。你爷爷、奶奶、爸爸会聚在一起，手牵手头碰头，商量如何对付这个“不乖”的儿媳妇。如果一个人的未了情、未了事没有得到妥善处理，尤其是奶奶，就很容易说儿媳妇“不乖”，让儿子去打她，还认为小孩子不打不成器。因此，奶奶可能会推着爸爸去打妈妈和你。是这样吗？

阿海：是的。

蔡敏莉：那怎么办？

阿海：那时我还小，妈妈只能忍受，她要保护我，想给我一个完整的家。

蔡敏莉：也就是说，你妈妈其实很早就想离婚了。

阿海：是的。

蔡敏莉：但是为了你，她选择继续留在这个家里。

阿海：是的。

蔡敏莉：后来她是如何下定决心要离婚的呢？

阿海：因为妈妈被爸爸打晕了，脑部受伤了。

蔡敏莉：（引导爸爸扮演者假装对妈妈扮演者拳打脚踢）所以就是爸爸打妈妈。

阿海：是的。

蔡敏莉：妈妈因此而跟爸爸离婚了？

阿海：是的。

蔡敏莉：然后你妈妈就带着你离家出走了？

阿海：是的。

蔡敏莉：妈妈牵着你，她誓死不带你回家，但是你们只能在外面租房子住。

阿海：是的。

蔡敏莉：这样的流浪生活过了多少年？

阿海：从我初二开始，到我 27 岁。

蔡敏莉：你爷爷家的一家人都不觉得自己有问题吗？

阿海：不觉得。

蔡敏莉：（**引导爷爷扮演者、奶奶扮演者、爸爸扮演者、姑姑扮演者继续围在一起对妈妈扮演者说三道四**）如今，你妈妈去世了。如果她还在世，你想对她说些什么？

阿海：这么多年来，我都没有让妈妈享过福，我们经常风餐露宿。我学历低，不容易找工作，也赚不到太多的钱，所以一直都没有办法回报给妈妈。如果可以，那么我希望我能牵着妈妈的手去逛街，给她买她喜欢的东西。我很渴望那种家的感觉，因为我从小到大都很缺乏这种家庭的感觉。

蔡敏莉：你对妈妈说，“我亏欠你太多了，我在物质上没给过你什么，我只能将我的心、我对你的那份爱给你。我在过去的十几年里，我将我赚到的所有钱都拿来给你治病了。这么多年来，我从未感到开心过，也从未像同龄人那样放肆地玩过。我从小就很缺乏家的感觉，但是我很感谢你给我的爱，你让知道了什么叫‘妈妈’”。

阿海：我亏欠你太多了，我在物质上没给过你什么，我只能将我的心、我对你的那份爱给你。我在过去的十几年里，我将我赚到的所有钱都拿来给你治病了。这么多年来，我从未感到开心过，也从未像同龄人那样放肆地玩过。我从小就很缺乏家的感觉，但是我很感谢你给我的爱，你让知道了什么叫“妈妈”。

蔡敏莉：你想抱抱妈妈吗？

阿海：想。妈妈还在世的时候，我经常想抱抱她，但是因为后来妈妈卧床不起，我就无法抱她了。我还记得有一次，我和妈妈拥抱了很久，那种感觉很舒服、很温暖。我很希望妈妈能陪着我一起生活，这样我才能感到开心、有爱。

蔡敏莉：告诉妈妈，“我现在找到幸福了，我小有名气，我结婚了。我很想赡养你，只可惜你已经不在了”。

阿海：我现在找到幸福了，我小有名气，我结婚了。我很想赡养你，可惜你已经不在了。

蔡敏莉：你从妈妈身上学到了什么？

阿海：妈妈经常说“人活着就像水泥匠建门口，既要过得了自己，也要过得了别人”。这句话教会了我如何做人，这么多年来我都把这句话作为我的人生格言。

蔡敏莉：告诉妈妈，“你把我教得很好，我形成了很好的人格，我现在只是学历很低，但是我知道我能行”。

阿海：妈妈，你把我教得很好，我形成了很好的人格，我现在只是学历很低，但是我知道我能行。

蔡敏莉：我也相信你可以的。

阿海：谢谢蔡老师。

蔡敏莉：你知道我为什么这么说吗？因为我判断你是一个身心健康的人——可以从容地接受并谈论自己的成长史。

阿海：是的。

蔡敏莉：你不会抱怨。

阿海：对。

蔡敏莉：（**引导妈妈扮演者站在阿海背后，双手搭在他的肩膀上**）尽管妈妈已经去世，但她仍可以给你力量。你闭上眼睛，感受妈妈带给你的力量。

阿海：（闭上眼睛，感受妈妈的力量）

蔡敏莉：请你睁开眼睛，望一下这些在你前半生没有给过你爱的人——你的爷爷、奶奶、爸爸、姑姑，你想对他们说些什么？

阿海：我没什么可说的。

蔡敏莉：想不想责备他们？

阿海：不想，这些事如今都已经过去了，而且我也不想再去回忆了。不过，我现在的生活都是这个家给我的。

蔡敏莉：你打算和这家人保持怎样的距离？你爸爸现在已经岁数大了，他对亲戚朋友说你不孝顺，不去看望他，你可不可以为自己说一两句公道话？

阿海：我熬过了最艰难的十几年，现在终于有一个属于自己的温暖的家了。我希望以后跟我爸爸那边的家人保持像以前那样的关系，不希望太亲密，因为他们这么多年来都没有真正关心过我和妈妈。妈妈病了这么多年，爸爸从未问过半句。

蔡敏莉：那你告诉他们，“在我最需要你们的时候你们没有帮我；我现在长大了，就算没有你们的帮助我也可以好好生活，我只想在我想回去的时候去看看你们”。

阿海：在我最需要你们的时候你们没有帮我；我现在长大了，就算没有你们的帮助我也可以好好生活，我只想在我想回去的时候去看看你们。

蔡敏莉：在你现在的生活中，谁对你来说最重要？

阿海：我老婆。

蔡敏莉：你将会和她如何过日子？

阿海：我们会开开心心地过日子，家庭幸福美满，这是我从小到大的愿望。因为我从小就在不幸福的家里长大，所以我不允许我如今自己的家再重蹈覆辙，这是我唯一郑重地对我老婆做过的保证。

蔡敏莉：很多从这样的家庭环境中成长的孩子可能很容易深陷抑郁，但是你让自己从中获得成长，给自己支持，而且对那一家人既没有憎恨又没有愤怒，坦然地接受了一切。我很欣赏你，你身上有旺盛的生命力。

阿海：谢谢蔡老师。

## 结语

每个人都是自己原生家庭影响的镜像。在这个个案中，阿海的爸爸作为其原生家庭模式的被动接受者与受害者，又成了自己组建的家庭的施害者，形成了一种不幸的循环。然而，阿海在缺乏爸爸支持的情况下，凭借自身的力量实现了个人成长的飞跃，成为家族不幸历史的终结者。在这其中，阿海的妈妈扮演了至关重要的角色，她的爱与明智教育为孩子的心理健康构筑了坚实的基石，因此，尽管阿海童年时期遭受了爸爸的家庭暴力、见证了妈妈所承受的苦难，但这些挑战反而铸就了他坚韧不拔的性格和健康的人格发展。

从这个个案中可知，家庭暴力与单亲抚养并不会注定孩子拥有悲观的未来，真正的决定性因素在于，主要抚育者心理健康的状态以及传递给孩子的价值观。也就是说，要想培养出心理强大、人格健全的孩子，成年人就要先进行自我完善和自我成长。

## 心理咨询师观摩笔记

王均安

在对话中，阿海流露出多年积累的未被倾听的委屈，以及他成长历程中的种种不易。为此，蔡老师运用家庭雕塑技术，帮助阿海直观且深刻地理解自己的成长背景和家庭动力。通过这个过程，蔡老师进一步引导阿海向父母表达内心深处的情感，以完成一次迟到的沟通。

为了让阿海深切体会到母爱的延续与支持，蔡老师巧妙地安排妈妈象征性地站在阿海背后，双手轻搭在他的肩头，寓意着即便妈妈已不在他的身边，但她的力量与爱依然伴随着他，这无疑增强了阿海应对现实的自信心和勇气。

蔡老师鼓励阿海为他自己和妈妈发声，强调在无援的情况下，他不仅能独自成长，还能长期照料妈妈，这种坚韧不拔的精神和对妈妈的孝敬体现了他非凡的品质，这并非人人都能具备的。

最后，蔡老师的深情寄语给了阿海莫大的鼓舞和肯定，这无疑为阿海的前行之路铺设了坚实的信心基石，激励着他继续迈向更加辉煌的成就。

# 第 9 章 孤独的丧偶女人

## 如何让梦想照进现实

如今 43 岁的阿蓝一直生活在农村。她曾有一个四口之家，育有两个儿子。15 年前，她发现老公一个月都不回家一次，也不给家用，后来发现他出轨了。自此，她对男人彻底失去了信任，总觉得男人不可靠。

然而，更大的打击接踵而至——在发现老公出轨的第二年，他因遭遇车祸意外去世。尽管阿蓝恨他，但多年的感情仍让她感到痛苦至极，曾试图寻短见，但想到还有两个儿子需要抚养，她努力让自己振作起来。为了养活自己和儿子，她每天做三份工作，身心俱疲地挺了 15 年，在此期间从未谈过恋爱，也从未和任何男人有过亲密接触。如今，两个儿子都已长大且懂事，阿蓝却感到烦闷、孤独，无人诉说内心的想法和感受，她渴望快乐和幸福。

在与阿蓝的沟通中，我发现老公的背叛让她对男人产生了不信任，继而不敢尝试走近亲密关系，害怕自己再遭背叛；她有很深的不配得感，觉得自己不可能拥有快乐和幸福；她是一个非常负责任的人，为了能养活两个孩子，她在悲痛中振奋自己，努力让孩子们过得更好。

在征得了阿蓝的同意后，我们开启了本次个案过程。

## 个案实录

蔡敏莉：你今天来到这里，最想为自己解决什么问题？

阿蓝：第一，我最近一个人在家里时，对着四面墙总是觉得很烦躁，我不想再这样下去了；第二，我想活得更快乐一些。

蔡敏莉：你是嫌自己现在做的体力活很辛苦，想学一些新的技能，比如唱歌、跳舞，还想认识一些新朋友吗？

阿蓝：我都想，我觉得人人都想让自己快乐。

蔡敏莉：是的。

阿蓝：关键是，找谁呢？两个人要谈得来才可以。我在农村，人们的想法还是比较保守的，要是选错了人，可能跳进黄河都洗不清。

蔡敏莉：你是不是一定要继续在农村生活呢？

阿蓝：我也想去城市生活，但是我没有经济基础，而且就算去城市，我也人生地不熟的。

蔡敏莉：如果你去了一个新的地方，你也可以在那里认识新的朋友啊。你之前跟我说过，“为什么别人有朋友，而我却活得这么凄凉”。人还是要有梦想的，要过新的生活。你已经在农村活了几十年了，你的两个儿子已经大了，他们终有一天会因上学或工作而离开你。我觉得，你是时候改变了。

阿蓝：是的，他们现在都在学校住宿，我在家会一个人对着四面墙胡思乱想。心里的苦水吞得太多了，我现在只想轻松快乐，不想再生活在这种紧张的生活环境里，就这么简单。

蔡敏莉：那是不是需要改变一下你的生活习惯？

阿蓝：嗯，我想是的。

蔡敏莉：还有你的生活环境？

阿蓝：是的，我也想，但是没有贵人相助，我不知道我有没有这个能力。

蔡敏莉：问题是，你敢不敢有这个梦想？

阿蓝：人人都有梦想，但不知道能不能实现。

蔡敏莉：无论能不能实现，人都要先有一个梦想。

阿蓝：嗯。

蔡敏莉：然后再为这个梦想去做一些事情。

阿蓝：是的，心想事成。

蔡敏莉：是的，有些梦想是可以实现的。

阿蓝：对，但有些梦想可能没那么容易。

蔡敏莉：你有没有发现一个很有趣的现象？我每说一句话，你的回答都给我这样的感觉——“是啊，但是我不行”。如果你总是带着这样的信念，就很难改变自己。

阿蓝：你想让我带着怎样的信念？是让我向好的方面看吗？

蔡敏莉：你敢不敢？

阿蓝：我敢。现在我有工作，我也想向好的方面看，去尝试新的工作，但要是我得不到新的，反而丢掉了这份工作可怎么办？那就顾此失彼、两头都得不到了。

蔡敏莉：你要记住，这是你的人生，你要是不向前走，就是在原地踏步。

阿蓝：你的意思是说，要我大胆一点？

蔡敏莉：我鼓励你尝试，并不是让你完全什么都不理。我只是鼓励你两点——第一，要有一个梦想；第二，你要为实现这个梦想而付出努力。你现在已经40多岁了，你要是现在不改变，那么在不远的未来，你儿子会谈恋爱，他们会有自己的家庭，你则会孤独终老。

阿蓝：是的。我儿子也常说我，“妈妈，估计你老了就知道看电视。人老了要有房子住、有老伴、有钱，但是你现在还少了一样东西——

老伴”。我就问他，“你觉得我不知道去找吗”。

蔡敏莉：那你为什么不找一个老伴呢？

阿蓝：说是这样说。

蔡敏莉：那你愿不愿意找一个老伴？这样至少有一个人可以和你说说话，让你不至于这么孤单。

阿蓝：我刚才说过了，男人全都靠不住。

蔡敏莉：不是每个男人都这样。

阿蓝：100个男人中估计只有一个好的，但是我碰不到，我没有这么好命，就是这样的。

蔡敏莉：你总是这样诅咒自己，让我这种局外人帮不上你。你说话很有趣，你的逻辑是这样的——“我想开心，于是我就向前走一步；但是我的命哪有这么好，我又让自己后退两步。我还想以后过得开心一点，有人可以跟我聊天；但是男人都靠不住，我没有那么好命，找不到一个好男人，于是我又把自己拉回来了”。

阿蓝：蔡老师，我刚才说了，我生活在农村，要是走错一步，跳进黄河都洗不清。

蔡敏莉：那我还是那个问题，你可不可以不住在农村呢？你已经在那儿住了几十年了。

阿蓝：那我不仅要有足够的经济条件，还要有贵人相助才行。

蔡敏莉：这是你的信念？

阿蓝：是的。

蔡敏莉：如果不住在农村，来城市找一份工作行不行呢？

阿蓝：我也希望有这样的条件，也希望自己能走出让我透不过气的生活阴影。

蔡敏莉：你是说当年你老公出轨的事吗？这件事给你带来了很深的影响吗？

阿蓝：是的，给我的影响特别深，我根本无法形容那份苦楚。

蔡敏莉：那你是不是想带着这个阴影进棺材呢？

阿蓝：我当然不想啊。

蔡敏莉：那你有没有想过这辈子再找个老伴呢？

阿蓝：那要看有没有人看上我。我这么凶，估计没有人能看上我，我要是有你的一半温柔就好了。

蔡敏莉：其实一切都是可以学的。

阿蓝：我性格不好，我快被生活阴影逼疯了。

蔡敏莉：这个生活模式你已经重复十几年了，但我听你说完，感觉你很想走出来。

阿蓝：没错。

蔡敏莉：你会不会让自己往前走两三步呢？

阿蓝：岂止是往前走两三步啊，我甚至想往前走十步。

蔡敏莉：那你有没有想过你以后的退休生活是什么样的呢？

阿蓝：退休生活……没想过。

蔡敏莉：那你有没有想到过，你想到什么时候就不工作了？

阿蓝：没想过，我是走一步看一步。

蔡敏莉：这个时间其实不难估计。如果你的两个儿子工作后就可以养你了，你就可以不用工作了，是不是？

阿蓝：我没有想那么长远。两个儿子读完书、去工作，就是他们的事了。

蔡敏莉：你是想一边工作一边养活自己吗？

阿蓝：怎么说呢……我不会做人，我想让你教我做人。

蔡敏莉：你真的会听吗？

阿蓝：是的。

蔡敏莉：在不远的将来，你的两个儿子就能工作赚钱了，你就不用像之前那样辛苦工作供他们读书了，你可以慢慢计划自己的退休生活。

阿蓝：怎么计划？

蔡敏莉：比如，做什么事情能让自己开心？要不要找一个老伴？愿不愿意搬到城里？愿不愿意做一些事情来改变自己的生活？

阿蓝：我愿意，但是能不能改变呢？

蔡敏莉：没有人知道能不能改变，但是你至少要向前走两三步甚至是走十步，现实会告诉你行不行。

阿蓝：如何解决这个困惑？

蔡敏莉：如果不是因为你老公出轨，你想不想有一个伴侣呢？

阿蓝：肯定想啊，我也需要被安慰、被拥抱。但现实情况是，我老公出轨了，如今不在人世了，他生前伤透了我的心。我怕再找一个，还会伤我的心。

蔡敏莉：有些男人是不负责任的，有些男人是负责任的，你愿不愿意去试着找一找这种合情合理的男人呢？

阿蓝：我已经到这个年纪了，又不想被骗，所以我这么多年一直单着。

蔡敏莉：这个是你固有的想法。我只是建议你找到合适的就去试着相处一下，而不是说让你见到这个人就一定要结婚。合情合理的男人都是比较成熟的，也希望拥有一段稳定的感情，不会像你老公当年那样轻薄、玩弄感情。

阿蓝：是的，我也想。但是人与人之间，相识容易相处难，免不了有一些摩擦的。要是我们出现了矛盾，我又受了委屈，该怎么沟通呢？

蔡敏莉：等有冲突的时候再说吧。你现在连做都没有做，又怎么知道会错了？你需要先迈出一步，大胆地去尝试。

阿蓝：嗯，是的。

蔡敏莉：你有可能会出错，但也有可能会做得正确。（笑）我们都很想帮你，如果你愿意，我可以帮你在这里呼吁一下，你给我留下联系方式，如果有哪位单身男士喜欢你或者愿意可以和你交往，我就让他时候联系你。你愿不愿意试试呢？

阿蓝：愿意，但是我不知道怎么说。

蔡敏莉：你可以跟着我说，“我已经在这里把我前半生的故事讲完了，我现在想冒一次险，想找一个伴侣，跟我一起走我未来的人生路。如果你有兴趣，就请联系我吧”。

阿蓝：我已经在这里把我前半生的故事讲完了，我现在想冒一次险，想找一个伴侣，跟我一起走我未来的人生路。如果你有兴趣，就请联系我吧。（笑）蔡老师，我都40多岁了，还在大庭广众之下说这些，好丢人啊！

蔡敏莉：你为自己做了一件好事。别人怎么看你并不重要，关键是你要知道自己想要什么。

阿蓝：我想要快乐。

蔡敏莉：你现在觉得这么苦闷、这么孤单，你说什么都没有人听，那还不如找一个老伴。

阿蓝：说是这么说，但是找得好就好，找不好就麻烦。

蔡敏莉：但是，起码你今天迈出了第一步——说出自己的心里话。

阿蓝：嗯，就算找了不好的也没什么，离开他就行了。要找一个合情合理的男人。

## 结语

阿蓝的经历让她对生活感到迷茫与困惑。曾经遭遇老公出轨和意外去世的双重打击，使得她对男人失去了信任，又因背负着生活压力，多年未曾尝试新的感情和生活方式。

只有勇敢地迈出第一步，生活才会有新的可能。阿蓝渴望快乐和幸福，却在改变面前犹豫不决。她既想尝试新的生活、学习新技能、找新朋友甚至找个老伴，又因各种担忧而退缩。可是，如果她一直停留在原地，她的生活就很难发生实质性的改变。希望阿蓝能勇敢地向前走，去试着接触新的人和事。哪怕会有风险，但如果不尝试就永远不知道结果如何。只有勇敢地迈出第一步，才有可能开启新的人生篇章，找到属于自己的快乐和幸福。希望她知道，恐惧并非不可克服，只要有勇气去面对，生活就会有新的转机。

## 心理咨询师观摩笔记

徐红

在这个个案中，有两个因素影响着阿蓝：一是老公出轨；二是她自己的限制性信念。

蔡老师在与阿蓝的对话中，发现她在内在冰山的“观点”层面存在着很多限制性信念，并对其进行逐一解读。

阿蓝为自己的目标附加了很多不可能完成的理由：想搬到城市生活，但又觉得自己既没有经济基础，又没有贵人相助；想改变生活环境，但又觉得自己既没有能力，又没有人脉；想找一个伴侣，但又觉得男人靠不住，而且自己命不好，碰不到好男人，性格又很凶，不懂得与人相处，不懂得处理冲突。

蔡老师指出了阿蓝的思考逻辑——总是在想做一件事情的时候，又不断地找证据证明自己不可能做到。鉴于此，蔡老师在信念层面为阿蓝做出了新的解读：要想改变生活，就要先有一个梦想，然后慢慢地通过实践来实现；并不是所有男人都是不负责任的，还有负责任的男人，只需去找一个合情合理的人交往，如果对方不合情不合理，就可以选择拒绝和离开；温柔是可以学习的。在蔡老师循序渐进的引导下，阿蓝慢慢地发现，自己一直以来的认知并不是不能改变的，并表示愿意做出新的尝试。

蔡老师及时地鼓励阿蓝，并手把手地教她如何表达自己想要寻找一个伴侣的想法，让阿蓝从当下开始改变。蔡老师带领阿蓝聚焦当下能做的改变，让她做出新的尝试与突破，收获成功的体验。

在漫漫人生中，我们难免会受到伤害，也会对很多信念深信不疑，很少去思考信念的真实性。如果我们能对自己的信念多一分好奇和探索，我们看待外在的眼光和视角可能就会有所不同。

第 10 章

# 病痛中的绝望身影

## 如何释怀对家人的怨恨

1983 年，小志出生。在他出生之前，家里已有两个姐姐。当时的政策让爸爸觉得他的出生是个负累，会让自己失去很多东西。于是，小志自幼就在爸爸的嫌弃中长大，并因此感到了深深的自卑和不安。

2007 年，小志结婚，婚后一直没有工作，生活基本靠老婆养活。小志内心时常感到愧疚，觉得自己没能承担起养家的责任。

2011 年，小志患癌症，这个消息如晴天霹雳，让他陷入了极度的恐惧和绝望之中。经过治疗病情得到控制后，他满心疲惫和脆弱，向老婆提出离婚，尽管内心万般不舍，但仍觉得自己不能再拖累她了。

离婚后，小志回到父母身边，但等待他的并不是预想中的亲情呵护，而是爸爸的责骂。爸爸骂他没工作，有病还回来让家里给他花钱。小志感到委屈，自己的身体状况严重影响了劳动能力，无法出去工作，只能依靠父母，可爸爸却如此绝情。

早在 17 岁时，远在加拿大的姑姑就允诺把小志接过去，小志的父母也同意他去。但这么多年过去了，因种种原因，移民的承诺始终是一张空头支票。在他被确诊癌症后，小志对未来更加悲观绝望，认为自己受到了莫大的欺骗，并把所有过错都推给了父母。他怨恨命运的不公，认为自己从未被幸运眷顾，内心充满了痛苦和无奈。因此，他前来咨询，渴望能改善自己与家人之间的关系。

在和他的沟通中，我发现他因未能从原生家庭获得心灵上的关爱而导致内心力量缺失，表现得自卑且内向。在感情上，他屡次遭受挫折，非常渴望他人的关怀。

在征得了小志的同意后，我们开启了本次个案过程。

## 个案实录

蔡敏莉：听你说完这些情况，我觉得心里很不舒服，你猜我为什么感到不舒服？

小志：我觉得是因为我很依赖他们、太固执了。

蔡敏莉：你真的是这么觉得的吗？

小志：是的。

蔡敏莉：如果你看过一些精神分析的书，就会发现你是一个很典型的例子。你介意我聊聊你的童年吗？

小志：不介意。

蔡敏莉：我们请现场的一些学员来进行角色扮演。如果一个人认定了一件事，那么他一辈子都会反复做这件事。你爸爸是不是一个很凶的人？

小志：是的。

蔡敏莉：你父母的关系怎么样？

小志：我爸爸对谁都很凶。

蔡敏莉：你妈妈是不是讨好他？

小志：是的。

蔡敏莉：（引导妈妈扮演者面向爸爸扮演者单膝跪地，一只手伸向爸爸扮演者且手心向上；爸爸扮演者指着妈妈扮演者）嗯，妈妈讨好爸爸，爸爸指责妈妈。

小志：是的。

蔡敏莉：爸爸为什么指责妈妈？

小志：可能是因为他就是这种性格。

蔡敏莉：他有没有得过什么病？

小志：妈妈曾说，在我还不懂事的时候他得过甲亢。

蔡敏莉：爸爸对你怎么样？

小志：和他对妈妈差不多。

蔡敏莉：他也骂你？

小志：是的。

蔡敏莉：他没有准备好让你来到这个世界上吗？

小志：是的。

蔡敏莉：（**引导小志扮演者在妈妈扮演者身边，也面向爸爸扮演者单膝跪地**）他对你说过什么？

小志：他说，我从出生起就是他的包袱，让他没有奖金，还没有资格分房。

蔡敏莉：（**引导爸爸扮演者面向小志扮演者**）你告诉他，“你是我的包袱”。

爸爸扮演者：你是我的包袱，你让我没有奖金，还没有资格分房。

蔡敏莉：你觉得爸爸疼你吗？

小志：我觉得爸爸还是疼我的。

蔡敏莉：当他这样说的时候，你是怎样的？

小志：我会笑，不会还嘴，也不会生气。

蔡敏莉：你不会还嘴，也不会生气？

小志：是的。

蔡敏莉：你心中生气吗？

小志：不生气。

蔡敏莉：你说你不生气？

小志：是的。

蔡敏莉：可是，我看你的样子很生气。

小志：我没有发现我在生气。

蔡敏莉：你留意一下你的呼吸，是不是忘记呼吸了？

小志：有点胸闷气短。

蔡敏莉：人在愤怒的时候很容易忘记呼吸，所以我看你现在的样子是很生气的，你在用你的生命来报复你爸爸。你听爸爸说“我是不会要你的，我不爱你”，你虽然心里很生气，但是你那时还是个小孩，没有办法报仇，于是你就开始玩一个叫作“自暴自弃”的游戏。（**引导小志扮演者躺在沙发上**）你从小就自暴自弃，爸爸有时会拒绝你，但是你不能跟他生气，所以他叫你做什么你就做什么，他叫你移民你就移民，你只是拒绝沟通。有些话你一直憋在心里，始终没有说出来。（**引导小志扮演者伸出一只脚；引导妈妈扮演者站起来，与爸爸扮演者从小志扮演者身边走过**）在父母不经意地从你身边经过时，你就消极抵抗，心想“我就是不说话，你们要我怎么样我就怎么样，我看我是会成功还是失败，如果我失败了我就抱着你们一起死”。你在内心笑得很得意，但是脸上不表态。（**引导父母扮演者经过小志扮演者身边，被他伸出的一只脚绊倒**）你父母被你伸出的脚绊倒了，但是你又没有做过什么，他们就不能怪你。你连自己的意愿都放弃。你是不是不想移民？

小志：是的。

蔡敏莉：那你为什么不说出来？

小志：我父母让我移民后，我就在暑假时去饭店打工了。

蔡敏莉：我是问，你心里是不是不想移民？

小志：我听他们的话，我同意移民；然后我去打工，这是我自己要去做的，不是他们安排的。

蔡敏莉：（**引导小志扮演者滑到地上**）你继续自暴自弃，这一招没有人会找到你的错处。父母继续从你身边经过，继续被绊倒，你的态度就是不表态，（**引导小志扮演者指着父母扮演者**）但你的愤怒让你在心中认定，“事情成败得失都是你们俩搞出来的”。你的立场就是没有立场，所以你就算什么都不做也无所谓，因为你已经决定了，你要用你一生的精力去报复这两个人。是不是这样的？

小志：不是。

蔡敏莉：（**引导爸爸扮演者走到小志面前，用手指着小志；引导小志面向爸爸扮演者跪下**）你想对爸爸说些什么？

小志：你想让我怎么样我就怎么样，只要你说我就会做。

蔡敏莉：继续对爸爸说这句话。

小志：你想让我怎么样我就怎么样，只要你说我就会做。

蔡敏莉：你继续说，一边说一边用动作表达出来。

小志：（**趴在地上**）你想让我怎么样我就怎么样，只要你说我就会做。

蔡敏莉：你是不是不开心？

小志：没有，我没觉得很开心。

蔡敏莉：你们的父子关系这样无趣，只有爸爸说话，你则一句话都不说。而且，你不是有意报复，但你的潜意识为你做了这个决定。爸爸让你移民你就移民，爸爸让你做什么你就做什么，你完全不用承担任何责任。你说不生爸爸的气，但是听你说话的语气，我觉得你是生气的，你继续说，“你想让我怎么样我就怎么样，只要你说我就会做”。

小志：你想让我怎么样我就怎么样，只要你说我就会做。

蔡敏莉：你很听话。你明明不同意我说的话，但是我让你说什么你就说什么，你心里有什么感受？

小志：我既为自己着想，也为他们着想，但是我提出的事情他们通常都不会赞同，还很可能会责骂我。

蔡敏莉：你站起来，像个顶天立地的男子汉那样站起来，你不要再玩自暴自弃的游戏。（引导小志看向爸爸扮演者）你看着爸爸，你想对他说些什么？

小志：（指着爸爸扮演者）你说你以后想怎么对我，说得出做得到就可以了。

蔡敏莉：他以前说了什么没有做到呢？

小志：在我看来，他所有事都没有做到。

蔡敏莉：你还希望他做些什么？

小志：想让他说出心里话。

蔡敏莉：你说，“我恨你”，大点声。

小志：我恨你。

蔡敏莉：你要像一个男人那样说出来。你说，“我恨你，我不会为任何事负责任的，我会一败涂地把你气死。我现在生病了，我倒要看看咱们俩谁先死！你生我出来但又不爱我，你对我说了那么多薄情的话，我会变成一堆烂泥巴，我看你怎么把我背起来。我现在得重病了，我好开心，我不会连累我老婆，我爱她，我就要回来连累你。你无论说什么都做不到，我要抱着你们一起死”。

小志：我恨你，我不会为任何事负责任的，我会一败涂地把你气死。我现在生病了，我倒要看看咱们俩谁先死！你生我出来但又不爱我，你对我说了那么多薄情的话，我会变成一堆烂泥巴，我看你怎么把我背起来。我现在得重病了，我好开心，我不会连累我老婆，我爱她，我就要回来连累你。你无论说什么都做不到，我要拖着你们一起死。

蔡敏莉：是不是这样的？

小志：好像是。

蔡敏莉：是这样的，你跟你爸爸一模一样。

小志：不是。

蔡敏莉：那你跟他有什么不同？

小志：我对他们说过的话，基本上都能说得出做得到。

蔡敏莉：你的确做了很多，但是你不敢承认你这么做了，你跟你爸爸有什么区别？

小志：比如，关于去加拿大这件事，他们之前一直不承认自己说过，前几年才说他们说过这件事。

蔡敏莉：（**引导小志和小志扮演者躺在一起**）你把你心中的怨恨说出来。

小志：好多年前你们就说过让我去加拿大，后来又不承认了，前几年才说你们说过这件事。

蔡敏莉：（**引导小志站起来；让之前坐在一旁的妈妈上场，面向小志单膝跪地，向他伸出一只手且手心向上**）你向儿子磕头认错，磕到出血为止，希望他有一天能原谅你。

小志：不用。

蔡敏莉：（**面向妈妈**）这可不行，你做错事了，你对儿子说谎，你要一边对儿子磕头一边"我错了"。你让儿子浪费了那么多年的青春，你就得向他认错。

小志：不用。

蔡敏莉：你不是一直想让她认错吗？

小志：不是。

蔡敏莉：她骗了你那么多年。

小志：不是。

蔡敏莉：是的。

小志：不是。

蔡敏莉：你这么做了，但又不敢承认。你想让她认错，还想让她承认自己说谎了。你不仅想让妈妈向你认错，更想让爸爸向你认错。

小志：不是。

蔡敏莉：那你想怎么样？

小志：他们曾说我是一个负累，想让我死或者离开家，和他们断绝关系。

蔡敏莉：（**面向之前坐在一旁的爸爸**）你也过来面向儿子跪下吧。

小志：不用，妈妈你也起来吧。

蔡敏莉：那你要什么？

小志：以前的事情，我从来都没有计较过，我现在只是想听听他们以后打算怎么对我就可以了。

蔡敏莉：你想你的父母怎么对你？

小志：无论他们怎么对我，我都高兴。

蔡敏莉：（**面向妈妈**）我教你说，“我是你妈妈，我真心对你这么多年，但是我读书少，可能说了一些话伤害了你，对不起，但是我做的一切都是无心的。以后我不敢对你有什么期望，我怕你总是用这句话再让我说清楚。我不知道如何做你妈妈，你也好自为之吧。希望你找一份工作，能独立，能养活自己。也希望你不要气死你爸爸，他是我唯一的伴。希望我比你先死，希望你长命”。

妈妈：我是你妈妈，我真心对你这么多年，但是我读书少，可能说了一些话伤害了你，对不起，但是我做的一切都是无心的。以后我不敢对你有什么期望，我怕你总是用这句话再让我说清楚。我不知道如何做你妈妈，你也好自为之吧。希望你找一份工作，能独立，能养活自己。也希望你不要气死你爸爸，他是我唯一的伴。希望我比你先死，希望你长命。

蔡敏莉：（**面向小志**）你要养活自己。听清楚了吗？

小志：清楚了。

蔡敏莉：可以了吗？

小志：可以。

蔡敏莉：你还有什么想问的？

小志：没什么了，我只是想听他们以后对我的看法就够了。

蔡敏莉：他们说了很多次了，他们说你希望你身体康复，要你找一份工作养活自己，他们两个的退休金不够养你，是不是？

小志：（看向妈妈）这就要问她了。

蔡敏莉：我今天在做个案之前和她沟通过，体会出了她的这个意思，是不是这样的？

妈妈：是的。

蔡敏莉：那你亲口告诉他。

妈妈：我们的退休金只有几千块钱，养不起你。你现在都这么大了，医生也说你的身体状况比之前好多了，你要自力更生、自己养活自己了。

蔡敏莉：你跟着我说，"我是你妈妈，我是爱你的，我之前可能说了很多不好听的话，对不起。你现在回来连累我们两个老人家，我觉得你对我们不公平。你是得了重病，但你为了爱你老婆、不连累她和她离婚，但你对我们呢？你当着这么多人的面控诉我们，说我们两个没有亲情、没有爱心，让我们当众出丑，你不要再这么玩了"。

妈妈：我是你妈妈，我是爱你的，我之前可能说了很多不好听的话，对不起。你现在回来连累我们两个老人家，我觉得你对我们不公平。你是得了重病，但你为了爱你老婆、不连累她和她离婚，但你对我们呢？你当着这么多人的面控诉我们，说我们两个没有亲情、没有爱心，让我们当众出丑，你不要再这么玩了。

小志：我没有玩。

蔡敏莉：我觉得你存在一种语言模式，就是无论我说什么你都不认同，但是这不重要，你的行为已经表现得很明显了，只是你的嘴巴不承认。你看看你自己，你在这个游戏中浪费了这么多年的青春，我为你感到可惜。在接下来的日子里，我希望你过得好。好了，我们现在结束个案。

小志：好的，谢谢蔡老师。

## 结语

小志的内心深处被愤怒和怨恨所占据的痛苦，他以消极抵抗的方式面对父母，这背后是他多年来积压的情绪。父母当年的口不择言像一把无形的刀，在他的心上留下了深深的伤痕。

经过共同的努力，小志逐渐敢于正视自己内心的愤怒，他的妈妈也勇敢地为过去的错误向他道歉。这是化解心结的重要一步，也是小志重新审视自己与父母关系的起点。

爱能化解一切坚冰，理解能消除所有隔阂。未来的路还很长，小志需要时间去真正放下对父母的憎恨，去学着承担起属于自己的责任。相信在爱的滋养和自我的成长中，小志终能摆脱过去的阴影，以积极向上的心态面对生活的挑战，与父母重建亲密和谐的关系，迎接充满希望和阳光的未来。

## 心理咨询师观摩笔记

张宁

在这个个案中，小志希望与家人的关系得到更进一步的改善。蔡老师运用家庭雕塑的方式，让小志直观地看到他竟然用一生的时光来报复爸爸，清晰地呈现出小志在原生家庭中所处的状态。他这么多年来一直在玩自暴自弃的游戏，并以自暴自弃的状态去报复爸爸，这严重影响了小志的工作、生活、沟通，乃至身体健康。

只有当小志察觉到这一点，他才有机会重新选择自己的生存方式，让自己成长，以成年人应有的负责任的态度去面对接下来的生活，从而为自己的生命带来转变。

# 第 11 章 母子间的情感错位

# 如何摆脱俄狄浦斯情结①

① 俄狄浦斯情结（Oedipus complex），即恋母情结，是心理学中精神分析学派的用语。这个词源于希腊神话中的人物俄狄浦斯（Oedipus）无意中杀父娶母的神话故事。

小时候，小勇曾是同龄人中的佼佼者——担任班长、成绩优异，是“别人家的孩子”。然而，虽然妈妈和他关系亲密，但很少夸奖他，因此他的心中总是缺少最关键的认可，这使他无法百分百地接纳自己。谈及爸爸，小勇形容其性格温和，但在讨论妈妈时他则显得有所保留，未做深入分享。这一情感上的留白，或许映射出其家庭动态中更为复杂的情感纠葛。

小勇如今是一名心理咨询师，他视这份职业为一种特殊的存在，认为通过它或许能触及并获得来访者深层次的情感认同与共鸣。对他来说，这种深层次的联结不仅让他在工作中获得成就感，还满足了他对深层亲密关系的深切渴望。小勇在工作中很努力，但常常在做心理咨询过程中感到自己动力不足。他对权威的认同有一种既渴望又抗拒（即一旦获得认可，反倒感觉不适）的矛盾心理。

在亲密关系中，他与女朋友的交往模式显得复杂而模糊，这段关系似乎更多地建立在他寻求被确认和接纳的需求之上，而非基于纯粹的情感吸引。两人之间的相处模式隐约透露出一种母子般的依赖与被依赖的结构，而非伴侣关系。

在家庭关系中，尽管小勇在成年后选择远赴他乡求学、工作，但他每逢春节仍会返乡。这样的归家行为对他来说更像是一种外在强加的仪式，其背后动因模糊不清，仿佛是在履行某种无形的义务。

小勇前来求助，说自己目前正处于一种复杂的心理状态中，职业成就感的波动、人际关系中的角色困惑，以及对原生家庭情感需求的无意识追寻，这些因素共同构成了他当前的心理困境。

在与小勇的交流过程中，我能感觉到他内心深处的冲突和拉扯。

他的表述方式略显迂回，不够直接明了，让人理解起来较为吃力。此外，小勇在表达自我的时候，似乎带有一种潜意识的辩白或证明的意味，这种倾向有时会削弱信息的真实性和纯粹性，让人难以捕捉到他最核心的情绪和需求。

在征得了小勇的同意后，我们开启了本次个案过程。

## 个案实录

蔡敏莉：你觉得我们之前的聊天怎么样？

小勇：就像你说的那样，我们的谈话好像没有焦点，你希望得到的和我所表达的有差距。

蔡敏莉：你希望表达什么呢？

小勇：我希望讲述自己成长的经历，这是一个过程。

蔡敏莉：我们可不可以用另外一种办法来讲你成长的故事？

小勇：当然可以。

蔡敏莉：我们请现场的一些学员来进行角色扮演。我听你刚刚的表述，你父母的关系还不错。

小勇：对。

蔡敏莉：你觉得他们够亲密吗？

小勇：不够。

蔡敏莉：你为什么觉得他们不够亲密呢？

小勇：因为他们分床睡。

蔡敏莉：你觉得他们有没有性行为呢？

小勇：有，但是我想我爸爸可能满足不了我妈妈。

蔡敏莉：当一个女人在老公身上得不到性方面的满足时，就会很自然地将渴求放在她的儿子身上。你跟妈妈在肉体上很亲密吗？

小勇：是的。

蔡敏莉：（**引导小勇扮演者蹲坐在地上；妈妈扮演者单膝跪在小勇扮演者身后，抱着他的脖子，头靠着他的头**）妈妈告诉儿子，“儿子，你是我这一生的希望，你爸爸没有用，他令我不开心，你要让妈妈开心”。

妈妈扮演者：儿子，你是我这一生的希望，你爸爸没有用，他令我不开心，你要让妈妈开心。

蔡敏莉：当妈妈跟孩子温柔地说这些事的时候，孩子是很难拒绝的，所以他会百分百地做出这个承诺。然而，在他长大后，身体开始发育，妈妈就很尴尬了。（**面向小勇**）在你长大后，你们还是很亲密吗？

小勇：是。

蔡敏莉：（**引导妈妈扮演者站立，小勇扮演者面向妈妈扮演者跪地，妈妈扮演者抚摸小勇扮演者的头**）随着你长大，妈妈在无意中将所有的希望都放在了你身上。她这样抱着你、疼爱你，所以你跟妈妈这么亲密，一方面你很开心，因为妈妈很疼爱你，妈妈疼爱你多过疼爱爸爸，这让你感到骄傲；另一方面你觉得很内疚，（**引导爸爸扮演者背对妈妈扮演者和小勇扮演者，站在远处**）因为你背叛了爸爸，你偷走了爸爸的老婆，是这样吗？

小勇：是的，这是一方面，但更让我难受是，虽然妈妈从未对我有过什么诱惑的举动，也没有把我当情人来看，但我一直把妈妈当作情人看。

蔡敏莉：妈妈就是像疼爱孩子一样疼爱你，但是在你的幻想中，你希望更进一步？

小勇：对。

蔡敏莉：但是你知道，像男女之情一样爱上了妈妈是不应该的。

小勇：对。

蔡敏莉：所以你觉得内疚。

小勇：嗯，我选择性地遗忘了。

蔡敏莉：完全将那些片段抹去了？

小勇：我把我对妈妈的感觉也忘记了，与那种感觉隔离开了。

蔡敏莉：其实你在做的事情，就像是这样。（**引导小勇扮演者把手放在妈妈扮演者的胳膊上，跪在地上围着她转**）由于小时候你和妈妈的身体有如此亲密的接触，令你很留恋、很向往，因此你很希望更进一步，希望做妈妈的小情人，但是你察觉到妈妈对你的爱只是母子之爱。

小勇：或者说，那时在我心里，我感觉到妈妈对我投射了一部分小情人的感觉。

蔡敏莉：妈妈对你的亲密到底是母子之间的亲密还是男女之间的亲密，其实很难说清楚。我们也不能怪妈妈，尤其是妈妈在夫妻关系中得不到满足的情况下。不过，随着你一天天长大，你慢慢开始觉得内疚，（**引导小勇扮演者与妈妈扮演者拉开一段距离**）所以你决定跟妈妈割断，和她保持一定的距离。遗憾的是，（**引导妈妈扮演者站着不动，小勇扮演者一边看着她，一边围着她转圈**）虽然你们的肉体隔开了一定的距离，但是你一直看着她。

小勇：是这样的。

蔡敏莉：这让小时候的你如何接纳长大之后的你呢？你深爱着妈妈，但是随着你一天天长大，你知道肉体上不可以和妈妈亲密，但是你的目光一直落在她的身上。如果可以选择，你希望跟妈妈之间的关系是怎样的？

小勇：我曾用过一种办法——责怪她。

蔡敏莉：（**引导小勇扮演者指着妈妈扮演者**）为了平衡自己的心理，你会找一些事情来责怪她，是吗？

小勇：是。

蔡敏莉：这是为了保持你对爸爸的忠诚，也是让你和妈妈之间不要再多踏出一步。你做得很好，但是缺少了一个仪式。现在请你站过来，你在这里真正地把这个关系搞清楚。你把爸爸带到妈妈那边，让他们手拉手，你面对他们，你想对妈妈说些什么？

小勇：妈妈，其实我一直都很爱你。

蔡敏莉：对妈妈说，“我希望你是我的情人，我希望我们的肉体更亲密，但那是我小时候的幻想，我现在分得清楚了，我决定还是做你的儿子，而不是你的情人。你是属于爸爸的，你们才是夫妻。现在，我要把你还给爸爸。我爱你，但我不再爱恋你”。

小勇：我希望你是我的情人，我希望我们的肉体更亲密，但那是我小时候的幻想，我现在分得清楚了，我决定还是做你的儿子，而不是你的情人。你是属于爸爸的，你们才是夫妻。现在，我要把你还给爸爸。我爱你，但我不再爱恋你。

蔡敏莉：你向他们鞠一躬。

小勇：（**向父母扮演者鞠躬**）

蔡敏莉：这个仪式很重要，能帮助你再次确立母子关系，让你以

后无须逃避妈妈，还可以和其他女性正常交往了。你准备好和女朋友好好相处了吗？

小勇：准备好了。

蔡敏莉：（**引导女朋友扮演者站在妈妈扮演者身旁**）以前你看所有女性都是戴着有色眼镜，你在看女朋友的时候，（**引导妈妈扮演者站在女朋友扮演者前面**）其实妈妈挡在了她的前面，导致你没有真正看到你的女朋友。

小勇：是的，可以这么说。

蔡敏莉：现在你和妈妈的关系搞清楚了，请你再看一下你的女朋友，可不可以把她和妈妈分开？

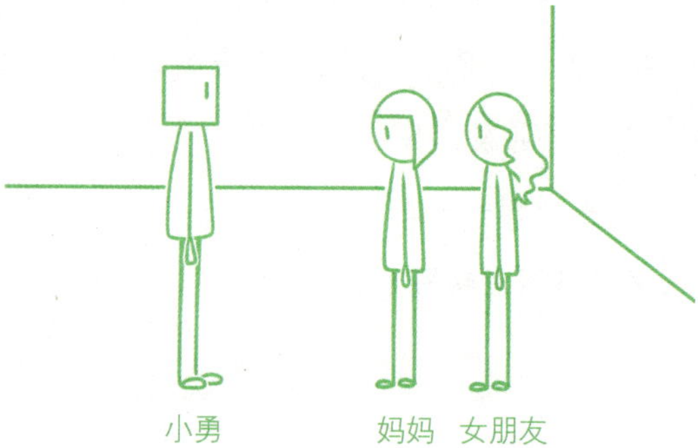


小勇：可以。

蔡敏莉：你叫女朋友过来，告诉妈妈，“这是我的女朋友，我和她之间是男女之爱，我和你之间则是母子之爱。对不起，我让我和你之间的关系混乱了这么多年”。

小勇：这是我的女朋友，我和她之间是男女之爱，我和你之间则是母子之爱。对不起，我让我和你之间的关系混乱了这么多年。

蔡敏莉：你还想对妈妈说些什么？

小勇：我会像儿子爱妈妈一样来爱你。我之前一直以为我不爱你，但其实我很爱你。我会像儿子爱妈妈一样尊敬你、照顾你；我也会像男人爱女人一样去爱我的女朋友，去和她亲密，那种亲密是我和她之间才有的。

蔡敏莉：你对爸爸呢？

小勇：爸爸好像站得很远。

蔡敏莉：告诉爸爸，“你跟妈妈的事情是大人之间的事情，我是你儿子，我感到很骄傲，谢谢你把我养大成人”。

小勇：你跟妈妈的事情是大人之间的事情，我是你儿子，我感到很骄傲，谢谢你把我养大成人。

## 结语

在孩子的成长的过程中，如果父女或母子之间的界限模糊，就可能会导致孩子出现认知混淆，即难以界定父母之爱与伴侣之爱的区别，这种混淆可能会对孩子日后的人际关系带来深远影响。通过正面且界限分明的家庭教育，可以引导孩子正确理解亲子之爱与男女之爱的区别，促使孩子认识到尊重父母、独立生活的必要性，从而鼓励他们在自己的生活中找到平衡与幸福。

## 心理咨询师观摩笔记

秦会霞

在这个个案中，蔡老师通过运用雕塑技术使小勇直观地意识到自己与妈妈之间存在着一种近乎“小情人”的紧密但不甚健康的关系模式。一旦小勇透彻地理解了这一现状，蔡老师就协助他调整情感的界限，将妈妈的生活领域归还给她本人，同时让他回归到儿子的本位，有效界定了母子之间的适宜关系。随后，蔡老师让小勇模拟向妈妈介绍女朋友，帮助他区分男女之爱与母子之爱，从而理解这两种爱的本质差异及各自的重要性。

最后的关键步骤是，小勇还学会了将爸爸应有的责任和角色归还给了爸爸，自己则专注于作为儿子的角色定位。

这一系列的界限重塑与角色调整，为小勇在未来的生活中能够独立自主、恰当地处理各种人际关系奠定了坚实的基础，让他能真正地活出自我。

第 12 章

# 被家族仇恨囚禁的灵魂

# 如何过好自己的生活

小正是一位预算工程师，工作认真负责。

小时候，小正的家里非常困难：家里有四个孩子，他排行老三，其他均为女孩；爸爸长年患病，一家人靠妈妈和姐姐挣钱维持家庭开销。父母关系不好，经常吵架。成年后，小正选择牺牲自己，不结婚，把时间和金钱都花在了家人身上。为了让姐姐家的孩子读书，小正想尽办法挣钱，希望通过自己的努力改变家庭的状况，也希望家人过得好一些。

小正常常觉得生活单调、乏味、孤独。曾有一些人主动和他交流，但他却有意识或无意识地拒绝了。他在工作中也是如此，起初有一些人愿意与他打交道，但时间一长，同事都纷纷疏远了他。

在我与小正的交流中发现，小正想和别人交流、融入社会，但当有人和他交流时，他又拒绝了，这有点矛盾。小正觉得自己看起来不够自信、不够灵活，也不是很开心，还没有太多的表情变化，希望有所改善。

在征得了小勇的同意后，我们开启了本次个案过程。

## 个案实录

蔡敏莉：你来找我，希望为自己改变什么？

小正：我希望能改变孤僻的性格，让自己融入社会。

蔡敏莉：你开心吗？

小正：我觉得我从来没有真正地开心过。

蔡敏莉：得到什么能让你开心？

小正：帮助姐姐的家庭走出困境。

蔡敏莉：我很奇怪，一个成年男人会把所有的注意力都放在让姐姐生活得好一点、外甥生活得好一点上面，自己却完全不懂得如何开心。你是在一个什么样的家庭环境中成长起来的呢？我们请现场的一些学员进行角色扮演，来看一看你的原生家庭是怎样的，好不好？

小正：好的。

蔡敏莉：你父母的关系怎么样？

小正：他们的关系不是很好，经常吵架。

蔡敏莉：（**引导父母扮演者互相指着对方**）他们通常是因为什么吵架？

小正：因为邻居家里有四个儿子，他们总欺负我们家的人。

蔡敏莉：（**引导邻居家的儿子扮演者指着小正家四个孩子扮演者**）是不是这样？

小正：对。

蔡敏莉：你父母因为这几个邻居家的男孩欺负你们而吵架？

小正：对。

蔡敏莉：你们家的几个孩子和父母中的谁关系更好一些？

小正：和妈妈。

蔡敏莉：你大姐小时候是个什么样的人？

小正：她总是默默地做自己的事情，挺多愁善感的，很少笑。

蔡敏莉：她有没有生爸爸的气？

小正：她会指责爸爸。

蔡敏莉：（**引导大姐扮演者指着爸爸扮演者**）二姐呢？

小正：二姐也是，但当时我和我妹妹还小，不作声。

蔡敏莉：（**引导二姐扮演者指着爸爸扮演者，小正扮演者和妹妹扮演者坐在地上**）是不是这样的？

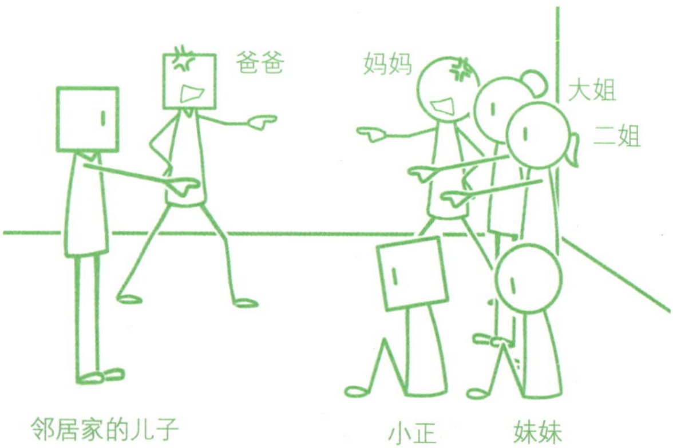


小正：是的。

蔡敏莉：（**引导小正扮演者与其他扮演者离开一段距离，坐在地上，我用布盖在他的头上，表示他把自己完全隐藏了起来**）你就这样把自己藏了起来，把你的真性情、脾气全都收了起来，是不是这样的？

小正：（**抿嘴，唇角向下**）是的。

蔡敏莉：（**引导小正面对邻居家的儿子扮演者**）你现在已经长大了，你可以试着对这些邻居说出你当年对他的仇恨。

小正：（**指着邻居家的儿子扮演者，语气愤怒**）你不要以为我当时很软弱，其实我心里对你充满了仇恨。有朝一日，等我的能力足够强大，我就会回来跟你算账的！

蔡敏莉：你可不可以暂时放下这些仇恨，暂时原谅他？

小正：（**点头，不再指着邻居家的儿子扮演者**）

蔡敏莉：你刚才说等你的能力足够强大，就会回来跟他算账。你还说，你觉得整个家族只有你才能救你的外甥。（**引导小正转身看向小正扮演者**）但是请你转过头看看，你现在在哪里？在干什么？

小正：我独自藏在一个角落里默默地奋斗。

蔡敏莉：开不开心？

小正：不开心。

蔡敏莉：为什么不开心？

小正：因为他曾经的抱负如今已被残酷的现实打得七零八落。

蔡敏莉：所以，你这辈子都是自己和自己说话。

小正：对，我都是自己和自己说话。

蔡敏莉：你有没有和其他人商量过？

小正：没有，我从未和任何人商量过。

蔡敏莉：你为什么不和其他人商量呢？

小正：因为就算和别人说，别人也不知道我的过去，只有我知道我的过去。

蔡敏莉：那你寂不寂寞？

小正：寂寞。

蔡敏莉：在你感到寂寞的时候，你是如何度过的？

小正：寂寞的时候就像度日如年。

蔡敏莉：也就是说，你的前半生都在全心全意地计划报仇。

小正：对。

蔡敏莉：你预备了二十几年去打这场仗，但这场仗至今还没有打起来。（**引导小正看向小正扮演者**）你看着你自己，你对他说，“你没有朋友，也没有时间认识朋友，因为你的心思全放在了报仇上。你如此不开心，我真担心你还没成功报仇就闷死了”。

小正：你没有朋友，也没有时间认识朋友，因为你的心思全放在了报仇上。你如此不开心，我真担心你还没成功报仇就闷死了。

蔡敏莉：是不是这样的？

小正：是的。

蔡敏莉：那怎么办呢？你觉得只有你才可以拯救你的家族。

小正：对。

蔡敏莉：因为你是几个孩子中读书读得最多的？

小正：对。

蔡敏莉：你的见识也最多？

小正：对。

蔡敏莉：你也是虐待自己最厉害的。你的姐姐和妹妹都结婚生子了，平平常常的日子中有酸甜苦辣，她们不像你那样，恨意那么深。

小正：是的。

蔡敏莉：所以她们比较开心？

小正：是的。

蔡敏莉：所以，你读书多反倒连累了你。

小正：是。

蔡敏莉：她们有没有让你去报仇呢？

小正：没有。

蔡敏莉：如果她们没有让你去报仇，你却说要去报仇，这就是一场幻觉。

小正：现在不是想报仇，而是想让政府去教育他们，让他们认识到自己的错误。

蔡敏莉：那又怎么样呢？

小正：这样一来，以后农村的悲剧就会少一点。

蔡敏莉：那些事情发生在30年前。

小正：虽然发生在30年前，但在我的成长过程中这种事情始终在发生，我家邻居总是欺负我父母。

蔡敏莉：你就站在那里，（**引导爸爸扮演者双手按住小正的肩膀，妈妈扮演者和大姐扮演者分别拉住小正的左右胳膊，二姐扮演者和妹妹扮演者蹲下来分别抱住小正的左右腿；引导所有家人扮演者一起说“你要替我们报仇，你要替我们报仇”**）我想为你呈现你内心的压力。可是，在现实中，这些压力并不是这些人给你的，而是你自己幻想出来的。你说，“我要报仇”。

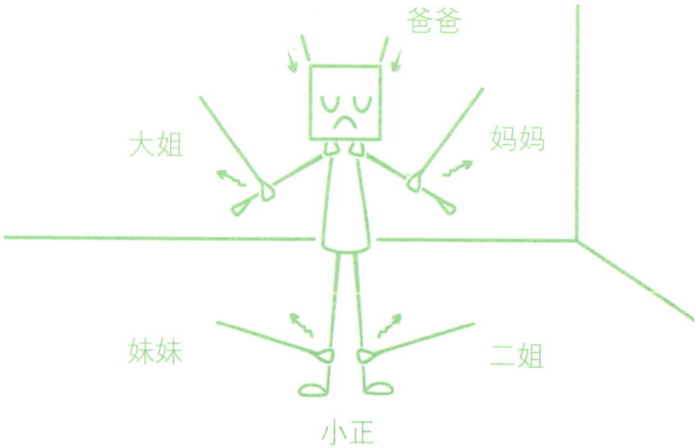


小正：我要报仇。

蔡敏莉：（**引导小正看向邻居家的儿子扮演者**）你的敌人就在那里，你现在就能扑过去杀他们，你说“我要报仇”。

小正：我要报仇。

蔡敏莉：你感觉怎么样？

小正：我感觉很吃力。

蔡敏莉：你以这种姿态维持了20多年，但是你的心快要闷死了，因为你从来都不会做一些让自己开心的事。你问问妈妈她有没有让你报仇？

小正：你有没有让我报仇？

妈妈扮演者：没有。

小正：但是当时他们那么欺负你，怎么办？

蔡敏莉：（**面向妈妈扮演者**）你跟着我说，“那些都是几十年前的事情了。我现在只希望你开心，你可以结婚生子，这才是你的幸福，不要再去管那些人了”。

妈妈角色扮演：那些都是几十年前的事情了，我现在只希望你开心，你可以结婚生子，这才是你的幸福，不要再去管那些人了。

小正：我不是为你们报仇，我是为我自己。当时我生活在这个家里，为什么他不知道我将来有一天会过得很好？为什么他要那么对我的家人？

蔡敏莉：你知不知道他们当时也是孩子，而且是一些没怎么读过书的孩子？你为什么要和那些没有读过书的孩子计较？

小正：好吧，我原谅他们的无知。

蔡敏莉：不是为了他们，而是为了给自己留一些时间和精力让自己开心一些。（**引导小正看向小正扮演者**）你看看他，他都快闷死了。你小时候被别人家欺负，是他们的错，现在你32岁了，你们之间没有什么交集。现在，你就像是把自己扔进了牢笼。尽管他们曾经做了错事，但他们并没有把你扔进牢笼。

小正：（**沉思**）

蔡敏莉：（**引导小正看向邻居家的儿子扮演者**）你说，“过去所发生的是我的命，我读了那么多书，我懂的道理多。现在我大人不记小人过，不会再在这方面花时间了，我要把我的时间还给自己”。

小正：过去所发生的是我的命，我读了那么多书，我懂的道理多。现在我大人不记小人过，不会再在这方面花时间了，我要把我的时间还给自己。

蔡敏莉：（**引导小正看向小正扮演者**）你过去叫叫你自己。

小正：（**走到小正扮演者身边，把他头上的布拿掉，扶他站起来**）起来吧。

小正　　小正扮演者

蔡敏莉：（**引导小正看着小正扮演者**）你看他眉头紧锁，你告诉他，“我会学着如何爱你、如何照顾你。从今以后，我会把你放在最重要的位置，会让你开心”。

小正：我会学着如何爱你、如何照顾你。从今以后，我会把你放在最重要的位置，会让你开心。

蔡敏莉：你和他握握手、拍拍肩。

小正：（**与小正扮演者握手、拍肩**）

蔡敏莉：你像兄弟那样抱抱他。

小正：（**与小正扮演者拥抱**）

蔡敏莉：经历了刚才的过程，你想说些什么吗？

小正：我现在明白了为什么我之前活得不开心，并意识到我以后应该如何去快乐地生活，如何做回我自己。

蔡敏莉：这是你为自己做的一个决定吗？

小正：是。

蔡敏莉：祝福你更开心，也多爱自己一些。

小正：谢谢。

## 结语

小正一直活在过去的阴影中，被童年时的邻居欺负以及家庭的压力所束缚，把为家人报仇当作自己的使命，却忽略了自己的快乐和幸福。

人只有放下过去的负担，才能拥抱未来的幸福。小正把自己封闭在了仇恨中，没有朋友，也不懂得让自己开心。在个案中通过一系列的情景再现，我们看到了小正内心的挣扎和痛苦。当他意识到报仇并非家人的期望，且不应让过去的事情继续困住自己时，他便有了改变的可能。小正需要学会爱自己、照顾自己，把时间和精力从仇恨中转移出来，去追求属于自己的快乐生活。希望小正能真正放下过去，勇敢地踏上新的人生之路，让自己成为一个重要的、快乐的人，而不是被仇恨囚禁的灵魂。祝福他在未来的日子里，可以找到属于自己的幸福和快乐，开启新的人生篇章。

## 心理咨询师观摩笔记

秦会霞

在这个个案中，蔡老师运用雕塑的技术让小正看到，过去的几十年他在仇恨中是如何生活的——孤独，没有朋友，自己也过得不开心。看见是改变的开始，只要看见就可以重新选择。

首先，蔡老师通过深入的提问，引导小正去思考自己不开心的根源以及渴望改变的方向。在了解到小正的成长环境和内心的仇恨后，蔡老师采用角色扮演的方式，生动地呈现出小正家庭中的矛盾和他内心的压力。

蔡老师让小正对邻居扮演者表达仇恨，又引导他试着放下仇恨，从而让他看到自己一直以来被仇恨束缚，忽略了自身的快乐。接着，她通过让小正看到自己为了报仇而自我封闭、孤独寂寞的状态，引导他反思自己的行为。

在整个过程中，蔡老师不断地引导小正去思考报仇的意义以及家人的真正期望。当小正陷入“必须报仇”的思维中时，蔡老师通过让家人扮演者对小正施加压力，再让小正询问家人是否真的要求他报仇，打破了小正的固有观念。

最后，蔡老师引导小正原谅过去的伤害，把时间还给自己，学会爱自己和照顾自己。蔡老师始终以温和的态度、专业的引导，帮助小正认识到自己的问题所在，激发他做出改变的决心，为小正走向快乐、健康的生活奠定了基础。

# 第 13 章　体重秤上的得与失

## 如何摆脱外貌焦虑

15 岁的小虎曾是一个快乐无忧的少年，一年前却因同学骂了他一句“肥仔”而开始疯狂减肥。他每天不仅严苛食谱（比如，每天只吃一顿饭，食物中不放油，吃东西之前计算热量），课间休息时打篮球，晚上还要坚持做 800 个仰卧起坐。过度减肥导致他贫血和营养不良，一年住了两次院。

虽然减肥很快就有了成效，但是小虎并不开心，他总是担心自己再胖起来，所以继续拼命节食。小虎希望自己摆脱因同学嘲笑而带来的心理阴影，找到生活的平衡和快乐。他还希望自己不再被减肥困扰——既不想因肥胖被嘲笑，又不想因过度减肥而影响健康和生活。

小虎妈妈很担心儿子的身体状况和心理健康，便带他前来咨询。她希望儿子能健康快乐，不再过度减肥，希望他能回归正常的生活轨道。

在与小虎沟通的过程中，我发现他存在这几方面的问题：心理脆弱，缺乏应对他人负面评价的能力和心理韧性；存在认知偏差，太过在意同学的嘲笑，认为自己必须减肥，而没有正确认识到自己的价值并不完全取决于体重；行为极端，采取过度减肥的方式，制订严苛的减肥计划，影响了身体健康；缺乏自信，需要通过减肥来证明自己，而不是从内在去建立自信；有容貌焦虑，对自己的外貌和他人的评价过于敏感，缺乏自我认同。

在征得了小虎和妈妈的同意后，我们开启了本次个案过程。

## 个案实录

蔡敏莉：听了你的个案，我想先和你分享一个笑话。有的妈妈看到孩子走得很快时就会说“不要跑啊，不要跑啊”，但是孩子很可能听不到“不要”这两个字，而只是听到“跑啊，跑啊”，于是就继续跑了，然后还可能会跌倒了。妈妈看到后就会很生气，骂孩子不听话；孩子则很绝望，心想“我明明很听你的话，你为什么还要骂我”。

小虎：（笑）

蔡敏莉：你最近把所有的重点都放在“减肥”上，如果把这两个字改成“健康”，那么你是要“减肥”还是要“健康”？如今有一些美容院是可以帮人减肥的，但不说“减肥”，因为这个词不好听，有点负向的意思，而是说“纤体”，就会让人觉得去那里就可以让自己变得更美，也更有希望了。我们再回到你身上，你为什么决定减肥？

小虎：因为同学嘲笑我，说我是“肥仔”。

蔡敏莉：你对此感觉如何？

小虎：很伤自尊。

蔡敏莉：你是不是觉得自己没有用？

小虎：（低头沉默）

蔡敏莉：如果你能说出来，就不会有今天这样的状态了。不过，我们可以试试做一些事情。你在短时间内从70千克减到了40千克，你的意志力惊人，这可不是每个人都能做到的。比如，我有时也觉得自己胖，但我一斤都减不下去，所以我要向你学习。我在想，你减肥的重点是不是应该放在“健康”上？

小虎：嗯。

蔡敏莉：如果我是你，我就会找一个办法，让自己永远保持健康，你知不知道是什么办法？

小虎：不知道。

蔡敏莉：你现在吃完东西既后悔又很担心，总这么做可没意思。如果我是你，我就会每天用体重秤量一量自己的重量。比如，15 岁的男孩的标准体重是 50~65 千克，假设我现在有 65 千克，我就会允许自己多 2.5 千克。你知不知道这 2.5 千克的重量可以用来干什么吗？

小虎：不知道。

蔡敏莉：为了让我长高发育啊！你有没有想过你到 20 岁的时候有多重？

小虎：没有。

蔡敏莉：那你要去研究一下了，你希望你到 20 岁的时候长到多高呢？

小虎：1.8 米。

蔡敏莉：你觉得 1.8 米的成年男性，多重算正常？

小虎：75 千克[①]吧。

蔡敏莉：你觉得你需要多少年能长到 1.8 米、75 千克呢？

小虎：不知道。

蔡敏莉：我们请一位男性学员代表那天笑话你的同学。（面向同学扮演者）你说，“你这个肥仔”。

同学扮演者：你这个肥仔。

小虎：（愤怒）

---

① 国内通行标准为，标准体重（kg）= 身高（cm）–105，且实际体重在标准体重 ± 10% 以内均视为正常体重。1.8 米的成年男性的标准体重为 180–105=75 千克，正常体重为 67.5~82.5 千克。

蔡敏莉：我看到你的样子很愤怒，你想对他说些什么？

小虎：没什么好说的。

蔡敏莉：如果我是你，我就会很生气，（**抬起小虎的手，指着同学扮演者**）我会对他说“你这个瘦子，你胖得起来吗？你凭什么说我胖，你倒是胖给我看看啊！你可没有我有福气啊”。

小虎：我不喜欢说人的。

蔡敏莉：很多事都会影响我们的自尊心。你同学开玩笑捉弄你，你当真了。就像是他向你扔过来一把刀，你不仅接过来了，还把刀插进了自己的心里。我猜你那个同学很瘦，而且学习成绩比你好，所以他才骂你的。他骂你，你是不是觉得很不开心？

小虎：是。

蔡敏莉：你来说说那种不开心是怎么样的？

小虎：我也不知道该怎么说。

蔡敏莉：心里是不是感到很酸？

小虎：是。

蔡敏莉：你对他说，“谢谢你这么说我，你让我用实际行动证明了我是一个有意志力的人——只要我想减肥，我就能做得到。不过，你说的话让我很难接受，你以后最好说点好听的”。

小虎：谢谢你这么说我，你让我用实际行动证明了我是一个有意志力的人——只要我想减肥，我就能做得到。不过，你说的话让我很难接受，你以后最好说点好听的。

蔡敏莉：你现在向他证明了，你能通过减肥让你和他一样瘦，你可以继续告诉他，“我已经知道我有意志力了，我不需要再证明什么了，你离我远点，你影响不了我的”。

小虎：我已经知道我有意志力了，我不需要再证明什么了，你离我远点，你影响不了我的。

蔡敏莉：不过，你现在太瘦了，已经营养不良了，你已经感到不开心了。我们邀请两位学员代表你将来的两个方向（**引导减肥扮演者和健康扮演者分别站在小虎的两侧**）——一个是继续减肥，如果你选择这条路，你就会面黄肌瘦，不会成为一个阳光帅气的小伙子；另一个是健康。（**面向小虎妈妈**）如果你儿子选择继续减肥，你会有什么感受？

妈妈：很伤心，也为他的身体担心。

蔡敏莉：（**引导妈妈面向减肥扮演者单膝跪地，伸出一只手且手心向上；面向小虎**）如果你减肥，妈妈就会很担心。所以，你怎么选？

小虎：我选择健康。

蔡敏莉：你可以做些什么来维持健康？

小虎：做运动。

蔡敏莉：好，（**引导小虎面向健康扮演者**）“健康”这个人帅吗？

小虎：帅。

蔡敏莉：他哪里帅？

小虎：身体好。

蔡敏莉：你看他有肌肉，整个人充满了朝气和活力。你觉得他身体好，这又怎样？

小虎：强壮。

蔡敏莉：强壮又怎样呢？

小虎：打篮球也能更好。

蔡敏莉：我们现在不考虑减肥了，我还打算送你一台体重秤，你每天都可以称一下。你现在40千克，太瘦了。你至少要长到50千克[①]，这样才能让自己更健康、更有力气，明白吗？

小虎：明白。

蔡敏莉：你妈妈为你担惊受怕了一年，你知道她有多爱你吗？现在，你来告诉她你的选择。

小虎：妈妈，我选择健康。

蔡敏莉：继续对妈妈说，“妈妈，谢谢你为我担惊受怕。我会选择健康，也会好好照顾自己”。

小虎：妈妈，谢谢你为我担惊受怕。我会选择健康，也会好好照顾自己。

蔡敏莉：（**引导妈妈看向小虎**）如果你相信他，就和孩子握握手吧。

---

① 15岁男孩标准体重为50~65千克。

妈妈：（**和小虎握手**）儿子，我相信你。

蔡敏莉：告诉他，“我相信你能做得到。减肥那么难你都能做得到，这可是很多胖子做不到的，你却做到了。你现在选择健康，我相信你也能做得到”。

妈妈：我相信你能做得到。减肥那么难你都能做得到，这可是很多胖子做不到的，你却做到了。你现在选择健康，我相信你也能做得到。

蔡敏莉：（**面向大家**）这个过程是很重要的，因为在孩子重新为自己选择时，如果他有坚强的意志力就会自动去做，所以父母就不用再说一些过去的事情。只要孩子的选择是正向的，我们就往那个方向走。我们还要孩子在大家面前向妈妈做出承诺，他整个的身体系统就会往那个方向走。（**面向小虎**）我再想问问你，你觉得减肥对你来说是一件快乐的事情吗？

小虎：不是。

蔡敏莉：那你现在想不想决定为自己生活得更快乐一些呢？

小虎：想。

蔡敏莉：你想做一些什么事情呢？

小虎：多和朋友一起做一些运动。

蔡敏莉：多和朋友一起做一些运动，那回到家里之后你可以做些什么呢？

小虎：多和父母聊天。

蔡敏莉：多和父母聊天，很好，谢谢你在这里做了承诺。（**面向妈妈**）谢谢你对我的信任，带他来到这里。（**面向小虎**）我会记得送你一台体重秤。

小虎：（**笑**）谢谢蔡老师。

## 结语

小虎因同学嘲笑而减肥，随后陷入了过度减肥的困境，让自己和家人都备受煎熬。

语言就像钥匙，能开启不同的人生之门。在这个个案中，小虎将对“减肥”的焦点转换为“健康”，他意识到可以运用自己强大的意志力来追求健康，而非一味减肥。面对曾经嘲笑自己的同学，小虎也敢于表达自己的感受，从而释放内心的压力。最后，小虎在妈妈的见证下选择了健康，承诺通过运动和与家人交流来让自己的生活变得更快乐。这个过程展现了正向引导的力量，当我们用积极的语言和观念去引导孩子时，他就能重新为自己做出正确的选择，踏上更美好的人生路。同时，当众承诺也能激发孩子的行动力，让他的身体和心理系统朝着积极的方向发展。

## 心理咨询师观摩笔记

林佩颖

在这个个案中，蔡老师敏锐地抓住了问题的关键——语言。她指出“减肥”这个词带有负面色彩，引导小虎将关注点从减肥转换为健康，这种语言上的转变为小虎提供了新的思考方向。

接着，蔡老师通过一系列的提问和引导，帮助小虎认识到可以运用自己的意志力追求健康的目标。

面对曾经嘲笑小虎的同学，蔡老师鼓励小虎勇敢地表达自己的情绪和想法，这不仅帮助小虎释放了内心的压抑，还提升了他的自信心和自我认同感。

在小虎做出选择的过程中，蔡老师设置了“减肥”和“健康”两个选项的角色，让小虎直观地看到不同选择的结果。同时，还将小虎的妈妈引入其中，妈妈的担心和期待进一步促使小虎选择健康。

最后，蔡老师强调当众承诺的重要性。小虎对妈妈做出健康的承诺，这使得他的身体和心理系统有了明确的方向，更有动力去实现健康的目标。

在整个个案中，蔡老师运用语言引导、问题启发、情景设置和当众承诺等方法，帮助小虎走出减肥的困境，重新找到生活的方向和快乐。

第 14 章

# 劫后余生的勇气
## 如何为心灵做灾后重建

阿飞与女朋友阿芸在风景秀丽的旅游胜地相识，一年后又故地重游。令他们意想不到的是，这次原本美好的出行竟让他们经历了一场人生与爱情的生死考验。

当时，景区突发地震，山崩地裂、岩石滑落，摇晃得很厉害，阿飞不幸被一块大石头砸中了左腿，他立刻就无法走路了。面对突如其来的自然灾害，阿飞和阿芸都生出了一种强大的无力感，非常恐惧。这时有三名当地村民路过，看到阿飞受伤后，二话没说就背着阿飞下山，把他放到山下一块平坦空旷的地方后又掉头上山救人。在山下，很多善良淳朴的村民把自家的被褥和食物拿给游客，安抚了游客的恐慌。没过多久，有人说有一位救过阿飞的村民在救人的过程中被巨石砸死了，阿飞心痛不已。

阿飞被救援队送到医院后，他的左腿缝了 16 针，医生还从他的腰上取了一块骨头放在他受损的膝关节处。尽管阿芸每天悉心照顾阿飞，但那种恐惧感和内疚感始终笼罩着他，让他彻夜难眠、痛苦不堪。他很希望摆脱这种痛苦，还说腿伤康复后将重返那里，对救过他的恩人郑重谢恩。

在我们深入交流后，我发现阿飞对疼痛的恐惧其实是对生命脆弱性的深层忧虑，他希望通过外界的支持和指导，增强自我面对困境的力量与勇气，重新找回内心的安宁与坚韧。

在征得了阿飞和阿芸的同意后，我们开启了本次个案过程。

## 个案实录

蔡敏莉：今天你们俩来到这里，希望获得哪些改变？

阿飞：我希望能把心里的恐慌、压力释放出来。

蔡敏莉：你是否担心自己会死呢？

阿飞：遭遇地震的时候很担心。

蔡敏莉：现在呢？

阿飞：现在我倒不担心会死，但是很担心这条腿如果恢复不好就会残疾。

蔡敏莉：（**面向阿芸**）你呢？

阿芸：我很担心他的腿，而且看他整天闷闷不乐的我也很担心他，问他什么他都不愿意跟我说。

蔡敏莉：你的担心会不会改变事实呢？

阿芸：我也知道这不能改变什么，所以我只能劝他不要那样，尽量配合治疗、尽量恢复，好好地坚持下去。

阿飞：如果我的腿只是疼两三天，那么多疼我都能忍，但是它天天都这么疼，我真的忍不了了，要崩溃了。

蔡敏莉：请你试着闭上眼睛，让自己深呼吸，试着有意识地回到刚刚发生地震的那一秒。然后，你在心里呼唤自己的名字，对自己说，“你是我身体中失落的部分，现在可以回来了。我们经历过那个时刻了，经历过苦难，但是我们挺过来了，现在安全了。我需要你回来，需要你回到我的身体中，我能保护好你。我现在要百分百地活在当下，我要好好地活下去”。现在，你用手摸一下你受伤的那条腿，你问问它，“为了让你完全恢复，你需要我做些什么”。

阿飞：为了让你完全恢复，你需要我做些什么？

蔡敏莉：在经历过一些灾难性事件后，人们的身体可能会留在那件事情上，所以有很高的警惕性，这种警惕性经常会提醒人们不要睡觉，以免再次遇到这样的灾难性事件。这就是我们经常说的创伤后应激障碍的表现。你问问受伤的那条腿，它是不是承担了这个责任呢？它是不是经常提醒你不要睡觉、很危险、可能有余震，可能会有生命危险？它会告诉你什么答案呢？

阿飞：腿中有一股毅力，那毅力好像在说，“太好了，我们走得不快不慢，刚好走到一处可以躲起来的地方，你很幸运”。

蔡敏莉：你跟它说，“谢谢，我们很幸运的。大难不死必有后福，我决定好好地活下去以报答我的恩人。我有三个恩人，他们在我受伤后把我背到了安全的地方，他们救了我。对于那个失去生命的恩人，我对他心存感激，我会在这个世界上做一些好事来报答他。你要记住他，他救了我一次。同时，我还需要你协助我好好休息，这样我才能快一点好起来。我现在身处一个很安全的地方，你可以让我睡个安稳觉了，等我康复后，我会去报答我的恩人”。你的那条腿回应你了吗？

阿飞：它没说话。

蔡敏莉：你猜猜它想说些什么。

阿飞：我的骨头好像在颤抖。

蔡敏莉：你让它颤抖，你的细胞里有关于那几秒钟震动的记忆。你甚至可以试着让它很夸张地颤抖，你多去关注它。

阿飞：我的头好像在冒汗。

蔡敏莉：嗯。

阿飞：我感觉全身都很热。

蔡敏莉：你正在把那些能量释放出来，你告诉那条腿，“我决定活下去，我决定好好地活下去。我需要你的帮忙，我需要你好起来”。阿飞，我看到你的左脚也在动，你就让它动，让它很夸张地动，我们陪你一起动。如果你想叫出声，就让自己叫。你有没有听到声音？说着“我很害怕我会死，我一定要活下去”？

阿飞：我一时说不上来心里的感受，但感觉并不是怕死。

蔡敏莉：你是不是想活下去？

阿飞：是死是活，我只是想痛快一点，哪怕是死了，也是一下子就过去了，不要让我忍受漫长的折磨。

蔡敏莉：你希望死得痛快一点？

阿飞：嗯，我可以接受。听说当时有一个20多岁的女孩被大石头压断了腿，因为没有得到及时救治，她疼了一夜，后来在疼痛中死了。

蔡敏莉：但是你现在活下来了，你有什么打算呢？

阿飞：我希望能好好配合治疗，最好能达到良好的效果。医生跟我说，如果恢复好了就不用再做手术了，而且还能走路。我希望它不要再那么疼了。

蔡敏莉：你知道你要如何配合治疗吗？

阿飞：知道，我需要多锻炼它，让它增加肌肉，提高灵活性。

蔡敏莉：还有一样东西。

阿飞：还要注意让它保持适宜的温度，不要让它过凉或过热。

蔡敏莉：还有一样东西。

阿飞：还有什么？

蔡敏莉：你知道是什么东西吗？

阿飞：不知道。

蔡敏莉：就是你的呼吸。

阿飞：我时刻都在呼吸啊。

蔡敏莉：但是不够，你需要把氧气送到你的左腿中，你现在先试试。

阿飞：（**深呼吸一会儿**）现在感觉好像轻松一点了，腿好像没那么疼了，但还是冰凉的。

蔡敏莉：哪怕腿是冰凉的也要用意念把氧气送过去，这样它才能放松下来，你就能入睡了。

阿飞：哦，我知道了。

蔡敏莉：你会不会这么做？

阿飞：会，要是有效果我就肯定会去做的。我之前总是躺着，最近医生让我坐着，还要经常按摩腿部肌肉。

蔡敏莉：你在按摩的时候，还要跟它说，“我们现在已经远离危险了，我们安全了。我决定活下来，我要你好好配合我，我要你尽快地好起来，让我们做一些好事来报答我的救命恩人。我需要睡个好觉，我需要放松，我需要休息”。你能做到吗？

阿飞：能。

蔡敏莉：你觉得你的腿是不是多了一些力量？

阿飞：我没有什么感觉，如果我能站起来就能知道了。可是我现在没有医院那种固定的支架，所以我无法站起来。

蔡敏莉：那你就去感受你身体的其他部分，你有没有觉得暖和一些了？

阿飞：上半身好像热乎乎的，但是下半身好像还是冰凉的。

蔡敏莉：这就要靠你努力了。

阿飞：确切地说，是除了我受伤的左腿。蔡老师你看，我现在头上还在冒汗。

蔡敏莉：这是一个好的开始，只要你继续这样做下去，它就能慢慢好起来。你会不会这样做？

阿飞：会的，我会继续做下去的。

蔡敏莉：恭喜你。

阿飞：谢谢。

蔡敏莉：（**面对阿芸**）你有没有什么想说的？

阿芸：深呼吸后，我比之前放松了，也不再那么害怕了，谢谢蔡老师。

蔡敏莉：所以你们天天都要这么做。

阿飞：如果有效果，我就组织我的病友一起做，让大家一起快点好起来。

蔡敏莉：劫后余生，实属不易。你更应该珍惜眼下的生活，关注如何让自己活得更好。

阿飞、阿芸：谢谢蔡老师。

## 结语

人在面对灾难时，难免会感到无力和绝望，但正是接纳现实的勇气让人能在逆境中更加珍视眼前的每分每秒。我们因爱降临世间，并在爱的滋养下成长。就像阿飞那样，即便历经重重困难，也会被爱和善意紧紧包围。那么，面对这些宝贵的情感与经历，我们应如何回应呢？

从改变自身做起，将生活态度从消极转向积极，就是一个良好的开端。曾经，我们沉溺于安逸与日常，未曾深思生命的有限与珍贵；如今，我们意识到生命的每一刻都是宝贵的，应当尽可能地活出快乐与充实，做自己力所能及之事，以积极向上的姿态把握当下、感恩前行。

## 心理咨询师观摩笔记

王均安

在这次心理辅导中，蔡老师巧妙运用了类似于冥想和催眠的技巧，引领阿飞与他的身体展开对话，旨在帮助他先接受现实，继而真正拥抱自己的身体。这个过程强调了深层次的接纳——不仅是思维上的认同，更是身体感知上的融合。因为仅凭理智的理解并不能触及心灵的每一个角落，身体的真实感受才是接纳的试金石。

尤为引人注目的是，蔡老师凭借其敏锐的洞察力，迅速识别出阿飞对疼痛的恐惧根源是对死亡的惧怕，尤其是担心在极度痛苦中死去。一句看似不经意的“痛快一点”，透露了阿飞潜意识中对迅速解脱的渴望。蔡老师立即捕捉到了这一微妙的情绪，并通过阿飞的进一步确认——提及救援场景中女孩因疼痛而不幸离世的经历，证明了其判断的精准。随后，蔡老师给予了阿飞全然的包容与安慰，有效地缓解了其内心深处的不安。

接下来，蔡老师引导阿飞聚焦于身体的需要，通过自我暗示“我需要睡个好觉，我需要放松，我需要休息”，鼓励其活在当下，体验身心的和谐。在辅导接近尾声时，蔡老师布置了日常任务，鼓励阿飞持续进行身体对话，以此巩固心理建设的效果。同时，她还启发阿飞将这份关爱传递给其他患者，既促进了阿飞的个人成长，又播撒了爱心的种子，形成了正能量的循环。

# 第 15 章 想要轻生的乖乖女

## 如何发现自我价值的光芒

薇薇之前一直是个乖乖女，听话懂事，成绩优异。自上初中起，她每天反反复复地洗手，妈妈看不惯就会责怪她；有一次她只考了 60 多分，尽管有些题她后来知道怎么做了，但还是控制不住地询问老师十几次；她没什么朋友，总觉得所有人都看不起自己，也没有人关心自己。

父母带薇薇去看医生，确诊为强迫症，她因此而休学了。通过治疗，薇薇洗手的情况有所好转，但她整天无所事事，除了吃就是睡。薇薇也很讨厌这样的自己，觉得自己不能像同龄人那样去上学，觉得自己很没用，她还经常发脾气、骂人。爸爸理解她的难处但又觉得她很不争气，经常对她破口大骂。本就经常责骂她的妈妈，在她休学后和她的关系变得越来越糟。

薇薇自知乱发脾气不好，经常躲在被子里哭，下定决心以后不能再这样了。可脾气上来时，她又无法控制情绪，导致家里经常鸡飞狗跳。此外，薇薇多次产生自杀的念头，几次跑到楼上想跳楼，被妈妈抓住挨打后，她又反过来打妈妈。对于未来，薇薇表示，如果有一天爸爸死了，她也跟着一起去，她还说“我不认为妈妈会伤心”。父母带着薇薇前来咨询，薇薇说希望能改善自己易怒的性格，不再动不动就对他们发脾气。

我留意到，正值青春期的薇薇在解读周围的环境和事件时，有着与成人世界不同的视角，这常常会导致她在理解上存在偏差和误会。她还错误地认为，只有她听话、懂事、学习成绩优异，才能得到父母的关心和爱。

在征得了薇薇及其父母的同意后，我们开启了本次个案过程。

## 个案实录

蔡敏莉：我很好奇当年发生了一件什么事，诱发了你的强迫症。小时候，你爸爸很疼你，是吗？

薇薇：是的。

蔡敏莉：（**引导爸爸面向薇薇单膝跪地，向她伸出一只手且手心向上**）他对你千依百顺，视你为掌上明珠。你妈妈也很迁就你吗？

薇薇：她工作忙，平时不怎么理我。

蔡敏莉：（**引导妈妈转身，背对薇薇**）她不理你，你就不高兴。

薇薇：蔡老师，可不可以不让我爸爸跪着？我很心疼他。

蔡敏莉：可以，你这么心疼爸爸，我很欣赏你，（**引导爸爸起身，爸爸扮演者面向薇薇单膝跪地**）那我们邀请现场的学员来扮演你爸爸。

蔡敏莉：你姐姐和家人的关系如何？

薇薇：她对我也是爱答不理的。

蔡敏莉：爸爸有没有像疼你一样疼她呢？

薇薇：没有。

蔡敏莉：为什么？

薇薇：因为我比她小，所以爸爸更疼我。

蔡敏莉：所以，你和姐姐的关系不是很好吗？

薇薇：对，不好。

蔡敏莉：姐姐骂你吗？

薇薇：（**眼中有泪**）是，我在上六年级的时候，有一次我去找她，她当着我朋友的面打我。

蔡敏莉：（**引导姐姐扮演者用手指着薇薇**）你觉得她为什么不喜欢你？

薇薇：因为爸爸疼我。

蔡敏莉：如果父母对多个子女的关系处理得不好，就很容易造成僵局。我们邀请一位学员来扮演你的自我价值。如果你觉得爸爸这么疼你，你是家里的小公主，（**引导自我价值扮演者站直**）你的自我价值就会很高，每个人都要迁就你；如果你觉得姐姐对你不好，（**引导自我价值扮演者半蹲**）你的自我价值就会低一些。也就是说，你的自我价值会发生什么变化，取决于你如何看自己。你敢和姐姐吵架吗？

薇薇：敢，我们有时会吵架。

蔡敏莉：（**引导薇薇指着姐姐扮演者**）也就是说，你也不是好欺负的，你也会骂她。你妈妈一直对你这样吗？

薇薇：小时候，其实妈妈也很疼我的。

蔡敏莉：（**引导妈妈面向薇薇单膝跪地，双手向前伸，似乎在托举着什么东西**）回忆一下，你当时的心态如何？你学习好又乖巧，你是家里的小公主。你只有一个敌人就是姐姐，这个敌人嫉妒你聪明，随时找你的错处。你知不知道当时你父母为什么这么疼你？

薇薇：因为我比姐姐小。

蔡敏莉：你的成绩是不是比姐姐好？

薇薇：是。

蔡敏莉：你也比她聪明？

薇薇：是。

蔡敏莉：所以，你很容易在这样的一个家庭动力里面，觉得父母疼你是因为你学习好、你乖、你比姐姐聪明，是不是这样的？

薇薇：是。

蔡敏莉：所以，当你在一次考试中只考了 60 多分时，你如何看自己呢？

薇薇：我很想死。

蔡敏莉：你有没有生自己的气？

薇薇：很生气。

蔡敏莉：你出现了信心危机,（**用一块布盖住自我价值扮演者的头**）于是你把自己藏了起来，是不是？

自我价值

薇薇：是，我好像不敢再面对同学了。

蔡敏莉：你怕他们怎么看你？

薇薇：我怕他们会说，“你那么高分考进来的，真不知道是真是假”。

蔡敏莉：然后他们会如何对你？

薇薇：他们会疏远我。

蔡敏莉：但是，在他们疏远你之前，是你先疏远了他们，对不对？

薇薇：是。

蔡敏莉：所以，你病了，其实是你在喊救命。你想告诉你的父母乃至这个世界，“我已经尽力了，但因为我有病，我做不到”。你遇到了一个自信心的危机，如果在那一刻处理得好，或者及时去做心理辅导，情绪就可能得到疏导，结果很可能和现在大不同。

薇薇：我最近每天晚上都躲在被子里哭。

蔡敏莉：你为什么而流泪呢？

薇薇：如果我不在了，爸爸妈妈就不会逼我了，我就会舒服一些了。

蔡敏莉：这是你的想法。如果你死了，你觉得爸爸会不会伤心呢？他的心会不会死呢？

薇薇：我打算给他留下一封信，让他活下去。

蔡敏莉：那你很不负责任啊！这个关于"活着"的游戏你都不玩，却让人到中年的爸爸去玩。哎，（**递给薇薇一块白布，引导她看向爸爸扮演者**）你快点用这块白布盖在他身上，让他快点去死。你说，"我不玩了，你也不要玩了，你去死吧"。

薇薇：（**站着不动**）

蔡敏莉：去啊，你刚刚说的那些，其实就是这么做的。

薇薇：（**流泪**）不，不是，我是想自己死，不想让我爸爸死。

蔡敏莉：那怎么行？你爸爸那么爱你，你是他的掌上明珠。你要是想死，就要先杀死他，免得他留在世界上伤心。来，（**假装要往爸爸扮演者身上盖白布**）我做你的帮凶，快点。

薇薇：（**大哭着拉住蔡敏莉的手，不让她往爸爸扮演者身上盖白布**）不要！

蔡敏莉：你跟你的爸爸妈妈说，"你们快点死、快点死，你们两个死了之后我再死"。

薇薇：不，我不想让他们死……不过，如果我死了，我的那些亲戚不会难过的。

蔡敏莉：谁说的？这就是你想事情的方式，你总是想当然。你有没有和这个现实世界核对过？（引导薇薇看向姐姐扮演者）你问问她。

薇薇：姐姐，你是不是很希望我死？

姐姐扮演者：无论如何，你都是我的妹妹，没有哪个姐姐希望妹妹死的。

蔡敏莉：你信不信她说的？

薇薇：我姐姐肯定不会这么跟我说的。她现在更不愿意理我了，她眼里只有她的女儿。

蔡敏莉：你希望姐姐怎样理你？

薇薇：和我聊天，给我打电话。

蔡敏莉：你知不知道你为什么会有这种感受？因为你每看见一件事，就去用自己的想法去解释这件事。比如，你看到姐姐带孩子没空和你聊天，就会觉得姐姐不想理你，认为姐姐希望你去死。你总是这样去看事情，却从来没有核对过。我们刚刚说的那些，你有没有和姐姐核对过？

薇薇：没有。

蔡敏莉：（引导薇薇看向坐在一旁的家人们）你觉得他们现在知道了你的经历后，谁会关心你？

薇薇：没有人。

蔡敏莉：那我们来打个赌，你信不信他们关心你？

薇薇：不信。

蔡敏莉：你对他们说，“如果你关心我，就请站起来”。

薇薇：如果你关心我，就请站起来。

（薇薇的家人们都站了起来）

蔡敏莉：现在，你信不信他们关心你？

薇薇：信。

蔡敏莉：你知不知道你今天做了一件和之前不同的事？

薇薇：不知道。

蔡敏莉：之前的你，总是将自己的希望深埋起来，所以不是别人放弃你，而是你先放弃自己。不过，你有一对很好的父母。他们从来没有放弃过你，所以他们才愿意带着你和你的家人们来这里，就是想帮你走出困境。所以，你走出困境的第一步，就是告诉别人你有什么希望，他们听到了就会回应你。你想不想和他们握握手？

薇薇：嗯。

蔡敏莉：我陪你去。有哪位家人想和薇薇说说话？

家人 A：我想对你说，这么多年来，你一直很爱你自己，爱你的父母，爱你的姐姐，爱你的家庭，爱同学。今天，我看到你可以跨出一步，希望你以后能用更好的方式爱你自己。

家人 B：现在我们知道了你的情况，以后我会常给你打电话和你聊天的，我愿意去了解你。

蔡敏莉：（笑）哎呀你惨了，现在有这么多支持你的家人，你岂不是很忙？

薇薇：（笑）刚才他们一站起来，我就感到很开心了，这是我这么长时间以来第一次这么开心。

蔡敏莉：只要你把你的希望和要求说出来，其他人就会回应你。

因此，你是可以给自己幸福的，你可以请他们给你做见证。

薇薇：（面向家人们）希望你们一起为我做见证。

（家人们为薇薇鼓掌）

蔡敏莉：学着我的动作跟我说，（攥拳、跺脚，做出加油的动作）“为了继续做你们的家人，我会好好地活下去”。

薇薇：为了继续做你们的家人，我会好好地活下去。

蔡敏莉：（笑）你年纪轻轻的，应该有力量啊！再来一遍，加油！

薇薇：（更用力）为了继续做你们的家人，我会好好地活下去。

蔡敏莉：你做得到的。

薇薇：嗯，有这么多人支持我，我也觉得会做得到。

蔡敏莉：你再看妈妈，你想对她说些什么？

薇薇：妈妈，我之前对你太刻薄了，我其实不想这样的。

妈妈：我知道。

蔡敏莉：你跟妈妈说，“我选择好好地活着，请你支持我”。

薇薇：我选择好好地活着，请你支持我。

蔡敏莉：想不想抱抱妈妈？

薇薇：嗯。

蔡敏莉：（面向大家）希望每个父母都能多关注孩子的身心健康。孩子在成长的道路上，要像跨栏那样跨过很多关，父母应为孩子加油助威。

## 结语

年幼的孩子往往会简单地将其自我价值与外在表现挂钩，这种想法可能会导致孩子在遇到挫折时陷入自我怀疑和恐惧之中。面对这种心理挑战，孩子若能主动与父母分享自己的困惑和不安是非常重要的。这样孩子就会明白，无论成绩好坏，他始终都是被深爱着的，其自我价值远远超越了外在表现和评价。

到了青春期，青少年对周围世界的理解与解读也往往不成熟，容易对周围人的言行产生误解。这种误解可能源自内心的敏感和不安全感，但这些行为通常并没有恶意，也并非像他们所理解得那么负面。因此，加强亲子间的沟通是尤为重要的。

在多子女家庭中，父母会在无意间对某个孩子表现出更多的偏爱，使其他孩子感到被冷落，进而产生嫉妒、敌对的心理，甚至采取自伤或伤害他人的行为。为了避免这种不幸的情况发生，父母应努力平衡对每个孩子的爱，确保每个孩子都能感受到自己是被重视和被爱护的，这样才能培养他们之间的手足情谊，而不是成为竞争对手甚至是敌人。

## 心理咨询师观摩笔记

梁颖琳

在这个个案中，薇薇提出想要摆脱强迫症状、改变自己暴躁的性格，蔡老师则看出来这个问题的背后是薇薇深受自我价值感忽高忽低的折磨。

蔡老师运用家庭雕塑技术，展现了一开始薇薇因受到了父母关爱而自我价值高的画面，随后薇薇因为一次考试考得差而引发了信心危机，造成自我价值低的状态，进而想通过轻生结束自己的生命。蔡老师通过想给爸爸扮演者盖上一块白布的视觉冲击，让薇薇明白自己在想什么、做什么——通过轻生来结束自己的痛苦，却让父母带着极大的痛苦活下去。最后，蔡老师通过让薇薇的家人亲口表达和行动，让薇薇感受到自己是被真真切切地爱着的，从而重燃她对生的希望。

尽管未来之路仍需勇气去面对，但现在，怀揣着家人满满的爱，薇薇眼前的路似乎已不再那么崎岖，每一步都显得更加坚定与光明。

第 16 章

# 厌男的少女

## 如何改善对他人的看法

依依 18 岁，在一所职业技术学校读书。

她的父母关系一直不好，爸爸很少回家，一回家就和妈妈都板着脸，并在背后相互指责。爸爸对依依很严厉，经常因为她没有让自己满意而对她说一些很绝情的话。为了补贴家用，依依晚上去一家酒店打工，爸爸总是怀疑她做了一些不正当的事，而且不愿意听她解释。几个月前，依依发现爸爸出轨了，并把这件事告诉了妈妈和亲戚朋友，妈妈因为觉得委屈而让依依向爸爸要钱作为赔偿。依依曾就出轨的事情和爸爸沟通，但爸爸却说他和那个女人只是朋友关系，但依依并不相信。后来，爸爸又沉迷于赌博，赌输了回家后打骂家人，父女关系更加紧张，让依依在家里没有安全感，很恐惧爸爸，避免和爸爸有接触。

在学校，依依是班长，协助老师管理课堂纪律。但是她的人缘不是很好，在班里开展工作时也得不到同学们的支持和信任。有一次，一个男生严重影响了课堂纪律，依依说要给他扣分，结果那个男生用很难听的话骂了她，她被气得当场大哭。她跑去告诉老师，事后那个男生竟然叫来了其他同学围着她辱骂。经历了这件事后，依依在到了一个新的环境后，因担心自己会被拒绝、会出丑而避免与他人接触过密。依依曾和老师及同学讨论过解决办法，但效果都不太好，于是她索性远离人多的场合。

依依前来找我咨询，希望能改善人际关系，尤其是改善与爸爸和同学的关系。

我觉察到依依在原生家庭环境中，对情感支持的渴望未能得到充分满足，这导致其内心偶尔会浮现出惧怕的情绪。

在征得了依依的同意后，我们开启了本次个案过程。

## 个案实录

蔡敏莉：你的人生好像遇到了很多问题，你最希望改变什么？

依依：我最希望改变现在所遇到的问题，也就是我不想再被之前的阴影困扰，能走出自己的圈子。

蔡敏莉：阴影指的是什么？

依依：男同学对我的辱骂，还有我对爸爸的恐惧。

蔡敏莉：你想不想听听我的故事？

依依：好啊。

蔡敏莉：我在上高中的时候，和你一样也是班长，班里有个男生很调皮，我就向老师举报他。这个男生很生气，他联合班里的30多个男生传纸条骂我，说“这个蔡敏莉就爱说是非，她怎么还不去死”。我知道后没有哭，也不去死，又向老师举报他们，我要他们向我道歉。为了证明自己不能死，我在考试中考得很好。所以，我是如何对待指责我的男生呢？我会向他证明，我是一个很棒的人。你听我分享完这个经验，觉得怎么样？

依依：我觉得我不应该为这件事而烦恼，应该将烦恼化为一股力量。

蔡敏莉：很好，你学东西很快。

依依：谢谢。

蔡敏莉：听你说这么多故事，比如爸爸骂你、爸爸赌博，你为这些事而痛苦，其实这里有一种惯性的，我示范给你看。你平时习惯用哪只手？

依依：右手。

蔡敏莉：你把右手伸出来。

依依：（伸出右手）

蔡敏莉：爸爸赌博对你来说是一个阴影。

依依：（点头）

蔡敏莉：（将一本书放在依依的右手上）嗯。班里男生辱骂你，你觉得这是一件很严重的事情。

依依：（点头）

蔡敏莉：（又将一本书放在依依的右手上）嗯。你现在生活中有一些不开心，你把它变成了你的性格缺陷。

依依：（点头）

蔡敏莉：（又将两本书放在依依的右手上，至此依依的右手上放了四本书）你觉得怎么样？

依依：（手在颤抖）很沉重。

蔡敏莉：是的。

依依：我觉得我快承受不住了。

蔡敏莉：嗯。

依依：蔡老师，我想快点把它们都扔掉。

蔡敏莉：好的，谁能决定把它们都扔掉？

依依：我自己（把四本书放在一边）。

蔡敏莉：你的右手现在感觉如何？

依依：轻了许多。

蔡敏莉：嗯，问题本身不是问题，你如何处理这个问题才是问题。你现在能否看到这个区别？

依依：看到了。

蔡敏莉：在成长之路上，每个人都多多少少会遇到挫折。如果你觉得每件事都会给你造成阴影，就可能是你的性格有缺陷，与你的童年经历有关。这种认知模式会让你把很多重担压在自己身上，让你以为自己有问题。比如，你跌倒后流血了，过几天后愈合了，但你又很担心是不是真的好了，于是你揭开这个伤疤，想看一看到底还流不流血。过几天又愈合了，你又揭开看看，这样周而复始。你觉得这么做是不是在自找麻烦？

依依：是的，而且还会很痛。

蔡敏莉：是啊，你要是一直忙着揭开伤疤检查流不流血，就没有空开心了。我要是你这样的年纪，就谈多几次恋爱。

依依：但是谈恋爱也不代表会开心啊！

蔡敏莉：谈恋爱当然是为了开心，要是感到痛苦就分开嘛。

依依：（若有所思）

蔡敏莉：你相信你会谈一场开心的恋爱吗？

依依：相信。

蔡敏莉：你现在有没有谈恋爱？

依依：现在没有，之前谈过一个男朋友。

蔡敏莉：好的，我想邀请几个学员来为你呈现一幅图画。你想不想看一看为什么你跟男性相处要比跟女性相处难？

依依：想。

蔡敏莉：你父母的关系怎么样？

依依：他们的关系一直都不好，总是吵架。

蔡敏莉：谁骂谁多一些？

依依：差不多吧，他们互相骂。

蔡敏莉：（**引导父母扮演者面对面站立，互相指着对方**）你和谁的关系近一些？

依依：爸爸。

蔡敏莉：你站在爸爸那边？

依依：是的。

蔡敏莉：（**引导依依扮演者站在爸爸扮演者旁边**）爸爸爱你多一点？

依依：对。

蔡敏莉：好的。你是不是也经常指责妈妈？

依依：有时候会。

蔡敏莉：（**引导依依扮演者指着妈妈**）嗯，你和爸爸的关系是怎么样的？

依依：我很怕他，但是我也很爱他。

蔡敏莉：为什么呢？

依依：因为他很凶，还经常打我，所以我很怕他。

蔡敏莉：你对爸爸是既敬又爱？

依依：是的。

蔡敏莉：你懂不懂如何跟爸爸相处？

依依：不太懂。

蔡敏莉：妈妈会对你如何评价爸爸？

依依：她说爸爸经常出去赌博，还很花心，不顾家。

蔡敏莉：所以你恨妈妈？

依依：是的。

蔡敏莉：你妈妈骂不过爸爸，就不停地在你身边说你爸爸很坏、他不是男人。

依依：是的。

蔡敏莉：你妈妈说你爸爸的那些事都是真的吗？你核实过吗？

依依：爸爸赌博是真的，但是我觉得在我发现他出轨后就没有去找过别的女人。

蔡敏莉：好的，你一边指责爸爸，一边对妈妈很反感（**引导依依扮演者坐在妈妈扮演者身边，一只手指着爸爸，一只手指着妈妈；妈妈扮演者不停地对依依扮演者说“你爸爸很坏，经常出去赌钱，还出去找女人”**）。

蔡敏莉：是的，你是否相信男人中也有好人呢？

依依：不怎么相信。

蔡敏莉：你跟男人交往的时候会采取什么样的态度？

依依：我会对他们很凶——爸爸对我凶，我就对他们凶。

蔡敏莉：（引导依依扮演者站起来，伸手指着爸爸扮演者）你现在对爸爸的态度也很凶，是不是这样的？

依依：是的，很反感。

蔡敏莉：你有没有骂过爸爸？

依依：骂过。

蔡敏莉：你是怎么骂他的?

依依：我骂他经常不顾家、不理我，还对我管得很严，又不愿意去了解我。

蔡敏莉：所以，你把对爸爸的愤怒发泄在男同学身上?

依依：是的。

蔡敏莉：所以，（**引导依依扮演者面向大家，双手向外指责**）你对男人的态度就是“男人没一个好东西”，是不是?

依依：是的。

蔡敏莉：这可怎么办呢?

依依：我觉得很多人都会像我爸爸那样做出不好的事情。

蔡敏莉：男人也有好坏之分，的确会有一些男人会去做你爸爸做过的事情，比如赌博；但是有一些男人不会。你还没看清那些男人是什么样的人，就认为“男人没一个好东西”，就指责全世界了。这么做的后果是，你骂人，别人反过来骂你，这很公平。

依依：（**若有所思**）

蔡敏莉：现在如何是好呢?

依依：如果我能换一种态度去对待别人，别人就可能会换一种态度对我。

蔡敏莉：好的，你打算用什么态度对待那些男同学呢?

依依：我会用一种正常的、平淡一些的态度对待他们。

蔡敏莉：就是友好地和他们相处？你真的会这样做吗?

依依：我真的可以做到。

蔡敏莉：你真的愿意放下你指责的双手？

依依：我愿意。

蔡敏莉：（引导依依扮演者放下向外指责的双手）你希望你今后的日子是什么样的？

依依：我希望我可以跟他们相处得很好。

蔡敏莉：（引导依依面对几位男性学员）那你把这些人当作你的男同学，你想跟他们说些什么呢？

依依：我很愿意和你们分享我的事，愿意和你们交朋友，也愿意和你们和睦相处，请你们接纳我，请你们和我做朋友。

蔡敏莉：恭喜你，你学得很快。你现在的心情怎么样？

依依：（开心地笑）舒服多了。

蔡敏莉：这个过程帮到你什么了呢？

依依：我在这个过程中看到了自己一直以来对人的态度都不是很好，还看到了自己很固执的一面。我发现我这样不太好。我如何对待别人，别人就会很自然地按照这种方式对待我。

蔡敏莉：如果你改变态度，你能收获什么？

依依：我能收获不同的东西。

蔡敏莉：你愿不愿意改变你对人的态度？

依依：我愿意。

蔡敏莉：我想推荐你看看《少年维特之烦恼》这部小说，和你的个案有几分很相似。其实你走过的路，我们每个人都走过，所以我们都明白，我们也会支持你的。

依依：谢谢。

蔡敏莉：等你明天回到学校后，你会用什么样的态度跟同学交往呢？

依依：我想我应该会有一些紧张，但是我相信我能做到用一种友善的方式去对待他们的，而不是用对爸爸的那种态度来强加给同学们，因为这对他们不公平。

## 结语

在个人成长的旅程中，原生家庭的影响犹如深刻的烙印，塑造了我们与世界互动的最初模板。在童年时期，我们如同敏感的接收器，在无意识中记录并模仿着父母的交流方式，这些模式随后会在我们成年后的生活中不断地回响。同时，我们对父母的情感体验也会在不经意间成为一面透镜，影响着我们如何看待周遭的同性和异性，以及如何与他们建立关系。然而，成长与自我发现的过程在本质上说，就是一段深入的学习与自我疗愈之旅。它鼓励我们反思自身的行为模式与情感反应，质疑那些我们认为是固定不变的“缺陷”，并探索改变的可能。

通过这样的自我洞察，我们不仅能够增进对自己的理解与接纳，还能找到途径去调整和优化与他人的互动方式，进而逐步改变当前的生活状态。了解原生家庭的影响并非为了归咎过去，而是为了从更深层次上释放自己，学会以更健康、更有意识的方式来引导自己的人生航向。

## 心理咨询师观摩笔记

梁恺琳

在这个个案中，蔡老师旨在帮助依依同步改善与同学及爸爸的关系。针对同学间的沟通障碍，蔡老师通过分享个人相似经历及应对策略，为依依指出了一条她未曾察觉的解决路径，并引导她亲历自身的困境与压力，激发其内在改变的动力。

至于依依与爸爸的沟通问题，蔡老师运用了萨提亚家庭治疗中的雕塑技术，让依依直观地看到其原生家庭沟通模式的影响，并意识到自身沟通方式中存在的问题。这个过程促使依依以旁观者的视角审视自己的行为模式，从而实现了自我觉知的觉醒，为思维的转变奠定了基础。通过这些深度介入的方法，依依获得了洞察问题和改善关系的新视角与工具。

# 第 17 章 逆境铸就的坚韧

## 如何为孩子撑起一片天

小琳有过两段婚姻。

在第一段婚姻中，老公大刚好赌，夫妻俩常为此争吵。结婚三年后的某一天，刚流产不久的她突然被公安局传讯调查，此时公婆才告知她一个惊人的消息——大刚因抢劫入狱。没过多久，她和两岁的女儿患上肝炎，公婆将他们赶出家门。小琳说，没有安身之所该怎么养活女儿。婆婆竟然说，把女儿扔了算了。小琳觉得这太残忍了，便带着女儿离开。她去法院起诉离婚，等大刚判刑后便离了婚。

身体恢复后，小琳满怀希望地去外地打工。没过多久，她认识了阿奇并与之租房同居。同居三年后小琳提出结婚，却遭到了阿奇家人的强烈反对。后来，小琳怀孕了，在还有不足两个月生产时被阿奇姐姐骗到医院引产，好在医院没有同意，孩子保住了。回到出租屋后，她发现阿奇已经搬走了。孩子出生时，阿奇已经和新女朋友同居了。十几年来，小琳一直追着阿奇要抚养费，每次都要到法院申请强制执行才能拿到钱，他从未主动给过孩子一分钱。

小琳一直辛苦赚钱，好不容易有了点积蓄。叔叔说急用钱，并且很快就能还给她，于是她将全部的积蓄都借给了他。然而，他不仅没有按照约定还钱，还将小琳拉黑了，就算她询问叔叔的家人，他们也都说和他没什么联系。

这些年来，为了维持日常生活，她在前夫和叔叔之间挣扎，要生活费、找叔叔还钱，受尽街坊邻居闲言碎语，几次萌生死意，甚至想带着孩子们一死了之。她实在不想继续这样的生活了，前来找我做个案，希望能找回重新生活的信心，不要被别人看不起，能保护好孩子们，让他们成为高级一点的人。

在征得了小琳的同意后，我们开启了本次个案过程。

## 个案实录

蔡敏莉：你今天来到这里，希望改变什么呢？

小琳：我想知道以后该怎么做能对孩子好，我现在只想让孩子健康快乐地成长，不要受到这些事情的伤害。我还希望他们能够成为更高级一点的人，不要像我一样总是被别人瞧不起。

蔡敏莉：你现在跟孩子的关系怎么样？

小琳：关系很好。

蔡敏莉：你开心吗？

小琳：我不开心。

蔡敏莉：你的两个孩子在生活中已经没有爸爸了。

小琳：是的。

蔡敏莉：那他们唯一可以学习的对象就是你。如果你总是说“我想死，活着好累啊”，孩子就会学得很消极，也想死。

小琳：我就是担心出现这样的问题。

蔡敏莉：为了他们的前途和幸福，你可不可以改变呢？

小琳：我当然可以改变，我也在努力地爱他们。

蔡敏莉：你可不可以让自己活得开心一点、有活力一点？

小琳：我也想啊，但是环境的压力让我难以开心，我甚至都不敢穿得整齐一些。

蔡敏莉：为什么呢？

小琳：因为只要我穿得整齐一点，就有人说我要去勾引别人，我都不怎么敢出门了。

蔡敏莉：你很害怕别人对你有看法。

小琳：是啊，我很害怕别人对我有看法，我很在乎名声的。

蔡敏莉：那你就像缩头乌龟一样缩在家里。

小琳：是的，我很辛苦。

蔡敏莉：你这样忍受了多少年呢？

小琳：差不多撑了10年。

蔡敏莉：你觉得凄凉吗？

小琳：我也没有办法，为了孩子们不再承受这么大的压力，为了不再被人家说“你妈妈是个不检点的人”，我只能这样，尽管孩子们知道我不是这种人。

蔡敏莉：我们无法控制别人说什么，就像我们走在街上的时候，旁边抽烟的人把烟喷在了你身上。

小琳：但是，我很在乎别人说什么，我害怕会伤害孩子。

蔡敏莉：现在请一些学员进行角色扮演，我们通过摆一幅图画来看看你现在是如何生活的，你为孩子们做出了什么榜样。（**引导小琳扮演者坐在地上，用一块布盖在她的头上**）你很害怕别人的闲言碎语，所以你躲在家里什么都不敢做，甚至都不敢出门，你就像缩头乌龟一样缩在一边。但是，别人会不会继续说你呢？我们邀请几位学员扮演你所说的“别人”，这些人会围着你（**小琳扮演者**）绕圈，时不时会踢你（**小琳扮演者**）两脚，代表他们对你说了一些闲言碎语。你觉得他们会不会停呢？对于说你闲言碎语的人，你想对他们说些什么呢？

小琳：我可以告诉他们，“我决不会让他们小看我的，我一定会站起来的，将来的日子一定会比他们过得好”。

蔡敏莉：**（引导小琳走到别人扮演者面前）**你告诉他们，“我决定活下去，无论将来的日子怎么样，**（做出加油的手势）**我都不会放弃的”。

小琳：我决定活下去，无论将来的日子怎么样，我都不会放弃的。

蔡敏莉：是不是这样的？

小琳：是，我是不会放弃的。

蔡敏莉：所以你刚才说要拼命拿回那些钱或者想死的话，现在可不可以收回？

小琳：我不会收回的，只要我叔叔不还我这笔钱，我就不收回这句话，就算跟他拼命也要拿回这笔钱。我要用这笔钱供我孩子读书，让他们过上好日子。我自己无所谓，反正我一直都觉得自己的生活毫无意义。

蔡敏莉：你要是这么说，我就有点担心你的孩子们，他们已经没有跟爸爸生活在一起了，要是妈妈再死了，他们怎么办呢？他们就成了孤儿了。

小琳：他们变成孤儿岂不是更好？社会上有很多好心人，让他们被好心人领养比跟我在一起要好。

蔡敏莉：这是两回事。你这样看轻了自己，的确是有好心人的，但是他会不会领养你的孩子呢？两个孩子已经这么大了，未必有人领养的。

小琳：那就没办法了。他们都很懂事的，我相信要是我死了，他们会继续追回这笔钱的，他们都很懂事。

蔡敏莉：可是，你现在已经拼命了都拿不回这笔钱，你觉得孩子们可以拿回来吗？

小琳：拿不回来也没办法，我的孩子们都很坚强的。

蔡敏莉：你的确需要讨公道，但是不一定要拿命去讨。还有，在你没有拿回这笔钱之前，可不可以不介意别人说什么？因为你的事天知地知你知，辜负你的人也知道，你是否可以把那些无关的人的流言蜚语放在一边呢？

小琳：可以。

蔡敏莉：为了你的孩子们，你可不可以活得好一点呢？

小琳：我很想活得好一点，但是我常常感到无能为力。

蔡敏莉：你可不可以活得理智一些呢？

小琳：我觉得我现在很理智，要是不理智我早就死了，不会坚持到现在的。

蔡敏莉：其实我很欣赏你的。这条路不容易走，但是你坚持了十几年，如果换成别人，可能早就抑郁了甚至轻生了。

小琳：我也抑郁的。

蔡敏莉：可是，你如今还是坚强地站在这里，我想你只需改变一下思考方式就可以了。我想给你一些建议，可以吗？

小琳：好的。

蔡敏莉：第一，你继续努力地追回这笔钱；第二，你继续努力地找第二任老公要生活费；第三，不要理那些闲言碎语，至少在没有拿回这笔钱之前，还是要努力赚钱养活你和两个孩子。

小琳：可以。

蔡敏莉：你能不能不再怨天怨地怨自己？

小琳：我就是怨自己。要是我有本事、不总是轻信别人就好了，连累孩子们也跟着我吃苦。

蔡敏莉：我听你说的话，总感觉你像是在打自己。你现在就用两个拳头打一下自己的胸口，再用力地打一下，这对你有什么好处呢？你的孩子们从你身上学到了什么呢？又是怨天怨地怨自己。

小琳：我的孩子们不会这样的，他们有时候也说我，“你那么在乎别人说什么，我们可不在乎，我们不会像你这样生活在别人的闲言碎语中”。

蔡敏莉：是的，所以他们活得更开心、更自由，他们根本不在乎别人说什么。在我们的一生中，我们无法控制别人如何对我们，但是我们可以保护自己。比如，你现在走到这一步了——当然，我们希望你叔叔还钱，你的第二任老公能对你们好一些，但是如果你希望的事情没发生，那你可以为自己和孩子们做些什么呢？就是坚强地活下去，找一份工作，可以自给自足、有尊严地生活下去，这就是你给孩子们最好的示范。

## 结语

小琳在生活中面临诸多困境，既要独自抚养孩子，又要承受着他人的闲言碎语，还在经济有困难。小琳因害怕别人的看法而活得小心翼翼，甚至产生过极端的想法。

然而，她是孩子们的榜样，她的行为和态度会直接影响孩子的成长。为了孩子，小琳需要改变思考方式，勇敢地面对生活中的挑战——努力追回欠款，不被别人的闲言碎语影响，找一份能自给自足的工作，为孩子们树立一个坚强、有尊严生活的榜样。生活虽不易，但只要小琳勇敢地迈出改变的步伐，就有可能为自己和孩子们创造一个更好的未来。

## 心理咨询师观摩笔记

刘敏

在这个个案中，蔡老师让小琳看到自己是一个依赖别人的、不自信的、捶头顿足的女人，并给出了相应的解决方案。

一是提升自信，即小琳需要意识到自己的价值和能力，不要妄自菲薄。

二是减少依赖，即通过找一份工作实现自给自足。

三是积极面对困境，即试着改变对困境的看法，将其视为成长和学习的机会，这样才能更有力量面对未来的挑战。

尽管要做到这些需要时间，但只要小琳愿意去做，就能克服目前的困难，迎来新的生活。

# 第 18 章 电话情缘的幻灭

## 如何在现实中寻找真爱

如今而立之年的阿蓝事业有成、渴望爱情，但因被欺骗过，所以她总是犹豫不决。

几年前，她在一次聚会上结识了从国外回来探亲的 A。两人交换联系方式后，便频繁地跨洋通话。相处了一年多后，A 称工程项目需资金周转，阿蓝立刻打给他 15 万元。但随后 A 谎称他的项目失败，而且她还听说他早已在美国有了家室，才惊觉自己遭遇了一场感情与经济的双重诈骗。

随后，阿蓝在追讨损失的过程中结识了 A 在当地的朋友 B。B 的正义感和热心肠让她心生好感，两人通过电话交流频繁，B 表达了对阿蓝的爱慕之情。两人相识四年多后首次见面，B 却表示只想以兄长的身份照顾阿蓝，这让阿蓝感到被愚弄，并为自己付出多年的感情感到不值。尤其是得知 B 在国内也有女朋友后，更是心灰意冷。尽管 B 持续追求并承诺更愿意和阿蓝在一起，但始终没有付出实际行动，这让阿蓝再次感到失望与困惑。

阿蓝的两段电话情缘最终全都幻灭。她感到疑惑，为何自己真诚待人却屡遭背叛？她是否在虚拟与现实的交错中失去了判断与保护自己的能力？

在与阿蓝的深入交流中，我察觉到她内心对深层次沟通有着深切的渴望，却遗憾于在现实中难以觅得这片沃土。她在爱情的路上踟蹰不前，每一步都走得沉重而犹豫，似乎缺少直面现实、毅然重启新生活的内在力量与决心。阿蓝的现状反映出她在建立和维系关系时面临的挑战，以及在自我成长和情感决策上的渴望与挣扎。

在征得了阿蓝的同意后，我们开启了本次个案过程。

## 个案实录

蔡敏莉：你今天来，希望为自己改变些什么？

阿蓝：我觉得我跟 B 之间就像是走进了一个迷宫，我好像完全找不到出路，走来走去也不知道走哪条路才是对的。

蔡敏莉：我对你有很多疑问。

阿蓝：我对自己也有很多疑问。

蔡敏莉：你爱这个人吗？

阿蓝：我也不知道我爱不爱。

蔡敏莉：那为什么要继续呢？

阿蓝：要是说不爱吧，如果他一个星期都不给我打电话，我就会很想他；要是说爱呢，他在和我说一些亲热的话题时，我就像个绝缘体，毫无感觉。

蔡敏莉：那你到底爱不爱他呢？

阿蓝：要是他不那么多情博爱，其实我还是很希望和他发展这段感情的；可是，他太多情博爱了，我真的无法接受。

蔡敏莉：你明知他那么多情博爱，你还爱他干什么？

阿蓝：但是他又说他会改，他还说他为了我什么都可以做，甚至可以为我去死。

蔡敏莉：（笑）这个我可不太肯定。

阿蓝：（笑）我也不肯定，但他就是这么说的。

蔡敏莉：不过可以肯定的是，他什么都说得出口。

阿蓝：是啊。

蔡敏莉：不如只是和他当一个在电话中的朋友算了。我对你的恋爱模式很好奇的，女人谈恋爱通常很希望能与对方经常见面，牵手以及更亲密一些，你为什么觉得只是打电话就可以了？

阿蓝：因为我和这两个人都只能在电话里沟通。其实我在当地也相处过男朋友的，也很希望能经常和他见面。

蔡敏莉：但是，你为什么只选择两个可以聊电话的男人？

阿蓝：之前的A已经过去很久了。

蔡敏莉：但你和他相处了一年多。

阿蓝：嗯，我和B在一起四年多，我还是觉得有必要好好考虑一下。

蔡敏莉：有什么好考虑？他又不在你面前。

阿蓝：他后来回来过两次。

蔡敏莉：当时是你要分手的，他回来两次是为了你吗？

阿蓝：不是为了我，每年七夕他都会回来。他在我们那儿还有一个女朋友，他说他们是几年前他做生意的时候认识的，是个公关小姐。

蔡敏莉：你是又觉得满意了吗？

阿蓝：也不是十分满意，但他打电话来我难道不接吗？

蔡敏莉：不接就不接。

阿蓝：我觉得朋友在电话中聊聊天也没问题。

蔡敏莉：你觉得这是感情吗？

阿蓝：我不得不说，他真的是感情丰富。他在电话里和我无话不谈，还会跟我说一些很动情的话，我也能感到他投入了感情，但是我又没办法为他投入更多的感情。

蔡敏莉：你很有趣，我说一句，你说十句；我再说多一句，你又说十句。

阿蓝：我的确很多话想说。

蔡敏莉：我明白你很有说话的需要，所以你需要找个人听你说话。听你说话的人可以是朋友、心理辅导员，还可以找个男人然后结婚，为什么要把时间放在完全没有希望的、虚无缥缈的男人身上呢？我很好奇，你为什么有强烈地想要说话的需要？你在小时候有没有人听你说话吗？

阿蓝：其实我不觉得我之前话很多。（**眼含泪光，神情落寞**）我算是一个内向的人，不会说很多话，也不太想跟别人说话。

蔡敏莉：说一下你眼中的泪光，还有你心里面的寂寞。你现在是一个人住吗？

阿蓝：不，我跟父母一起住。

蔡敏莉：你跟他们之间说话吗？

阿蓝：说话的。

蔡敏莉：我不是很相信。如果有得聊，你就用不着每天晚上跟别人聊一个多小时电话了。不如我们邀请一些学员来摆出一幅画面，让你看看你是如何活在这世界上的。这样你或许就能更加明白，你为什么会有那么多说话的需要了。妈妈最不喜欢谁？

阿蓝：我，她总是骂我。

蔡敏莉：（**引导妈妈扮演者站在中间，指着阿蓝扮演者；爸爸扮演者、哥哥扮演者、姐姐扮演者并排站在妈妈扮演者的一侧；阿蓝扮演者面向妈妈扮演者跪在地上**）为什么她骂你而不骂他们呢？

阿蓝：（双手抱胸，神色哀伤，眼泪止不住地流）可能觉得我是多余的。

蔡敏莉：（引导阿蓝跪在阿蓝扮演者身旁）你在什么时候觉得自己是多余的？

阿蓝：在小时候爸爸妈妈打我、骂我的时候。

蔡敏莉：为什么打你？

阿蓝：因为我不听话或者做错事之类的。

蔡敏莉：你有没有机会跟妈妈聊天？

阿蓝：比较少。

蔡敏莉：当你有心事的时候，你跟谁说？

阿蓝：没有谁可以说。

蔡敏莉：你会怎么办？

阿蓝：憋在心里。

蔡敏莉：这就可以解释为什么你需要说话了——因为你小时候没有人和你聊天，所以在你长大后，只要有人跟你聊天，无论是男人还是女人，你都会和他们聊，是不是这样的？

阿蓝：大概是的。

蔡敏莉：你小时候经常哭吗？

阿蓝：挨打挨骂的时候会哭。

蔡敏莉：你现在在工作中是怎么样的？是不是像个女强人？

阿蓝：是的。

蔡敏莉：我试着用你的扮演者摆一下你在工作中的身体动作。（**引导阿蓝扮演者起身，双手指着外界**）你指挥工作中的其他人，是不是？

阿蓝

阿蓝：是的。

蔡敏莉：那你也蛮凶的。

阿蓝：需要管的时候就管他们，需要笑的时候就跟他们笑，不做事的时候我也是很随和的。

蔡敏莉：尽管你在外面是个女强人。

阿蓝：我并不觉得自己是个女强人。

蔡敏莉：你会不会在别人面前哭？

阿蓝：会。

蔡敏莉：所以你只是指挥若定，这就是女强人的表现。你看一下这个关系，你觉得这其中欠缺了什么？

阿蓝：沟通。

蔡敏莉：你在这里像个孤儿似的，是这样的吗？

阿蓝：是的。

蔡敏莉：（**引导阿蓝站起来**）爸爸很爱你吗？

阿蓝：他爱家里的每个孩子。

蔡敏莉：（**面向爸爸扮演者**）请你向前走几步，离女儿近一些。

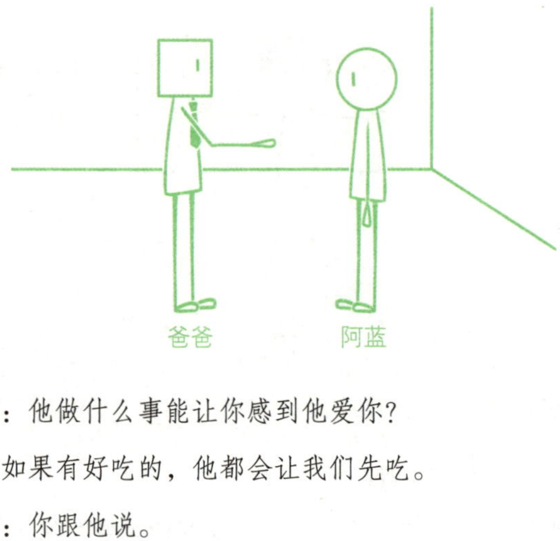


蔡敏莉：他做什么事能让你感到他爱你？

阿蓝：如果有好吃的，他都会让我们先吃。

蔡敏莉：你跟他说。

阿蓝：爸爸你一直很爱我。如果有好吃的，你就会留给我们，所以我觉得我从你身上可以得到很多关爱，谢谢你这么关心我们。

蔡敏莉：我怀疑你在找一个爸爸做你的伴侣。告诉爸爸，你需要找一个什么样的伴侣。

阿蓝：我想找一个可以给我安全感、有责任心又有能力的伴侣。

蔡敏莉：你告诉他，你为什么选择两个打电话的男朋友？

阿蓝：不是我刻意选择的，可能都是命运的安排。

蔡敏莉：很多女人可能都会遇到过和你相似的经历，比如有人打电话关心你，跟你聊一会儿天。但是，为什么你能跟A聊了一年多、跟B聊了四年多，而不去找一些真正可以跟你谈恋爱的人？

阿蓝：因为我那时候真的想跟A有结果。

蔡敏莉：你对B呢？

阿蓝：因为我在认识B的时候，我和A之间的纠纷还没有结束，所以我大多是问他一些相关的事情。

蔡敏莉：所以，你不是很爱B？

阿蓝：说不上爱。

蔡敏莉：要是不爱他，为什么能跟他聊了四年多？

阿蓝：他跟我说，希望能和我进一步发展。我觉得他说得很真诚，也希望自己可以试着去接纳他。

蔡敏莉：你要是想接纳他，在这四年里早就接纳他了，你在等谁来帮你做这个决定呢？如果你爱这个人，从一开始你就会想和他结婚，现在看来，他只是你的一个习惯。你把习惯和爱搞乱了——习惯是你只需要有人和你聊天，爱是你需要一个真诚的爱人。

阿蓝：（**眼泛泪光，神色暗淡**）或许我是有些搞乱了。

蔡敏莉：我懂你身为一个女强人背后的寂寞。你在外面那么强、那么成功，但如果没有人跟你心贴心地聊天，你就会很寂寞。

阿蓝：是的。

蔡敏莉：其实，每个男朋友都不欠你的，而是你欠你自己的——你不会跟自己聊天，你不会去爱自己，你不会与人相处，所以你需要另一个人跟你聊天来让你更加明白自己。也就是说，你需要通过跟另一个人互动来明白自己的心。

阿蓝：我总是很希望和别人分享我的想法，或者希望别人认可我的想法。

蔡敏莉：其实世界上很多人都是这样的。

阿蓝：（恍然大悟）哦，原来大家都是这样的啊。

蔡敏莉：对呀，你也是正常人。

阿蓝：哦，原来每个人都有这样的需要，都希望身边有一个可以和自己沟通的人。

蔡敏莉：我身边有10个左右可以和我交流的人，有朋友、有亲人，还有伴侣。如果我只是依赖一个人，万一那个人没有时间，就没有人和我沟通了。可是我身边有10个左右可以和我交流的人，要是这个人没有时间，我就可以去找另一个人。

阿蓝：这一点我承认。

蔡敏莉：那现在你会不会让自己去认识一些这样的朋友？女性朋友也好，男性朋友也罢，然后再慢慢找一个可以交心的伴侣。

阿蓝：会的，我一直在找。

蔡敏莉：你会不会哄人开心？

阿蓝：我更喜欢别人哄我开心。

蔡敏莉：我和你聊了这么久，你觉得我会不会感到和你聊天很有意思？

阿蓝：不会。

蔡敏莉：是的，我聊得不开心，觉得很无趣、不好玩，我就不想跟你玩了。所以，我想你应该很清楚你之前的感情为什么会失败了，是不是？

阿蓝：是的。

蔡敏莉：（**模仿阿蓝在做个案的过程中表现出来的一副事不关己的样子**）你在与人相处的时候，就是这样的。

阿蓝：蔡老师，你跟我聊天真的觉得很无趣吗？

蔡敏莉：你见过妈妈给小婴儿喂东西吃吗？比如，给小婴儿喂米糊时，他要是吃得很开心就会对你笑，好像是在说"谢谢妈妈"。你就像是被妈妈喂饭的小婴儿，我把东西喂到你口中，如果好吃，（**做出感谢的动作**）你就这样；如果不好吃，（**做出喷饭的动作**）你就这样。你让人不太容易接受。

阿蓝：啊？老师我真的让人不太容易接受吗？

蔡敏莉：是的，所以我不想跟你玩了。

阿蓝：（**沉思一会儿**）老师，我可能的确有问题。

蔡敏莉：你本身没有问题，只是与人沟通的方式让人感到无趣。你一定要将行为的问题与你作为一个人的本质分开。你是一个好人，但这样的沟通方式容易让对方觉得乏味。因为没有人做你生活的教练，所以你找了一些助手，他们给你打电话，像表演马戏一样哄你开心，这一哄就是四年多。你还年轻，你觉得这样浪费也无所谓，但是我希望你好，我希望你知道这只是你的一个习惯，而不是生活的现实。你在本地找的男朋友，他们迁就你，甚至哪怕是像演戏你也未必愿意接受，因为你看不起这样的方式；相反，要是打电话，别人仅是和你聊天也能哄你开心，你虽然愿意继续，但这不是真爱，而是不平等的关系。沟通是双方的事，需要彼此交流。你需要改掉一些不好的习惯，让生活变得真实鲜活，而非虚幻不实。记住，真爱是平等的交流，而非一方的取悦。希望你能拥有平等和谐的亲密关系。

阿蓝：谢谢蔡老师。

## 结语

人类是社会性的生物。每个人的内心深处都深深地渴望与他人交流、共鸣，能获得他人的认同。个体在成长的道路上或许会在不经意间形成了某些沟通的模式，这些模式有的是为了探索自我，有的是想从他人那里获得满足与快乐。时间久了，这些习惯可能就深深地扎了根，让人们在不知不觉中过度依赖它们，忽略了培养和维护生活中其他重要的联系。

当人们在某段关系中感到迷茫、找不到清晰的意义和方向时，这可能就是一个提醒的信号，即告知人们要重新评估，弄清楚这段关系的本质：它究竟是一种难以改掉的习惯，还是对自己的成长和幸福特别重要的纽带，值得用心去滋养和深化？经过这样的思考，人们才能学会分辨习惯性的依赖和真正有意义的关系投入。

真正的关系是心灵的契合，而非习惯的囚笼。愿每个人都能通过这样的反思，让人生更加充实、更有意义。

## 心理咨询师观摩笔记

木言

在这个个案中，阿蓝表达了探索当前情感状态并寻求解决之道的愿望。对此，蔡老师通过角色扮演深刻揭示了她在亲密关系中的核心问题——这不仅与原生家庭中的沟通匮乏有关，还受到成年后社会角色背后隐藏的孤独感的影响。这个过程使阿蓝自我觉醒，明白了习惯与真爱之间的根本差异，并开始理解自身对于有效沟通、分享心声及表达需求的深切渴望，以及如何自助以满足这些基本心理需求。

此外，蔡老师的介入引发了阿蓝对其人际交往模式的深刻反思与新启示。通过具体实例，阿蓝认识到自身在沟通中的习惯性姿态，并领悟到调整和改善的方向，这对促进健康人际关系的建立至关重要。

有效的沟通是双方共同努力的结果，需要双方的主动参与，共同营造一个平衡、愉快且相互尊重的交流环境，避免任何形式的权力失衡。

第 19 章

# 巅峰背后的寂静

## 如何从互相拉扯的观念中解脱

阿辉的爸爸当过兵，转业后是一名大客车司机；妈妈是幼儿园阿姨。父母关系和睦。阿辉在家里排行老三，如今 28 岁。

他的职业经历丰富，做过记者，当过流浪歌手，还担任过销售经理、培训师，等等。受爸爸的影响，阿辉骨子里有着一股不服输的劲，这让他觉得成功似乎来得相对容易。可每次取得成功后，他内心非但没有满足感，反而觉得空虚无比，甚至多次在事业巅峰选择放弃。

尽管仪表出众且事业有成，但阿辉从未谈过恋爱，他很渴望能有一个女朋友，拥有幸福美满的婚姻。为此，他专门学习了心理学课程，并觉察到在自己的原生家庭中，两性关系是一个隐晦且极少被提及的话题，这使得阿辉对性很抵触，采取压抑和回避的态度应对。

在征得了阿辉的同意后，我们开启了本次个案过程。

## 个案实录

蔡敏莉：我们先来聊聊你的原生家庭。你爸爸希望你是一个什么样的人？

阿辉：他希望我光宗耀祖，因为他在家里也是长子。

蔡敏莉：就是在各个方面都很成功吗？

阿辉：嗯，虽然他没有直接这么跟我说过，但我理解就是这样的。

蔡敏莉：你妈妈呢？

阿辉：妈妈是一个逆来顺受的人，很传统。

蔡敏莉：她希望你做一个什么样的男人？

阿辉：她只希望我能平平淡淡地过日子，一家人都平平安安的。

蔡敏莉：这听起来很有趣。我想邀请现场的学员进行角色扮演，把这幅画面摆出来。（**引导父母扮演者各拉住阿辉的一只手，并分别向各自的方向使劲；面向爸爸扮演者**）你对他说，“你要成功，要光宗耀祖”。

爸爸扮演者：你要成功，要光宗耀祖。

蔡敏莉：（**面向妈妈扮演者**）你对他说，“我只希望你能平平淡淡地过日子，一家人都平平安安的”。

妈妈扮演者：我只希望你能平平淡淡地过日子，一家人都平平安安的。

阿辉：（**点头**）就是这样的！我现在突然明白了，为什么我一旦做出一些成绩后，很快就淡泊了，就是因为我父母的观念在交替地影响着我。

蔡敏莉：是的。你要讨好爸爸，你就得成功；你还要讨好妈妈，你就归于平庸。这两个相悖的要求，你更想选哪一个？

阿辉：我想选爸爸对我的要求。

蔡敏莉：所以，（**高举双臂，不停地晃动**）你是不是认同这样的形象？你是不是希望在这个世界上发光发热？

阿辉：是，我想得到别人的认同和尊重。

蔡敏莉：你想不想站得更高一些？想不想取得更大的成功？

阿辉：当然希望。

蔡敏莉：所以你觉得现在还不够好，希望取得更大的成功？

阿辉：是。

蔡敏莉：（**引导阿辉站在凳子上**）你站上去，做出一个成功的姿势，告诉大家“我是成功的，我是与众不同的”。

阿辉：（**振臂高呼**）我是成功的，我是与众不同的。

阿辉

蔡敏莉：如果你身边有一个人很成功，你愿不愿意和他做朋友？在人看到别人成功时，往往会对他敬而远之，甚至会嫉妒这个人的成功，或者想利用他，给自己带来益处。

阿辉：是，我的确遇到过这样的人。我与别人合作，在对方步入正轨后就把我一脚踢开了。

蔡敏莉：嗯，人不可能永远都站在成功的位置，所以当你失败时，你宁愿离开？

阿辉：是的，如果出现冲突，我就一定会主动退出。

蔡敏莉：我们再看看你的生活哲学。萨提亚理论中提到了人由几个部分组成。我逐个问问你，看看你有没有关注你的这几个部分。首先，你是否好好照顾了你的身体？

阿辉：没有。

蔡敏莉：（**引导身体扮演者坐在一边**）嗯，你不理你的身体。你觉得你的营养够吗？

阿辉：我对营养没什么概念，但是我爱吃肉。

蔡敏莉：所以你也是不理营养的，你觉得营养应该放在什么位置？

阿辉：跟在身体的后面吧。

蔡敏莉：（**引导营养扮演者坐在身体扮演者后面**）你对周围的环境敏感吗？

阿辉：我平时好像不大注意周围的环境。

蔡敏莉：（**引导感官扮演者坐在营养扮演者后面**）你觉得你的哪个部分是最会发光发热的呢？

阿辉：智慧。

蔡敏莉：所以，外人看到的就是你智慧的部分？

阿辉：是的。

蔡敏莉：（**引导阿辉从凳子上下来，智慧扮演者站在凳子上**）和你相处的人只看到了你的脑袋。还有哪个部分是发光发热的？

阿辉：感性。

蔡敏莉：你的感性是怎样的？

阿辉：我靠感觉做事，靠感觉与他人相处。

蔡敏莉：这不就矛盾了吗？你既理性又感性。

阿辉：智慧代表理性吗？

蔡敏莉：是啊。

阿辉：我觉得智慧挺感性的。

蔡敏莉：或者掉转过来，感性可以是性感的，你会如何对待它？

阿辉：我会压抑它。

蔡敏莉：你会如何压抑它？

阿辉：回避它、抵触它，我对此有一种不太好的感觉。

蔡敏莉：在你产生性冲动的时候，你会骂自己吗？

阿辉：不，我会冲凉水。

蔡敏莉：如果你压抑它，它就不是站在这里了，（**引导感性扮演者趴在地上**）而是趴在地上。不过，我想这还不够，不如给你的感性再盖上一块布。

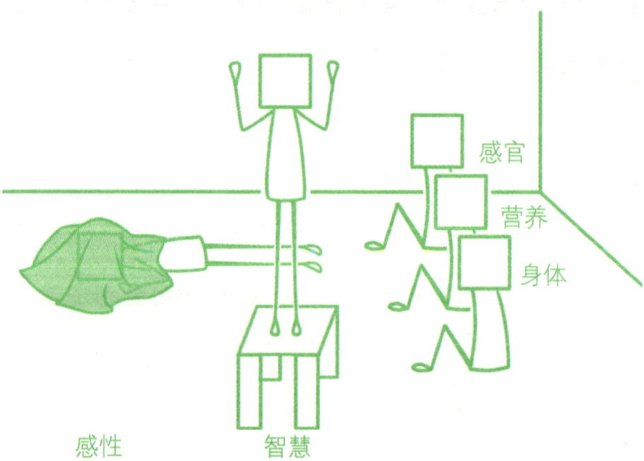

阿辉：是这样的。

蔡敏莉：你看看这幅图画。别人刚认识你时，只看到了你的工作能力，也就是你的智慧，但忽略了你的其他方面。关于你感性或性感的方面，你希望自己有什么改变呢？

阿辉：它可以和智慧是一体的，它们都是我生命的元素，都很重要。

蔡敏莉：那你打算怎么做呢？

阿辉：我的身体可以起来，因为这是我的树干，请起来吧。

身体扮演者：（站起来）

蔡敏莉：其他部分呢？

阿辉：营养可以跟上。

营养扮演者：（站起来）

蔡敏莉：你的感官呢？

阿辉：请站起来。

蔡敏莉：现在还有谁没站起来？

阿辉：（环视后发现感性扮演者仍趴在地上）感性还没站起来，我刚刚没注意到。

蔡敏莉：你打算如何对它呢？

阿辉：真实对待。

蔡敏莉：你现在可以怎么做？

阿辉：请感性站起来。

蔡敏莉：你可要想清楚，如果你让它站起来，你可能就会产生其他冲动。

阿辉：是啊，我想把我的冲动说出来——我要找个伴侣。

蔡敏莉：你愿意让它出来吗？

阿辉：我愿意让它出来。

蔡敏莉：如果让它出来，你可能就没那么成功了。

阿辉：成功是一种心态，要看我如何看待这个问题。

蔡敏莉：你觉得有时成功是可以的？

阿辉：是的。

蔡敏莉：所以，有时失败也是可以的？

阿辉：可以，对于成功和失败的判定，每个人的标准是不同的。我觉得无论是成功还是失败，我都可以接受。

蔡敏莉：你也会爱自己吗？

阿辉：会的。

蔡敏莉：（**引导阿辉看向感性扮演者**）那你给他摘掉盖布，再邀请他起来吧。

阿辉：（**给感性扮演者摘掉盖布**）你起来吧。

蔡敏莉：如果让你再给他们摆一下位置，你希望他们是怎么样的？

阿辉：我希望他们可以组成一个面向内的圆，大家可以拥抱在一起。

蔡敏莉：那你的智慧就要从凳子上下来了。（**引导阿辉面向父母扮演者**）你告诉他们，“爸爸妈妈，我就是这样的一个人，我有时会成功，有时会失败”。

阿辉：爸爸妈妈，我就是这样的一个人，我有时会成功，有时会失败。这么多年没在你们身边，挺对不起你们的。爸爸，我想实现你的梦想，所以我离开了你们。你的梦想如今已经变成了我的梦想，我想做一个成功的人，所以我离开家乡，希望你们接纳。

蔡敏莉：你猜爸爸会对你说什么呢？

阿辉：他会偷偷地掉眼泪，不会跟我说什么的。他爱我，也会尊重我的选择。

蔡敏莉：妈妈会怎么样呢？

阿辉：我对她的感觉很复杂，因为我身上继承了她太多的东西，这让我一路走下来特别辛苦。

蔡敏莉：告诉妈妈，“妈妈，我和你很像，我也受了很多苦。我想让你知道，我会学着如何跟异性相处，我会正眼看清楚那些女人，看看她们谁更适合我。我以后会活得很开心的”。

阿辉：妈妈，我和你很像，我也受了很多苦。我想让你知道，我会学着如何跟异性相处，我会正眼看清楚那些女人，看看她们谁更适合我。我以后会活得很开心的，这是我对你们的承诺。

## 结语

阿辉的内心充满了挣扎与困惑，他对于成功的强烈渴望深受爸爸的影响，而妈妈追求平淡安稳的想法也在他心中留有印记，这两种力量相互拉扯，让他的人生充满了矛盾和纠结。

就像阿辉一样，很多人在成长的过程中也会受到来自原生家庭的不同观念的影响，从而在人生道路上感到迷茫和困惑。阿辉在追求成功时，忽略了身体、营养、感官等自身的基本需求，甚至压抑了感性的部分。人生是一幅完整的画卷，每个部分都有着独特的价值和意义。生活的真谛并非在单一维度上的极致追求，而是在多元平衡中找到内心的宁静与满足。

我们应学会接纳自身的各个方面（包括成功与失败、光明与阴影），不要因为追求某个目标而忽视了身心健康和内心的真实需求。一旦我们能够整合这些不同的部分、真正地爱自己，就能以更加完整和坚定的姿态面对生活，拥抱属于自己的幸福和成功，不再被外界的观念左右，活出属于自己的精彩人生。

## 心理咨询师观摩笔记

孔红萍

在这个个案中，阿辉提出了自己的需求：希望找一个女朋友建立亲密关系，拥有幸福美满的婚姻。蔡老师引导他明白，唯有爱自己、接纳自己，才能有足够的内在力量去面对爱情。

蔡老师采用家庭雕塑的方式，向阿辉非常直观地呈现出他父母所持的相反观念是如何影响他的，还用家庭雕塑呈现出了他是如何忽略自己、不接纳自己、不爱自己的，且这种状态又是如何影响他的亲密关系的。

只有阿辉看到这一点，才能重新选择自己如何活着，从而改变自己的人生状态，拥有健康的亲密关系。

# 第 20 章 蜕变进行时

## 如何理解与拥抱成长中的不安

小佑在高一下学期就休学了，父母为他忧心忡忡。

他本是一名品学兼优的学生。上初中时，他的身体开始发育并产生性冲动，却不知该如何应对，频繁手淫，事后又为此感到自责。高一下学期，小佑的情况越来越严重，不敢看异性，也不愿去学校。父母担心他的心理状况，便带他去看心理医生，结果被诊断为抑郁症。然而，服药后的小佑状况不佳，常常头疼、手抖，身体每况愈下。

如今，小佑已休学一年，父母带他来找我做个案。小佑渴望能调整好自己的心理状态，可以再次回到学校上学，不再让父母担忧。

在与小佑交流的过程中，我了解到因为其父母在外打工，所以小佑自幼便被寄养在叔叔婶婶家中，平时很少与父母沟通。之前小佑曾隐晦地问过爸爸关于青春期的问题，但是爸爸觉得难以开口，便用其他话题岔开了。小佑以为爸爸有意避讳这方面的问题是因为这个问题很不好，此后就再也没有问过这方面的问题。

在征得了小佑的同意后，我们开启了本次个案过程。

## 个案实录

蔡敏莉：其实我不觉得你有什么问题，你有性冲动意味着你开始成熟了，你即将成为一个真正的男人，这是你身体健康的标志。大部分人在青春期就有性冲动了，所以你所经历的变化都是很正常的。我只是想问问你，当你想起性的时候，你会想到些什么？

小佑：我也说不好，反正就是不太舒服。

蔡敏莉：你觉得性行为是干净的还是脏的？

小佑：脏的。

蔡敏莉：是谁告诉你的？

小佑：没有人告诉我。

蔡敏莉：如果将一粒种子埋在泥土中，种子慢慢长出新芽，然后长成树的形状，树枝上长出树叶，你觉得这个过程是怎么样的？

小佑：很正常。

蔡敏莉：当一个男孩到十五六岁时有性冲动，你觉得这是怎么样的？

小佑：很正常。

蔡敏莉：如果有这样的冲动，但又没有性伴侣，有些人可能就会通过手淫释放性能量，你对此怎么看？

小佑：我觉得没什么问题，但如果总是这样就不太好。

蔡敏莉：你是说，经常手淫不好吗？

小佑：是的。

蔡敏莉：你觉得你自己的冲动是多还是少？

小佑：初中的时候经常有，那时候我常常趴在床上摩擦身体。

蔡敏莉：你这么做之后是责怪多一些还是舒畅多一些？

小佑：责怪多一些。

蔡敏莉：你为什么要怪自己？

小佑：我觉得总这么做不仅对身体不好，还让我感到很丢人。

蔡敏莉：每个人从小到大都做过一些与性有关的事情，（**引导小佑伸出右手，往他手上放一本书**）但是你在第一次做完之后会觉得不好，责怪自己。你忘了人是有原始冲动的，性是我们的本能。（**在小佑手上**

**放了第二本书**）在你第二次有这种需要时，你又觉得自己不好。（**在小佑手上放了第三本书**）在你听到其他人说和性有关的事情时，你也觉得不好。（**在小佑手上放了第四本书**）在你看到和性有关的事情时，你觉得不好。（**在小佑手上放了第五本书**）你上高一的时候，你已经感到自己无法承受了。（**在小佑手上放了第六本书**）后来，你甚至不敢看异性。是不是这样的？

小佑：（**右手颤抖摇晃**）是的。

小佑

蔡敏莉：很多和你年纪差不多的男孩在遇到和你相似的经历时会觉得没什么问题，会让内心的波动不留痕迹地过去了。你可以不可以原谅自己？

小佑：（**看着右手上的书沉思**）

蔡敏莉：当然，你也可以选择继续这样，你在生活中不开心、逃避、不去学校、不看异性。但是，是谁为此付出了代价？你以后也不想工作、不想融入社会吗？（**又在小佑的右手上放了四本书，小佑用左手扶着右手**）不要用左手去扶右手，只是用右手托着这些书。

小佑：很累。

蔡敏莉：是啊，这就像是你在惩罚自己，加剧了你的内疚，让你抬不起头。我们两位扮演者来扮演你头脑中的判官和性冲动，为你直观地呈现二者的拉扯。你之前三年的挣扎，就是你一看到美女就会产生性冲动，但是你不敢承认，于是你麻木了自己的这个部分，（**引导判官扮演者按住小佑的双肩**）如果身体有反应并做出一些动作，你就会感到内疚。你的判官会告诉你“不要这样做，这是坏男人做的”，而你的性冲动又会让你去做。

判官扮演者：不要这样做，这是坏男人做的。

性冲动扮演者：（**对着小佑弯曲食指，做出勾引的动作**）来啊，去做啊。

蔡敏莉：（**引导小佑左手伸向性冲动扮演者**）你一面承受着判官的压力和指责，一面又想看向性冲动，是不是这样的？

小佑：不知道。

蔡敏莉：那怎么办？你可以做什么呢？

小佑：我想把书放下。

蔡敏莉：这些书代表着你的内疚，谁说不让你放下了？

小佑：（**把书放下**）

蔡敏莉：你现在觉得怎么样？

小佑：觉得不错。

蔡敏莉：（**引导判官扮演者和性冲动扮演者分别站在小佑两侧，用力拉扯着他的手**）在过去三年，你一直被判官和性冲动拉扯着，是不是？

小佑：我不知道。

蔡敏莉：你想对性冲动说些什么？

小佑：没有。

蔡敏莉：你可以说，“我接纳我有性冲动，但是我是否有性行为是由我自己决定的，我不需要为此感到内疚。我希望我将来是一个负责任的人，我会去上学，我会参加工作并融入社会。或许我会早一点结婚，我要享受合法合情的性爱活动，我会是一个负责任的人”。

小佑：我接纳我有性冲动，但是我是否有性行为是由我自己决定的，我不需要为此感到内疚。我希望我将来是一个负责任的人，我会去上学，我会参加工作并融入社会。或许我会早一点结婚，我要享受合法合情的性爱活动，我会是一个负责任的人。

蔡敏莉：你对判官说，“谢谢你这么负责任地提醒我，但是以后不用再这么啰唆了，我会自己做决定的。我知道我是一个正常的人，我不再逃避，我会放下对这个想法的内疚，我会为我的身体负责任。我知道我没有病，只是我的道德感比普通人强一些”。

小佑：谢谢你这么负责任地提醒我，但是以后不用再这么啰唆了，我会自己做决定的。我知道我是一个正常的人，我不再逃避，我会放下对这个想法的内疚，我会为我的身体负责任。我知道我没有病，只是我的道德感比普通人强一些。

蔡敏莉：（**引导小佑父母上场**）你想对你的父母说些什么？

小佑：对不起，我以后会坚强的，无论是学习、生活，还是以后的工作，都不会再让你们担心了。

蔡敏莉：你还需要告诉他们，“我是正常的，我没有什么心理问题。只不过我之前觉得那些冲动不好，现在我接纳了它们，谢谢你们的支持”。

小佑：我是正常的，我没有什么心理问题。只不过我之前觉得那些冲动不好，现在我接纳了它们，谢谢你们的支持。

蔡敏莉：（**面向小佑的父母**）你们想对他说些什么？

爸爸：希望他真的能做到，希望他能正常地学习、生活。

蔡敏莉：他本来就是很正常的，只不过他认识的男性比较少。如果你和你的几个要好的男性朋友组成一个男性小组，成熟的男性就可以教年轻的男性，告诉他们如何做一个成熟的男人、如何面对性冲动，等等。这个小组中的人都可以交流分享，可能就会少走很多冤枉路了。

## 结语

处于成长期的孩子在不同年龄阶段会面临各种问题，尤其是在青春期，孩子产生性冲动是一种常见的现象。但很多父母因不知如何与孩子有效沟通而导致问题频出，亲子沟通是至关重要的。如果父母每天能抽出 15~30 分钟与孩子沟通，倾听孩子的想法，分享自身的经验，就能有益于孩子的心理健康；相反，如果父母对孩子面临的挣扎和困扰一无所知，就无法给孩子切实的帮助，会让孩子感到更加疑惑和恐慌。

希望每个父母都能关注孩子的身心健康，尤其是处于青春期孩子的情绪波动。以爱为底色，用耐心和智慧为孩子点亮前行的路。

## 心理咨询师观摩笔记

黎湘玉

在这个个案中，蔡老师首先肯定了小佑出现性冲动是很正常的，引导他正确理解了自己的发育过程。她还用种子发芽等比喻成长发育，能有效帮助他对性的态度从恐惧害怕转为健康积极。

随后，蔡老师引导小佑探寻自责内疚的根源——对初中时频繁手淫的自我评判。又通过雕塑呈现小佑内心的拉扯——一次次的情绪堆积、因无法放下内疚而选择逃避、不想上学，让小佑清楚如何为自己负责。

最终，通过与小佑的父母对话，提升了小佑为自己负责的决心。还建议小佑的爸爸和与之要好的几个男性组成一个男性小组，用成熟男性的经验给年轻男性做引导和参考。

整个个案层层深入，没有半句冗余之语，每一句都简洁明了，不仅为小佑调整了信念系统，还提升了自我价值，更是指明了他需要为自己负责的方向。

# 第 21 章 少年的心事

## 如何从成长之痛中获得自我认同

在小朗两岁多的时候，父母离异，随后他一直与奶奶相依为命，如今 15 岁了。

后来，爸爸再婚，没有稳定工作，平时他们很少联系，一见面就吵架。妈妈去了外地打工，很少见面。

小朗的经历让他在学校遭到了不公平对待。有一次，小朗捡到了一个书包，并用了里面的东西，被同学看到后告诉了老师。同学说，小朗家那么穷，一定是偷了同学的东西。老师没有深入了解情况就严厉地批评了他。

为了供小朗读书，奶奶卖菜赚钱。她对小朗既疼爱又严厉，常常唠叨他，有时还会打骂他。有一次，小朗送女同学回家被奶奶看见，奶奶便怀疑他早恋，为此两人发生冲突，小朗一气之下摔碎了东西，还推了奶奶，并去同学家躲了一晚，事后他十分后悔。

小朗的内心充满了无奈和渴望，曾有几次想过自杀。他很想找到属于自己的那一丝温暖与希望。

在征得了小朗的同意后，我们开启了本次个案过程。

## 个案实录

蔡敏莉：你来这里是想有什么改变呢？

小朗：改变自己冲动的性格，还有忘记过去的伤心事。

蔡敏莉：伤心事是很难忘记的，但是我发现你每次遇到伤心事后都有一个模式——你只会哭、不上学，甚至想到死。你这样是要报复谁呢？

小朗：没想报复谁。

蔡敏莉：那你有没有想过后果？

小朗：有时候会想。

蔡敏莉：比如你说你在教室里捡到一个书包后就拿去用了，别人怀疑你偷东西。听你的一面之词，好像是老师错了、同学错了，但是如果我再仔细想一想，觉得老师误解你也是合情合理的。对此，你还采取了报复性的行动，比如，你哭、你不上学，你写信向校长投诉。明明可以通过解释解决的，为什么要让别人那么难堪？

小朗：这件事情过后我也有点后悔了。

蔡敏莉：我觉得你总是在坚持一些东西，你很希望大人认错，是不是？

小朗：有时候是这样，有时候也知道自己错了，但是不敢跟他们道歉。

蔡敏莉：那到底是谁对谁错呢？

小朗：现在我觉得是我先错了。

蔡敏莉：是的，我也同意，我觉得你错了第一步，还有我看到你的性格，你错了不承认，是不是的？

小朗：有时候是这样。

蔡敏莉：（笑）你还挺谦虚，但我之前和你聊天的时候，你一直在数落别人的错误，而且说得很夸张，但是没有说自己的错误，是不是？你有错不承认，有仇一定要报，是不是？

小朗：（沉默）

蔡敏莉：我不是指责你，只是想提醒你，我们的每一个行为都会带来结果的，有些人会因此而坐牢。你怨天怨地怨人这么多年，你介不介意我用你的体态来说话？

小朗：不介意。

蔡敏莉：好，那你站起来，走一个圈给我们看看。

小朗：（走了一圈）

蔡敏莉：你看，正常人在走路时肩膀是一字排开的，但你却是含胸驼背缩着肩膀的，是不是？

小朗：好像是。

蔡敏莉：有这种体态的孩子心里有很多委屈的，他们做事也会比较偏激，别人和他们多说了一两句话，他们就会觉得对方啰唆。在与他人出现矛盾时，他们会觉得自己做得没问题，并通过很多事来证明对方有错，还很希望对方向自己道歉。你是不是这样？

小朗：嗯，我有时候会。

蔡敏莉：你想不想看一下你为什么会这么偏激呢？我说这些并不是让你后悔，也不是要你道歉，而是希望你明白，你被情绪控制得很厉害。

小朗：嗯，对。

蔡敏莉：你有很多愤怒，这些愤怒从哪里而来？

小朗：老师的误解，还有我奶奶的唠叨。

蔡敏莉：坦白说，有几个老人不唠叨？你现在只是被你奶奶唠叨，而很多成年人每天都要承受各方的唠叨——老板的、客户的、同事的，不也是像哑巴吃黄连一样地忍着吗？我从你身上看到了很多的愤怒，我想邀请现场的一些学员进行角色扮演，让你看一下你是如何成长的，你的愤怒从何而来，可以吗？

小朗：好的。

蔡敏莉：你父母当时是怎么在一起的？

小朗：我听我奶奶说，我爸爸喜欢我妈妈，他们在一起之后我爸爸就一直不肯回我奶奶家，后来他们就结婚了。

蔡敏莉：（**引导父母扮演者手牵手**）你有时候是不是也不回家？比如，你去朋友家的时候，你有没有跟奶奶交代清楚？

小朗：有时候会跟她说。

蔡敏莉：那事先没有交代的时候怎么办？

小朗：如果事先没有交代，我就会在第二天回家的时候跟奶奶说我去陪朋友了，而不是去学坏了。

蔡敏莉：是同性朋友还是异性朋友？

小朗：是同性朋友，男的。

蔡敏莉：如果你事先没来得及告诉奶奶，是不是可以在晚上给奶奶打个电话？你这样做，奶奶得有多担心啊！她会不会担心你出事？

小朗：我想她会有一点。

蔡敏莉：我很好奇，为什么你一谈别人的错误就会说很多，但我问你奶奶会不会担心你时，你就只说“有一点”？你是不是对别人很不公平？

小朗：有时会。

蔡敏莉：你说“有时会”，你很会说话，也很会玩言语游戏，但是被我们看穿了，你再玩也没有用了。我们是很公道的，你做对了什么，我们会说出来；你忽略了什么，我们也会提醒你。我想这才是真正的公平、真正的公道，我想这也是你的追求。你从小到大是不是没有人像大姐姐或妈妈一样，在你身边和你平等地聊天？每个人都需要有这样的伴，当你有心事的时候，你会跟谁说？

小朗：有时候会跟朋友说，有时候会写日记，还有时候憋在心里不说。

蔡敏莉：也就是说，除了和你差不多年纪的朋友，没有成年人跟你聊天，也没有人开导你。你还可能会写日记，甚至是憋在心里。忍到一定程度无法忍受了，你就会爆发，所以你的体态就会呈现出这个样子——你的背在告诉你，要忍到忍无可忍的时候，然后你就会做出偏激的行为。我理解也接受你的一切行为，但我更希望给你一些支持。你父母婚后开心的时间有多长？

小朗：我估计应该很短。

蔡敏莉：很短？有没有一两个月？

小朗：应该有。只是，我看他们的结婚照片，我妈妈显得很不高兴。从我记事起，他们就总吵架。

蔡敏莉：他们是怎么吵架的？

小朗：他们吵得很凶。在他们还没有离婚的时候，有一次爸爸打了妈妈。

蔡敏莉：妈妈什么反应？

小朗：妈妈哭，还打爸爸。

蔡敏莉：（**引导父母扮演者面对面站立，互相指着对方**）他们的婚姻持续了多久？

小朗：大概三年多。

蔡敏莉：（引导父母扮演者背对背站立）他们就这样分开了，就像是两个陌生人。你为什么不跟爸爸住？

小朗：因为我恨他，我觉得是他赶走了妈妈。

蔡敏莉：（引导奶奶扮演者挨着爸爸扮演者，与小朗扮演者牵手）所以你就跟奶奶在一起了。我想每个孩子都希望父母相爱，而且爱孩子，对不对？

小朗：对。

蔡敏莉：但是你的父母做不到，你想对他们说些什么？

小朗：我希望他们复婚，一起工作。

蔡敏莉：这个愿望不现实。

小朗：我知道，我还希望爸爸找到一份工作。

蔡敏莉：你总是希望别人改变，你需要说一些你可以做到的事情。（引导小朗看向爸爸扮演者）你告诉他，你对他有什么感受？

小朗：（沉默）

蔡敏莉：你看不看得起他？

小朗：看不起。

蔡敏莉：你觉得他像一个男人吗？

小朗：不像。

蔡敏莉：那你告诉他，“你不像一个男人”。

小朗：你不像一个男人。

蔡敏莉：你可能会觉得你的父母离婚了，然后抛弃了你，才让你过得这么苦，那你不如一次性地把你想说的都说出来。你告诉他，“你不像一个男人。你不是一个好老公，也不是一个好爸爸。你既不工作，也不养家，你还脾气暴躁，动不动就打人”。

小朗：你不像一个男人。你不是一个好老公，也不是一个好爸爸。你既不工作，也不养家，你还脾气暴躁，动不动就打人。

蔡敏莉：你脾气暴躁吗？

小朗：有时会。如果忍耐得太久，我有时就会忍不住发火。

蔡敏莉：那你很像他。（**引导小朗再次看向爸爸扮演者**）你还想对他说些什么呢？

小朗：看他的时候，我觉得很有压力。

蔡敏莉：那你告诉他，“我对你没有什么好说的，我不想和你聊天”。

小朗：我对你没有什么好说的，我不想和你聊天。

蔡敏莉：我从你的体态上看，感觉到你已经在某种程度上放弃爸爸了，是不是？

小朗：（点头）

蔡敏莉：你还可以告诉他，“你不负责任，你不养我，也不管我，我不想这样。你是我爸爸，却从来没有教过我任何东西，但我会自己学。我之前总是把自己封闭起来，希望你和妈妈有所改变然后拯救我。现在我对你很失望，以后我不会再像以前那样了，我会让自己长大”。

小朗：你不负责任，你不养我，也不管我，我不想这样。你是我爸爸，却从来没有教过我任何东西，但我会自己学。我之前总是把自己封闭起来，希望你和妈妈有所改变然后拯救我。现在我对你很失望，以后我不会再像以前那样了，我会让自己长大。

蔡敏莉：你希望爸爸接下来如何对你？

小朗：平等。

蔡敏莉：这是什么意思？

小朗：希望他可以将一部分的爱给我。

蔡敏莉：那你跟爸爸说，“你不爱我，我很恨你，但是我希望你爱我”。

小朗：你不爱我，我很恨你，但是我希望你爱我。

蔡敏莉：是不是这样的？如果爸爸现在叫你过去，想要抱抱你，你愿意吗？

小朗：（**和爸爸扮演者拥抱**）

蔡敏莉：（**面向大家**）孩子的愤怒往往与父母有关，但是因为孩子的心智还没有成熟，也无法和父母说出来，便背负了一次又一次的愤怒，然后在日常生活中一点一点地发泄出来。如果你是校长、老师，你就会为这样的学生感到很头疼，但他只是很单纯地想告诉你，他活得很孤单、很不快乐，但是他又不知道该如何合理地表达。身为成年人，我们需要去倾听孩子的心声，理解孩子的孤独。（**面向小朗**）你跟着我说，"我已经长大了，我会为自己的情绪和行为负责。我不会再怨天怨地怨别人，我要对其他人合情合理。我之前是因为得不到父母的爱，我有时才会做出过激行为。如果我曾经伤害过你，比如，我的老师、同学，我会向你道歉，我不是有意的"。

小朗：我已经长大了，我会为自己的情绪和行为负责。我不会再怨天怨地怨别人，我要对其他人合情合理。我之前是因为得不到父母的爱，我有时才会做出过激行为。如果我曾经伤害过你，比如，我的老师、同学，我会向你道歉，我不是有意的。

蔡敏莉：我祝福你。

## 结语

从这个个案中，我们看到了一个在艰难环境中成长的孩子。他的命运充满坎坷——家庭的破碎、亲人的冷漠与误解，学校的不愉快经历，都让他承受着巨大的压力。

身为心理咨询师，我们在关注和帮助这样的孩子时需要保持清醒，不能仅仅因为可怜他们而一味地给予特殊照顾，因为这可能会让孩子陷入受害者的角色而无法自拔。他们需要学会为自己的情绪、行为和选择负责，承认自己犯过的错误。这样他们才能从困境中成长起来，而不是一直埋怨他人。也就是说，我们的态度应是既理解他们是环境的受害者，又鼓励他们成长。只有这样，他们才能更好地与他人相处，摆脱受害者的心态，勇敢地面对生活中的挑战，在成长的道路上逐渐变得坚强，找到属于自己的幸福和未来。

## 心理咨询师观摩笔记

均铭

在这个个案中，蔡老师先是通过与小朗的对话，引导他反思自己的行为模式，并指出他在面对问题时容易陷入偏激，犯错后不愿意承认且有报复性行为，让小朗认识到了自己的问题所在。

接着，蔡老师通过询问小朗的家庭情况并采用角色扮演的方式，让小朗直观地看到父母的婚姻状态以及自己对父母的期望和感受。在这个过程中，蔡老师帮助小朗释放了内心对爸爸的不满和愤怒，同时也让小朗意识到自己与爸爸在某些方面的相似之处。

蔡老师还关注到小朗的体态所反映出的内心状态，指出小朗的委屈和偏激行为与他的成长经历有关。强调小朗是因在成长的过程中缺乏成年人的开导和陪伴，才导致他情绪积压直至最终爆发的。

最后，蔡老师引导小朗向爸爸表达自己的真实感受，并在适当的时候促成小朗与爸爸的拥抱，帮助小朗释放情感。蔡老师还让小朗学会为自己的情绪和行为负责，向可能被自己伤害过的人道歉。

整个过程中，蔡老师以客观、公正的态度，帮助小朗认识自己、理解他人，为小朗的成长提供了有力的支持。

第 22 章

# 心底的暗涌

## 如何在痛苦的过往中重新爱自己

19 岁时，一次意外改变了小优的一生。她与同事聚会时喝多了，醒来后发现自己光着身子躺在了男同事宿舍的床上。这名男同事是有家室的，且他的老婆和小优在同一个车间。事后小优想立刻报警，但男同事哄骗她说会为她负责。一个多月后，小优发现自己怀孕了，男同事迟迟没有给她一个说法，她绝望地跳楼，想一死了之。结果，她被救了过来，却落下了终身残疾。事后她还想过报案，但是一手证据已不在，而且觉得羞耻，就放弃了。

小优的妈妈是一个很传统的女人，也很爱面子，她因此和小优的关系搞得很僵，直至去世也没有原谅她。

这件事过后，小优一直活得很不开心。虽然她有过两段亲密关系，但最终都是以男方出轨而告终。小优越发觉得自己很卑微，也不值得被爱，甚至在第二段关系结束后想要服药自杀。幸好又及时被人发现，保住了性命。

如今她 36 岁了，这 15 年间她常常有自伤行为，每天晚上都要靠安眠药才能入睡。她很渴望获得关爱，也渴望能遇到爱自己的人。她来找我做个案，希望能摆脱自卑，活得痛快一些。

在征得了小优的同意后，我们开启了本次个案过程。

## 个案实录

蔡敏莉：你今天来到这里，想为自己改变一些什么？

小优：想让自己走出自卑与自责的心态。

蔡敏莉：你自卑了多少年？

小优：我出院后，发现自己再也无法正常走路的时候就开始自卑了。

蔡敏莉：你责备自己什么？

小优：我因为当年发生那件事而跳楼了，导致我现在残疾，让我的生活很不方便。

蔡敏莉：这是多久之前的事？

小优：15 年前。

蔡敏莉：你闭上眼睛，让自己坐得舒服一点，然后你试着把过往的事情像录像带一样播放出来。你已经惩罚自己 15 年了，你还想惩罚自己多少年呢？是不是该停止了？在发生那件事之后，你做了一些决定，有些是聪明的，有些让你至今仍感到很委屈。无论如何，都已经过去了。我这里有一个抱枕，我们假设它代表了你自己。请你抱紧它，你可不可以对自己说，“我接纳这件事，这是我的命运。我接纳你，我原谅你”？

小优：（**抱着抱枕哭泣**）我接纳这件事，这是我的命运。我接纳你，我原谅你。

小优

蔡敏莉：这的确是一件伤心事，是值得你好好地哭一场的。这件事太不公道、太不公平了，为什么没有人可以站出来为你说一些公道话？不过，既然你想改变，今天就试着在这里将这一切慢慢地放下。你已经背负了15年，你也为此付出了很大的代价，你还一直在责备自己，这让你自卑。是时候放下这些事了。现在，请你睁开眼睛，我会帮助你处理一些你之前没有处理的事情。我会邀请现场的几位学员进行角色扮演。（**引导小优面向妈妈扮演者**）你妈妈已经过世了，你想对她说些什么？

小优：（**看着蔡敏莉**）我一直都觉得我对不起妈妈。

蔡敏莉：（**再次引导小优面向妈妈扮演者**）对妈妈说，“妈妈，对不起，我一直都想做一个乖女儿”。

小优：妈妈，对不起，我一直都想做一个乖女儿，但是命运对我不公平。

蔡敏莉：继续说，“我责怪了自己15年，但做错事的人却没有受到惩罚”。

小优：我责怪了自己15年，但做错事的人却没有受到惩罚。

蔡敏莉：问问她，“我今天决定原谅自己，可不可以”。

小优：我今天决定原谅我自己，可不可以？

妈妈扮演者：可以。

蔡敏莉：（**面向妈妈扮演者**）你抱抱女儿，告诉她，“你永远都是我的乖女儿”。

妈妈扮演者：（**拥抱小优**）你永远都是我的乖女儿。

小优：妈妈对不起，我让你丢脸了。

蔡敏莉：（**面向妈妈扮演者**）告诉女儿，“妈妈爱你，而且你还有你自己”。

妈妈扮演者：妈妈爱你，而且你还有你自己。

蔡敏莉：（**引导小优放下代表自己的抱枕**）你可不可以将妈妈的爱延续，来爱回你自己？（**引导小优扮演者上场，两人相对；面向小优扮演者**）告诉她，“发生了那件不幸的事，你应该生那个男人的气，而不是生自己的气。你总是做一些事情来伤害自己，我很生你的气。我已经苦了15年了，我希望你以后能给我好日子，好好爱我”。

小优扮演者：发生了那件不幸的事，你应该生那个男人的气，而不是生自己的气。你总是做一些事情来伤害自己，我很生你的气。我已经苦了15年了，我希望你以后能给我好日子，好好爱我。

蔡敏莉：你问问她，“算我求你了，你可以做到吗”？

小优扮演者：算我求你了，你可以做到吗？

小优：（**含泪点头**）

蔡敏莉：此刻你可不可以当着大家的面做一个承诺？你说，“我会学着如何好好地爱自己”。

小优：我会学着如何好好地爱自己。

蔡敏莉：（引导小优看向小优扮演者）要想学着爱她，就要先接纳她。你可不可以拥抱她？她等了你15年。

小优：（拥抱小优扮演者哭泣）

蔡敏莉：（面向大家）我们需要给她时间哭，因为她太不幸了，她这15年过得太不开心了。（小优哭泣声减弱后，面向小优）你试着跟我说，“我接纳我自己，我接纳我的身体有残疾，我接纳这是我当年的决定导致了今天的结果”。

小优：我接纳我自己，我接纳我的身体有残疾，我接纳这是我当年的决定导致了今天的结果。

蔡敏莉：你能不能面对这个现实，牵着自己向前走？

小优：能。

蔡敏莉：这样一来，你才能不再活在过去和内疚之中，才有可能看到当下你拥有什么，以及未来是什么样。你看到你身边的朋友和家人了吗？

小优：看到了。

蔡敏莉：你猜他们能不能理解你或者愿不愿意帮助你呢？（推着小优靠近学员）我们走近一些，这样能看得更清楚。你准备好面对现实了吗？现场能够理解她的亲人和朋友请举手。

（全场举手）

小优：（感动流泪）谢谢你们的理解。

蔡敏莉：愿意帮助她的人，请站起来。

（全场起立）

小优：谢谢大家。

蔡敏莉：看来，你在这个世界上并不孤独，有那么多人愿意接纳你，你可不可以原谅你自己？

小优：可以。有大家的理解，我会走出来的。

蔡敏莉：你愿意接受大家的握手或拥抱吗？

小优：愿意。

蔡敏莉：如果大家想通过握手或者拥抱表示对她的支持，就请走过来。

（周围的家人和朋友过来与小优握手和拥抱，鼓励她）

小优：谢谢你们的支持。

蔡敏莉：最后，我们在她身边围成一个爱心圈，在心中为她送上祝福。

## 结语

从女性所面临的伤害角度来看，这是一个值得我们深入思考的问题。生活中，女性在遭遇伤害时，不同的应对方式会带来不同的结果。

如果女性选择隐忍，以为时间会治愈一切，就会把痛苦深埋心底。然而，如果痛苦不被看见，就会成为心底的暗涌，随时都有可能冲垮生活的堤坝。它们会转化为愤怒，不仅伤害自己，还可能波及他人。

爱则能给予人温暖，让人在孤单的世界里找到依靠。不过，面对伤害，女性不能仅仅依靠爱来疗伤，更应勇敢地站出来，大声地说出自己所受的伤害，维护自己的合法权益。记住，这不是你的错，而是伤害你的人的错！

## 心理咨询师观摩笔记

刘淑敏

在这个个案中，蔡老师展现出了专业且温暖的引导方式。

首先，蔡老师通过让小优闭上眼睛回忆过去的伤害，引导她认识到自己已经惩罚自己 15 年了，适时地提醒她是时候放下了。当小优抱着象征自己的抱枕哭泣时，蔡老师给予充分的空间让她释放情绪，这种压抑已久的痛苦需要一个出口。

接着，蔡老师引入角色扮演，让小优与已逝的妈妈对话。这帮助小优表达出了内心深处对妈妈的愧疚感，同时也让小优从妈妈那里获得了接纳和认可，这对于小优来说是一种情感上的慰藉，减轻了她的心理负担。

然后，蔡老师又安排小优与她的扮演者对话，让小优看到她对自己的伤害，激发她产生自我关爱之情。通过一系列的对话引导，蔡老师不仅让小优意识到应该好好爱自己，为自己承诺一个更好的未来，还让她看到周围人对她的支持和接纳。

在整个过程中，蔡老师始终以温和的态度陪伴着小优，不断地给予她鼓励和支持。她引导小优接纳自己的残疾和过去决定带来的后果，勇敢地面对现实，并让小优感受到她并不孤单，周围的人愿意理解和帮助她。蔡老师的这些做法帮助小优逐渐打开心扉，走向自我接纳和自我关爱的道路，为她的心理疗愈奠定了坚实的基础。

# 第 23 章 被仇恨包裹的心
# 如何拨开迷雾看清未来

脾气暴躁的爸爸是暖暖的梦魇。从她很小的时候起，爸爸就经常对她拳打脚踢，而且每次都下狠手。尽管父母也会吵架，但是爸爸不会打妈妈，有时他和妈妈吵完架还会拿暖暖出气。

上初中时，暖暖进入青春期，有了自己的想法，有时会和爸爸对峙，爸爸打她打得更凶了。后来，她的学习成绩断崖式下滑，初三时还因抑郁症而在家休学一年。爸爸看她更不顺眼了，她也常常因小事与爸爸势同水火，甚至多次萌生轻生的念头。

大学毕业后，暖暖一直没有找到合适的工作，心情很沮丧。好不容易进了一家不错的公司，她非常希望能安稳度过试用期，便给了自己不小的压力。在岗前培训的一天，她突然四肢抽搐、呼吸困难，同事背着她去就医。她也因此失去了这个工作机会。

暖暖谈过几次恋爱，但都是抱着玩玩的心态，她不相信自己能找到真爱，因为她觉得男人都和她爸爸差不多。尤其是在每次分手后，她更是坚定了“男人没一个好东西”的观念。

暖暖前来咨询，说感到未来一片灰暗，不知未来在何方，她很希望我能教教她如何找一份好工作、如何和男朋友相处。

在与暖暖的沟通中，我观察到：她没有从原生家庭中得到父爱，内心缺乏力量，感到愤怒、忧郁、压抑；在工作中屡屡受挫，渴望有一份工作可以改变命运、改变生活；在感情中屡屡受挫，非常渴望被爱、被关怀。

在征得了暖暖的同意后，我们开启了本次个案过程。

## 个案实录

蔡敏莉：你知道你为什么会得抑郁症吗？因为你心里有很多愤怒，但你又竭力压抑那些愤怒，不让自己宣泄出来，到后来就想干脆放弃算了。你对谁最愤怒？

暖暖：我爸爸。

蔡敏莉：爸爸通常代表了你生命中的权威人士，如果你跟爸爸的关系不好，长大后就很容易有后遗症，比如在面对权威人士时感到恐慌或极度愤怒。你想不想了解它的根源呢？

暖暖：想，我还想彻底摆脱这个问题。

蔡敏莉：好的，我们请现场的几位学员进行角色扮演。（**引导暖暖看向爸爸扮演者**）你告诉他，他是一个什么样的爸爸？

暖暖：你脾气暴躁，只要一不开心、不满意，就算是鸡毛蒜皮的小事也会让你大发雷霆。

蔡敏莉：他就像是一个暴君？

暖暖：对。

蔡敏莉：你妈妈是一个什么样的人？

暖暖：妈妈读了很多书，她是做老师的。我爸爸只读到小学毕业。

蔡敏莉：你妈妈甘心吗？

暖暖：我觉得这么多年来，她应该会有一些后悔的，但是他们毕竟在一起这么多年了，她应该习惯了。

蔡敏莉：所以她是心甘情愿嫁给他的？

暖暖：是的。

蔡敏莉：所以，可不可以说妈妈是爱爸爸的呢？

暖暖：嗯，如果不爱，她也不会嫁给他。

蔡敏莉：好的，他们两个人在一起时，谁骂谁更多一些？

暖暖：爸爸是那种野蛮专制的人。

蔡敏莉：妈妈很迁就他？

暖暖：嗯，她不敢出声，怕一说什么爸爸就会骂得越来越严重，有时她还会离他远一些。

蔡敏莉：如果我们用一些姿态来形容他们的关系，（**引导爸爸扮演者指着妈妈扮演者**）就是爸爸指责妈妈，（**引导妈妈扮演者面向爸爸扮演者单膝跪地，向他伸出一只手且手心向上**）妈妈迁就爸爸，是不是这样的？你爸爸是不是希望你妈妈能生个儿子？

暖暖：是的。

蔡敏莉：妈妈对这件事的态度呢？

暖暖：她觉得无所谓。

蔡敏莉：所以在你出生以后，你爸爸就将生活中所有的不如意都发泄在你身上了？

暖暖：是。

蔡敏莉：你在家里就像一只替罪羊？

暖暖：嗯，妈妈也是。

蔡敏莉：（**引导暖暖扮演者也面向爸爸扮演者跪下，向他伸出一只手且手心向上**）他打你吗？

暖暖：打，下狠手。

蔡敏莉：（**引导爸爸扮演者假装使劲地踢打暖暖扮演者**）是不是这

样的？

暖暖：是，我浑身是伤。

蔡敏莉：好的，看看呈现在你面前的整个家庭关系图。你在一个这样的家庭环境中成长，你觉得你的自尊心是什么样的？

暖暖：我已经没有自尊心了。

蔡敏莉：如果有得选择，你希不希望开心地活下去？

暖暖：当然了，每个人都希望做一个开心的人。

蔡敏莉：（**引导自尊心扮演者坐在暖暖扮演者身后，被一块布半盖住身体**）但你已经没有自尊心了。

暖暖：是。

蔡敏莉：在那一刻你想不想死？

暖暖：非常想，觉得自己不适合在这个世界上。

蔡敏莉：所以，你死亡的意愿大于生存的意愿？

暖暖：嗯，我觉得我更适合与世无争的世界。

蔡敏莉：所以你更向往另一个世界？

暖暖：是。

蔡敏莉：这个世界太残酷了，连爸爸都这样对你。

暖暖：没错。

蔡敏莉：妈妈又帮不上你什么，也保护不了你。

暖暖：是的。

蔡敏莉：但是你的肉身不可以死。

暖暖：是的。

蔡敏莉：因为你要是死了，妈妈就会很伤心，所以你将你的肉身留在这里来敷衍这两个人？

暖暖：（**流泪**）是。

蔡敏莉：但其实你的内心很向往另一个世界？

暖暖：是，我会很开心、很快乐。

蔡敏莉：你想死但又不能死，可是不死的话能做些什么呢？你会不会让自己成功？我猜你不会，因为如果你成功了，就能让爸爸开心了，你希不希望他开心？

暖暖：我毕竟是他的女儿，如果一切都能改善，就算他不是特别关心我，我也希望他过得好，也希望以后一家人能开开心心地过日子。

蔡敏莉：你再去觉察一下自己，是不是嘴上说“我希望他能过上好日子”，但是心里说“我就是想气死他”？

暖暖：嗯，我的确这么想过。

蔡敏莉：你回想一下你小时候的经历，你想对他说些什么？大声地说给他听。

暖暖：（**站在凳子上指着爸爸扮演者**）你心理变态！你打我、诅咒我，你会遭天谴的！你是恶魔！

蔡敏莉：你跟着我说，“我真想一脚把你踢飞。我看不起你，你根本不配做我爸爸，我在梦里已经杀了你几千次了，我是不会放过你的，我要和你同归于尽。可是，我又不能死，死了会让妈妈伤心，所以我会让自己一事无成，这样才能慢慢地折磨你，这是报复你的唯一办法。你还影响了我对男性的看法，让我根本不相信婚姻，我也不会去谈恋爱，我只是玩弄那些男人而已。没错，我就要这样报复你”。

暖暖：（**满脸愤怒，但说着说着已泪流满面**）我真想一脚把你踢飞。我看不起你，你根本不配做我爸爸，我在梦里已经杀了你几千次了，我是不会放过你的，我要和你同归于尽。可是，我又不能死，死了会让妈妈伤心，所以我会让自己一事无成，这样才能慢慢地折磨你，这是报复你的唯一办法。你还影响了我对男性的看法，让我根本不相信婚姻，我也不会去谈恋爱，我只是玩弄那些男人而已。没错，我就要这样报复你。

蔡敏莉：（**引导暖暖从凳子上下来，然后看向爸爸扮演者**）你理想中的父女关系是什么样的？

暖暖：很融洽，有说有笑、无所不谈，我和他说话时不要有所顾忌。

蔡敏莉：你希望爸爸爱你。

暖暖：是。

蔡敏莉：（**引导暖暖面对爸爸扮演者**）你告诉他。

暖暖：我希望你关心我、爱我，我希望你凡事能为我出头，可以保护我。

蔡敏莉：你为此等了多少年？

暖暖：22年。

蔡敏莉：他是不是有一些精神问题？我觉得他有些抑郁的。

暖暖：可能吧，他还有躁狂。

蔡敏莉：那很可能是有躁郁症。他去看过医生吗？

暖暖：没有，他不会承认自己有问题的。

蔡敏莉：（**引导爸爸扮演者看向暖暖**）你试着对她，"对不起，因为我的病给你带来了很多的痛苦。要是我意识清醒，要是我没有病，我就会好好爱你的。因为你是我唯一的女儿，我愿意去爱你的"。

爸爸扮演者：对不起，因为我的病给你带来了很多的痛苦。要是我意识清醒，要是我没有病，我就会好好爱你的。因为你是我唯一的女儿，我愿意去爱你的。

蔡敏莉：有没有这样的可能？

暖暖：有吧，要是他遇到事情可以冷静处理，愿意和妈妈沟通，我觉得他就能比现在强。

蔡敏莉：（**引导爸爸扮演者向暖暖伸开双臂；面向暖暖**）要是他向你伸开双臂，想让你走过去，想给你拥抱，你愿不愿意？

暖暖：（**双手紧贴身侧，站在原地，丝毫未动**）

蔡敏莉：起码可以尝试一下。你内心很希望得到爸爸的疼爱，尽管现实让你感到很失望，但只要爸爸的意识正常，他就很乐意爱自己的女儿的。你想不想去试试？你之前被困在那个困境中那么久，导致你的脚已经不会走了。你和我一起抬起右脚，再踏下去。

暖暖：（**跟着蔡敏莉的步伐，一步一步地慢慢走到爸爸扮演者面前，伸出一只手，放到爸爸扮演者的手上**）

蔡敏莉：你对他说，"我不想再报复你了。虽然我希望你爱我，但你不是一个好爸爸，你没有做到。所以，我要好好地爱我自己，只有我才能保护我自己。要是我们还有缘，我就希望我们能有机会好好地相处一会儿"。

暖暖：（**泪流满面**）我不想再报复你了。虽然我希望你爱我，但你不是一个好爸爸，你没有做到。所以，我要好好地爱我自己，只有我才能保护我自己。要是我们还有缘，我就希望我们能有机会好好地相处一会儿。

蔡敏莉：要不要过去拥抱一下爸爸？

暖暖：（**拥抱爸爸扮演者**）

蔡敏莉：（**面向大家**）年幼的孩子在不开心时会通过幻想来平衡心理。长大后，可能还会接受药物治疗，这的确有效果。但如果能明白病因，以及自己是在玩心理游戏并不再打算继续玩下去了，可能不用再借助那么多药物就能让人得到治愈。（**面向暖暖**）你需要处理你和爸爸的关系，坦白对爸爸的愤怒，承认希望得到爸爸的爱却没有得到，所以你才这么失望。不过，学会失望其实是一件好事，你可以为自己做一个新的决定，不会再用自己的身体、健康来报复爸爸，并学会爱自己。只要做了这个决定，其他事才会慢慢有所改变，否则教你如何找工作、与男友相处都只是表面行为，无法解决真正的心理原因。你只有对自己坦白，接纳失望并放下，才能实现成长和改变。

## 结语

暖暖在成长的过程中承受了巨大的痛苦。她与爸爸的关系紧张，对爸爸的期望未能得到满足，这让她的内心充满了愤怒和失望，陷入了自我伤害和报复的心理游戏中，甚至患上了抑郁症。接纳失望是成长的开始。她只有勇敢地面对自己的内心，承认对爸爸的渴望与失望，才能真正走出困境。

在暖暖表达了对爸爸的愤怒和期望后，她看到了问题的根源，需要放下过去的伤害，学会爱自己。尽管现实中的父女关系可能无法立刻改变，但暖暖可以从内心做出决定，不再用自己的身体和健康来玩这场痛苦的游戏。只有当她真正关爱自己，才能将精力放在积极的事情上，逐渐改变自己的生活。希望暖暖能勇敢地迈出这一步，走向新的人生。

## 心理咨询师观摩笔记

何若韫

暖暖对爸爸又爱又恨，既依恋又排斥，既想靠近又想逃离，这种对待男性的态度很容易贯穿她的一生。女孩与爸爸的依恋模式，往往决定了她未来的情感模式，以及她未来面对权威的互动模式。只有具备足够的自省能力，才能通过系统学习挣脱这种模式。

在这个个案中，蔡老师通过提问引导暖暖探索抑郁症的根源，逐步聚焦到与爸爸的关系上。她让暖暖描述爸爸的行为，使暖暖更清晰地认识到自己对爸爸的愤怒来源。接着，蔡老师通过角色扮演重现家庭场景，让暖暖直观地感受到自己在家庭中的处境，帮助她释放压抑的情绪。随后，蔡老师引导暖暖表达内心深处对爸爸的渴望和报复心理，让暖暖将这些情绪充分地宣泄出来。最后，蔡老师推动暖暖去思考理想的父女关系，并鼓励暖暖走向爸爸，与其拥抱和解。

在整个过程中，蔡老师始终保持温和的态度，给予暖暖足够的空间去表达和探索自己的内心世界。她帮助暖暖认识到问题的核心在于她与爸爸的关系，只有面对和处理这个根源问题，才能真正实现自我成长和改变。

如果父母能在孩子小时候给予足够的爱，孩子将来就可以有足够的力量应对生活的各种考验。请珍惜孩子在我们身边的每一天。共勉！

第 24 章

# 情感的空洞
# 如何摘掉滤镜寻找伴侣

瑞瑞是一家服装店的老板，美丽又干练。然而，事业的成功和经济的独立却未能给她带来内心渴望的幸福，她很渴望获得真爱，找一个像爸爸那样宠溺她的伴侣。

六年前，瑞瑞离婚了。那时，她无法忍受与不再相爱的老公有亲密接触，于是毅然决然地带着刚满两岁的女儿开始了独自生活。离婚后的瑞瑞，不再相信自己还能邂逅真正的爱情。为了排遣内心的空虚与寂寞，她有过几次一夜情。可是刹那的激情过后，留给她的却是更为深沉的落寞与孤独。直到她遇见了现在的男友，那颗早已麻木的心才开始渐渐复苏。然而，男朋友很介意她的过往，尤其是在看到她的女儿时总是对她曾有过的那段婚姻很介怀。瑞瑞想和他分手，但又舍不得这段感情，不知该如何是好。

在征得了瑞瑞的同意后，我们开启了本次个案的过程。

## 个案实录

蔡敏莉：你现在对爱情的观念是怎样的？

瑞瑞：爱一个人就要为他改变，还要以他想要的方式对他好。

蔡敏莉：嗯，你认不认同你前夫的话？

瑞瑞：如果他说得有道理，我就会认同；现在有冲突，我觉得他说得没道理。

蔡敏莉：你觉得他在哪方面说得没道理？

瑞瑞：我给你举个例子。有朋友在跟我聊天的时候会不停地提到我前夫，我就告诉她我离婚了。后来我前夫约我上街，我立刻拒绝了，还问他有什么事。他说我是故意跟别人说我离婚了，就是想获得别人关心。

蔡敏莉：那时你已经跟现在这位男朋友在一起了吗？

瑞瑞：是的。

蔡敏莉：如果是其他男人约你上街你去吗？

瑞瑞：不去。

蔡敏莉：如果别人问你现在过得怎么样，你会不会告诉别人，你离婚了但是有男朋友？

瑞瑞：我不会特意说。因为我这个男朋友总提分手，所以我也不知道什么时候会失去他。

蔡敏莉：所以，你已经打算输了这一局了吗？

瑞瑞：只有两个人结婚了，我才相信这是真实的。

蔡敏莉：你想为自己改变什么？

瑞瑞：我想知道自己对待爱情的态度对不对。

蔡敏莉：你对和你男朋友之间的爱情，态度如何？

瑞瑞：我会很尊重他的意愿，也很尊重他的感受，但我还是很想做回自己。现在的矛盾是，如果我做回自己，就会不被他欣赏；如果我爱他，就等于失去了自己。

蔡敏莉：好的，我想看看你从小到大和男性的关系如何。听你之前的介绍，你的父母很恩爱，也很疼你。他们谁和你的关系更好一些？

瑞瑞：爸爸。妈妈更疼哥哥。

蔡敏莉：好的，我想邀请现场的几位学员呈现你们的关系。（引导妈妈扮演者搭着哥哥扮演者的肩膀）妈妈很疼爱哥哥，（引导爸爸扮演

**者搭着瑞瑞扮演者的肩膀**）爸爸很疼你。他对你百依百顺吗？

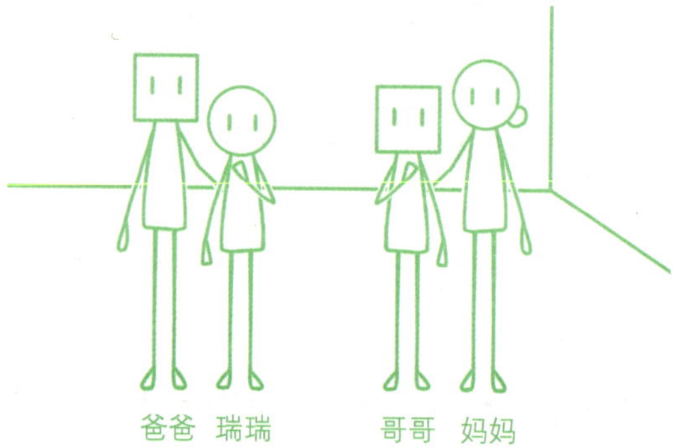


瑞瑞：是的，但有时候也挺严格的。

蔡敏莉：他很疼爱你，全家都很疼爱你，你算不算一个小公主呢？

瑞瑞：算。

蔡敏莉：（**引导瑞瑞扮演者站到凳子上；父母扮演者、哥哥扮演者面向瑞瑞扮演者单膝跪地，向她伸出一只手且手心向上**）你高高在上，全家人都讨好你，是不是这样？你小时候是不是要什么有什么？

瑞瑞：是的，差不多。

蔡敏莉：你可不可以举个例子来说说爸爸是怎么宠你的？

瑞瑞：（流泪，哽咽）爸爸很疼我，他教我学游泳、骑自行车、开摩托车。我在学自行车的时候，他一直跟在我后面跑。

蔡敏莉：你爸爸花了很多时间教育你。可以说说你的眼泪吗？

瑞瑞：（泪流不止，说不出话来）

蔡敏莉：你成长在这个家庭，每个人都很迁就你、爱你，你是否觉得他们这么做都是应该的？

瑞瑞：我觉得这样是很幸福的。

蔡敏莉：你很懂得享受被爱，所以在你谈恋爱的时候也是这样的吗？

瑞瑞：是的。

蔡敏莉：（引导父母及哥哥扮演者离场，前夫及前男友扮演者上场）你前夫还有之前交往过的男朋友对你如何？

瑞瑞：他们都很疼爱我，还很欣赏我。

蔡敏莉：你之前在选择伴侣时有什么标准？

瑞瑞：在我小时候，爸爸总是跟我说，人的家境不重要，人品好才是最重要的。所以在我选择男朋友的时候，只要是人品好的、对我好的，我就会考虑。

蔡敏莉：只要是对你好的，你就会愿意和他谈恋爱吗？

瑞瑞：我愿意和他相处，看看是否适合。

蔡敏莉：也就是说，其实你那时未必是爱他的？

瑞瑞：对，我不爱他。我好像不太懂得爱，选择和一个人在一起，只是因为觉得很开心。

蔡敏莉：你相处过的伴侣都很迁就你吗？

瑞瑞：是的，都很迁就我。

蔡敏莉：**（引导前夫及前男友扮演者面向瑞瑞扮演者单膝跪地，向她伸出一只手且手心向上）**所以，你期待生命中的男性都能讨好你？

瑞瑞：是的。

蔡敏莉：那你为什么要和前夫离婚呢？

瑞瑞：我想找到自己所爱的人。

蔡敏莉：直到离婚的时候，你也还是不爱他？

瑞瑞：是的。

蔡敏莉：你只是享受被爱而已？

瑞瑞：是的。

蔡敏莉：所以你就离开他了？

瑞瑞：是的。

蔡敏莉：你心目中理想的男性是怎样的？

瑞瑞：像爸爸那样的。

蔡敏莉：（引导瑞瑞看向爸爸扮演者）你说给爸爸听。

瑞瑞：我想找到一个伴侣，能像你那样疼爱我。

蔡敏莉：爸爸是如何疼爱你的？

瑞瑞：无论我做错了什么事，他都会包容我，还会指出我的错误让我以后不要再犯错。

蔡敏莉：听起来好像你的教练？

瑞瑞：是的。

蔡敏莉：你的爸爸现在还在世，你有一个爸爸不就够了吗？

瑞瑞：我觉得自己和最亲密的男性也应该像和爸爸这样。

蔡敏莉：所以你就赶走了以前的男性？

瑞瑞：是的，我觉得他们不够资格。

蔡敏莉：（引导瑞瑞看向前夫及前男友扮演者）你告诉他们，“你们不像我爸爸，不够资格，请走开！我不爱你们，我只是爱我爸爸”。

瑞瑞：你们不像我爸爸，不够资格，请走开！我不爱你们，我只是爱我爸爸。

蔡敏莉：（引导前夫及前男友扮演者离场）你将他们一脚踢出你的生命之外，所以是你赶走他们的，是不是？

瑞瑞：是的。

蔡敏莉：你跟现在的这个男朋友的关系如何？

瑞瑞：还可以，但是他总是挑剔我。

蔡敏莉：（引导男朋友扮演者和瑞瑞扮演者相对站立）你喜欢现在这个男朋友哪方面？

瑞瑞：他很细心，做事很谨慎，很有能力，很内敛。

蔡敏莉：他像不像你爸爸？

瑞瑞：像。

蔡敏莉：所以，你想从和你相处的每个男人找到你爸爸的影子。那你其实是想找一个爸爸还是找一个伴侣呢？

瑞瑞：就是想找一个像爸爸那样的伴侣。

蔡敏莉：我说过了，你已经有一个爸爸了。

瑞瑞：可我就是喜欢这种男性。

蔡敏莉：你已经有一个爸爸在照顾你了。

瑞瑞：我觉得只有这种男性才能给我安全感……（流泪）我很怕爸爸去世后，没人照顾我。

蔡敏莉：我觉得你不是在找男朋友，而是在找一个人生教练。那你不如去上一些教练课程，找一个你喜欢的教练，你付钱给他，让他时刻指导你。至少你不用像现在这样凄凉了——既赔上了自尊，又赔上了感情，你觉得怎么样？

阿梅：可能是我一直没有安全感，不知道自己做得对不对，所以我很需要有一个男人在旁边指导我。

蔡敏莉：女人行不行？

瑞瑞：不行，我是很"小女子主义"的。

蔡敏莉：一定要男性？

瑞瑞：对，就像爸爸那样的，其他类型的男人都无法让我信服他、崇拜他。

蔡敏莉：可这样的人就会像是一个精神领袖，是用来仰慕的。你可以远观，但不能与之为伴。

瑞瑞：但我妈妈很幸福啊！

蔡敏莉：你妈妈是你妈妈，你是你。

瑞瑞：所以我很羡慕她。

蔡敏莉：现在如何是好呢？我听来听去都觉得，你已经有一个爸爸了，如果你需要找人教导你，你就可以去找专业教练；如果你需要有人开导你，你就可以找心理工作人员；如果你想找人陪你吃喝，你就可以去找女性朋友。你的目标现在有变化吗？

瑞瑞：我想找一个志同道合的男人。

蔡敏莉：具体说说。

瑞瑞：我们互相欣赏，有很多共同话题、共同兴趣爱好。

蔡敏莉：好的。（**引导男朋友扮演者指着瑞瑞扮演者**）目前你这个男朋友不能接受你，但是他又不提分手。

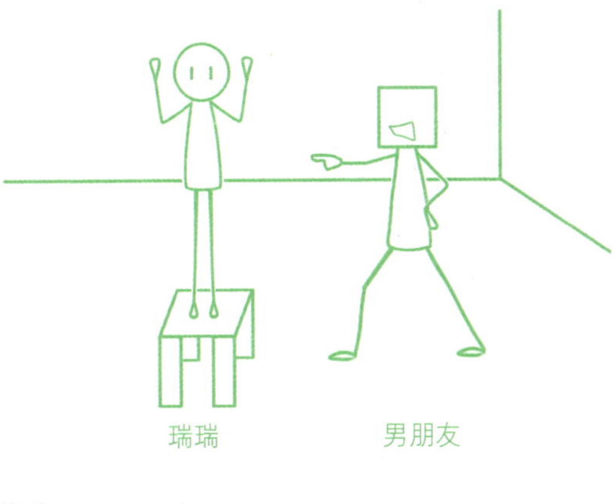


瑞瑞：是的。

蔡敏莉：他在等着你离开。

瑞瑞：是的。

蔡敏莉：这就是现状。

瑞瑞：其实我也有错的，所以我也很矛盾。

蔡敏莉：我很欣赏你，因为有很多人如果有过你这样的经历，可能未必会原谅自己。看得出来，你很爱自己，你接纳了自己过去的一切，这是最重要的。你是否能找到一个可以接纳你的过去的伴侣？如果你现在的男朋友不能接纳，（**引导男朋友扮演者离场**）就说明你们有缘无分；之后，你还可以继续找。（**引导瑞瑞从凳子上下来，让瑞瑞扮演者站在瑞瑞面前**）你可以告诉你自己，“你年轻的时候很轻狂，做了很多错事，但是我爱你，我愿意原谅你、接纳你，未来我会陪着你走下去。为了爱自己，我会找一个愿意接纳我的过去和现在的伴侣”。

瑞瑞：你年轻的时候很轻狂，做了很多错事，但是我爱你，我愿意原谅你、接纳你，未来我会陪着你走下去。为了爱自己，我会找一个愿意接纳我的过去和现在的伴侣。

蔡敏莉：最后我想给你一个忠告——找一个和你爸爸不太一样的男人谈恋爱，这样你就知道每个人都有各自的优点和缺点，你也能学会如何真正地爱一个人了。

## 结语

在人生旅程中，爱情往往是一个充满探索与迷茫的领域。就像瑞瑞的故事所展现的那样，原生家庭的影响会在我们的情感观念中留下深刻的印记。

许多人可能像瑞瑞一样，习惯了被爱，于是在爱情中总是追寻着某种特定的模式。然而，爱并非千篇一律，每个人给予爱的方式都不尽相同。就像世界上没有两片完全相同的叶子，爱情也没有完全相同的模样。我们不能总是拿着过去的标准衡量现在的情感，不能一味地在他人身上寻找熟悉的影子，而要学会欣赏每个人的独特，接纳爱情的多样性。

过去的经历无论是好还是坏，都是成长的基石。我们要学会接纳曾经的自己，原谅那些在爱中的懵懂和过失。勇敢地拥抱未来，以更加开放和成熟的心态去面对爱情。只要我们心怀希望，就能在茫茫人海中找到那个和自己相互欣赏、彼此接纳，能携手走过风雨的伴侣，收获属于自己的那份独特而美好的爱情。

## 心理咨询师观摩笔记

刘维

在这个个案中，蔡老师凭借专业且温暖的引导，助力瑞瑞解决亲密关系困扰。

蔡老师先是以提问切入，引导瑞瑞阐述爱情观念——“爱一个人就要为他改变，以他想要的方式对他好”，从中捕捉其在亲密关系中的思维模式。随后，围绕瑞瑞与前夫的冲突深入探讨，挖掘矛盾根源。接着，蔡老师巧妙通过角色扮演呈现瑞瑞的家庭成员的关系，引导瑞瑞回忆被爸爸宠爱的细节，使其意识到童年被过度地宠爱对恋爱观的影响。接下来，场景切换至瑞瑞与前夫、前男友的关系。借助角色扮演，模拟她在过往亲密关系中被迁就、讨好的状态，引导其讲述选择伴侣的标准及离婚原因，揭示她在爱情中习惯享受被爱、以爸爸为模板找伴侣、因伴侣未达标准而结束关系的深层心理。在探讨瑞瑞与现任男友的关系时，蔡老师让两人相对站立，引导瑞瑞表达对男友的欣赏与面临的挑剔问题，促使她思考自己对亲密关系的混淆认知。在瑞瑞意识到问题后，蔡老师引导她进行自我对话，重复自我接纳语句，强化其自我接纳意识。最后，蔡老师建议瑞瑞找一个与爸爸不同的男性谈恋爱，学会真正爱人，为其建立健康亲密关系指明方向。

蔡老师通过观念挖掘、角色扮演、自我对话引导等方式，以温暖支持的态度陪伴瑞瑞认识自我、接纳自我，为其在亲密关系中的成长改变奠定基础，尽显专业心理咨询师的素养与能力。

北京阅想时代文化发展有限责任公司为中国人民大学出版社有限公司下属的商业新知事业部，致力于经管类优秀出版物（外版书为主）的策划及出版，主要涉及经济管理、金融、投资理财、心理学、成功励志、生活等出版领域，下设“阅想·商业”“阅想·财富”“阅想·新知”“阅想·心理”“阅想·生活”以及“阅想·人文”等多条产品线，致力于为国内商业人士提供涵盖先进、前沿的管理理念和思想的专业类图书和趋势类图书，同时也为满足商业人士的内心诉求，打造一系列提倡心理和生活健康的心理学图书和生活管理类图书。

**《心理咨询与治疗技术经典入门（第 3 版）》**

- 涵盖心理学主要流派的咨询与治疗技术百科全书，涵盖心理咨询与治疗入门必备的近 500 项技术刻意练习。
- 朱建军、徐勇、吴宝沛推荐。

**《助人技术本土化的刻意练习》**

- 对助人技术有破有立的本土化专业建构，将成为心理咨询去殖民化的重要里程碑。
- 《助人技术》作者克拉拉·E. 希尔、著名心理学家徐钧专文作序。
- 徐凯文、贾晓明、王建平、李孟潮、段昌明、李明、严艺家、雷雨佳、李悦联袂推荐。

## 《情感的转化力量：AEDP 的疗愈之路》

- AEDP 创始人戴安娜·弗霞奠基之作。
- 一本关于 AEDP 疗法的来龙去脉、临床应用与干预策略的革命性经典著作，帮助患者深度体验情感，治愈创伤，唤醒生命活力。
- AEDP 疗法国内引路人杨兆前、叶欢、徐勇匠心呈献。
- EFT 创始人格林伯格鼎力推荐。
- 赠送中文版专属别册，含中文版导读、中文版专属案例（叶欢）。

## 《治愈的本能：用 AEDP 唤醒转化力》

- 每个人都具有治愈的本能，AEDP 可以唤醒它，让我们不再感到孤独、沮丧，像个空心人一样感到生活无意义。
- AEDP 创始人戴安娜·弗霞第一代嫡传弟子杨兆前倾心之作。
- 戴安娜·弗霞、上海市精神卫生中心副主任医师徐勇、舒辅（上海）信息技术有限公司顾问吴霞作序推荐。
- 赠送思维导图。

阅读成就思想……

Read to Achieve

# 重新书写人生故事

3

亲密关系

蔡敏莉 著

每一個生命都渴望被看見

蔡敏莉

Monita

中国人民大学出版社

· 北京 ·

**图书在版编目（CIP）数据**

重新书写人生故事. 3，亲密关系 / 蔡敏莉著. 北京 : 中国人民大学出版社，2025. 6. -- ISBN 978-7-300-34002-9

Ⅰ. B849.1

中国国家版本馆 CIP 数据核字第 2025MV8321 号

**重新书写人生故事3 · 亲密关系**

蔡敏莉　著

CHONGXIN SHUXIE RENSHENG GUSHI 3 · QINMI GUANXI

| | | | |
|---|---|---|---|
| **出版发行** | 中国人民大学出版社 | | |
| **社　　址** | 北京中关村大街 31 号 | **邮政编码** | 100080 |
| **电　　话** | 010-62511242（总编室） | | 010-62511770（质管部） |
| | 010-82501766（邮购部） | | 010-62514148（门市部） |
| | 010-62511173（发行公司） | | 010-62515275（盗版举报） |
| **网　　址** | http：//www.crup.com.cn | | |
| **经　　销** | 新华书店 | | |
| **印　　刷** | 天津中印联印务有限公司 | | |
| **开　　本** | 890 mm×1240 mm　1/32 | **版　次** | 2025 年 6 月第 1 版 |
| **印　　张** | 8.125　插页 1 | **印　次** | 2025 年 6 月第 1 次印刷 |
| **字　　数** | 171 000 | **定　价** | 199.90 元（全三册） |

# 前言

这本个案集基于前两本个案集（原生家庭和个人成长），将目光投向人们在成年后的生活中最重要的情感联结——亲密关系。

我之所以做这本书，是因为在我多年的心理学研究与实践过程中，我深切地感受到，人生就像一段漫长的旅途，亲密关系既是我们心灵的温暖港湾，又是充满挑战的情感试炼场。基于这样的感悟，便有了这本聚焦亲密关系的个案集，也是我希望帮助大家解决心理困扰、实现个人与关系成长的一份努力。

我在工作中接触了大量的夫妻和情侣，他们的相处看似简单，实则充满了复杂的情感纠葛与沟通难题：从最初热恋时的甜蜜浪漫到后来面对生活琐碎时的无奈与争吵，无数的细节都在影响着关系的走向。如果在日常生活中频繁发生矛盾冲突，很多人就会在这些困境中感到迷茫、不知所措。

书中的所有个案都是真实发生在人们生活中的故事，它们就像一面面镜子，映照出亲密关系中可能会出现的种种困境。这些困境不是孤立存在的，其中交织着原生家庭的深刻烙印、成长经历的显著差异，以及当下生活带来的重重压力。通过深入剖析这些案例，我们能清晰地看到，在亲密关系中，哪怕只是一个不经意的小举动、一句无心的话语，都有可能成为引发矛盾的导火索。

我深知，仅仅呈现问题是远远不够的，所以我在书中结合了丰富的心理学知识与多年的实践经验，为你提供了切实可行的解决思路。希望你能借此引导从内心深处探寻问题的根源，学会接纳彼此的不完美，找到平衡个人需求与伴侣期待的方法。无论是重建信任的艰难过程，还是化解长期矛盾的有效策略，书中都给出了对应的指引。

我衷心地期望，当你阅读这本书时，能从他人的经历中汲取宝贵的经验，认真审视自己的亲密关系，化解那些矛盾与冲突，让爱变得更加稳固和长久。也期待这套个案集能成为你自我成长和改善关系的得力助手，陪伴你在追求幸福的道路上坚定地走下去。

# 目 录

第 1 章

# 单亲妈妈的逆袭之路

## 如何从伤痛中走出来

菲菲婚后不久就发现身为人师的老公有多个外遇对象。怀孕期间，有一次她去学校找他时，撞见他与一名女学生卿卿我我。菲菲愤怒至极，老公竟然用茶杯打破了她的额头，然后与女学生离去，留下满脸是血的菲菲独自瘫坐在楼道里流泪。

相继生了两个孩子后，老公对菲菲不管不顾，她对他的行为失望至极，忍无可忍后最终选择了离婚。此时女儿已住校读书了，儿子还小，被男方送到乡下，由爷爷奶奶照顾。

离婚后，菲菲选择独自南下打工以维持生计，但由于人生地不熟，她总是受到当地同事的欺负，生活依然不容易，所遭受的不平待遇让她时常自怨自艾，感叹命运的不公。

每次休假去看望儿子时，菲菲都发现他总是病恹恹的，说话声音像小猫一样细弱。儿子在七岁时竟然长出了白头发，菲菲连忙带他去医院检查，发现他营养不良，再这样下去很可能夭折。菲菲愤怒地向前夫提出，必须把儿子带走。就这样，她孤身带着儿子再次来到南方打工。

多年来，菲菲用一双瘦弱的肩膀独自支撑起了和儿子的家。生活中的艰难、他人的欺侮，她都强忍了下来。然而，菲菲最近遇到了有生以来最让她痛苦的事——由于菲菲无法支付高昂的学费，正在读大学的女儿不得不退学。为了维持家庭的基本生活和供养两个孩子上学，她已经欠下了数万元的外债。此刻借钱无疑比登天还难，菲菲已经走投无路，她不知道该如何支撑这个千疮百孔的家，她的人生又该如何继续。

菲菲说自己感到非常迷茫，期待我可以帮助她减轻内心压力，让心情变得轻松一些。她想要改变目前的生活状态，不再有太多的负担，能够生活得更开心。

我看到，菲菲的婚姻给她造成了严重的身心伤害，可能致其出现创伤后应激障碍，有反复回忆、失眠、易怒症状。离婚后，她独自抚养孩子，经济压力、职场欺凌使其情绪低落抑郁，对生活消极。生活经济压力还让她产生广泛性焦虑。因经济问题而导致女儿退学也令她担忧。前夫的虐待背叛使她质疑自身价值，独自抚养孩子又让她在亲子关系方面压力巨大。

在征得了菲菲的同意后，我们开启了本次个案过程。

## 个案实录

蔡敏莉：你想为自己改变什么？

菲菲：我总觉得胸口压着一块大石头，心里特别难受，觉得生活一点意思都没有。

蔡敏莉：如果可以改变，你希望自己是怎样活着的？

菲菲：我希望自己不要有这么多的负担，开心一点。

蔡敏莉：我们邀请几位学员来进行角色扮演，为你呈现一幅图画，好不好？

菲菲：好。

蔡敏莉：（**引导菲菲扮演者面向前夫扮演者单膝跪地，向他伸出一只手且手心向上；前夫扮演者背对菲菲扮演者站着**）在你的前半生，尽管你百般讨好前夫，但是他不管你，于是你很辛苦地委屈自己，不懂得为自己争取权利，是不是这样的？

菲菲：是。

蔡敏莉：近期你跟他有没有联系？

菲菲：没有。

蔡敏莉：你女儿近期见过他吗？

菲菲：见过。

蔡敏莉：你没有见他？

菲菲：没有，我在外面打工，也没时间见他。

蔡敏莉：**（引导前夫扮演者转身面向菲菲）**如果你前夫转过身来面向你，你想对他说些什么？

菲菲：儿子目前还在读书，我希望你能在我经济上有困难的时候，给儿子一些生活费。

蔡敏莉：你提的这个要求太卑微了。你可不可以像指责那样向他伸出一根手指？你觉得他是不是一个好人？

菲菲：（**指着前夫扮演者**）我很想骂他一顿，但是我一骂他，他就会羞辱我。

蔡敏莉：我要提醒你，你面前的这个人只是你前夫的扮演者，并不是你真正的前夫，我只是想让你表达一下自己的感受。

菲菲：我可以发泄出来吗？

蔡敏莉：可以的，你愿不愿意为自己说一些公道话？如果我是你，我就会对他这样说，"你太卑鄙了，你就不是一个男人，当初是你自愿跟我结婚的，没有人强迫你，你结婚之后就在外面乱搞婚外情，太可恶了"。

菲菲：（**面向前夫扮演者**）你太卑鄙了，你就不是一个男人，当初是你自愿跟我结婚的，没有人强迫你，你结婚之后就在外面乱搞婚外情……（**面向蔡敏莉，声音带着哭腔**）蔡老师，我说不下去了……

蔡敏莉：那你想怎么样呢？如果你将这些情绪压在自己的身体中，就会变成病痛。

菲菲：（**不停地深呼吸**）我想把这些气吐出来，但是吐不出来。

蔡敏莉：那你就一直说吧，只要一直说，气就出来了。

菲菲：（**面向前夫扮演者，双手攥拳，不停地抽噎**）你怎么一点人性都没有？！两个小孩读书的学费，你一分钱都不出！现在要你给儿子出一点生活费，你却说你没钱，你不是说你很能干吗？！当初离婚时你说我得出去要饭，你看我现在怎么样？这么多年我都挺过来了，你再看看你自己，混成了什么样？！你还是教育工作者呢，真是给老师丢脸！我刚出去打工时人生地不熟的，一天只在中午吃一顿饭，晚上实在太饿就塞几口面包……（**情绪激动，扭过头平复了一会儿**）我每天都吃不饱饭，经常饿得胃疼，疼得我满地打滚。你知道我这些年是怎么走过来的吗？！

蔡敏莉：你为自己感到很委屈、很可怜。

菲菲：（**哭**）我真的很……

蔡敏莉：他看不起你。

菲菲：（**面向前夫扮演者**）你不要装模作样，你在我心里什么都不是！

蔡敏莉：告诉他，"现在儿女长大了，他们将来赚钱会养我的，我就能开始享福了。我能享儿女的福，但是你不能，因为你从来没有尽过爸爸的责任，他们也不会认你做爸爸的"。

菲菲：现在儿女长大了，他们将来赚钱会养我的，我就能开始享福了。我能享儿女的福，但是你不能，因为你从来没有尽过爸爸的责任，他们也不会认你做爸爸的……（**面向蔡敏莉**）蔡老师，我说不动了，但是气已经出来了。

蔡敏莉：是不是舒服些了？

菲菲：是的。

蔡敏莉：所以，为自己说一些公道话是很有必要的。你的身体认同了你目前正在做的事情，你委屈了那么多年。你还想对这个男人说些什么？

菲菲：我不想见到他。

蔡敏莉：告诉他，“我不想再见到你，就算你将来落魄了也不要来求我”。

菲菲：我这辈子都不想再见到你，希望你以后不要来求我也不要去求孩子们，希望以后你有能力去过完你的下半辈子吧。

蔡敏莉：只要你把心里积压多年的话说出来，就能治好很多心理上的病，你相信吗？

菲菲：我相信，心情好的话就没必要吃药。

蔡敏莉：（**引导前夫扮演者离场，女儿扮演者站在菲菲面前**）你想对女儿说些什么？

菲菲：我希望她自强自立，能够靠自己完成学业。我是没有能力帮她什么了，她得靠自己了。

蔡敏莉：告诉她，“我已经尽力了，我也原谅自己了，我送给你最大的礼物就是陪着你成长”。

菲菲：我已经尽力了，我也原谅自己了，我送给你最大的礼物就是陪着你成长。

蔡敏莉：你想不想拥抱一下女儿？

菲菲：（**拥抱女儿扮演者**）

蔡敏莉：你绝对对得起女儿，你给了她爱和支持，你已经尽力了。你好不容易赚了点钱，基本上都用来供她读书了，都没舍得给自己看病，你真的已经尽力了。（**引导女儿扮演者站在菲菲左侧，请儿子扮演者来到菲菲面前**）你想对儿子说些什么？

菲菲：妈妈对不起你，你还不到一岁妈妈就离开你了。你现在长了一头白发，个子那么小，营养不良。是妈妈没有照顾好你，妈妈亏待你了，对不起。

蔡敏莉：你也要告诉他，"但是妈妈也尽力了，妈妈做得比爸爸好，妈妈是爱你的"。

菲菲：但是妈妈也已经尽力了，妈妈做得比爸爸好一点，妈妈爱你。

蔡敏莉：你想不想拥抱一下儿子？

菲菲：（**拥抱儿子扮演者**）对不起。

蔡敏莉：（**引导儿子扮演者站在菲菲右侧，菲菲牵着儿女扮演者的手，三个人面向菲菲扮演者**）你的儿女给了你支持。但是，你在

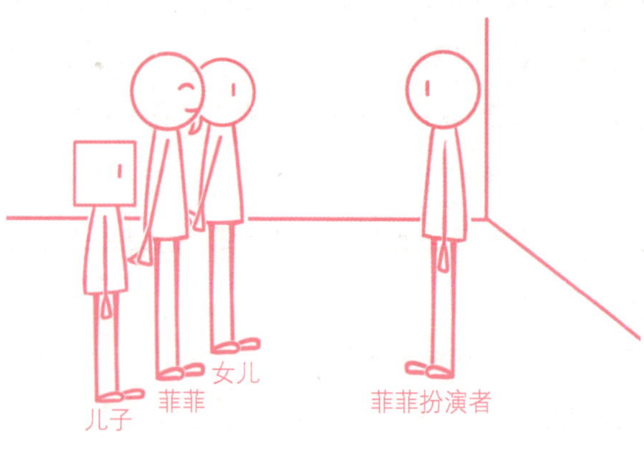

前半生为了孩子们忽略了甚至是忘记了自己，现在你有什么话想对自己说？

菲菲：我希望自己后半生有一点自信心，能够抬起头做人，能够轻轻松松地走下去，过完下半生（**说完忽然腿软，几乎不能站立，快要向后摔倒**）……

蔡敏莉：站好，挺直脊背，你可以做得到的！（**引导菲菲面向菲菲扮演者**）你看看自己，告诉她，“对不起，我前半生为了孩子们而忘记了你，我所有的钱都给他们用了，没有留下一分钱给你治病。你是一个好妈妈，你已经做到你能力范围内的最好了。现在你的孩子们长大了，再过一两年你就可以享福了”。

菲菲：对不起，我前半生为了孩子们而忘记了你，我所有的钱都给他们用了，没有留下一分钱给你治病。你是一个好妈妈，你已经做到你能力范围内的最好了。现在你的孩子们长大了，再过一两年你就可以享福了。

蔡敏莉：你想让自己过上好日子吗？

菲菲：当然想。

蔡敏莉：你可以向她做出承诺吗？

菲菲：我觉得只需要让自己保持好的心态吧，其他也没有什么。

蔡敏莉：身体是不是舒服多了？

菲菲：肚子里的气都出来了。

蔡敏莉：是不是放松些了？

菲菲：是的，谢谢蔡老师。

## 结语

菲菲勇敢地吐露了心中积压多年对前夫的不满与怨恨，宣泄出了长久以来的委屈，为自身伸张正义。然后，她分别向女儿和儿子倾诉自己的愧疚与爱。最后，她对自己许下未来定会好好照顾自己的诺言。

菲菲能够直面并承认过去的苦痛经历，为自己争取公道，抒发内心的真情实感，这个意义是非凡的。这不仅有利于她释放心理重压，还能助力她养成更为健康的心态。人只有勇敢地直面过去，才能拥抱美好的未来。通过此番疗愈，菲菲有望提高生活质量，重新塑造与自己、与各家庭成员的关系模式。

## 心理咨询师观摩笔记

丁岚

这个个案展示了蔡老师通过情感释放技术来帮助菲菲缓解心理压力和情感困扰；并运用家庭雕塑的技术，引导菲菲对家庭成员表达和释放压抑的情感，不仅帮助她处理了与前夫的关系问题，还帮助她放下了对自己和孩子的愧疚感。

从她的反馈来看，她感到心情舒畅，肚子里的气都出来了，心里舒服了一些。这说明通过情感释放，菲菲的心理状况得到了明显的改善。

此外，这个案例还强调了为自己说公道话（一致性沟通）的重要性。蔡老师鼓励菲菲表达自己的感受，为自己和孩子争取权益，这有助于菲菲建立自信，更好地面对生活挑战。

通过这个个案，我们也可以学习到以下几点。

- 情感表达和释放的重要性。在面对心理压力和情感困扰时，勇于表达自己的感受和想法，将内心的压抑情感释放出来，有助于缓解心理压力，改善心理状况。
- 为自己争取权益。在面对不公平的待遇时，要学会为自己争取权益，表达自己的需求和期望，而不是默默忍受。这有助于建立自信，更好地面对生活挑战。
- 关注心理健康。心理健康非常重要，不亚于身体健康。在面对心理压力和困扰时，应及时寻求专业的心理帮助，从而更好地解决问题，恢复心理健康。
- 积极面对生活。尽管菲菲在过去的生活中遭受了很多委屈和困扰，但她仍然选择积极面对生活，为自己的后半生制定了目标和期望。这种积极的生活态度值得我们学习。

第 2 章

# 网络迷雾中的恋人
# 如何妥善安放往事

小可曾像一朵热情绽放的玫瑰。她性格开朗、健谈亲和，曾经是一名运动员，现在从事外贸工作。

小可在 20 岁左右时，曾和父母说想嫁到远方，认为两个人的感觉对了才是最重要的，其他名利都可以不考虑。父母则希望她能找个离家近的恋人，不要远嫁。

21 岁时，刚买手机的小可对世界充满了好奇，经常上网和陌生人聊天。没多久她就陷入了网恋，对方是她的初恋，比她大 10 岁，很宠爱她。但最终两人和平分手，小可并未因此对网络交友产生怀疑。

23 岁时，小可又在网上认识了阿民。两人都从事外贸行业，有说不完的话，每天可以聊几个小时电话。见面后，他们彼此感觉良好，很快便同居了。然而，幸福的时光总是短暂的，小可偶然发现阿民相机里有两个孩子的照片。阿民坦白，说那是他的双胞胎孩子，已经 8 岁了，他与孩子的妈妈芳芳未登记结婚就在一起生活了。尽管如此，小可依然深爱着阿民，甚至表示可以接受他的孩子。

同居近一个月后，阿民说回家看看孩子，然后很久没有回来。小可曾一度深陷痛苦，到处寻找阿民。后来，阿民回来过几次，然后又很长时间不露面。只要阿民不在，小可就终日以泪洗面，一心只盼望阿民快点回来，甚至想和他生个孩子——即使阿民说这可能会毁了小可一生，她也毫不在乎。

最终，阿民为了不让小可继续受伤，选择彻底从她的生活中消失。小可四处寻找，却始终无果。她好不容易从一名普通员工做到管理层，但因为工作状态不佳、经常请假而被辞退了。如今，她最大的心愿就是再见一面那个从虚拟网络世界走来又重归虚拟的恋人。小可的爱情之旅充满了坎坷与无奈，她在爱与痛的边缘徘徊，不知如何调整自己的心态，也不知未来的路在何方。

在与小可的沟通中，我发现她内心孤独，极度渴望获得别人的爱与关心。在小可看来，只要有人懂自己、爱自己，其他一切都不重要，哪怕付出巨大的代价也心甘情愿。在亲密关系中，小可缺乏理性，很容易被感觉牵着走。她认为获得爱的方式是“自己先毫无要求地多付出一些，对方就会爱自己多一些”。小可缺乏底线与原则，这样既容易伤害自己，也容易被别人伤害。在事情过后，她还缺乏反思与总结，总是一厢情愿地相信自己所相信的，很容易将自己置于危险之中。

在征得了小可的同意后，我们开启了本次个案过程。

## 个案实录

蔡敏莉：在一段健康的亲密关系中，人们需要爱自己 100 分，爱对方最多 98 分。如果你给这段关系打分，你觉得爱自己多少分，你爱对方多少分？

小可：对方如果是我真正喜欢的，我可能就会爱对方 100 分，爱我自己 98 分。

蔡敏莉：也就是说，你爱对方多过爱自己，对吗？

小可：对，爱对方胜过爱自己。

蔡敏莉：如果对方是一个不懂得爱你的人，那谁来爱你呢？

小可：如果对方不值得我爱、对我不是很好，我就完全不可能喜欢他、为他付出；只有对方真正对我好、真心爱我，我才能掏心掏肺地对他。

蔡敏莉：但是在你这段亲密关系中，对方对你好，你同样感到很痛苦。

小可：是啊，我真的很痛苦。

蔡敏莉：你打算怎么办呢？

小可：不知道。

蔡敏莉：是他虐待你，还是你虐待自己？

小可：不是他虐待我，而是我虐待自己。我很希望能和他在一起一年，跟他生个孩子，只要我们的这个孩子能陪在我身边，就算他以后不在我身边了也没关系，我也能有勇气继续走下去。他说，"这么做会毁了你一生"。我说，"我不怕，只要这个孩子陪在我身边，我就可以过得很幸福，就像你在我身边一样"。几年后，或许我可以找一个离异的、也有小孩的人，和他结婚。父母或许会为我遗憾，但如果我真走到了这一步，父母也绝不会丢下我不管的。我知道他们很疼我的，他们只是会伤心，会为我感到遗憾，觉得我是个挺好的女孩，却做了单亲妈妈。

蔡敏莉：也就是说，你生这个小孩的目的就是想为这段感情留下一段记忆，对吗？

小可：对，我想为这段感情画上一个句号，还有一段美好的回忆。

蔡敏莉：你怎么知道这是完整且美好的呢？

小可：我知道要是我生下这个小孩后将会在生活中遇到很多困难，但是我知道他是一个负责任的人，要是我告诉他我在经济方面有困难，那么他肯定不会扔下我不管的，所以我在这方面完全不担心。我觉得，既然我有勇气做这个决定，就一定能有勇气走下去。

蔡敏莉：可是，用一个生命来留住你的这段记忆会不会太冒险呢？因为如果这个孩子和你的缘分长，那么你可以把他留在身边到18岁，但他终究还是要融入社会——读书也好，工作也罢，总之他会有自己的生活。所以，用一个生命来留住这段记忆，你很可能不知道你会付出多大的代价。

小可：我知道，我现在唯一想解决的，就是如果他不让我生这个小孩，我最终还是和他分手了，那我该如何去处理这件事情，如何去接受这个事实。蔡老师，你可不可以帮我平静地离开他？

蔡敏莉：你要学会失望、学会接受这个事实。你可不可以用另一个角度去看待这件事？在你的生命中，曾有一个男人爱过你，你也很爱他，你们有一段很美好的时光，你可以用手机拍下你们共处的快乐时光，随时想看随时看，在心中记住这段感情。这种方式总比用一个生命来记住这段感情要好，因为就算你想把孩子留在身边也未必留得住，你还可能会搭上孩子一生的幸福。让你接受事实或接受失望可能很难，但失望本就是人们生活中的一部分。

小可：有人说，时间会冲淡一切。

蔡敏莉：这就是一种选择——有些人会选择伤心，有些人会选择开心。如果你看过足够多的影视剧或文学作品，你就会发现，其实很多人在婚姻中的几十年都没有这样深深爱过，他们的爱都可能是有所保留的，甚至是互相指责的。你曾拥有过一段那么美好的恋情，你可以选择开心啊！就像是我小时候妈妈带我去公园玩，我玩得很开心，我可以在脑中永远留住这个片段，但是我无法永远留在这个公园里。

无论如何，生活总要继续下去。

小可：是啊，我的朋友也是这样说，是否能从这段感情中走出来，主要还是取决于我自己。她看到我那么伤心就很担心我，有一天她都要去上班了，走到门口后又冲回来坐到我旁边，她说怕我想不开。

蔡敏莉：我不会担心你的，因为我听了你的描述后，觉得你是一个很懂得爱的人，也很愿意付出爱。只要你找对了人，你就会再恋爱。

小可：是啊。我的确和朋友说过几次“我不想活了”，但是一想到毕竟他还在这个世界上，说不定以后还会见面，我就没有做傻事。真希望以后还能见到他，哪怕只是看他一眼也好！

蔡敏莉：我想送给你一份礼物。请你闭上眼睛，试着放松手脚，让自己深呼吸。试着回忆一下跟阿民第一天相识时的情景，包括你们说了什么、做了什么。就像看视频那样，一帧一帧地看过去。慢慢地，你们有时会发生矛盾，但你们仍然相爱，于是你们在一起的每一分每一秒都被记录在这个视频中。你为他付出了全部的爱，他享受着你的爱，你们有过挣扎，有过眼泪，但也有过欢笑。无论是开心的、美好的时光，还是难过的、苦涩的时光，都被记录在这个视频中。现在，这个视频结束了。你把它刻到一张光盘上。你把这张光盘塞进了一个信封里，又把这个信封放进位于角落的一个柜子中，关上了柜门。这里，就是你的回忆博物馆。你和阿民之间的回忆被你放在心底的某个角落，你知道他永远都在那里，无论什么时候想回味一下这段恋情，都可以打开这个柜子再拿出这张光盘播放一次，让自己再次回顾这段恋情并沉醉其中，并从这段恋情所能带给你的美好中汲取力量。你知道你曾深爱过他，也知道他曾深爱过你，你是一个愿意付出爱的人，你也是值得被爱的。带着这份爱，你知道自己有勇气面对未来的生活；带着这段经历，你会选择在遇到值得爱的人时能理智地爱。去爱你身边的人，去爱你的亲人。试着多深呼吸几次，试着用双手放在胸口，那里的某个角落安放着你关于爱的记忆。你永远都能记得这份感情，那个曾经深爱过你的男人永远都在那里，给你力量。带着这份爱的力量，你能面对你的现在和未来。以后，你还会遇到一个可以和你走完人生路的人，你们彼此相爱。

小可：谢谢蔡老师。但是，我觉得我可能很难再遇到能走进我心里的人了。

蔡敏莉：你对他有什么希望？

小可：希望我能永远记得那段我陪他走过的时光，希望他一直健健康康、快快乐乐的，希望他能永远记得我……不管未来如何，我都希望他能忘掉和我在一起时的不快乐、压力，只记得我的好，记得我心甘情愿地为他做的事情。我很希望自己能疗愈他的心，让他放下心中的压抑和不开心。这样，就算我们再也无法相见，我也能放下这段感情。

蔡敏莉：你告诉他，“我从不后悔爱过你，也不强求有结果。谢谢你曾在我的生命中出现过，让我明白了什么叫爱，什么叫被爱，谢谢你”。

小可：我从不后悔爱过你，也不强求有结果。谢谢你曾在我的生命中出现过，让我明白了什么叫爱，什么叫被爱，谢谢你。

蔡敏莉：你现在感觉怎么样？

小可：轻松多了。谢谢蔡老师。

## 结语

小可的体内住着一个在爱中迷失和挣扎的灵魂。她对爱的执着令人动容，爱得如此忘我又让她陷入了痛苦的深渊。

爱，从来不是一方无底线的付出。当一个人爱对方超过爱自己时就容易失去自我，也容易在感情出现问题时陷入绝望。用一个生命去留住一段感情的记忆太过冒险，不妨将美好的往事安放在心中的回忆博物馆里，而不是用极端的方式去强求。

爱不是占有，而是成全。在感情中，只有先爱自己，才能更好地爱别人。当一段感情无法继续时，就要学会接受失望，学会放手，这也是一种成长。希望小可能够明白，她值得被爱，也有能力去爱，但要更理智地去爱。相信在未来的日子里，她一定能找到那个真正对的人，一起书写属于他们的美好故事。

## 心理咨询师观摩笔记

张瑞真

爱，应是理性与感性的平衡，不能因一时冲动而做出可能会影响一生的决定。我们要学会珍惜美好的回忆，将其妥善安放，而非用冒险的方式去留住它。同时，还要相信自己具有爱的能力，从而在未来带着这份爱的力量继续前行。

在这个个案中，蔡老师先是通过提问引导小可思考自我与他人在爱情中的平衡。当小可表示爱对方胜过爱自己时，蔡老师敏锐地指出了如果对方不懂得爱她，那么谁来爱她，引发了小可对自身行为的反思。在小可陷入为留住一段感情的记忆而想生孩子的困境时，蔡老师客观地分析了这么做的风险，并提醒她不能只看到当下，更要考虑孩子的未来和她与孩子将要付出的代价。

同时，蔡老师还为小可提供了另一种方式——用类似看视频的方式记录美好时光，然后将回忆妥善安放，让小可认识到可以采取更理性的方式处理感情，并告诉她需要时可以通过回忆汲取力量。在整个过程中，蔡老师不断给予小可积极的反馈，肯定她是一个懂得爱、愿意付出爱的人，提升小可的自我价值感。

最后，蔡老师鼓励小可表达内心真实的意愿，帮助她梳理情感，以更坦然的态度面对这段感情的结果，为未来的生活做好准备。蔡敏莉老师以温和、理性且富有引导性的方式，帮助小可在感情的困惑中找到方向，促进她获得心理成长。

希望小可在有过这段经历后，能更加懂得爱与被爱。无论经历多少风雨，都要勇敢地面对生活，因为每一段经历都能为成长提供养分。

# 第 3 章 多人行的感情

## 如何处理一段摇尾乞怜的爱

多年前，小卉在一次回老家休假回来后，刚上班不久就收到了男朋友阿振的信息。两人每天信息不断，字里行间都流露着阿振对小卉的爱。那天，阿振在信息中说："你终于回来了，我好想你啊！我快到你公司楼下了，咱们中午一起吃饭。"午休时，小卉刚出公司大楼就被阿振紧紧地拥抱住了。就在那一刻，小卉对阿振的感情发生了微妙的变化。多年后，在小卉回忆起那一幕时仍抑制不住地心跳。

其实，初识阿振时，面对他热烈的追求，小卉有些不知所措。她初尝爱情的滋味，可她觉得不了解自己，也不明白爱情到底是怎么回事。与阿振相处半年多，小卉常常因感到两人性格不合而情绪低落，甚至对能否找到合适的另一半而产生怀疑。一次偶然的机会，小卉才知道阿振比自己大 12 岁，他之前从未告诉过小卉他确切的年龄。小卉为此感到生气，但阿振每天给她打十几个电话、发数十条信息，终于决定原谅他并和他在一起。

在一次朋友聚会中，有人不小心说出了阿振已婚的事实，小卉颇为震惊。事后，小卉提出分手，阿振百般挽留。小卉说："你经常在我这里留宿，你老婆不担心吗？"阿振的眼神躲闪，含糊其词地叹气说："我是自由身，没人管。"小卉以为他和老婆没什么感情了，怕他伤心便没再追问，也不再提分手的事了。

自此，阿振对小卉呵护有加，小卉也深陷这段感情之中而无法自拔，后来还为他生了一个孩子。然而，阿振并没有因为孩子的到来而改变自己的状况，依旧无法给小卉和孩子一个完整的家。

小卉独自艰难地养育着孩子。她每天起早贪黑地工作，只为给孩子提供基本的生活保障。孩子生病时，她焦急万分地抱起孩子冲向医院；孩子上学的费用让她发愁，她为此省吃俭用、四处借钱。生活的艰辛让小卉身心俱疲，但看着孩子可爱的脸庞，她又充满了力量，咬着牙坚持下去。小卉在这段错误的感情中承受了太多的痛苦和压力，但为了孩子，她始终坚强地面对生活的种种磨难。如今，小卉为要不要继续维持这段感情而感到困惑。

我在和小卉沟通的过程中发现，起初她对自己和爱情认识得不够清晰，阿振热烈追求时她很茫然，被动地就接受了，这说明她在情感处理上不太成熟。在知道阿振已婚后，小卉处理感情不够坚决，也没为自己和孩子好好打算。小卉或许太依赖阿振给的安慰了，一听他安慰就忽略了关键问题，这说明她独立解决情感困扰的能力不足。

在征得小卉的同意后，我们开启了本次个案过程。

## 个案实录

蔡敏莉：我想再问一次，你今天来到这里，希望为自己做出哪些改变？

小卉：我希望了解我该如何和阿振相处。

蔡敏莉：你现在跟他的关系是怎么样的？

小卉：有时候我觉得他把我当作他的小老婆。

蔡敏莉：你在这段关系中开心吗？

小卉：有时候我觉得我很开心，但一想到我是他的小老婆就立刻不开心了，因为这很不光彩。

蔡敏莉：你现在和他同居吗？

小卉：我们每天都见面，但是没有同居，他只是有时会来我这儿过夜。

蔡敏莉：你现在有工作吗？

小卉：有。

蔡敏莉：他有没有给你生活费？

小卉：有时候会给。

蔡敏莉：有时候会给？

小卉：对。

蔡敏莉：一个月会给你多少钱？

小卉：有多有少，不一定。我知道他生活上的负担也很重，所以我通常都不会用他的钱。

蔡敏莉：那你就应该不算是小老婆，通常男人给小老婆的钱会比给大老婆的多。

小卉：他的情况不一样，因为他老婆天天都需要吃药，他需要给他老婆买药和营养品。

蔡敏莉：你愿意倒贴给他吗？

小卉：不愿意。而且我需要自己有能力去承担自己的生活，我不希望成为他的包袱。

蔡敏莉：你很不容易，你自己养活自己，还为他生了一个孩子。孩子现在由谁来带？

小卉：在乡下，我妈妈那儿。

蔡敏莉：为什么你自己不养呢？

小卉：我会给我妈寄钱。

蔡敏莉：我的意思是，你为什么不把孩子带在自己身边，自己养大他呢？

小卉：因为我想趁着自己年轻努力工作，多赚一点钱，这样就能让我和孩子以后的生活有保障了。

蔡敏莉：现在听起来每件事情都没问题——你能赚足够的钱养活自己和孩子，这个男人又天天来见你，那你有什么不开心的？

小卉：我觉得我都给他生孩子了，如果他当我是他的小老婆，就不应该瞒着我跟其他女人在一起。

蔡敏莉：其他女人？

小卉：是，除了我和他老婆，他还有其他女人。

蔡敏莉：他有没有告诉过你，他当你是小老婆呢？

小卉：他没有这样说过，但他总对我说，要是他不想家里的事情，他就当我是他老婆。

蔡敏莉：你相信他吗？

小卉：有时候我不相信。比如，有一天晚上他没回自己家，也没留在我这里过夜，而是和另一个女人过夜。一想到这件事我就很不开心，而且无法控制自己，只会不停地哭。

蔡敏莉：很正常，任何一个女人在遇到一个男人这样时都会哭的，就算是我，我也会哭。问题是，哭完之后你会做什么？究竟是这个男人骗你，还是你自己骗自己呢？

小卉：有时候我觉得我能原谅他，但同时我也觉得我是在骗自己。

蔡敏莉：我听了这么久，我觉得是这个男人骗了你。第一，他在追求你的时候没有告诉你他有老婆；第二，他跟你在一起之后还跟别的女人在一起。虽然这个男人骗了你，但更多的是你自己骗自己。

小卉：为什么呢？

蔡敏莉：因为如果一个男人追求我，但他没有告诉我他是有老婆的，后来我知道他欺骗我了，我就会离开他。或者如果我和他在一起之后，我发现他还和第三个女人在一起，那么我也会离开他。你直到现在也没离开他，所以我不知道你在等什么。如果你想要改变这个男人，那么我坦白告诉你，你做不到。

小卉：我不是想改变他，而是想改变我自己，因为每次他伤害我的时候，我都会做出一些很冲动的行为。

蔡敏莉：你会做什么？

小卉：我曾割过腕，后来被抢救过来了。

蔡敏莉：你希望发生什么奇迹？

小卉：我希望他知道他在我心中的地位有多么重要。

蔡敏莉：你猜他知不知道这些？

小卉：他知道，因为在我割腕后，他又回到我身边来安慰我。

蔡敏莉：你觉得这样有没有意思呢？

小卉：我不知道有没有意思，但是当时我真的很需要他在我身边安慰我。

蔡敏莉：你是需要一个人在你身边安慰你，还是需要阿振这个人在你身边呢？

小卉：我需要阿振在我身边。

蔡敏莉：你希望他来做什么？

小卉：我希望他以后不要再伤害我。

蔡敏莉：但是我不觉得是他伤害你，我觉得是你自己在伤害自己。

小卉：如果他不伤害我，那么我为什么会这样做呢？

蔡敏莉：他只是寻求自己的快乐，我想他不是有心伤害你的，我想邀请现场的几位学员来演绎你们的关系。（**面向阿振扮演者**）你在这里走一个圈，代表你在做你平时做的事情——喜欢追女孩子就追女孩子。（**面向小卉扮演者**）你跪在阿振身后，跟着他绕圈，跪着求他，一边打自己一边跟他说，“你看我一眼，你看我一眼，你要是不看我，我就会死给你看”。

小卉扮演者：（**跪着跟在阿振扮演者身后，伸出一只手且手心向上**）你看我一眼，你看我一眼，你要是不看我，我就会死给你看。

蔡敏莉：（**面向小卉扮演者**）你跪在那里跟着他转圈，你走快一点，直到要抓到他为止，你叫他看你一眼。

小卉扮演者：（**继续跪着跟在阿振扮演者身后，试图抓住他**）求求你看我一眼，你看我一眼吧（**终于抓住了阿振扮演者，但阿振扮演者还在不停地往前走**）。

蔡敏莉：现在来了一个美女，用手指勾一下阿振，阿振就甩开了后面那个负担，两人成了情人。

阿振扮演者：（**甩开小卉，快步走向情人扮演者，两人站在一起**）

蔡敏莉：（**引导阿振扮演者和情人扮演者手牵手，继续绕圈；面向小卉**）你和阿振的关系是这样的吗？

小卉：（**看着两人的背影，忍不住埋头大哭**）

蔡敏莉：你对自己的快乐和幸福一直都是不负责任的，对不对？你将你的快乐和幸福放在了这个男人身上，这个男人拿到它后又给了情人，但情人觉得麻烦就把它扔了，是不是这样的？你一直在说，“希望这个男人看我一眼，他只要看我一眼，我就开心了”。（**将一个心形抱枕放在小卉扮演者手中**）这个心形抱枕代表你的快乐和幸福。现在，你跪着走向这个男人，把你的幸福快乐拿给他，你告诉他，“这是我的快乐和幸福，你要珍惜，我把所有的希望都放在你身上了”。

小卉扮演者：（**把心形抱枕拿给阿振扮演者**）这是我的快乐和幸福，你要珍惜，我把所有的希望都放在你身上了。

蔡敏莉：（**面向阿振扮演者**）你是不是感到很沉重？于是，你将心形抱枕递给情人，情人却觉得很多余，扔掉了它。

阿振扮演者：（**把心形抱枕递给情人扮演者**）

情人扮演者：（**扔掉心形抱枕**）

蔡敏莉：（**引导小卉扮演者看向心形抱枕**）你快点将它拿回来，再拿给他，说，"我再给你一次机会"。

小卉扮演者：我再给你一次机会，这是我的快乐和幸福，我求你了。

蔡敏莉：告诉他，"我不为我自己的幸福负责任，我靠你了"。

小卉扮演者：我不为我自己的幸福负责任，我靠你了。

蔡敏莉：但是阿振还是觉得这太沉重了，就递给了情人，情人觉得很麻烦，就扔到了你身上。

阿振扮演者：（**把心形抱枕递给情人扮演者**）

情人扮演者：（**把心形抱枕扔到小卉身上**）还给你，多余。

蔡敏莉：（面向小卉）你现在可以做些什么呢？我也不知道你可以做些什么，你自己说说看，你在想什么？

小卉：我在想，其实我不是在他后面追的那个女人。

蔡敏莉：真的吗？

小卉：嗯，我觉得我不是。

蔡敏莉：你说得这么笃定，那我接下来就不说什么了，否则都像是对你的诅咒了。那你回到阿振身边吧。你是爱自己多一些，还是爱这个男人多一些？

小卉：（走到阿振扮演者身边）我爱自己多一些。

蔡敏莉：要是阿振离开你，你会怎么样？

小卉：要是他离开我，我就会很伤心、很难过。

蔡敏莉：你会不会继续活下去呢？

小卉：会。

蔡敏莉：你还会不会自杀？

小卉：不会。

蔡敏莉：你会不会做任何伤害自己的事情？

小卉：我可能会不开心。

蔡敏莉：如果你可以做到这样，那么你猜一下你会怎么样？

小卉：我想我会让时间去冲淡一切。

蔡敏莉：（引导小卉面向小卉扮演者）你告诉她，“以前我爱这个男人多一些，我一直在等他来爱我，当他做错事的时候，我就会为他做错的事而感到不开心”。

小卉：以前我爱这个男人多一些，我一直在等他来爱我，当他做错事的时候，我就会为他做错的事而感到很不开心。

蔡敏莉：现在你会有什么不同？

小卉：现在我会觉得我应该对这个男人死心，不再为他而不开心。

蔡敏莉：你会不会为你自己的开心来负责任？

小卉：我会。

蔡敏莉：**（引导小卉面向小卉扮演者）**你告诉你自己。

小卉：我会为我自己的开心负责任。

蔡敏莉：告诉他，“我不再欺骗自己了”。

小卉：我不再欺骗自己了。

蔡敏莉：**（引导小卉面向妈妈扮演者）**你想对妈妈说些什么？

小卉：我很对不起生我养我的妈妈，我令她失望了，我不是她理想的女儿。

蔡敏莉：你问问妈妈，她还爱不爱你？

小卉：妈妈，女儿做了这么多错事，令你失望了，你还爱我吗？

蔡敏莉：**（引导妈妈扮演者）**你对女儿说，“乖女儿过来，让妈妈抱抱”。

妈妈扮演者：乖女儿过来，让妈妈抱抱。

小卉：**（与妈妈扮演者相拥）**

蔡敏莉：**（面向大家）**父母往往没有教过孩子如何爱自己，所以很多人为了换取别人的爱，就会不惜付出沉重的代价——不仅是自尊、自信，甚至还会将自己的快乐和幸福全然托付于他人之手。如果你有孩子，你就要教他先会爱自己，而且为了爱自己，还要找一个合情合理的伴侣。如果不太走运，遇到一些“损友”或者不太好的伴侣，就

要懂得离开。（**面向小卉**）小卉，如果你希望在这段关系中得到爱与尊重，但是对方给不了你，你会离开吗？

小卉：我会。

蔡敏莉：你现在有什么决定？我不是逼迫你现在就做这个决定，因为我对阿振没有足够的了解，你可以再给他三个月或者半年的时间。要是他还是给不了你要的东西，你就可以考虑一下分开了。我这样说你觉得怎么样？（**引导小卉面向小卉扮演者**）看着自己，你希望你将来的日子怎么过？

小卉：我希望我以后过得开开心心，这是我自己的快乐和幸福。

蔡敏莉：（**面向小卉扮演者**）听她这么说，你相信她吗？

小卉扮演者：相信。

蔡敏莉：（**将心形抱枕递给小卉扮演者，引导她面向小卉**）你现在将你的快乐和幸福交到她手上，告诉她，“以后我就靠你了，你不可以再把快乐和幸福交给任何人，只有你才可以照顾它”。

小卉扮演者：（**将心形抱枕递给小卉**）以后我就靠你了，你不可以再把快乐和幸福交给任何人，只有你才可以照顾它。

小卉：属于我自己的幸福，我应该好好地珍惜。

蔡敏莉：能不能再交给别人了？

小卉：不能再交给任何人了。

蔡敏莉：你打算做些什么事情来照顾自己的快乐呢？

小卉：我打算让时间去冲淡一切，慢慢忘掉这个男人，然后自己再去重新找回属于自己的那份幸福。

蔡敏莉：（**面向大家**）每个人都要找一个合情合理的伴侣，如果对方做不到，我们就不需要留在这段关系里。就和我们找工作一样，如果我们找到一份合情合理的工作，我们就乐意去做；如果那份工作不仅不发工资，还成天让我们超负荷工作，我们就会考虑换一份工作。如果我们能从这样的角度去看待婚姻，就会理智很多。

## 结语

在小卉的这段经历中，我们看到了一个令人心疼又发人深省的情感故事。

在咨询过程中，小卉跪地乞求、追逐阿振关注这些动作，具象化地揭示她在关系中处于极其被动的地位，她没有建立起清晰的心理边界，无法区分自己和他人的需求，将阿振的态度视为自己快乐和幸福的唯一标准。这反映出她在亲密关系中极度缺乏安全感和自信。这种行为可能源于她内心深处对被爱和被认可的强烈渴望，导致她失去了自我，完全依赖阿振来定义自己的价值。

真正的幸福源于自我认同和内在的力量。只有先爱自己，才能在包括亲密关系在内的一切人际关系中保持平衡与独立。如果伴侣无法给予我们尊重与爱，就要勇敢地离开。

## 心理咨询师观摩笔记

高丽

每一个生命都具有独特且无可替代的价值。然而，倘若一个孩子认为自己没有价值、不值得、不重要，他就会活得无比卑微。

在这个个案中，蔡老师提到，“父母往往没有教过孩子如何爱自己，所以很多人为了换取别人的爱，就会不惜付出沉重的代价——不仅是自尊、自信，甚至还会将自己的快乐和幸福全然托付于他人之手”。

一个人只有先爱自己，才能明确自己要什么、不要什么——和值得的人继续相处，与不值得的人及时告别。毕竟，只有先学会爱自己，才能拥有真正幸福的人生。

# 第 4 章 不愿意承担责任的男人如何让浪子回头

阿近因长期赌博致使家庭几近破裂。两年前，阿近染上赌博恶习且逐渐上瘾，一周至少赌三次，甚至经常请假去赌，还隐瞒工资收入用于赌博，不交家用，导致家庭经济陷入困境。阿近家庭负担沉重，不仅需要抚养两个孩子，还要照顾身体残疾的弟弟。阿近的情况让这个家犹如雪上加霜。此外，阿近在外面与人交谈甚欢，回到家却与老婆阿娟没什么话说，这也让阿娟很不满。阿近的种种行为让阿娟对他越发失望，提过离婚，但阿近不同意。

去年，阿近瞒着阿娟与车间里的一个女人发生了关系，虽然两人后来决定不再继续这种关系，但阿娟知道这件事后更伤心了。

正月十五那天，阿娟询问阿近是否发工资了，阿近谎称没有，就出门赌博了。她又问同在一个工厂上班的阿近爸爸，他回答得吞吞吐吐的，这让她心里很不舒服，拿起包就出了门。阿近回家后发现阿娟不在了，一气之下删除了手机里所有关于阿娟的照片，可不到 10 分钟就后悔了。阿近给阿娟打了几个电话，但是她都没接。几天后，阿近借岳父的手机给阿娟打了个电话，阿娟接听了，说在外地想散散心。阿近一直在旁边听着，但不敢说话，怕她挂断电话。

不久后快到情人节了，阿近觉得这一天应该陪着阿娟的，岳父也要求他三天之内必须找回阿娟，他便买了机票去找她。

在咨询的过程中，阿娟自述离家出走原因有三。一是阿近结婚八年来总是撒谎，让她很伤心。而且后来阿近出轨，阿娟给过他机会，希望他能主动坦白，但他没有反省。阿娟从侧面询问过公公，但是他瞒着她，这让她更生气。二是去年孩子有一次病得很严重，阿娟独自带着孩子去医院。那天阿近不用加班，但是也没回来管孩子。直到很晚，阿娟他们才回到家，但是家里人也没有关心地问他们什么。三是情人节当晚，阿近带着阿娟回来。阿娟和公婆发生了冲突，公公动手打了她，婆婆还掐住了阿娟的脖子，事后阿近却不承认爸爸打人，这让阿娟对这家人彻底绝望，郑重地提出离婚，并抱着孩子离开了家。

阿近希望和阿娟重归于好，准备了一份忏悔书，向阿娟表达了自己的悔恨之情，承诺会改正所有不好的行为，多陪伴阿娟和孩子。虽然阿娟在几天前回家了，但心情很差，她说她不想再面对曾经的一切。

通过和两人的交流，我观察到：阿近在夫妻关系日趋平淡时选择了逃避现实，还出现了赌博、出轨等更糟糕的问题；阿近父母看到小夫妻有隔阂，并没有缓和矛盾，反倒是火上浇油；幸运的是，阿近意识到了问题的严重性，愿意主动寻求帮助来解决问题，并愿意真诚地承认错误，这是夫妻破镜重圆的关键。

在征得了阿近和阿娟的同意后，我们开启了本次个案过程。

## 个案实录

蔡敏莉：（**面向阿近**）我听了这么久，我听出你面对难题或者压力时有一种惯性——你不会去面对，而是去打岔。比如，你和阿娟聊不来，你就去赌博甚至出轨，是不是这样的？

阿近：是这样的。

蔡敏莉：阿娟知不知道他有这个习惯呢？

阿娟：刚结婚时，我觉得我们还有不少共同语言的；近几年，我总是感觉他很陌生，回家后很少说话，要么看电视要么玩手机，我完全不知道他在想什么。

蔡敏莉：在他不说话的时候，你会做些什么？

阿娟：我会问他，你是不是工作压力大或是遇到了什么烦心事，可以跟我聊聊吗？可是，他什么都不跟我说，他就是看电视、玩手机，到凌晨一两点才睡觉。

蔡敏莉：你觉得他为什么不跟你聊天呢？

阿娟：我不知道。

蔡敏莉：（**面向阿近**）当阿娟问你时，你是怎么回答她的？

阿近：我没什么可说的，我就是看电视、玩手机。

蔡敏莉：你为什么不说呢？阿娟很关心你的。

阿近：我感觉好像没什么可说的。

蔡敏莉：阿娟，你现在是不是已经打算回家了？

阿娟：我对这段婚姻还是抱有希望的，但取决于他如何改变。要是以后的生活还是这样，那么我也没有办法。我很希望我们能继续走下去，别再像以前那样隔三岔五地吵架。

蔡敏莉：（**面向阿近**）听了阿娟这样说，你觉得怎么样？

阿近：我觉得可以。

蔡敏莉：有些情侣在决定结婚之前愿意将婚后的一些细则写出来，比如，如何分配金钱；一方做哪些事情是另一方无法接受的；一方希望另一方在做某些事情时如何做。我建议你们俩也这样做一下，比如，阿娟可以对阿近说清楚，“你以前做的哪些事情是我接受不了的，在哪些事情上我希望你如何对我”，你能做到吗？

阿娟：我应该能做到的。

蔡敏莉：试着在这里做一下。

阿娟：我希望你以后再也不要骗我了，要对我好一点。我知道你夹在我和你父母之间有时很难做，但不能说一发生矛盾就全都是我的错、你父母完全没错，更不能逃避，否则只会激化我们之间的矛盾。是谁的问题，就该就事论事地说出来。

蔡敏莉：还有其他要求吗？

阿娟：我还希望你对我父母孝顺一些，起码在见面时打声招呼吧，别像陌生人似的，我心里会很难受。

蔡敏莉：如果我是你，我会对他说，“你不可以再赌博，不可以再骗人，你要是想聊心事，应该跟我聊，不是跟别的朋友聊”。我这样说，你觉得怎么样？

阿娟：很好，蔡老师你讲得很好。

蔡敏莉：（**面向阿近**）你老婆说了两个要求，你可不可以重复一下呢？看看你的理解和她说的是否一致。（**面向大家**）我为什么要求他重复呢？因为阿娟所说的并不代表阿近听到了，更不代表他听明白了。所以，如果不让他重复，阿娟可能就默认他听到了、听明白了，要是他以后再犯同样的错误，阿娟就会很生气，心想“你怎么又这样，真是江山易改本性难移”。在阿娟说出了她的想法后，我们需要阿近再重复一次，以确保他听到了、听明白了。（**面向阿近**）你来重复一下你老婆的两个要求吧。

阿近：她让我以后对她的父母热情一些、孝顺一些。

蔡敏莉：这是她提出的第二个要求，你能不能做到呢？

阿近：能。

蔡敏莉：以前你为什么做不到呢？

阿近：我也不知道。

蔡敏莉：很多你本该做的事情，你都没有做到。

阿近：对。

蔡敏莉：你的父母是不是很疼你？我为什么这样问呢？因为很多你本该做的事情，你都没有做到。所以我推测你的父母很疼你，也很纵容你，这让你从小就习惯了不去做一些你本该做的事情，哪怕是长大成人后你也不做。是不是这样？

阿近：是。

蔡敏莉：如果是这样，就说明你的父母失职了。你需要去做你应该做的事情，你知道为什么吗？

阿近：不知道。

蔡敏莉：对于你应该去做的事情，有些事情是出于礼貌和修养；有些是因为如果你不做，别人可能就会误解你，你看你老婆差点因此和你离婚。所以说，逃避是没有用的，你需要去做你应该做的事情，承担你应该承担的责任。你老婆对你提出了两个要求，你刚刚说了第二个要求，她提出的第一个要求是什么？

阿近：以后要对她好一点。

蔡敏莉：具体是要在什么时候对她好一点呢？

阿近：不管什么时候。

蔡敏莉：其实她说了具体的时间，就是当她和你的父母出现矛盾的时候，她希望你不要逃避，而要就事论事，是不是？

阿近：是的。

蔡敏莉：她希望你说一些公道话。

阿近：是的。

蔡敏莉：比如，情人节那天你爸爸打了你老婆，你当时又在场，所以你应该承认这一点，而不能说你没有看到。你觉得她提出的这个要求是否合理？

阿近：合理。

蔡敏莉：你会不会这么做呢？

阿近：会。

蔡敏莉：你再重复一下，她提出的第二个要求是什么？

阿近：见到她的亲人要热情，要有礼貌。

蔡敏莉：你能不能做得到？

阿近：能。

蔡敏莉：你对你老婆有什么要求？

阿近：我只希望和她一起好好过日子，一直走到最后，不要因为任何事而分开。

蔡敏莉：你很害怕她突然离开吗？

阿近：是。

蔡敏莉：也就是说，无论你老婆对你有什么不满，你都希望她说出来、不要说走就走。我对你们夫妻俩也有希望。每个人都会犯错，难得的是你能承认自己那部分的责任，你去面对现实，而且你愿意道歉，这很难得。阿娟因为对你还有感情而愿意回来，再给你们的婚姻一次机会。因此，我希望你们学会恰当的沟通办法，凡事都有商有量，这样你们就很有可能开心、幸福地相处下去。祝福你们！

阿近和阿娟：谢谢蔡老师。

蔡敏莉：建议你们回家后，将你们刚刚提到的要求写下来，然后拿给对方看。对方确认了你们的要求后，再签上名字。你们两个人都要这样做，要像玩二人三足游戏一样，共同走完这条漫漫人生路。以后再遇到问题，你们要有商有量。

## 结语

面对生活中的不开心与压力，人们的应对方式大相径庭：积极面对者能解决问题；而像阿近这种选择逃避的，无疑是对自己和家庭的不负责任。他在外谈笑风生，回家却沉默寡言，这给阿娟带来了极大困扰，让她无端猜测阿近的感情，严重影响了亲密关系。如果阿近能坦诚地说出“一聊天就吵架、影响感情，所以选择不说话”，阿娟便能了解他的内心，或许还能找到更合适的沟通方式，化解这一矛盾。

同时，婆媳矛盾始终是影响婚姻稳定的重要因素，现实中的确有不少婚姻因婆媳关系破裂而终结。阿娟极为在意阿近在婆媳矛盾中的态度。这就需要多方共同努力，父母在子女成家后，应适时得体地减少对子女生活的过度参与；而作为老公的阿近，在婆媳出现矛盾时，要积极地从中调解，秉持客观公正的态度就事论事。只有阿近和阿娟都正视自身问题，做出积极改变，他们才有可能化解矛盾、修复婚姻关系，让家庭重回温暖与和谐，共同迈向幸福的未来。

## 心理咨询师观摩笔记

何若韫

婚姻就像夫妻双方共同经营一家公司，只有两人都全心投入，公司才能盈利，婚姻才会幸福。阿近赌博、出轨，面对矛盾逃避沟通，如同在婚姻“公司”消极怠工，还搞“副业”，严重破坏了婚姻。好在阿近有浪子回头的勇气，想和阿娟重归于好；阿娟虽负气出走，却因放不下这段感情又回到了家。

蔡老师最先察觉到阿近的逃避沟通模式，比如他和阿娟有矛盾就去赌博、出轨，回家就玩手机、看电视。通过耐心询问，让两人意识到这种沟通方式正在摧毁他们的婚姻，促使他们正视问题。

蔡老师还从阿近的成长环境挖掘问题根源，推测他父母的过度宠爱让他习惯性地逃避责任，帮助阿近明白自身问题的由来，从而从根源上做出改变。

在沟通方面，蔡老师引导阿娟清晰表达需求，比如，不希望被欺骗、希望阿近在自己和他父母有矛盾时公正处理，以及对自己父母热情些。还要求阿近重复这些要求，确保信息被准确传达，促进有效沟通。同时，鼓励阿近承担婚姻责任，让他明白逃避无法解决问题。

# 第 5 章 出轨后疑病的男人

## 如何让生活重归正轨

阿强常常感到焦虑。他从小争强好胜，甚至会为此而做出一些极端行为。比如，10 年前他曾因和别人打赌输了而在烈日炎炎下独自骑行了 150 千米。

几年前，阿强与相爱两年的女朋友晓茉步入婚姻，建立了看似完美的小家。半年后，一次酒后出轨让阿强陷入了长期的恐惧与自我怀疑——他不仅很自责，更担心自己会因此被感染性病。尽管医学检查证实他的身体无恙，但这并未减轻他的焦虑。从此以后，他对不确定性极度敏感，无论是健康决策（比如是否服药）还是日常选择，都能触发他内心的不安与纠结。

他曾尝试短期心理咨询，并在一次报道中公开了自己的困境，主动向晓茉坦白并得到了她的原谅。然而，阿强内心的焦虑与对亲密话题的避讳，让夫妻之间的互动变得小心翼翼，甚至偶尔的玩笑也能触动他的敏感神经，引发情绪冲突。婚后第五年，晓茉的一句无心的玩笑让阿强崩溃，两人冷战了一整天，也加深了彼此间的隔阂。

这种因害怕染上性病而衍生的焦虑，以及随之而来的内疚感，不仅侵蚀了家庭的和谐，还蔓延到了工作中。他对当前稳定但缺乏挑战的工作感到不满，并因不喜欢领导指令式的管理方式而与其关系紧张。在一次团建活动中，阿强因个人健康原因不愿参与第二阶段活动，激化了与领导的关系，领导当众指出他难以融入团队、不遵守团队纪律。

阿强前来咨询，说自己渴望实现自我重塑，重燃自信之火，希望能与晓茉重建一个幸福温馨的家。

在我与阿强沟通的过程中，不难发现他性格中自带的焦虑和多疑倾向，这些特质令他在心灵层面感到力量的缺失和自信的匮乏，进而对双方的亲密关系造成了显著的负面影响，导致情感联结出现了明显的裂痕。

在征得了阿强的同意后，我们开启了本次个案过程。

## 个案实录

蔡敏莉：如果满分是 100 分，那么你给自己现在的状态打多少分？

阿强：很低。

蔡敏莉：有没有 10 分？

阿强：没有。

蔡敏莉：你活不出自己的活力？

阿强：是。

蔡敏莉：你活不出你的信心？

阿强：是。

蔡敏莉：在婚姻方面呢？你觉得你活出了百分之几的你？

阿强：不知道有没有 50%。

蔡敏莉：我觉得没有，（**面向晓茉**）你觉得他呈现出来了多少？

晓茉：20%~30% 吧。

蔡敏莉：你能接受这样的他吗？

晓茉：我也没有什么其他办法。

蔡敏莉：所以，你只能无奈地接受？

晓茉：是。

蔡敏莉：你和他一个月有没有一次性生活？

晓茉：在他出轨之后，我们有好几年没有了。

蔡敏莉：几年？

晓茉：四年了。

蔡敏莉：四年没有性生活，这样还算是夫妻吗？你对他有没有抱怨？

晓茉：有，我会从其他方面来发泄对他的不满。

蔡敏莉：性生活能改善夫妻之间的关系，你们四年没有性生活，你是否怀疑他在外面有别的女人了？

晓茉：我没有想过这一点。其实就算他曾出轨过，但是后来我还是很信任他。

蔡敏莉：（**面向阿强**）你呢？这四年中，你没有这方面的需要吗？

阿强：我把这方面的需求转移到其他方面了，比如去运动，有时候还会梦遗。

蔡敏莉：如果你没有老婆，这是可以接受的；但是你有老婆，这让我觉得很奇怪，我认为你是在虐待她。

阿强：可以这么说。

蔡敏莉：你知道你是在虐待她？

阿强：知道。

蔡敏莉：你为什么要这么做？

阿强：我一直在忍耐，等待自己有改善的那一天，我也为此努力过。

蔡敏莉：你指的"努力"是什么？

阿强：就是自己的心理问题。

蔡敏莉：你如何看待自己的行为？

阿强：很不正常，而且我觉得越来越不正常了。我的心里很乱、很焦虑，好像掩盖了很多东西。

蔡敏莉：所以，焦虑在你的性格中占比很大，是不是？

阿强：是的。

蔡敏莉：你今年多大？

阿强：34岁。

蔡敏莉：你本应是一个很有活力、很有冲劲儿的男人，是什么让你没有活力、没有冲劲儿呢？

阿强：逃避、焦虑。

蔡敏莉：是焦虑还是逃避？

阿强：更确切地说，是内心冲突。

蔡敏莉：**（面向晓茉）**你考虑过离开他吗？

晓茉：我是一个比较传统的女人。在恋爱方面，我觉得既然我选择了和他在一起，那么哪怕只有一丝丝的希望，我都会坚持到底。

蔡敏莉：**（面向阿强）**你小时候经常焦虑吗？

阿强：经常焦虑，很怕事。

蔡敏莉：我想全方面地了解你这个人，可以吗？

阿强：可以。

蔡敏莉：每个人刚来到这个世界时，都是一个活泼、充满活力的孩子。为什么你现在没有活力了呢？

阿强：因为焦虑。

蔡敏莉：我们请一位学员来扮演你和你的焦虑部分。**（引导焦虑部**

**分扮演者挡在阿强扮演者前面；面向阿强**）你的焦虑部分好像完全挡住了你，是吗？

阿强：是，挡住了很多东西。

蔡敏莉：所以，无论是你老婆还是你的同事、领导，他们在和你交往时所看到的都是这部分——你在出轨之后焦虑了四年，是因为担心自己被染了性病吗？

阿强：是。

蔡敏莉：你害怕到不敢跟老婆有性行为？

阿强：是。

蔡敏莉：除此之外，你还有什么焦虑呢？

阿强：旅行的时候，我常常不知道去哪里——想去这里，但又觉得要是不去那里就会有遗憾，我总是想追求完美。

蔡敏莉：你经常很难做决定吗？

阿强：是的，很难做决定。

蔡敏莉：你害怕做一个决定后会发生什么事？这算不算多疑呢？

阿强：算。

蔡敏莉：（**引导多疑部分扮演者与焦虑部分扮演者并排挡在阿强扮演者前面；面向阿强**）这是你的多疑部分。你害怕做错决定吗？

阿强：是，我害怕做错决定。

蔡敏莉：要是做了一个错误的决定可能会怎么样呢？

阿强：我会很痛苦。

蔡敏莉：那你是不是因为害怕做错决定而不做决定？

阿强：是，我经常这样。

蔡敏莉：（**引导阿强扮演者弯腰跪在地上**）请看呈现在我们面前的这幅画面——你很不开心，你在逃避性爱，是这样吗？

阿强：是。

蔡敏莉：于是，你就去做运动，或者一个人待着？

阿强：是，我还会看看书。

蔡敏莉：你害怕你老婆离开你吗？

阿强：害怕。

蔡敏莉：你害怕她认为你冷落她、不再爱她吗？

阿强：害怕。

蔡敏莉：你害怕这些，但你什么都没有做，是吗？

阿强：是，我在这几年都是这样。

蔡敏莉：（**引导逃避部分扮演者也挡在阿强扮演者前面，站在焦虑部分扮演者和多疑部分扮演者中间**）这样看来，你的逃避部分占比也很大，甚至是在你的面前挡住了一切——包括你的婚姻、工作，还有生活的方方面面，是吗？

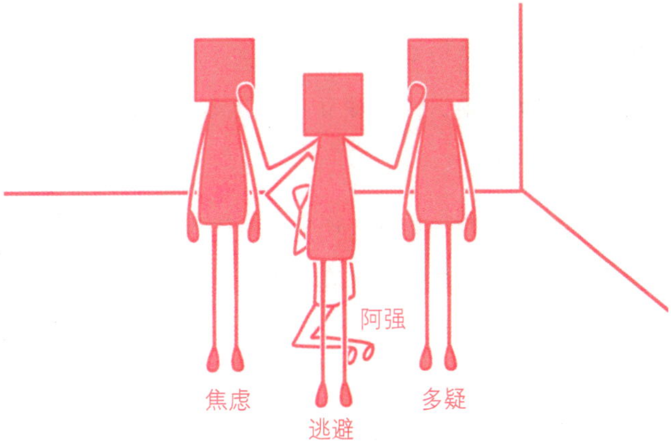

阿强：是。

蔡敏莉：你寂寞吗？

阿强：很寂寞、很孤独。

蔡敏莉：你这么不开心，你是要惩罚谁呢？

阿强：惩罚我自己。

蔡敏莉：一次出轨真的就这么十恶不赦吗？需要像坐了四年牢一样地惩罚自己吗？你看看面前的这幅画面，有什么感受？

阿强：很可怜……

蔡敏莉：谁可怜？

阿强：我。

蔡敏莉：你还连累了别人，你知不知道我指的是谁？

阿强：我老婆。

蔡敏莉：你做了一件错事，你不仅惩罚自己，还惩罚你身边的人，你将老婆变成了陌路人。我还从你身上看到了一个部分——敏感，你觉得自己是这样的吗？

阿强：是，我很敏感。

蔡敏莉：能不能举个例子？

阿强：比如，如果有人对我说了一句不好听的话，我就会有很大反应。

蔡敏莉：比如你老婆说你蠢，你就会这样吗？

阿强：是，哪怕是她开玩笑说的，我有时也会有很大的反应。

蔡敏莉：你会有什么样的反应呢？

阿强：我会很生气。

蔡敏莉：**（引导敏感部分扮演者做出推开的动作）**所以你就这样推开她，是吗？

阿强：是。

蔡敏莉：你心里还有冷漠的部分，是吗？

阿强：是。

蔡敏莉：你对谁很冷漠？

阿强：我对很多人都很冷漠。

蔡敏莉：对全世界的人都冷漠？

阿强：大部分时候是这样的。

蔡敏莉：**（引导几种情绪的扮演者背对着在阿强扮演者四周围成一圈，将他围在中间）**我们看到了一幅画面，你的这几个部分围着你，他们就像一堵墙似地将你密封起来。你站到你老婆的位置去看这幅画面，你有没有看到真正的你是谁？

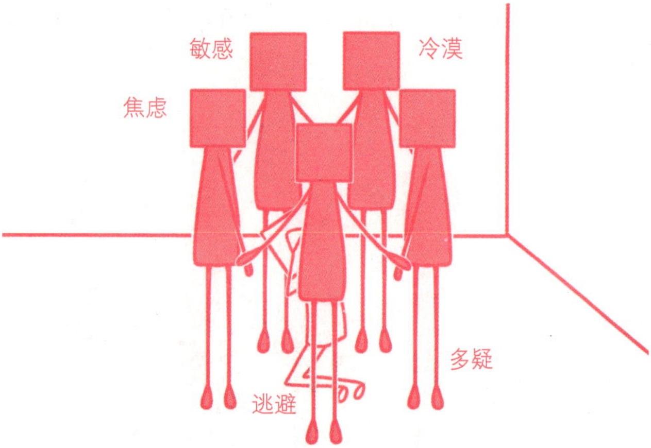


阿强：看不到。

蔡敏莉：真正的你是怎么样的呢？

阿强：很孤独、很无助。

蔡敏莉：这四年来，你就是这样过的，没有人明白你。

阿强：是的，没有人明白我，我也没有向别人倾诉。

蔡敏莉：你明不明白你自己？

阿强：我不明白，我的心很乱，有时候一点思绪都没有，好像思绪都被这些挡住了。

蔡敏莉：你快乐吗？

阿强：不怎么快乐，尤其是这几年，我很少感到快乐。

蔡敏莉：有活力吗？

阿强：很少。

蔡敏莉：有冲劲儿吗？

阿强：没有。

蔡敏莉：有朋友吗？

阿强：没有。

蔡敏莉：你对老婆付出爱了吗？

阿强：没有。

蔡敏莉：你因为一次错误而惩罚了自己，还惩罚了爱你的人，你希望惩罚到什么时候？

阿强：不想再惩罚了。

蔡敏莉：那你能不能对自己说“我做了一件错事，我老婆原谅我了，我也可以原谅自己”？

阿强：能。

蔡敏莉：你先问一下你老婆，她是不是真的原谅你了？

阿强：（**面向晓茉**）我做错了事，你可以原谅我吗？

晓茉：可以。

蔡敏莉：那你跟她说，“我也要学着原谅自己，我惩罚了自己四年，还在无意识中惩罚了你，对不起”。

阿强：（**面向晓茉**）我也要学着原谅自己，我惩罚了自己四年，还在无意识中惩罚了你，对不起。

晓茉：不要紧，我们重新开始。

蔡敏莉：（**面向晓茉**）你告诉他，你还爱不爱他？

晓茉：我真的很爱你。

蔡敏莉：告诉他，“我们生活在同一个屋檐下，你逃避了我四年，我等了你四年，见过了你的冷漠部分，我比寡妇还惨。现在你回来了，起码给我一个机会让我爱你，我希望你整个人都回来”。

晓茉：我们生活在同一个屋檐下，你逃避了我四年，我等了你四年，见过了你的冷漠部分，我比寡妇还惨。现在你回来了，起码给我一个机会让我爱你，我希望你整个人都回来。

蔡敏莉：你相信她吗？

阿强：相信。

蔡敏莉：你想跟她说些什么？

阿强：我在这几年这么对你，真是对不起，让我们重新来过。

蔡敏莉：人原本有100分的活力，但是如果有这么多的性格部分阻碍了自己，就很难活出自己的活力，也很难活出生命本身的样子。因此，我们要看清楚自己的性格是什么样的、是否可以改变它。（**面向阿强**）你站到自己的逃避部分旁边，告诉他以前是怎么逃避的？

阿强：比如，我出轨后不敢面对我老婆，逃避了四年多，压抑了自己的活力。

蔡敏莉：你跟着我说，“现在，我用力量和活力将逃避改变成面对，我会积极主动地去面对我的生活，还有我身边的人”。

阿强：现在，我用力量和活力将逃避转化为面对，我会积极主动地去面对我的生活，还有我身边的人。

蔡敏莉：说完之后觉得怎么样？

阿强：舒服些了，有了一些力量。

蔡敏莉：［**引导阿强面向面对部分扮演者（即逃避部分扮演者）**］你对他说，“你走出来了、重生了，你不再压抑我的活力，你变成了我的支持”。

阿强：你走出来了、重生了，你不再压抑我的活力，你变成了我的支持。

面对部分扮演者：好啊。

蔡敏莉：（引导面对部分扮演者站在阿强身后）接下来，冷漠转化为温情，多疑转化为信任，敏感转化为关心，焦虑转化为力量［引导温情部分扮演者（即冷漠部分扮演者）、信任部分扮演者（即多疑部分扮演者）、关心部分扮演者（即敏感部分扮演者）、力量部分扮演者（即焦虑部分扮演者）依次站在阿强身后）］现在你所在的这个位置合适吗？

阿强：嗯，这是我真正的自己。

蔡敏莉：你喜欢你这样吗？

阿强：不喜欢，可能是还不习惯。

蔡敏莉：如果有这么多的支持，你想他应该会怎么样呢？

阿强：很有力量、很有活力。

蔡敏莉：（引导阿强面向阿强扮演者）你摆一下他的身体位置。

阿强：（将阿强扮演者扶起来）

蔡敏莉：（引导阿强扮演者坐下，引导各个部分的扮演者过来）你的各个部分呈半圆形地围绕在你的身边。（面向力量部分扮演者）你告诉阿强，"我以前是你的焦虑部分，现在变成了你的力量部分，请你接纳我"，然后用一只手搭在他的肩膀上。

力量部分扮演者：我以前是你的焦虑部分，现在变成了你的力量部分，请你接纳我（一只手搭在阿强的肩膀上）。

阿强：我接纳。

关心部分扮演者：我以前是你的敏感的部分，现在变成了你的关心部分，请你接纳我（**一只手搭在阿强的肩膀上**）。

阿强：我接纳。

信任部分扮演者：我以前是你的多疑部分，现在变成了你的信任部分，请你接纳我（**一只手搭在阿强的肩膀上**）。

阿强：我接纳。

温情部分扮演者：我以前是你的冷漠部分，现在变成了你的温情部分，请你接纳我（**一只手搭在阿强的肩膀上**）。

阿强：我接纳。

面对部分扮演者：我以前是你的逃避部分，现在变成了面对部分，请你接纳我（**一只手搭在阿强的肩膀上**）。

阿强：我接纳。

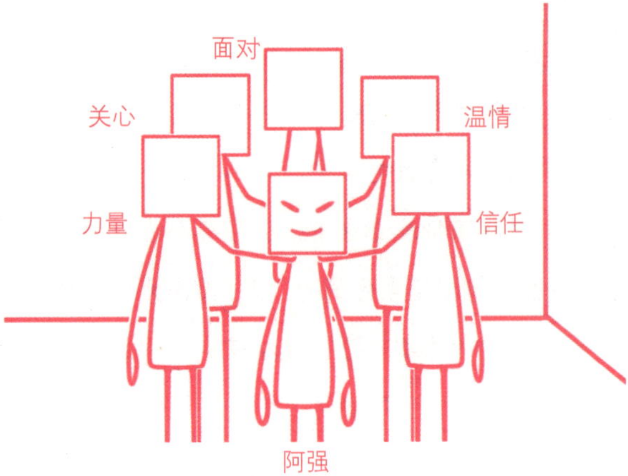


蔡敏莉：（**面向阿强**）现在请你闭上眼睛，深呼吸，去感受来自不同人的手传过来的温暖。你本就拥有这些部分，你本就拥有这样的活力，所有这些都取决于你如何去运用——如果你能正向地运用它，它

就会成为你的力量。现在，你对自己说，“我今天会变成一个真正的男人，我不再逃避，不再用悲观的眼光看这个世界；相反，我会选择面对、信任、关心，我会选择活得有力量，哪怕是做了错事，我也会勇敢地面对。此外，我要爱我的爱人”。

阿强：我今天会变成一个真正的男人，我不再逃避，不再用悲观的眼光看这个世界；相反，我会选择面对、信任、关心，我会选择活得有力量，哪怕是做了错事，我也会勇敢地面对。此外，我要爱我的爱人。

蔡敏莉：请你慢慢地睁开眼睛，感受身体中的力量。去看看你的爱人，她等了你四年多，你想对她说些什么？

阿强：（**面向晓茉**）我以后会真正地面对自己、改变自己，勇敢地面对一切，让我们重新来过。

蔡敏莉：告诉她，“因为我爱你，因为你对我的爱，我才觉得一切都有可能。请你给我机会，请你提醒我，我今天跟你第二次结婚，因为我直到今天才长大变成一个男人”。

阿强：因为我爱你，因为你对我的爱，我才觉得一切都有可能。请你给我机会，请你提醒我，我今天跟你第二次结婚，因为我直到今天才长大变成一个男人。谢谢蔡老师。

## 结语

每个人的个性都是独一无二的，但这份独特性有时也可能成为自我探索的障碍，使我们局限于个人的内心世界，难以摆脱情绪的枷锁。面对这样的困境，关键的第一步是深入自省，探究到底是性格中的哪些方面构建了成长道路上的壁垒，哪些方面易于触发消极情绪的漩涡。通过主动地认识和观察自我，我们能够揭开自我认知的面纱，这不仅是对自身的一次深刻理解，还能开启自我疗愈与成长的大门。

一旦我们清晰地识别并理解自己的性格构成，就拥有了释放内在潜能、焕发活力的钥匙。这不仅是一种对外在世界的响应，更是内在生命力的觉醒，让我们能以更加饱满和真实的状态活着。正视并理解自己的性格，是拥抱自我、活出真我风采的必经之路，它引领我们走出迷雾，步入充满活力与意义的人生旅程。

## 心理咨询师观摩笔记

孔红萍

在这个个案中，阿强渴望重拾自信，实现自我重建，以期为伴侣营造一个温馨美满的家庭环境。蔡老师运用了萨提亚中的雕塑工具，引导阿强直观地洞察到自己是如何被纷繁复杂的情绪所困，以及这种心理状态如何在无形中制约了他的亲密关系、职业发展和日常生活的。

当阿强开始逐步揭开自我认知的神秘面纱，深刻地审视和理解自己的内心世界时，他便获得了转变的契机。这不仅是一个自我觉醒的过程，更是一个赋予其重新站立起来、获得强大力量的机会。他不再受限于过往消极的性格特征，而是学会了将其转化为积极向上的动力源泉。怀抱这份新发现的内在力量，阿强得以以一种全新的姿态，积极地应对生活的各个层面——无论是与伴侣的情感维系、职场挑战，还是日常琐碎，都迎来了正面的转变。这样一来，他的生命轨迹因此绽放出崭新的光彩，实现了从内而外的正向蜕变。

# 第6章 被宠坏的“小公主”

## 如何给予伴侣同等的回应

阿妹在酒吧销售啤酒时与老公阿力相识。阿力是一名业务员，虽然工作忙但是每天坚持送她上下班，让在外漂泊的阿妹很感动。两人结婚后，生活幸福甜蜜。然而，两年后，阿妹怀孕，阿力的态度大变，不再愿意陪伴她，也不怎么关心她，就算在开车时也不顾及她和孩子的安全。公公还因阿妹是外地人而不喜欢她，言语间常让她感到委屈。

上个月，姐姐告诉阿妹，她看到阿力和一个女人在一起很亲密。阿妹回家后质问阿力，阿力矢口否认。之后，阿妹还在阿力的衣服口袋中发现了安全套，阿力说这不是自己的。几天后，阿妹目睹了阿力与一个女人从宾馆亲热地走出来。后来，阿妹发现阿力偷走了家里的首饰，阿妹报警后虽然拿回了东西，但后来又被阿力偷走了。

为了给女儿一个完整的家，阿妹并不想离婚，她甚至下跪求过阿力，但阿力不吃她这套，阿妹一气之下把阿力出轨的事告诉了阿力的父母、亲戚、同事、老板。公公对阿妹破口大骂。阿力也因此恼羞成怒，与阿妹大吵一架，阿妹动手打了阿力。

阿力由此提出一定要离婚，不仅因为阿妹平时很少做家务，而且对他父母的态度不好，更因阿妹把他出轨的事告诉别人让他没面子，以及阿妹要求他晚归就要给她钱，等等。

这让阿妹陷入了深深的痛苦之中，她既不想让女儿受伤害，又难以接受阿力的背叛，在这段感情中左右为难。曾经的幸福小家庭如今支离破碎，阿妹不知该何去何从。阿妹前来咨询，希望能解决心中的困扰，从目前的痛苦之中脱离出来。

在与阿妹沟通的过程中，我发现在性格方面，她任性霸道，从小就像小公主般被父母宠爱，导致她在婚姻中对他人要求较多，习惯以自我为中心；她脾气暴躁，容易因不满而发脾气，甚至在争吵中动手打了老公，伤害了夫妻感情，也让家庭关系变得紧张。在行为方面，她缺乏爱的表达，习惯了老公之前对她的讨好和宠爱，却没有给予他相应的情感回应。在认知方面，她对婚姻的期望不合理，把在原生家庭中被宠爱的模式带入了婚姻，没有认识到婚姻需要双方共同努力和付出。

在征得了阿妹的同意后，我们开启了本次个案过程。

## 个案实录

蔡敏莉：结婚前两年你老公很爱你，他知道如何去爱你，你有没有感谢他？

阿妹：有，但是自从我怀孕到女儿出生，他都很少关心我。

蔡敏莉：可能他的爱已经用完了。

阿妹：我生产时是剖宫产，产后伤口很痛，他却从来没有问过我痛不痛，也从来没有关心过我。

蔡敏莉：他今年多大了？

阿妹：25 岁。

蔡敏莉：他知道如何去照顾一个孕妇吗？你言语中的每一句话好像都在说你老公没做到什么——这样没做到，那样也没做到，你是不是要求比较多？你是不是对别人要求比较多，但对自己没什么要求？

阿妹：是。

蔡敏莉：我们请几位学员来扮演你和你的家人，为你呈现一幅图画，让你更形象地看到你的成长背景。你小时候是像一个小公主吗？父母很疼爱你，其他人也很疼爱你。

阿妹：是。

蔡敏莉：（**引导父母扮演者面向阿妹扮演者单膝跪下，向她伸出一只手且手心向上**）在父母的宠爱之下，你就像是一个小公主，活在一个童话世界中，这样的成长经历让你学到了什么呢？让你觉得这个世界只有自己是最重要的，其他人都应该像你的父母一样迁就你、为你提供服务，如果你不开心，就是他们没有服务好你。是这样吗？

阿妹：是。

蔡敏莉：你对别人有很多的期望，如果你的期望没有得到满足，你就会对别人持指责态度。（**引导阿妹扮演者用一只手指着父母扮演者**）你会指责父母，“你给我做的饭不好吃，你给我买的衣服不好看”。你对父母有这样的态度是可以的，因为他们无条件地爱你；在你长大后，要谈恋爱了，这样的态度会驱使你找一个什么样的男人呢？

阿妹：（**思考不语**）

蔡敏莉：你选择伴侣时，一定会选很疼爱你的，是一个讨好型的人，是不是？

阿妹：是，刚结婚的时候阿力就是这样的，对我很好。

蔡敏莉：（**引导阿力扮演者面向阿妹扮演者单膝跪地，伸出一只手且手心向上**）所以，你找了一个讨好你、迁就你的男人，他把你哄得很开心。可是，健康的婚姻需要双方都为之付出，所以他的父母在看到他百般讨好你时会怎么想呢？（**面向公公扮演者**）你的儿子如此讨好这个女人，你能接受吗？

公公扮演者：当然不能。

蔡敏莉：（**引导公公扮演者指着阿妹扮演者**）于是你很不喜欢这个儿媳妇，你指责她。（**引导婆婆扮演者面向阿妹扮演者单膝跪地**）但是婆婆为了儿子，可以和儿子一起讨好儿媳妇，是不是这样的？

阿妹：就是这样的。

蔡敏莉：这种情形维持了多久？

阿妹：维持到上个月。

蔡敏莉：上个月发生了什么事情？

阿妹：我老公出轨。

蔡敏莉：你老公为什么会背叛你呢？他曾经那么爱你、那么迁就你。如果他从你身上得到了温柔、得到了体贴，那么他不一定会背叛老婆的。（**面向阿力扮演者**）你长期讨好老婆，过了五六年，你觉得委屈吗？

阿力扮演者：有一点点吧。

蔡敏莉：（**面向阿妹**）在你面前，你老公有没有做到一个真正的男人呢？在他没有做到一个真正的男人的时候，他可能会怎么做呢？开始时，找一些善解人意的工作伙伴聊天，到了最后可能就出轨了，这是谁的责任？

阿妹：我的责任。

蔡敏莉：既然你觉得这是你的责任，那么你觉得你应该怎么做呢？

阿妹：我觉得我应该用另外一种方式对待他。

蔡敏莉：你走过来，用手轻抚老公的头，告诉他，“原来你受了这么多的委屈”。

阿妹：（**轻抚阿力扮演者的头**）原来你受了这么多的委屈。对不起，我不应该用这种方式对待你，应该用另一种方式对待你。

蔡敏莉：应该是怎么样的呢？你爱你老公吗？

阿妹：爱。

蔡敏莉：但是你为什么对他这么凶？

阿妹：我也不知道为什么，可能是在生了孩子之后，心情完全变了，变得很暴躁。

蔡敏莉：这的确可能是一个原因。你老公之前对你怎么样？

阿妹：他之前对我很好，无论我让他做什么，他都能尽量满足我。如果我下班晚了，他就会去接我。如果我们两三天不见，他就会感到不习惯，隔一会儿就要给我打电话问我怎么样了。

蔡敏莉：所以，他之前的生活都是围着你转，你是他生命中最重要的人，是吗？

阿妹：是的。

蔡敏莉：可是他总是这样跪着一定会累的，（**引导阿力扮演者摇晃身体**）你看他快支撑不住了。他目前有两个选择——要么被你虐待到倒下，要么站起来。

阿力扮演者：（**站起来**）

蔡敏莉：看来，你老公选择了站起来，他不再将所有的时间都用来围着你转，他要做回一个正常的男人。可是，此时你做了什么呢？你很不开心，（**引导阿妹扮演者站在凳子上**）你对他变本加厉，但是他不愿意再像之前那样听话了。（**引导阿妹扮演者假装打阿力扮演者**）你看他满足不了你就打了他，而且你好像还挺开心的，是不是？

阿妹：其实我也不想用这种方式对待他。

蔡敏莉：可是，你那时就是这样对待他的。（**引导阿力扮演者转身，背对阿妹扮演者**）于是，老公忍无可忍；公公对你的态度一直是这样的，继续指责你；婆婆发现儿子不爱你了，她便也站了起来，也开始指责你，是不是？

阿妹：是。

蔡敏莉：（**引导阿妹扮演者从凳子上下来**）你之前站得很高，将自己的位置摆得很高，所以让老人家难堪、让你老公难堪。听起来他现在对你的爱已经用尽了，你愿意做些什么让他的爱回来？

阿妹：我可以孝敬他的父母，承担所有的家务，我也会改掉我的坏脾气。就算他出轨过，我也可以让这件事翻篇。

蔡敏莉：你这么说对自己是很不公平的，你可以告诉他，“我知道你之所以找别的女人，是因为我以前对你太凶了。我之前不知道如何爱你，现在我愿意学着如何爱你。而且，其实我很介意你出轨过，我无法把这件事从记忆中抹去”。我们刚才在分析后推测，他因为在这段婚姻中感受不到你的爱，所以才在外面找女人，我这么说合情理吗？

你之前是如何向他表达爱的?

阿妹：我没怎么表达过。

蔡敏莉：你不表达，你老公怎么知道你爱他呢?

阿妹：因为之前无论我们在一起做什么都很开心。

蔡敏莉：之前他很讨好你，所以你觉得你不需要做什么事来表达你爱他，那他怎么知道你爱他呢?

阿妹：嗯，我的确没有跟他表达过。

蔡敏莉：如果你现在告诉他"老公我很爱你的"，会不会迟了一点?

阿妹：迟了。

蔡敏莉：其实你还是可以跟他说的。（**引导阿妹面向阿力扮演者**）告诉他，"老公，其实这么多年来我都是很爱你的，只是我不会表达对你的爱"。

阿妹：老公，其实这么多年来我都是很爱你的，只是我不会表达对你的爱。

蔡敏莉：继续说，"我从小就被父母宠坏了，所以你宠我、疼爱我，我就觉得这都是应该的，我不知道要感谢你。现在，我想谢谢你给我的爱"。

阿妹：我从小就被父母宠坏了，所以你宠我、疼爱我，我就觉得这都是应该的，我不知道要感谢你。现在，我想谢谢你给我的爱。

蔡敏莉：你希望你的家是什么样的呢?

阿妹：我们一家三口快快乐乐、开开心心的，我不希望女儿有童年阴影。

蔡敏莉：如果你老公坚决要离婚呢？

阿妹：如果他坚决要离婚，那么我也只能答应他，我也没有办法。

蔡敏莉：如果可以选择呢？

阿妹：如果可以选择，我就要挽回我的家。

蔡敏莉：（**引导阿妹面向阿力扮演者**）你告诉他，“我很希望我能挽回我的家，给女儿一个完整的家。如果你真的要离婚，那么我希望我可以带着女儿，我能给她爱，对她负责；要是真的失去你，我觉得很遗憾”。

阿妹：我很希望我能挽回我的家，给女儿一个完整的家。如果你真的要离婚，那么我希望我可以带着女儿，我能给她爱，对她负责；要是真的失去你，我觉得很遗憾。

蔡敏莉：（**面向阿力扮演者**）你听后想对她说些什么？

阿力扮演者：我挺感动的。我相信如果她真的能跟她老公这么说，她老公应该会有所触动的，会试着继续这段婚姻看看。

蔡敏莉：阿妹，你现在的心情如何？

阿妹：舒服多了。

蔡敏莉：你在哪些方面觉得舒服多了？

阿妹：我以前不知道自己这么任性，直到我从刚才的画面中看到了自己，才知道我以前这么霸道、这么任性。现在我才意识到，我之前真的做错了。

蔡敏莉：你现在看清楚了，你能为自己做决定了吗？

阿妹：能。

蔡敏莉：如果一对夫妻因为没有爱而离婚，我觉得是没什么遗憾的；但是你们双方还是心怀爱意的，只是不知道如何去爱，如果因此而离婚就很遗憾了。你们曾经那么相爱，为什么不能爱得持久？因为你们不会爱。因此，要想获得幸福婚姻，就要满足四个基本的条件，一是要会爱自己；二是要会爱对方；三是要向对方表达爱；四是照顾彼此的情绪。这样一来，双方的关系才是健康的，爱情才可以持久。

## 结语

阿妹在婚姻中经历了诸多波折，从被宠爱到面临婚姻危机。起初，阿妹在成长过程中像个小公主般被宠爱，这导致她日后对他人要求较多。婚后，老公一直讨好她、迁就她，却在长期压抑后有了出轨行为。通过角色扮演，我们看到了问题所在。阿妹意识到了自己的任性与霸道，明白了要学会表达爱、照顾对方的情绪。如果夫妻双方都能做到爱自己、爱对方、向对方表达爱，并能照顾彼此情绪，婚姻关系就会健康持久。阿妹虽然渴望挽回家庭，但也做好了面对离婚的准备。这个过程让她看清了自己，为自己的未来做出了决定。

爱是心灵的桥梁，只有懂得爱才能走得更远。希望他们能在经历中成长，学会爱，让爱延续，避免婚姻出现遗憾。

## 心理咨询师观摩笔记

苗海防

在这个个案中，蔡老师通过询问和引导，帮助阿妹回顾婚姻前后的变化，让她认识到自己在婚姻中的问题。比如，她指出阿妹总是强调老公没做到的事情，对别人要求多而对自己要求少。

接着，蔡老师采用角色扮演的方式，生动地呈现出阿妹的成长背景和婚姻关系。她将童年时受父母宠爱的阿妹比作小公主，让阿妹看到了自己在成长过程中形成的任性性格。在角色扮演中，蔡老师邀请扮演者们展现出了老公的讨好、公婆的态度变化等，使阿妹直观地感受到自己在婚姻中的位置和行为对他人的影响。

通过角色扮演中的互动，蔡老师引导阿妹反思自己的行为。当阿妹看到老公长期讨好自己的委屈以及自己在老公改变后的反应时，她开始意识到自己的错误。蔡老师让阿妹向老公道歉，表达自己的悔意和对爱的认识，帮助她学会表达爱和理解对方。

最后，蔡老师在阿妹面对可能离婚的情况时，引导她做出理性的决定。这既让她表达了对挽回家庭的渴望，又让她做好了面对离婚的心理准备。蔡老师通过这些方法，帮助阿妹认识自己、反思婚姻问题、学会表达爱和做出正确的选择，为她提供了一条走出婚姻困境的道路。

# 第7章 情感的界限

## 如何摆脱厄勒克特拉情结[①]

① 指恋父情结，又被译为伊莱克特拉情结、奥列屈拉情结，是弗洛伊德精神分析术语，指女孩恋父仇母的复合情绪，是女孩性心理发展第三阶段的特点。

小菡自幼乖巧，她的爸爸也很疼爱她，父女感觉很好。后来，爸爸因赌博欠债而很少回家，随后小菡还听说他组建了新的家庭。小菡四处寻父，渴望与他见面，但都没能如愿。

上初中时，小菡因觉得比自己大 15 岁的初中班主任在很多地方都很像爸爸，便在心中暗生情愫。初中毕业后，她经常给老师打电话。有一个假期，小菡鼓起勇气跑到老师家楼下想见他，老师起初拒绝了，但小菡一直在楼下等着，老师最终还是下楼见她了，小菡很高兴。随后，两人的关系日渐亲密起来，但老师说自己有家庭，不可能对她有任何允诺，更不可能为她放弃家庭。小菡听后很沮丧，但又难以放下对老师的感情。

爸爸的离开、老师的拒绝，让小菡对异性同龄人很抗拒。到了谈婚论嫁的年纪，亲戚给她安排了几次相亲，她都带着姐妹去赴约，而且匆匆就结束了约会，再无下文。小菡很希望自己能早日从对老师的错误情感中走出来。

在与小菡的沟通中，我体会到，在情感方面，她有较强烈的厄勒克特拉情结，在提到寻找伴侣时她明确表示要找一个像爸爸的男人。这使她在感情上难以接受其他类型的男性，限制了她的情感选择；同时，还让她对初中老师的情感投射错误，误以为老师可以替代爸爸。在认知方面，小菡混淆了不同类型的爱，没有分清父女之爱与男女之爱的区别，将对爸爸的爱与对伴侣的期望混为一谈，这导致她在感情中出现错误的判断和选择，无法建立健康的恋爱关系。

在征得了小菡的同意后，我们开启了本次个案过程。

## 个案实录

蔡敏莉：你现在有没有男朋友？

小菡：没有。

蔡敏莉：为什么没有呢？

小菡：不知道，很难找到一个像老师这么聊得来的、像爸爸这样了解我的人。我有时很封闭自己，但在和别人相处熟了之后，还是很亲和的，只是我独自待着的时候常常会想很多事。

蔡敏莉：通常会想哪些事？

小菡：我之前会给自己做规划，希望能找一个像我爸爸这样关心我的、有责任感的男人做我的伴侣；后来，我就想我爸爸为什么这样对我们；再后来，我会想为什么我花了这么久等这个老师，但是直到现在也没有什么结果。

蔡敏莉：其实你是在找一个爸爸。

小菡：我想也是。

蔡敏莉：根本没有人可以替代他。

小菡：我希望有人可以像我爸爸那样爱我，而不是代替他，毕竟二者是不同的角色。

蔡敏莉：我们来看看当年你爸爸是如何爱你的。我们请现场的一些学员来进行角色扮演。你父母的关系如何？你可以将他们的关系摆出来吗？

小菡：爸爸很会在外面挣钱，妈妈很会持家，也很会照顾我们。

蔡敏莉：所以他们是恩爱的？

小菡：谈不上很恩爱，但是他们并不怎么争吵。

蔡敏莉：（**引导父母扮演者并肩地站着**）爸爸是如何对你的？

小菡：我很喜欢站在爸爸的旁边。

蔡敏莉：（**引导小菡扮演者坐在爸爸扮演者前面，爸爸扮演者单膝跪地并从后面搂住小菡扮演者**）爸爸很疼惜你，你们俩的关系是这样的吗？

小菡：我小时候会帮爸爸算数，爸爸经常摸着我的头说“你真棒，加油”。

蔡敏莉：你们的关系像不像我们摆出来的这种样子？

小菡：像，我爸爸对我很好。

蔡敏莉：你家有几个孩子？

小菡：五个。

蔡敏莉：爸爸最爱你吗？

小菡：是的，爸爸说我可以给他帮忙。

蔡敏莉：爸爸对你的爱，你完全能感受得到吗？

小菡：是的。

蔡敏莉：但是，（**引导爸爸站起来，背对着小菡站在她前面**）爸爸后来突然离开了这个家，家里只剩下你和其他家人。

小菡：是啊，因为爸爸曾说他是家里的顶梁柱，但是后来他离开了这个家，在外面漂泊，我感到很无助。

蔡敏莉：你告诉爸爸，你觉得他现在还在不在这个世界上？

小菡：我相信我爸爸还在这个世界上。

蔡敏莉：（**引导小菡面向爸爸扮演者**）你需要跟爸爸说。

小菡：爸爸，我很需要你，没有你我都不知道以后的路要怎么走。你走了之后，家里发生了很大的变化，你的女儿……（**泪流满面**）

蔡敏莉：看着爸爸，你还有什么话想对他说？

小菡：你的女儿活得很不开心，经常会很想念你。

蔡敏莉：告诉他，“我就像个孤魂野鬼，我想要你回来。你走了之后，我的心像是被挖空了。我要找一个人来爱我，我要找一个爸爸，于是我找了我的初中老师，他很像你”。

小菡：我就像个孤魂野鬼，我想要你回来。你走了之后，我的心像是被挖空了。我要找一个人来爱我，我要找一个爸爸，于是我找了我的初中老师，他很像你。

蔡敏莉：是这样的吗？

小菡：是的。

蔡敏莉：（**引导小菡站在爸爸扮演者的位置，代替爸爸的角色**）你站在爸爸的位置，做你的爸爸。（**引导小菡扮演者站在小菡面前**）小孩子往往有很多问题，我们在这里逐一地来问，（**面向小菡扮演者**）你来问，“爸爸，你还在这个世界上吗”。

小菡扮演者：爸爸，你还在这个世界上吗？

小菡：在。

蔡敏莉：继续问，“爸爸，你为什么不回家呢”。

小菡扮演者：爸爸，你为什么不回家呢？

小菡：爸爸也不想让事情搞成这样，但事已至此。爸爸跟你说过，爸爸很负责任的，不可以丢下家人。

蔡敏莉：你再问，“你为什么不回家呢”。

小菡扮演者：你为什么不回家呢？

小菡：等我和你阿姨生的妹妹长大成人了，爸爸就回去找你们。

蔡敏莉：问爸爸，“爸爸，你还爱我吗”。

小菡扮演者：爸爸，你还爱我吗？

小菡：爸爸永远都爱你们。

蔡敏莉：跟爸爸说，“你走了之后，我就像个孤魂野鬼，我的生活失去了重心，我很需要你”。

小菡扮演者：你走了之后，我就像个孤魂野鬼，我的生活失去了重心，我很需要你。

小菡：你要相信，尽管爸爸没在你们的身边，但是心永远都和你们在一起，爸爸也很想念你们。

蔡敏莉：对爸爸说，“爸爸，我需要你”。

小菡角色扮演：爸爸，我需要你。

小菡：你现在已经长大成人了，我希望你可以有属于自己的生活。

蔡敏莉：告诉爸爸，“爸爸，你离开家之后，我爱上了我的初中班主任，我希望他能替代你，我希望他可以做我爸爸”。

小菡角色扮演：爸爸，你离开家之后，我爱上了我的初中班主任，我希望他能替代你，我希望他可以做我爸爸。

小菡：爸爸是永远都不可以替代的，就算你找多少个人也不可以替代爸爸，爸爸的心中也给你们留了一个位置。

蔡敏莉：（**面向小菡**）你跟我说，“你永远都是我最爱的女儿，我现在不回去看你们并不代表我不爱你，而是因为受客观环境的影响，使我无法回去。对此，我心中有愧，也很内疚。我请你原谅爸爸，让我对你的爱留在你的身体里，留在你的记忆中，并用这份爱去爱自己。谁都不能替代爸爸的，谁都不能替代爸爸陪你、爱你。忘了那个初中老师吧”。

小菡：你永远都是我最爱的女儿，我现在不回去看你们并不代表我不爱你，而是因为受客观环境的影响，使我无法回去。对此，我心中有愧，也很内疚。我请你原谅爸爸，让我对你的爱留在你的身体里，留在你的记忆中，并用这份爱去爱自己。谁都不能替代爸爸的，谁都不能替代爸爸陪你、爱你。忘了那个初中老师吧。

蔡敏莉：讲完之后，你觉得怎么样？

小菡：我从来没有对自己说过，也从来没有对爸爸说过，更是从来没有对老师说过。

蔡敏莉：（**引导小菡站在爸爸扮演者对面**）你现在站回来，做回你自己。你再问爸爸，“爸爸，你是不是还爱着我”。

小菡：爸爸，你是不是还爱着我？

蔡敏莉：（**引导爸爸扮演者面向小菡伸出双手**）你伸出手，叫她过来。

小菡：是不是，爸爸？

爸爸扮演者：是，我还爱着你。

小菡：（**抱住爸爸扮演者，大哭**）

蔡敏莉：你和爸爸这么多年的分离，你对爸爸这么多年的等待，最凄凉的是，那份等待就像一把刀，随时刺向你的心，令你的心滴血。你总是在想，“爸爸是不是不爱我了？爸爸是不是有了另一个小孩后就不爱我了”。这是很折磨人的，你的内在小孩一直在哭。你告诉爸爸，为了得到他的爱，你爱上了你的初中老师，你等了老师多少年？

小菡：等了五六年。

蔡敏莉：你有没有想过要继续等下去？

小菡：现在我很想放下他。

蔡敏莉：为什么？

小菡：因为他一直没有给我一个答复，而且很多客观因素让我们不可以在一起。我经常对自己说要放下，以后再也不给他打电话，也不见他。

蔡敏莉：但是你为了他，拒绝了其他男孩子的追求。

小菡：是的。

蔡敏莉：为什么？

小菡：因为我还没有发现一个像他这么优秀的。

蔡敏莉：你痛苦吗？等了这么多年，他仍是一个属于另外一个女人的男人。

小菡：很痛苦。

蔡敏莉：听起来你爱他多过他爱你，是不是这样的？

小菡：是的。

蔡敏莉：你的付出比他付出得多。

小菡：他说他也付出了很多。

蔡敏莉：但是他也没有吃亏，不和你在一起的时候，他有老婆、孩子；但是你呢，你一年能见他多少次？

小菡：多的时候只有两三次，少的时候是一两次。

蔡敏莉：这样的男人算是男朋友吗？（**引导爸爸扮演者站在小菡身后，手搭在小菡的肩膀上**）现在，你知道爸爸很爱你，你也知道你是因为想念爸爸而爱上了老师，那么你可不可以放下这个“假爸爸”？

小菡：应该可以。

蔡敏莉：（**引导小菡面向老师扮演者**）你跟他说，“我跟你之间是一个美丽的误会，我现在知道我爸爸的爱，我的心里很踏实”。

小菡：我跟你之间是一个美丽的误会，我现在知道我爸爸的爱，我的心里很踏实。

蔡敏莉：是不是这样的？你知道虽然爸爸现在没有跟你住在一起，但是他的爱没有离开。

小菡：是的，我知道。

蔡敏莉：那你继续跟老师说，“我不需要找一个像爸爸的人来爱我，现在我知道爸爸爱我了，我可以跟你说再见了，我要在这个黑洞里面抽身出来。你只是一个很像我爸爸的情人，我付出的比我得到的多，我的痛苦比快乐多。我现在只想跟你说，再见，你走吧”。

小菡：我不需要找一个像爸爸的人来爱我，现在我知道爸爸爱我了，我可以跟你说再见了，我要在这个黑洞里面抽身出来。你只是一个很像我爸爸的情人，我付出的比我得到的多，我的痛苦比快乐多。我现在只想跟你说，再见，你走吧。

蔡敏莉：你现在有什么感受？

小菡：我希望他从我心中永远消失。

蔡敏莉：唯一的可能就是，你找一个爱你的人来替代他的位置。你可以对宇宙许下一个愿望，你想许下什么愿望？

小菡：我希望找一个能跟我聊得来的男朋友。

蔡敏莉：继续说，“我不需要他像我爸爸这样”。

小菡：我不需要他像我爸爸这样。

蔡敏莉：因为你已经有一个爸爸了，所以你可以试着去接受另一种男性的爱，允许生命中有另一种男性存在，可以吗？

小菡：可以。

蔡敏莉：祝福你。

小菡：谢谢。

蔡敏莉：小菡，你现在感觉如何？

小菡：舒服多了。

蔡敏莉：有没有什么想跟大家分享的？

小菡：我现在才发觉我之前很封闭，很害怕说自己家里的事情，怕别人听了之后不开心。其实，要是什么事情都憋在心里，就只会让我更不开心、更痛苦。

蔡敏莉：在女性的一生中，很多人都存在一定程度的恋父情结，但随着成长往往会有所转移。然而，你之前一直都没有脱离与爸爸的紧密联结，这主要是因为生活中出现了重大变故——爸爸的突然离开。你难以接受这个现实，而且你自幼和爸爸关系非常好，他作为你生命中的第一个男人，让你误以为与男人的交往和沟通模式理应如此。因此，你一直渴望找到一个能明白你心思、悉心照顾呵护你的男人，因此你爱上老师就不难理解了。只要你能够区分男女之爱与父女之爱，不将二者混淆，问题便能迎刃而解了。对于成年女性而言，应该多与不同类型的男性交往，以便了解自己到底喜欢哪种类型的人，感受与不同的人交往是否舒适。多一些选择总归是好事，而不是遇到第一个人就认定是唯一。

## 结语

小菡因爸爸的突然离开而陷入对父爱的渴望中，从而将情感投射到初中老师身上。小菡自幼与爸爸关系亲密，爸爸的离开让她内心空虚，她在老师身上找到了爸爸的影子，却陷入痛苦的等待之中。通过角色扮演，小菡重新感受到了爸爸的爱，也意识到不能将对爸爸的爱与男女之爱混淆。作为成年女性，应多与不同类型的男性交往，增加选择，而不是执着于第一个遇到的类似爸爸的人。只有分清不同的爱，才能找到真正适合自己的幸福。小菡在这个过程中逐渐成长，学会放下错误的情感，去追寻属于自己的真正的爱情和幸福生活。

## 心理咨询师观摩笔记

王丽红

在小菡的案例中，蔡老师展现出了专业的心理咨询方法和引导能力。

首先，蔡老师通过提问了解小菡的情感状态和困惑，迅速抓住问题核心——小菡的恋父情结以及因爸爸离开而产生的情感投射。接着，蔡老师采用角色扮演的方式，生动地呈现出小菡与爸爸的关系以及她内心的渴望。让小菡在角色扮演中与爸爸对话，释放内心积压的情感，如对爸爸的思念、疑惑和渴望得到爱的心情。

在小菡与爸爸的对话过程中，蔡老师不断引导小菡表达自己的感受和想法，帮助她理解爸爸离开的原因以及爸爸对她的爱从未改变。同时，蔡老师还让小菡意识到自己将对爸爸的爱错误地投射到老师身上，导致了痛苦的等待和付出。

在小菡逐渐理解自己的情感问题后，蔡老师鼓励她放下对老师的错误情感，明确指出男女之爱与父女之爱不同，不能混淆。她还建议小菡多与不同类型的男性交往，增加选择，找到真正适合自己的人。

蔡老师通过上述方法，帮助小菡认识自己的情感问题，引导她走向正确的情感道路，促进她的心理成长和幸福生活。

# 第 8 章 梅开三度

## 如何改善不公平的婚姻关系

小婧的婚姻之路充满波折。

20 岁时，她在父母的包办下开始第一段婚姻，五年的婚后生活过得平淡无奇，两人和平分手。

随后，她认识了第二任老公。此人最初殷勤无比，为她洗脸、洗脚、穿衣服、擦鞋，让她沉浸在被呵护的幸福中。然而，他实则是个无赖，不仅没工作而且还贪图她的钱，甚至要求小婧把她之前的房子改为他自己的名字。小婧想离婚，但她是外地人，没有娘家人帮她出主意，婆家的亲戚又一个劲地劝她，再加上她贪恋老公的呵护，便没有离婚。没想到，随后老公变本加厉。两人相处近五年，婚姻只持续了一年就以离婚告终，小婧也离开了这个伤心地。

后来，小婧认识了第三任老公。他是一名快递员，工资不高，两人常因钱争吵。小婧看中他老实单纯像个孩子，年纪比她小，不知道小婧离过婚和真实年龄。小婧在与他恋爱期间，回去与第二任老公办离婚期间分开半年，他从未主动联系过她，让她觉得他不够关心自己。

如今，小婧在婚姻的十字路口徘徊，不知该何去何从，既想结束这段不幸福的婚姻，心中又有些不舍和迷茫。她还很想知道为什么自己总是陷入失败的婚姻中，以及如何找到适合自己的伴侣。

我在和小婧的沟通中发现，在成长环境方面，她的父母偏爱她的双胞胎妹妹，因此小婧十分渴望得到家人的呵护；在性格方面，她心软易妥协，冲动任性，做事比较随性；在情感认知方面，择偶标准错误，对感情缺乏理性判断；在自我保护方面，她缺乏自我保护意识，对婚姻不够慎重。

在征得了小婧的同意后，我们开启了本次个案过程。

## 个案实录

蔡敏莉：我们请一些学员来进行角色扮演。如果你和妹妹是同卵双生的，即由一个细胞分裂成了两个小孩，你们的样貌就是一样的。既然你们的相貌是一样的，父母应该是同等喜欢你们俩，但为什么是喜欢一个、不喜欢另一个呢？这其实是跟后天的行为有关系。（**引导妹妹扮演者站在小婧旁边**）爸爸平时对你们怎么样？严厉吗？会打你们吗？

小婧：会的。

蔡敏莉：打你们时打得凶吗？

小婧：凶。

蔡敏莉：也就是说，他的脾气很暴躁？

小婧：其实也不是脾气暴躁，而是他的方式不对。

蔡敏莉：（**引导爸爸扮演者用手指着小婧和妹妹扮演者**）也就是说，他比较像暴君，而且对你们两姐妹的要求是一样的。妈妈看到爸爸这样对你们，不拦着吗？

小婧：不，她会讨好爸爸。

蔡敏莉：（**引导妈妈扮演者面向爸爸扮演者单膝跪地**）妹妹对爸爸的做法有什么样的反应？

小婧：妹妹属于讨好型人格，爸爸也吃她这套。

蔡敏莉：（**引导妹妹扮演者面向爸爸扮演者单膝跪地，并膝行至爸爸扮演者面前，一只手拽着他的裤脚，另一只手伸向爸爸扮演者且手心向上；爸爸扮演者抚摸妹妹扮演者的头**）如果没有比较还好，但现在有比较了，是不是妹妹更听话、更让人喜欢？爸爸在骂你的时候，你有什么样的反应？

小婧：他骂得越凶，我越反抗。

蔡敏莉：他骂你的时候，你希望他如何对你？

小婧：（**带着哭腔**）希望他爱我多一点，希望他对我好一点。

蔡敏莉：你觉得爸爸为什么打你？

小婧：因为他喜欢我妹妹，所以他总是看我不顺眼，动不动就会打我。

蔡敏莉：你认为他喜欢妹妹、不喜欢你？

小婧：对。

蔡敏莉：我们来呈现一幅图。（**引导妈妈扮演者起身，站在爸爸扮演者旁边，双手指着小婧扮演者；妹妹扮演者与爸爸扮演者离开一段距离；小婧扮演者站在妹妹扮演者旁边，双手指着父母扮演者**）如果你能回到小时候做回自己，你就会骂爸爸、指责妈妈。当你吵不过他们时（**引导小婧扮演者转过身背对着父母扮演者和妹妹扮演者**），你只能转身离开；但是你的愤怒会继续留在这个情景中，（**引导小婧扮演者从背后伸出两只手，仍然指着父母扮演者和妹妹扮演者**）你两只手指向他们。

你背负了很多的愤怒和伤心离开了家，但是像你这样爽直的性格是不是错呢？不是的，只是你不会像妹妹那样讨好他们，但是父母会不会爱你呢？我想是爱的，只是他们不知道如何对你好，我想这就是很多中国家庭都会存在的遗憾。父母与孩子之间的亲情不够深厚，给孩子带来了后遗症——在父母不爱子女时，也会让子女觉得自己不会

讨人喜欢。小婧，我们再看看你那三段婚姻。你觉得在你这三段婚姻中，受害者是你还是别人？我们依次来说说。关于第一任老公，你不爱他，但是他很爱你。

小婧：我也不知道他到底爱不爱我。

蔡敏莉：**（引导第一任老公扮演者面向小婧扮演者单膝跪地，伸出一只手且手心向上）**起码他很迁就你，也很讨好你。你是如何对待他的？你不理他吗？

小婧：对。

蔡敏莉：**（引导小婧扮演者背对第一任老公扮演者；第一任老公扮演者拽着小婧的裤脚）**他对你的反应是不是这样的？

小婧：是。

蔡敏莉：所以这是一段不平等的婚姻。他很渴望与你相爱，但是你欠他太多，而且后来你们分开了，是不是这样的？

小婧：是。

蔡敏莉：你给了他自由，做得很好。**（引导第一任老公扮演者离场，**

**第二任老公扮演者上场**）你的第二任老公对你怎么样呢？我听你说他很讨好你。

小婧：是，我一进门他就会帮我脱鞋。

蔡敏莉：（**引导第二任老公扮演者趴在地上，爬到小婧扮演者面前帮她擦鞋**）是这样吗？

小婧：是，他做什么事都有目的。

蔡敏莉：你觉得他有什么目的？

小婧：就是钱。

蔡敏莉：你有没有给他钱？

小婧：没有。

蔡敏莉：你们的婚姻维持了多长时间？

小婧：差不多一年。

蔡敏莉：差不多一年，他都无法从你身上得到一分钱，那就相当于白伺候你了。

小婧：他曾对我说，“你请一个保姆一个月也得几千块，对不对”。

蔡敏莉：对呀。

小婧：但是我会给他买衣服、买鞋子。

蔡敏莉：他还需要和你有性生活，这些你算上了吗？

小婧：我没算。

蔡敏莉：那就是说，你欠了他不少钱。你爱不爱他？

小婧：不爱。

蔡敏莉：你不爱他，但是很享受他给你提供的服务。

小婧：对。

蔡敏莉：可是你又不给他钱，你也比较小气。

小婧：他吃我的、住我的、穿我的。

蔡敏莉：法律规定，你们结婚后，财产是共有的。如果反过来，他很有钱，你吃他的、住他的，你想不想让他给你零用钱呢？

小婧：想。

蔡敏莉：所以，他有这样的想法很正常。

小婧：但是依我的性格，要是他不给我钱，我就会自己去赚钱，不会再跟他要一分钱。

蔡敏莉：你会不会这样帮别人擦鞋子？

小婧：不会。

蔡敏莉：可是，他提供的可是非一般的服务。你要记住你们俩相处模式的画面——当夫妻关系不平衡的时候，他讨好越多，就越会放下自尊。他希望你爱他，如果他跟你生活了一段时间后你还是不爱他，他就会跟你要钱了。因此，在你未来的感情路上，你要是想获得很好的亲密关系，就要看看你是愿意学习如何爱人还是愿意给钱。只有你愿意付出，才能享受很好的亲密关系。可是，你之前既不爱他又不愿意不给他钱，那就不要辛苦他了。（**引导第二任老公扮演者离场**）祝你好运，男人。（**引导第三任老公扮演者上场**）对于你的第三任老公，我真是更加可怜他，他连你多大年纪、有没有钱都不知道，他就是一个无知小伙子，被你骗了。

小婧：不是我不想让他知道我以前的事情。

蔡敏莉：（**引导第三任老公扮演者面向小婧扮演者跪下**）你骗了他的青春，骗了他的肉体，他连自尊都赔上了。

小婧：如果他知道我以前的很多事情就会对他不好，因为他思想比较单纯。

蔡敏莉：是的，你对他隐瞒了这么多事情。你喜欢他的单纯，但是又嫌他蠢、赚不到钱。你踢他一脚，说，“快去赚钱，快点发财”。不过，你要知道，他只是你第三任老公的扮演者，你不能真的去踢他，只能用动作示意出来。

小婧：（**假装踢第三任老公扮演者的屁股**）快去赚钱，快点发财。

小婧　　第三任老公

蔡敏莉：你一边打他的屁股，一边鞭策他，“你真没用，你得去赚大钱”。

小婧：（**假装打第三任老公扮演者的臀部**）你真没用，你得去赚大钱。

蔡敏莉：你觉得这个游戏好玩吗？

小婧：不好玩。

蔡敏莉：那你还玩了这么久，这对男人不公平。

小婧：我以前总是觉得别人欠我的，但是我没有欠别人的。

蔡敏莉：哦，你听你说这句话时还说得这么大声。其实，你从小到大就是这样的姿态。（**引导小婧扮演者双腿微曲，双脚岔开站着，双手向外指着**）你说，“你们都欠我的”。

小婧扮演者：你们都欠我的。

蔡敏莉：（**面向小婧**）你是这样觉得的吗？

小婧：虽然我觉得大家欠我的，但是我更觉得大家都不喜欢我，整个社会都容纳不下我。

蔡敏莉：（**引导小婧看向小婧扮演者**）你看看你自己的样子。你觉得你的家人不知道怎么爱你、全世界都欠你的，那么你愿不愿意学着怎么爱自己？

小婧：愿意。

蔡敏莉：那你就需要和别人平等相处。（**引导小婧面向父母扮演者、妹妹扮演者、三位老公扮演者**）你可以对你生命中的那些人说，“是我之前与人相处的姿态太固执了，我无法融入这个家庭，所以得不到爱，这不是任何人的错”。

小婧：是我的态度太固执了，我无法融入这个家庭，所以得不到爱，这不是任何人的错。（**面向蔡敏莉**）蔡老师，就是这样的，我不知道如何融入家庭和社会。

蔡敏莉：你可不可以改变你跟这个世界的关系？

小婧：不知道。

蔡敏莉：这个世界没有人欠你任何东西，而现在的一切都是你自己制造出来的。（**引导小婧扮演者双腿站直，双臂向外伸展**）如果你可以放下姿态，那么你可以对别人说，“我是一个比较倔强的人，不知道如何对别人好。你们可不可以教我如何对你们好，或者教我怎么做才可以和你们成为好朋友”。

小婧：我是一个比较倔强的人，不知道如何对别人好。你们可不可以教我如何对你们好，或者教我怎么做才可以和你们成为好朋友？

蔡敏莉：没有人愿意和一个特别倔强的人成为好朋友。所以，如果你愿意改变，那么十个人中可能会有三四个人愿意和你做好朋友。

请你看看他们，你愿意跟谁交往，就去跟这个人握一下手。不过，第一步是你先要走过去。

小婧：（**泪流满面**）我希望跟他们所有人都成为朋友。

蔡敏莉：那你就走过去，跟他们一一握手。

小婧：（**逐一握手，逐一说**）你愿意和我做朋友吗？谢谢。

## 结语

小婧在成长过程中因父母偏爱双胞胎妹妹而深感痛苦，她在婚姻中也遇到了诸多问题。小婧在第一段婚姻中，享受对方的迁就却未给予同等回应。第二任老公讨好并图她的钱，但她既不爱他又不给他钱，婚姻关系失衡。她对第三任老公隐瞒过去，看他单纯又嫌弃他赚不到钱。小婧始终觉得全世界都欠她的，却不知道这种姿态让她难以融入家庭和社会。其实，世界不会欠任何人，所有人的现状都是自己造就的。小婧只有放下固执姿态，学会爱自己和对他人好，才能改变她与世界的关系。理解是打开心门的钥匙，爱则是通往幸福的桥梁。只有她愿意改变、愿意打开心扉，勇敢地迈出第一步，才可能建立亲密关系，获得幸福人生。

## 心理咨询师观摩笔记

许少凤

在这个个案中，蔡老师运用了多种有效的心理咨询方法。

一开始，蔡老师通过让学员进行角色扮演，生动地呈现出小婧成长过程中的家庭关系，让小婧直观地看到父母对自己和妹妹的不同态度，以及这种态度对她造成的影响。这有助于小婧理解自己内心深处的创伤来源，比如，看到妹妹因讨好爸爸而得宠，自己则因反抗而被爸爸打骂，从而引发她对家庭关系的思考。

在分析小婧的婚姻关系时，蔡老师同样采用角色扮演，让小婧亲身体验自己在婚姻中的行为模式。比如，在与第一任老公的关系中，让小婧看到自己对老公的忽视；在与第二任老公的关系中，揭示出小婧享受服务却既不给对方爱也不给对方钱的失衡状态；在与第三任老公的关系中，指出小婧向他隐瞒过去又嫌弃他的问题。通过这些场景，小婧能更清晰地认识到自己在婚姻中的不当之处。

蔡老师还不断引导小婧反思自己的行为和态度。比如，问小婧觉得在这几段婚姻中谁是受害者——是她自己还是别人，让她思考自己的责任。

最后，蔡老师鼓励小婧改变与世界的关系，放下固执姿态，学会爱自己和对他人好，为小婧指出了一条自我成长和改善人际关系的道路。总体而言，蔡老师通过角色扮演和引导反思，帮助小婧认识自己、理解自己的问题，并为她提供了改变的方向和希望。

# 第 9 章 猜忌的阴影

## 如何从窒息的情感中脱身

阿雄 28 岁，这是他第三段恋情。他很喜欢这个女朋友，可以为她做任何事情，因此他也希望她能全心全意地对他。可是，在两人的交往过程中矛盾重重，比如，他去女朋友单位接她下班，但是她不让他牵手，他就怀疑女朋友不爱他；他旷工去见女朋友想给她个惊喜，但是女朋友没有及时接他的电话，他就怀疑女朋友不爱他；他们准备过年去阿雄老家结婚，需要让女朋友先回老家开证明，她说没空，阿雄就要求女朋友交 3000 的保证金来显示她的诚意；后来，女朋友回老家开证明，回去一周还没有开好，他就怀疑女朋友是在故意拖延、不爱他了，两人大吵一架。吵架之后的一晚，他看到女朋友和男同事一起吃夜宵，阿雄便给她打电话问她在做什么。女朋友谎称自己在宿舍睡觉。阿雄听后很生气，又与女朋友吵了一架，还动手打了她，两人分手。

阿雄前来咨询，很想知道自己为什么总是有这种多疑的心态，很希望能找到有效的方式来消除这种多疑的心态，从而谈一次成功的恋爱。

通过深入交流，我观察到阿雄在亲密关系中存在着过度的相互依赖需求，这种需求转化成了控制欲，让伴侣感受到极大的束缚与不适，如同情感的窒息。同时，不恰当的沟通方式更是加剧了两人关系的紧张与疏远。

在征得了阿雄的同意后，我们开启了本次个案过程。

## 个案实录

蔡敏莉：你理想中的爱情是什么样的？

阿雄：很简单，每天接她上下班，我就觉得很幸福了。

蔡敏莉：你对女朋友有什么样的要求呢？

阿雄：下班后，我们能一起逛街、买东西，这样的生活就很开心。

蔡敏莉：纯粹是找一个伴吗？

阿雄：可以这样说，但对方必须是我喜欢的。

蔡敏莉：你要求她时时刻刻都向你汇报自己的行踪吗？

阿雄：对。

蔡敏莉：她需要百分之百地对你坦白？

阿雄：对。

蔡敏莉：如果她说她要跟男同事一起吃夜宵，你会怎么样？

阿雄：如果她提前跟我说了，我就能接受。

蔡敏莉：如果她没有提前跟你说呢？

阿雄：如果她没有提前跟我说，但是事后我知道了，而且她还说谎，我就会很生气。

蔡敏莉：你觉得她为什么要说谎？

阿雄：我也想不明白她为什么要说谎。

蔡敏莉：你可以试着猜一下。

阿雄：可能是不喜欢我吧……但要是不喜欢我，为什么又和我在一起呢……我想不明白。

蔡敏莉：会不会是她想跟同事去吃夜宵，但是又怕你知道了以后不开心？

阿雄：我没有想过这个可能。

蔡敏莉：如果她的动机是为了你开心一点、不让你胡思乱想，你觉得怎么样？

阿雄：这样我会开心。

蔡敏莉：你会舒服一点的，我很肯定你爱她。

阿雄：没错。

蔡敏莉：你为她做了什么来证明你爱她呢？

阿雄：为了她，我什么都做得到，我曾为了去见她、给她一个惊喜而旷工。

蔡敏莉：旷工？这不是很理智的行为，还有别的什么吗？

阿雄：她需要见我的时候我随叫随到，无论刮风下雨，她要什么我都满足她。

蔡敏莉：万死不辞？

阿雄：可以这样说。

蔡敏莉：在这样的爱情关系之中，你这样做是不是很理智呢？

阿雄：我认为既然我爱她，我就要这么做。

蔡敏莉：你会不会为她死？

阿雄：我没想过这个问题。

蔡敏莉：但是听你说这些，我真觉得你爱得不太理智。

阿雄：她说，两个人经常在一起就很容易感到厌烦，还是工作的时候各干各的好一点。

蔡敏莉：她比较理智。

阿雄：为什么呢？

蔡敏莉：因为她知道还需要上班。

阿雄：我也可以陪她上班啊。

蔡敏莉：你想一天24小时都和她在一起？

阿雄：我很喜欢她，真的很想每一分每一秒都和她在一起。

蔡敏莉：如果我是她，我就一定会感到窒息。

阿雄：为什么？

蔡敏莉：因为你希望两个人时时刻刻都要在一起啊，我真的不敢想象。

阿雄：那是不是我有什么问题呢？

蔡敏莉：问题就是，在你们的关系之中，没有多余的空间。

阿雄：我没有给她自由？

蔡敏莉：你也没有给你自己自由。

阿雄：我真的觉得跟她在一起很开心。

蔡敏莉：我想邀请两位学员来为你摆一幅画面，让你看一看你在这段关系中是什么样的。（**引导阿雄扮演者面向女朋友扮演者单膝跪地，一只手伸向她且手心向上**）你跟她相处的时候，你愿意为她牺牲一切，是吗？

阿雄：是。

蔡敏莉：你为这个女人做这么多事，自然也很希望她也为你做很多事。你一天24小时都想和她在一起，自然也很希望她24小时都很挂念你。

阿雄：没错，我是这么想的。

蔡敏莉：你对她完全坦白，也希望她对你完全坦白。

阿雄：是。

蔡敏莉：（**引导阿雄扮演者起身，从背后挂在女朋友扮演者身上，女朋友扮演者背着阿雄扮演者转圈**）但是你们的想法和对对方的期待是不一样的。你希望每天都跟着她，并且对她有很多期待，她则会认为你成了她的负担。是不是这样？

阿雄：是。

蔡敏莉：你要求她时时刻刻都向你报告她的行踪，时时刻刻都对你说真话。

阿雄：是。

蔡敏莉：如果她做不到，你就指责她。你对她付出百分之百的爱，你要她回馈你百分之二百的爱。

阿雄：是。

蔡敏莉：（**引导女朋友扮演者面向阿雄扮演者跪下，阿雄扮演者抚摸女朋友扮演者的头；面向阿雄**）如果女朋友很乖，你就很疼她，是不是？

阿雄：没错。

阿雄扮演者：（**抚摸女朋友扮演者的头**）你要是乖，我就疼你；你要是不乖，我就打你。

蔡敏莉：你这样的方式是叫爱还是控制呢？

阿雄：我也不知道为什么会这样，但我就是希望她这么做。

蔡敏莉：可是她做不到。你还真是大男人主义。（**引导阿雄扮演者指着女朋友扮演者；女朋友扮演者面向阿雄扮演者跪下，高呼“万岁万岁万万岁”**）你们之间的关系是不是这样的？

阿雄：她要是能这么做，我就会觉得很舒服。

蔡敏莉：你今年多大了？

阿雄：28 岁。

蔡敏莉：你谈过几次恋爱了？

阿雄：三次。

蔡敏莉：你谈得太少了。

阿雄：为什么？

蔡敏莉：因为你表现出来的样子，完全就是一个小男孩对亲密关系的幻想，但又表现得很大男子主义，你是小男孩扮大男人，你根本就不知道什么是谈恋爱。如今，要是男人对女人不好，很难讨到老婆。

阿雄：蔡老师，我是不是不正常？

蔡敏莉：你不是不正常，你只是很单纯地爱对方，你无条件地付出，于是很自然地要求伴侣也这样对你。人为什么要找伴侣？因为人与人之间是不同的，不同性格的人可以契合在一起。可是，听起来你在选择女朋友时，却要求她跟你一模一样。

阿雄：有没有改变的方法？

蔡敏莉：我们再看看现实世界，我为什么说你是小男孩扮大男人呢，因为只有小孩才会这么想，才会有这样的期望。

阿雄：那我应该怎么做？

蔡敏莉：你还爱不爱你女朋友？

阿雄：爱，我很爱她，但是现在没有机会再和她走下去了。

蔡敏莉：你觉得她还爱不爱你？

阿雄：应该不爱了。蔡老师，听了你的分析，我觉得自己很失败。

蔡敏莉：你究竟是要感情还是要真相？

阿雄：要感情。

蔡敏莉：可是，你之前的所作所为都是要真相，但就算你事事知道真相，能不能把女朋友追回来呢？

阿雄：我也不知道还有没有机会了，要是能追回来就追，要是追不回来就算了，我尽力了。

蔡敏莉：你可以向身边的人学习，看看他们是如何表达爱的，以及双方是如何划定合情合理的界限的。（**引导阿雄扮演者站在凳子上；女朋友扮演者面向阿雄扮演者单膝跪地，一只手伸向阿雄扮演者且手心向上**）你希望或者说你理想中的亲密关系，是不是这样的？

阿雄：是。

蔡敏莉：这样做有什么好处呢？

阿雄：这样做可以证明她爱我。

蔡敏莉：你看她这么辛苦，还是不爱你能让她更舒服一点。你觉得在这段关系中，双方是否平等？

阿雄：蔡老师，我真是想不通，为什么我可以这样对她，她就不能以同样的方式对我？

蔡敏莉：你是男人，她是女人，每个人表达爱的方式是不同的。为什么女人会希望拥有一段亲密关系呢？因为她希望有人爱她，生活中有人陪伴她，但不是被人控制。你们之前的关系并不是不平等的，更像是主仆甚至可以说是奴隶关系。你甘愿让自己变成爱的奴隶，也愿意为对方付出一切；但是对方只是需要爱，她不需要做爱的奴隶。

阿雄：我明白了。

蔡敏莉：有不少人在没有学会如何去爱时就堕入了爱河，从而用童年时的幻想来要求自己的伴侣，哪怕是做得很过分，自己也不知道。每个想进入亲密关系的人都需要爱情教练，教练会教人如何去爱人、如何被人爱、如何进入亲密关系。每个想进入亲密关系的人都需要学习很多，所以在没有学到足够多的知识之前，并不能说自己是一个失败者，只能说这是一个与失败有关的经验。在每一个经验中，你都可以提醒自己，“原来这样是不行的，要想其他人爱我，我就需要做出一些不同的行为，对对方有一些不同的期望”。

阿雄：蔡老师，听你这样说，我觉得心里舒服多了。

蔡敏莉：每个人都要在谈恋爱的经验之中学会爱人，这样他才能有一段幸福的亲密关系。我对你很有信心，你对自己有信心吗？

阿雄：有，但我在很多方面还需要改进。

蔡敏莉：为了将来的幸福，你很愿意去学的，对吗？

阿雄：没错，谢谢蔡老师。

## 结语

爱情无疑是人生中的美妙篇章，但如果在亲密关系中强加过多的控制，就会侵蚀彼此的个人空间，让对方感到压抑，如同情感的氧气被剥夺。当一方寄希望于另一方完全同步自己的情感节奏或按照预设的剧本互动时，这种不切实际的期望就很容易导致失望，从而滋生猜疑。疑心的累积就会像蛀虫一样，逐渐侵蚀爱情的根基。

因此，在任何关系的耕耘中，减少对他人的过度期待至关重要。要理解每个人都是不同的，接纳彼此之间的差异，理解并尊重对方表达爱意的独特方式，是维持关系和谐的前提。在相处的艺术中，双方保持适度的距离也很重要——靠近时能亲密无间，独处时又能保持精神的独立与完整。这样的平衡能让关系如同韧性十足的藤蔓，既紧密相连又各自蓬勃生长，共同编织出一段更加稳固且富有活力的情感纽带。

## 心理咨询师观摩笔记

刘海霞

在这个案例中，阿雄因怀疑自己有疑心病而导致恋爱受挫。蔡老师先是引导阿雄描绘理想的恋爱图景，从中揭示出他在恋爱中过分强调共生需求的倾向。蔡老师指出，这种非理性的爱带有压迫性质，不仅会让对方感到窒息，还会让阿雄自己陷入爱的枷锁，成为爱的俘虏，一味渴求对方与自己同步，却忽略了给予双方应有的自由与独立。

通过一组形象的情景模拟（从一开始的无条件迎合，到期待等量回报的满足感，再到未能获得预期反馈时的指责），蔡老师帮助阿雄意识到自己所持的是一种不成熟的“小男孩扮大男人”的心态，尚未真正理解基于平等的恋爱真谛。在这一认识转变的关键时刻，蔡老师给予了他积极的反馈与指导，解释这种纯粹而不计后果的付出是出于人之常情，并同时强调了恋爱中双方差异互补的重要性，指出人们在选择伴侣时往往正是因为对方的不同特质才与自己相契合。

蔡老师进一步阐述，没有人愿意接受一个试图控制自己的伴侣，健康的亲密关系建立在相互尊重和平等交流的基础之上。她鼓励阿雄认识到，每一次恋爱经历都是学习如何更好地爱与被爱的机会，而非个人价值的判定。正确的沟通策略是维护关系稳定的关键，通过有效沟通，能够促进彼此的理解与接纳，从而在未来的恋情中构建更为坚固的情感纽带。

# 第 10 章 十字路口的选择

## 如何与痛苦的往事和解

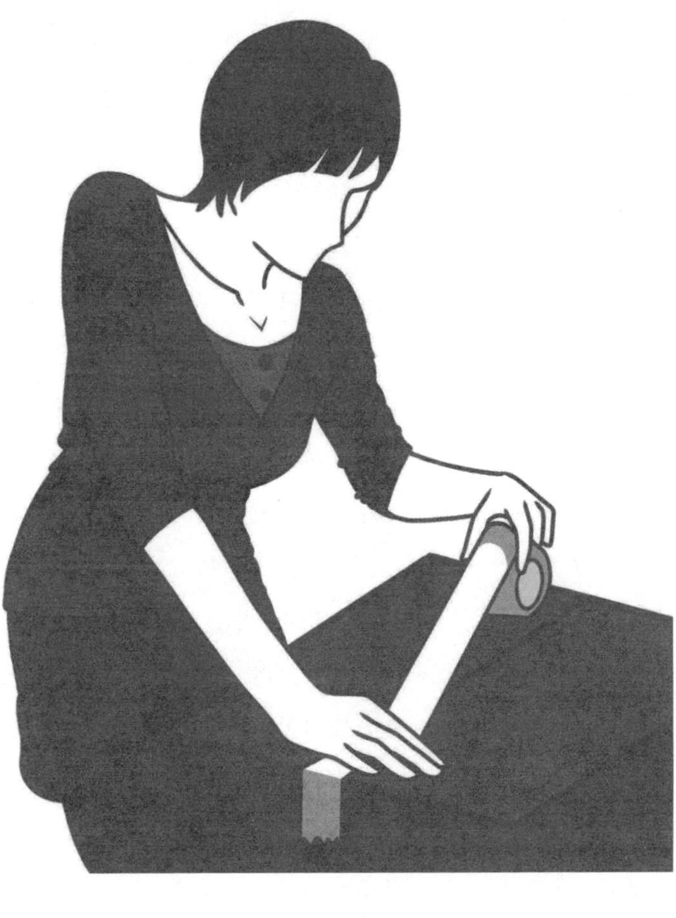

21 岁的嘉嘉经历了两次深刻的情感波折，最近正面临着选择的困境。

18 岁时，嘉嘉刚步入职场，她便受到了部门主管 A 先生的热烈追求。在一个温馨的中秋夜，A 先生用一盒细心挑选的月饼和公开表白打动了她的心，她被 A 先生成熟稳重的魅力所吸引，认为自己找到了可以依赖的肩膀，于是两人正式成为恋人。然而，这段关系在一年后遭遇重创——A 先生透露自己有一个交往三年的女朋友，但是对方因健康原因无法生育。这使得嘉嘉开始质疑 A 先生的真实意图：他究竟爱的是她本人，还是仅仅视她为生育的希望。尽管 A 先生承诺会与女朋友分手，和嘉嘉共度未来，但他并未履行承诺。在得知嘉嘉怀孕后，A 先生竟突然消失了。面对这样的打击，嘉嘉选择独自承受，做了人工流产并返回老家。

在归家途中，她偶遇同龄的老乡 B 先生，两人迅速擦出了火花，开始了新的恋情。但与此同时，嘉嘉仍与 A 先生保持着联系，这一行为被 B 先生发现后，两人关系陷入冷战。嘉嘉感到自责，为了挽回与 B 先生的感情，她尽力迎合 B 先生的所有需求，尽管这种努力对他们的关系来说显得杯水车薪。如今，她深陷于这两段复杂情感的纠葛之中，站在了人生的十字路口，内心充满了挣扎与迷茫，不确定未来应何去何从。此外，她还很想忘掉之前的不开心。

在和嘉嘉的交流过程中，我观察到她表现出对过往关系的过分依赖，这种依赖性模糊了她对恋爱质量的辨识能力，使她难以区分健康与有害的关系模式。嘉嘉内心深处的安全感缺失与自我价值的低估，构成了她向前迈出探索新关系的一大障碍。

在征得了嘉嘉的同意后，我们开启了本次个案过程。

## 个案实录

蔡敏莉：如果可以选择，你希望将来是怎么样的？

嘉嘉：将来还是能继续这样平平淡淡的生活。

蔡敏莉：如果有机会重返大学，你会不会马上回去读书？读什么专业？

嘉嘉：学文科。

蔡敏莉：你是否清楚自己想怎么样？我看到你的手总是在动，好像很紧张，你知道自己为什么感到紧张吗？

嘉嘉：不知道。

蔡敏莉：和你聊天时，我有一种很特别的感觉，我说出来可能会让你感到不舒服，你是否介意听一下？

嘉嘉：我不介意。

蔡敏莉：我的感觉是，你的魂魄好像不在这里，是不是？

嘉嘉：不是。

蔡敏莉：不是吗？我感觉你的魂魄不知道飞到哪儿去了。为什么你不看着我？你知不知道，你是来找我做个案的？

嘉嘉：我知道。

蔡敏莉：还是说，你并不期待我给你做个案？

嘉嘉：没有。

蔡敏莉：你平时跟人聊天的时候，是不是总是想一下子就给出答案？

嘉嘉：没有，不是这样的。

蔡敏莉：好的，你童年的生活开心吗？

嘉嘉：很开心。

蔡敏莉：有多开心呢？

嘉嘉：我经常出去玩，跟朋友一起时总是很开心。

蔡敏莉：从什么时候开始，你变得不开心了？

嘉嘉：在认识 A 先生之后。

蔡敏莉：我觉得，你有很多情绪没有得到处理。如果 A 先生在你面前，你会跟他说些什么？

嘉嘉：我根本不想见到他。

蔡敏莉：如果可以选择，你想不想把那个小孩生下来？

嘉嘉：不想。

蔡敏莉：如果你跟 A 先生的感情很好，他又可以跟你结婚，那么你想不想嫁给他？

嘉嘉：想。

蔡敏莉：你会不会给他生小孩？

嘉嘉：会。

蔡敏莉：但是你把那个孩子打掉了，你有什么感受？

嘉嘉：（沉默）

蔡敏莉：你之前说话的时候是不是快一些？

嘉嘉：是。

蔡敏莉：那你从什么时候开始，说话变得这么慢？根据你的反应，我猜测你还没有放下与A先生的恋情，那我们在这里做一下处理好不好？

嘉嘉：好。

蔡敏莉：很多人都谈过几次恋爱，其实你谈过两次恋爱并不算多，我之前谈过四个男朋友最后都分手了，直到谈了第五个男朋友时我才结婚的。其中有两次，我被对方甩了，我为此哭了几天，哭过之后我就把自己化得漂漂亮亮的，推开门就去逛街了，这叫重新出发。还有两次分手，是我甩了别人，我很快就忘掉了对方的样子——我都甩了他了，为什么还要记住他的样子？我这么做是不是很实在？

嘉嘉：是很实在。

蔡敏莉：听了我这么说，你觉得怎么样？

嘉嘉：我觉得很正常。

蔡敏莉：是的，我积累了足够的恋爱经验才能懂得如何爱人。很多人在一生中都需要一个伴。如何选择合适的伴侣呢？就像我们去吃自助餐一样。每样都可能拿一点，这样才能知道自己喜欢吃哪个、不喜欢吃哪个。你听我说完是不是不觉得那么闷了？

嘉嘉：是。

蔡敏莉：所以，你怎么看这两次分手呢？

嘉嘉：我现在觉得没有什么大不了的。

蔡敏莉：为什么你会提出想要忘记那些不开心呢？

嘉嘉：因为我一看到小孩，尤其是在医院看到小孩，就会陷入痛苦的漩涡之中。

蔡敏莉：你指的是什么事？

嘉嘉：就是我曾在医院打掉了那个孩子。

蔡敏莉：尽管你为 A 先生的消失感到很气愤，但是最让你感到遗憾的是你打掉了那个孩子，是不是？

嘉嘉：是。

蔡敏莉：对于这件事，你觉得是谁的错？

嘉嘉：我和 A 先生都有错。

蔡敏莉：如果按照总分 100 分来算，你觉得谁错得多一些呢？

嘉嘉：A 先生，因为他骗了我，他应该承担 80 分的责任；我应该承担 20 分的责任。

蔡敏莉：我们来邀请现场的学员进行角色扮演，呈现出你们之前的关系如何。你只有和过去的事情做一个了断，才能活在当下。（**引导嘉嘉面向 A 先生扮演者**）你看一下他，如果我是你，我就会骂他。你试一下用手指着他，你想骂他什么呢？

嘉嘉：你不应该骗我，如果你一开始跟我说实话，也许我现在会原谅你，但是因为你没有承担身为一个男人的责任，所以我现在真的很恨你。

蔡敏莉：这个人太可恨了。

嘉嘉：现在连我自己都不能原谅自己，我真的觉得我做的这些事情愧对我的父母，所以我会一直恨你，我这辈子都不会原谅你。

蔡敏莉：对他说，“因为你，我杀死了我的孩子，我直到现在都还很后悔，你还有什么脸来求我呢？你还说要和我私奔，你都不像一个男人，我看不起你。如果可以选择，我希望你立即从我面前消失”。

嘉嘉：因为你，我杀死了我的孩子，我直到现在都还很后悔，你还有什么脸来求我呢？你还说要和我私奔，你都不像一个男人，我看不起你。如果可以选择，我希望你立即从我面前消失。

蔡敏莉：如果他继续来找你呢？

嘉嘉：我永远都不会见他了。

蔡敏莉：你真的能做到吗？

嘉嘉：能。

蔡敏莉：**（引导A先生扮演者离场）**消失吧！**（引导B先生扮演者面向嘉嘉站立）**到B先生了，他是一个什么样的人？

嘉嘉：他很开朗。

蔡敏莉：他把你哄得很开心？

嘉嘉：他本身就是一个很开朗的人。

蔡敏莉：你对和他的关系有什么期待呢？

嘉嘉：我希望我能跟他在一起，能够忘掉过去。

蔡敏莉：你爱不爱他？

嘉嘉：爱。

蔡敏莉：你愿不愿意嫁给他？

嘉嘉：愿意。

蔡敏莉：现在你们的关系如何？

嘉嘉：现在变得像普通的朋友一样。

蔡敏莉：是谁要离开呢？

嘉嘉：是我。

蔡敏莉：为什么？

嘉嘉：因为我觉得他不理解我。

蔡敏莉：他怀疑你和A先生藕断丝连？

嘉嘉：是。

蔡敏莉：你有没有和他解释过？

嘉嘉：有，解释过很多次。

蔡敏莉：他都不听你的吗？

嘉嘉：对。

蔡敏莉：那就没的说了，是不是？

嘉嘉：是。

蔡敏莉：所以你选择和他分开，你想对他说些什么？

嘉嘉：我希望你能理解我，我也知道我犯了很多错、有很多缺点，但是我觉得我和你缘分未尽，我希望我们能继续走下去。

蔡敏莉：这些都是你之前跟他说过的话。现在你已经决定和他分开了，也就是不再希望和他在一起了，是吗？

嘉嘉：是。

蔡敏莉：那你可以对他说一些什么呢？

嘉嘉：（**指着B先生扮演者**）我们在一起那么久了，我还是觉得你不理解我，我们之间没有什么共同的话题了，我决定和你分手。

蔡敏莉：你舍得吗？

嘉嘉：舍得。

蔡敏莉：你对他说，“我和你有缘无分，既然你不相信我，那么我放你走”。

嘉嘉：我和你有缘无分，既然你不相信我，那么我放你走。

蔡敏莉：你将来想怎么样呢？（**引导三名追求者扮演者站在嘉嘉面前**）将来会有很多男性出现在你面前，他们会追求你，或者你会追求他们，你会不会让自己再去谈恋爱？

嘉嘉：会的。

蔡敏莉：你喜欢什么类型的男性?

嘉嘉：我喜欢成熟、稳重又能理解我的人。

蔡敏莉：这三名追求者中，谁比较符合你的期待?

嘉嘉：中间这位吧。

蔡敏莉：如果他追求你，你会接受吗?

嘉嘉：会。

蔡敏莉：可是，如果他有点笨，又不懂得如何追求你，那么你会不会主动追求他?

嘉嘉：会。

蔡敏莉：你打算怎么做? 你现在就可以试着追求一下他。比如，如何不卑不亢地约他去逛街?

嘉嘉：和他交换一下联系方式吧。

蔡敏莉：这样就有点被动了。你可以跟他说，“你买的衣服很漂亮，是在哪里买的”。他听后可能会说，“我这身衣服是我精心搭配出来的，你很有品位，等我下次再买衣服时，我想邀请你和我一起去”。你想想看，如果你是一个男人，如果你喜欢我，你会不会拒绝我呢？你会不会觉得我在追求你呢？女人在追求男人的时候，要不着痕迹、不落口实，省得他到了60岁仍说是你追求的他，这是不是很没面子（笑）。我这是在开玩笑，并不是很重要，重要的是，（**引导嘉嘉站在嘉嘉扮演者面前**）你能不能接纳自己？

嘉嘉：能。

蔡敏莉：虽然她谈过两次恋爱，一次她被人骗了，另一次是对方不接受她的过去，但是你可不可以接受自己的过去？

嘉嘉：不可以。

蔡敏莉：不可以？

嘉嘉：是的。

蔡敏莉：你不可以接受哪个部分呢？

嘉嘉：我不可以接受A先生。

蔡敏莉：谁是受害人呢？

嘉嘉：我自己。

蔡敏莉：你要惩罚自己到什么时候？你惩罚自己是让谁得益呢？你有没有得到什么好处？

嘉嘉：没有。

蔡敏莉：A先生有没有得到好处？

嘉嘉：没有。

蔡敏莉：那个离开的孩子有没有得到好处？

嘉嘉：没有。

蔡敏莉：对这个世界的其他人有没有好处？

嘉嘉：没有。

蔡敏莉：哎呀，这么亏本的事你也做。我有一个提议，你可不可以原谅你自己？

嘉嘉：可以。

蔡敏莉：你可不可以接纳你自己？之前发生的事已成事实，你可以接受吗？

嘉嘉：可以。

蔡敏莉：（**引导嘉嘉面对嘉嘉扮演者**）那你告诉她吧。

嘉嘉：我可以接受我的过去，我也想忘掉过去的一切。

蔡敏莉：我们很难彻底忘掉过去发生过的事情，不能像白板上写的字那样一擦就没有了，但是我可以教你一个好办法，你想不想试试？

嘉嘉：想。

蔡敏莉：请你闭上眼睛，你将和A先生的感情以及小孩的死亡变成一件物品，然后将它摆在一个锦盒里面。你做到了吗？

嘉嘉：做到了。

蔡敏莉：那个盒子是什么颜色的？

嘉嘉：黑色的。

蔡敏莉：你可不可以将这个盒子拿进一个房间里？

嘉嘉：可以。

蔡敏莉：那个房间就是你生命的博物馆。请你在房间里找一个柜子，然后将这个盒子放进去，可以吗？

嘉嘉：可以。

蔡敏莉：请你关好柜门，退出这个房间。每年你只去这个博物馆一两次。对于发生过的事情，你无须否认，也不用忘记，你只需知道发生过这些事，并把它们安置在一个固定的地方，你不需要每天都看着它们。你是否感到全身轻松了？

嘉嘉：是的。

蔡敏莉：（**引导嘉嘉走到嘉嘉扮演者面前**）请你向前走几步，睁开眼睛看着你面前的这个人，告诉她，“让我们重新出发，我原谅我自己了”。

嘉嘉：让我们重新出发，我原谅我自己了。

嘉嘉扮演者：谢谢你。

蔡敏莉：问问她，“你可不可以接纳我”。

嘉嘉：你可不可以接纳我？

嘉嘉扮演者：可以。

蔡敏莉：你想不想抱抱她？

嘉嘉：（**拥抱嘉嘉扮演者**）

蔡敏莉：在整个事件之中，最重要的是你可以原谅自己。尽管你是一个受害者，但你也可以让自己深呼吸，（**引导嘉嘉和嘉嘉扮演者牵手**）你可以和自己牵手，告诉世界，“让我们一起向前走，这就是我，我接纳我自己，我接纳我过去发生的一切事；我也原谅我自己，我会让自己好好活着。那些素质差的人，离我远点；那些素质好的人，可以靠近我”。

嘉嘉：让我们一起向前走，这就是我，我接纳我自己，我接纳我过去发生的一切事；我也原谅我自己，我会让自己好好活着。那些素质差的人，离我远点；那些素质好的人，可以靠近我。

蔡敏莉：可以这样说吗？

嘉嘉：可以。

蔡敏莉：（**引导嘉嘉面向A先生扮演者和B先生扮演者**）你让他们走吧，你告诉他们，“我已经把你们放进博物馆了”。

嘉嘉：我已经把你们放进博物馆了。

蔡敏莉：你可不可以许诺，你会爱自己呢？

嘉嘉：可以。

蔡敏莉：你可不可以许诺，不再为别人牺牲那么多？

嘉嘉：可以。

蔡敏莉：人们在说话时可能会有所保留，所以你要对他们的话心存疑问、核实真假，这样才能更好地保护自己、爱自己。在结婚之前，你可以多恋爱、多选择，与不同类型的异性相处。还可以多见见对方的父母和朋友，在全面认识对方后再决定是否进一步发展。当然，最重要的是，一定要确定对方是单身。记住，以后一定要先了解清楚，再做决定。

## 结语

爱情是美好的，但也可能会给人带来伤痛。伤痛往往源于先给自己设定了诸多的限制，背负了过多的自责，这些都会成为伤害自己的利刃。学会宽容地接纳自己，是爱自己的关键。只有爱自己，才能在平等尊重的情感中收获甜蜜。

放下之前发生的错误对自己的束缚，不背负他人的过错，勇于探索，寻找契合的伴侣，投身于一段新的感情中是极为重要的。

在包括亲密关系在内的人际关系中，兼顾自身的需求和对方的感受是健康关系的基础。以爱己之心爱人，以容己之量容人。只有以负责的态度拥抱生活，才能以同样的责任感对待他人。爱是一场自我成长的修行，能教会我们理解、尊重和爱护自己与他人。

## 心理咨询师观摩笔记

刘海霞

面对嘉嘉渴望遗忘过去的诉求，蔡老师并未直接介入对往事的探讨，而是采取了一种更为温和而深刻的方式。她先是引导嘉嘉展望未来，通过细致观察嘉嘉在对话中的心绪波动，逐步揭露了嘉嘉深藏的对 A 先生的愤恨以及对被打掉的孩子的愧疚之情。蔡老师精心营造的氛围促进了嘉嘉达到当下的心理整合，实现了内在的和谐一致。

随后，蔡老师运用了角色扮演和雕塑技术，邀请代表人物参与其中。先是帮助嘉嘉彻底释放了对A先生累积的愤怒，并完成了情感上的割舍。紧接着，运用相似的手法，让嘉嘉表达了对B先生无法理解自己的深深失望，并正式做了告别。

更为关键的是，蔡老师引领嘉嘉面对自己，通过让嘉嘉面对自己的扮演者，使其领悟到，过往虽不可磨灭，但能被接纳并被妥善安放。蔡老师在这个过程中鼓励嘉嘉学会了自我接纳，为新生活的开启奠定了基础。

蔡老师的智慧在于，使用象征性的“博物馆存放”概念，教嘉嘉如何封存过往，让往事如同博物馆中展示的藏品，不必强行遗忘，只需将其视为偶尔探访的历史。这个方法让嘉嘉学会了如何以平和的心态审视自己的历史，每年回顾一两次，既是对过去的尊重，也是对未来的释放。通过这一系列深度的心理工作，嘉嘉最终找到了与过去和解、向前迈进的力量。

# 第 11 章 情感的修罗场

## 如何从婚变中获得重生

女儿刚出生时，思思就发现老公出轨了，她很伤心，但还是很珍惜这段婚姻，不想没了这个家。于是，她苦口婆心地劝说老公，希望他能回心转意。现在女儿 7 岁了，老公在这期间从未改变，频频出轨，两人也因此争吵不断。每次吵完，思思都很难过，但是老公则不仅毫无悔改之意，而且也不像思思那样不开心。这使得思思认为，现在他们只要不吵架就已经很好了，她真的不想离婚。

最近，思思发现老公在家附近租了房，和情人住在那里，而且那个情人竟然是思思的闺密。思思逼老公把外面租的房退了，并在过程中得到一条情人的短信可作为证据，老公突然从理所应当的姿态变成跪下来求思思不要把事情搞大，不要去告诉情人的老公，否则一切都完了。思思完全接受不了为什么老公会变成这个样子，思思与老公还有情人谈，但最终谈得不欢而散。有一天晚上，老公决定从家里搬出去住，收拾了所有的衣物，思思不知道如何面对这些问题，非常焦虑。第二天，她便来找我做心理咨询。面对婚姻中的困境，思思感到很迷茫，但她仍希望能维持婚姻、安稳度日。

在与思思深入交流中，我察觉到思思在精神层面亟须力量的支撑，她在自我主张和独立行动方面显得力不从心。在处理亲密关系时，思思习惯性地用退让和取悦对方作为解决冲突的主要手段，却忽视了以平等和尊重为基础的有效沟通的重要性。

在征得了思思的同意后，我们开启了本次个案过程。

## 个案实录

蔡敏莉：你现在有什么感受?

思思：（**眉头紧锁，面色悲伤**）很难受，但不知道怎么办。我老公出轨对我的伤害很大，而且出轨对象竟然是我的闺密，我一下子就被两个人背叛了。对此，他竟然对我说，“这有什么大不了的，你过你的日子，我们过我们的日子，谁都不干扰谁，是你自己想不开”。

蔡敏莉：我很佩服这对男女，竟然把他们的错误行为说得像真理，他说得好像是你错了。

思思：他说这很平常，他说他没有伤害我，他的情人也没有要求他跟我离婚，我闺蜜也有自己的家庭，但他们还是经常在一起。

蔡敏莉：所以，对于他们来说，发生性行为就像相约着打一场球。你觉得他们之间有没有真爱?

思思：我曾问过他，“我一直以为你只喜欢美女，没想到你竟然喜欢其貌不扬的她，而且她哪有我好啊，你和她在一起有什么感觉”。

蔡敏莉：他要求的不是美女，而是一个可以和他能相约着打一场球的人。对于你的问题，他怎么说?

思思：他说他追求的是一种享受。他经常这样说，趁着还年轻，就该享受。

蔡敏莉：我很好奇，他在你们的夫妻生活中表现如何?

思思：说实话，我觉得他很一般，满足不了我。

蔡敏莉：那么你有没有因此而责怪过他?

思思：没有，我通常不会和他说这些。

蔡敏莉：他知不知道他不能满足你？

思思：知道。

蔡敏莉：他听你这么说，有什么反应？

思思：他说我性欲旺盛。

蔡敏莉：可是，这听起来很矛盾啊，他都无法满足你，为什么他要去外面找性伴侣，他能行吗？

思思：我也因此和他吵过好几次，每次他都说这是他的一种享受，还说这是他唯一的爱好。

蔡敏莉：既然他很享受这件事，那么为什么他不找你这个唯一合法的性伴侣呢？

思思：他每次都说，男人要在外面有女人才正常，没有才不正常。

蔡敏莉：所以，这就是他的人生观，他就是一个这样的男人。

思思：但是我希望他能改变。

蔡敏莉：但是你说他不会改。

思思：对，有一次我被他气得离家出走。后来我给他打电话，我说你只要保证以后不再在外面拈花惹草，我就马上回来，但他死活不肯向我保证。

蔡敏莉：所以，他没有骗你，他每次回答都是要跟很多女人发生性行为。

思思：是的。

蔡敏莉：他没有骗你说自己会改变，他对你很坦诚。你是一个全职的家庭主妇吗？如果你们离婚了，他会不会和你共同养育两个小孩呢？

思思：我曾跟他说过让他给我一笔钱。

蔡敏莉：那他肯不肯给你呢？

思思：他说我狮子大开口。

蔡敏莉：如果你们不离婚，那么你有两个选择—— 一是继续和他有性行为，但是你知道他在外面有女人，他会经常出去偷情；二是拒绝和他有性行为，和他做一对表面夫妻。

思思：（**泪流满面**）我做不到……我们结婚这么多年了，他对我来说很重要，就像我心中的一棵大树。哪怕他经常出轨，我也会求他别离婚，但是他一直都不拿我当回事。我不知道离开他该怎么活，但我又容不下他在外面有女人……

蔡敏莉：我们请现场的一些学员进行角色扮演。你还爱你老公吗？

思思：爱。

蔡敏莉：（**引导思思面向老公扮演者单膝跪地，向他伸出一只手且手心向上**）你之前一直都讨好他，但是他并不管你，是吗？

思思：是的。

蔡敏莉：你愿不愿意继续这样下去？

思思：不愿意。

蔡敏莉：那你想怎么样？

思思：要是离婚，我就觉得对不住两个孩子，也不知道今后的生活怎么办，就像心中的大树倒下了、天塌了……蔡老师，我真不知道该怎么办。

蔡敏莉：那你就只能继续困在这个困局中，不停地兜兜转转。你说你不敢离婚，说到底就是担心生存问题。其实，你有很多选择。（引

**导思思站起来**）他这样的男人，很难再改变自己了。

思思：我总想让他改变，所以总是因此跟他吵架。每次吵架时我都很伤心，但是他一点都不伤心，一心想离婚。

蔡敏莉：他不理会你的感觉。

思思：是的，他还跟我说过很过分的话，甚至恬不知耻地说“没把那个女人带到你的床上就已经很给你面子了”。我听后气得真想和他同归于尽！但我又下不了决心。

蔡敏莉：你有没有想过找一份工作？

思思：想过，但是我每天还要照顾两个孩子，要是照顾不好他们，我老公就会骂我。

蔡敏莉：你们都到谈论离婚的地步了，不如去找一份工作，让自己有独立生活的能力。

思思：可是，蔡老师，我还爱他。

蔡敏莉：你愿意留下来吗？

思思：我对他还是有感觉的。

蔡敏莉：你是骗自己还是骗他？

思思：我谁都没有骗，这是我的心里话。

蔡敏莉：他已经表态了，他是不会改变的，会一直这样混下去，直到他不行了。除了等到这一天，你还有什么选择呢？

思思：现在就算我很难受也要继续忍着，咬着牙过下去。再过几年，要是他还是不会改变，我再考虑离婚。

蔡敏莉：你爱他，所以才难受。如果你不爱他，还会难受吗？

思思：我没想过，到现在为止，我还爱他，希望他能改变。

蔡敏莉：你没有办法改变他，但是你有两个选择—— 一是离婚，自己照顾自己；二是继续这么过，但要接受他经常出轨。

思思：我还可以和他吵架。

蔡敏莉：吵架没有意思。

思思：我老公也说不想吵架，我一问他什么我们就吵。

蔡敏莉：那就不问他。

思思：虽然明知道他去做了什么事，但还是很想问他。

蔡敏莉：既然是这样，那么为了你的心理健康，我还是觉得你离婚好一些。

思思：应该是的。

蔡敏莉：因为这个男人已经没有什么继续投资的价值了。他现在已经 40 多岁了，却整天在外面混，他很容易染上性病的。

思思：他说他做足了保护措施。

蔡敏莉：你还相信他说的吗？

思思：不相信，他总是谎话连篇。

蔡敏莉：那你还相信他什么？

思思：（**若有所思**）

蔡敏莉：有研究结果表明，最有利于孩子成长的，就是父母恩爱；如果父母关系不好，就要心平气和地离婚，也可以降低对孩子的伤害；再次就是父母不恩爱，还经常吵架，会影响孩子的心理健康；对孩子最差的，就是父母离婚后还互相指责、争吵不断。只要能养活孩子，让孩子有房住、有书读，你就已经尽到责任了。（**引导思思背对老公扮演者**）你们经常吵架还不如离婚，如果他肯给你钱，你就拿着，因为他欠你的，也欠孩子的。不过，从长期来看，为了确保你和孩子将来的生活，你还是需要出去工作，让自己拥有谋生的技能。

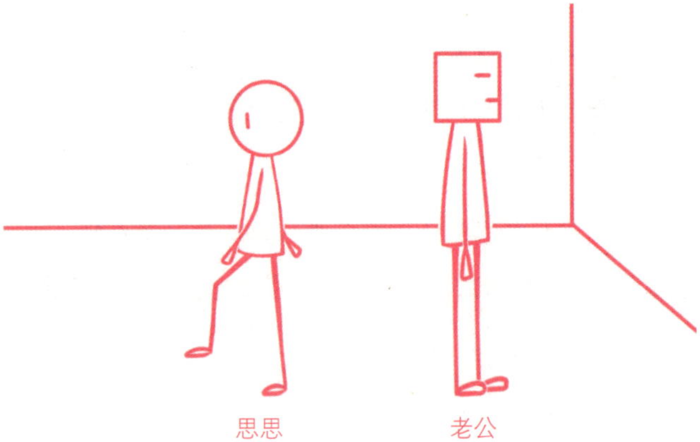


思思：嗯，我以后要靠自己了。我觉得我很对不起孩子们，一个家就这样要被拆散了。

蔡敏莉：你觉得是谁对不起孩子们，是你还是他？

思思：是我。

蔡敏莉：你有一半责任，他也有一半责任。

思思：前几天他跟我吵架的时候还说，“你要是心里觉得不平衡，就出去找个男人睡几晚再回来”。我说我不是这样的人，我还骂他是心理变态。

蔡敏莉：所以，你跟他是不同层次的人，你用的是心，他则只考虑下半身的痛快，你们没有共同语言。

思思：蔡老师，我现在心里还是很乱，不知道该怎么办。

蔡敏莉：我觉得最好的选择就是离婚，然后你出去找工作，照顾两个孩子。

思思：现在看来，这的确是最好的选择。

蔡敏莉：是的，我也没有什么其他办法了，因为你说的是想改变他，但是他又很坚决地说自己不会改变。男女之间的爱是有条件的爱，双方都需要合情合理，这样婚姻才可以维持下去；如果不合情合理，为了保护自己，离开也是一个必然的选择。好了，我们的咨询就在这里结束。

## 结语

每个人都渴望获得伴侣全心全意的爱，但若在这个过程中发现自己陷入了一个又一个循环，问题依旧未解，就需要深刻自省：我究竟经历了怎样的变化才导致了当前的局面？为什么会形成这样的行为模式？弄清楚这一点，是为了探索自己能否做出新的抉择，调整自我定位，进而转变生活方式。

要想改善生活现状，不应寄希望于削弱自我来迎合他人或改变他人，而是应该聚焦于自我成长与蜕变，通过提升自我来破除现有的困境，开辟一条通往更好的生活的新路径。

## 心理咨询师观摩笔记

木言

在这个个案中，思思表达了自己的核心需求：终止老公的不忠行为，并能维系婚姻的完整。对此，蔡老师并未直接聚焦这一表面诉求，而是深刻洞察到了问题的本质——她老公并无改变的意愿与迹象，并指出提高思思自身的独立性才是破解这一难题的关键所在。

通过运用角色扮演和家庭雕塑技术，蔡老师生动且直观地帮助思思意识到自己在关系中的实际位置，揭示了她长期以来的讨好行为非但未能触动其老公，反而削弱了自身的自主性和独立性。这一醒悟成了思思转变的契机，使她开始考虑以一种全新的姿态——基于强化的自我价值感——去迎接未来的生活。

尽管实现全面的转变可能需要时间和持续的努力，但仅仅是认识到这一点，就已经标志着一个崭新起点的诞生，预示着思思向着更加自主、更有尊严的生活迈出了第一步。

# 第 12 章 痴情的背后

## 如何探索情感的力量与界限

晶晶经老公的姐姐介绍，与老公相识。两人结婚七八年了，一直没领结婚证。老公一开始要求领结婚证，但他们因为种种原因而无法领证，后来索性不再考虑领证了。

晶晶先后生下两个女儿，在这期间老公一直没有工作，后来晶晶靠工友关系，帮老公找到了一份开大货车的工作。老公在拉货时认识了一个女人，那个女人离异后获得了家产，约晶晶的老公一起做生意，后来两人干脆同居了。

老公出轨后，和晶晶分居了一年多，每每回家就会殴打她，甚至曾因一言不合而将她的一只耳朵打到失聪，还曾用棍子将她的脚打得红肿。晶晶很痛苦，但她又很爱她老公，很想维持这段婚姻关系，一直未报警，纵容了老公对她的伤害。晶晶老公的姐姐不仅支持弟弟出去鬼混，还支持他与晶晶分居。分居后，晶晶的两个女儿被送到奶奶家，老公不让她探视孩子们。

晶晶与老公分居前，她每天为家人们做饭、做家务。结婚这么多年来，老公从未给她花过一分钱。两人分居后，有时情人不在家，老公竟然让晶晶去他们的住处与他发生性行为，晶晶虽然感到痛苦但也心甘情愿。

晶晶虽有过离婚的念头，但始终不同意离婚。不仅是因为他们有两个女儿，还因为晶晶觉得在家里最穷的阶段两个人都熬过来了，如今生活好起来了，舍不得放弃。为了留住老公，晶晶曾买过安眠药，希望用自杀吓唬老公。但他不但不在意晶晶的死活，还想逼晶晶不要一分钱的赔偿自愿离开他。

我在与晶晶的沟通中意识到，她尚未完全学会全然地爱自己，缺乏内在的力量源泉，因此过于依赖外界给予的关爱与认同。

在征得了晶晶的同意后，我们开启了本次个案过程。

## 个案实录

蔡敏莉：你来这里做咨询，是想为自己做出哪些改变呢？

晶晶：我觉得我现在活得太辛苦也太痛苦了，我希望能走出这个困境。

蔡敏莉：你希望最理想的结果是什么呢？

晶晶：我现在就是心里想离开他，但是放不下，我不知道该怎么办。

蔡敏莉：你放不下谁呢？

晶晶：我放不下我老公，因为最开始是我介绍他出来工作的，所以后来才赚了这么多钱。为了这个家，在最困难的阶段我都跟他一起熬过来了，要是让我现在放手我又觉得不值得，我不想放弃这个家。

蔡敏莉：你是放不下以往的感情吗？

晶晶：是的。

蔡敏莉：你是跟他过了这么多年的苦日子，他现在有了成就让你离开他，你吞不下这口气？

晶晶：是的。

蔡敏莉：是你的那口气重要，还是你现实中开不开心重要呢？现在你好像为了一口气而把自己的生活搞得一团糟。你很爱他，但是他似乎不爱你，他更爱他的情人。

晶晶：我知道，他爱他的情人。他心中没有我，但我心中有他。

蔡敏莉：其实你是有选择的。对于你老公，你可以继续爱他，继续留在这里赖着不走，继续受苦受难，你也可以预测到将来他会继续侮辱你，他想玩你玩到你受不了了自己走。

晶晶：我知道，但是蔡老师，我真的放不下他。

蔡敏莉：你也可以心里爱着他，但是离开这段婚姻，去找一个男朋友，给自己自由。你可以爱一个人一生一世，但这不代表你一定要和他生活在一起，也不代表你要持续接受他的侮辱。你们的现状是，他虐待你，但是舍不得放弃，想继续留在这段婚姻中。请你仔细想一想，是他虐待你多一些，还是你自己虐待自己多一些？

晶晶：他虐待我多一些。

蔡敏莉：我想请现场的学员通过角色扮演为你展示一幅图画。（**引导晶晶扮演者和老公扮演者手牵手**）之前你和你老公在一起，你们有过一段美好的日子，是不是？

晶晶：是。

蔡敏莉：（**引导老公扮演者转身背对晶晶扮演者，与情人扮演者手牵手**）后来你老公出轨了，和情人在一起。（**引导晶晶扮演者跪地，膝行跟着老公扮演者和情人扮演者**）你卑微地追了过去，他立刻就走开了，（**引导老公扮演者和情人扮演者在场地中绕圈，晶晶扮演者膝行跟着二人**）你继续追，他们继续走开，到头来他们恩恩爱爱地过日子，你还是一个人。你像小狗一样趴在地上跟着他们，不停地在后边呼喊，“老公你回来吧，老公你回来吧”。

晶晶：（**泪流满面**）

蔡敏莉：这样的日子已经持续两年了，你还想持续多久？你之前说是你老公虐待你，但是我的看法是，你愿意待在这里、愿意跟着他，其实是你在虐待自己，你觉得呢？

晶晶：蔡老师，我真的不想离开他。

蔡敏莉：但现状是，他离开了你，已经远离了你的生活。（**引导老公扮演者和情人扮演者面向晶晶并排站立**）你看着他们俩。

晶晶：现在我们分居了，他把两个女儿也送到奶奶家了。

蔡敏莉：是的，你现在没有和两个女儿一起住。

晶晶：他们都不让我去看孩子。

蔡敏莉：不，你是有权看望孩子的。你要知道，你现在所面对的已经是最差的情况了——你老公离开了，两个孩子跟着奶奶住，看起来你对此没得选择。你唯一可以选择的，是继续趴在这里让他虐待，还是让自己站起来，大方地接受这个事实，然后让自己有尊严、有活力地活下去。

晶晶：我觉得我有一天会死。

蔡敏莉：（**引导晶晶扮演者趴在地上**）每个人都会死，只不过是怎么死。我现在看到的，是你正在虐待自己。你不让她站起来，（**引导晶晶用力压着晶晶扮演者**）你用力压着她，你告诉她，“你不要站起来，你就快要死了，你爱那个男人，但是那个男人不爱你，你去死吧”。

晶晶：（**用力地压住晶晶扮演者，哭到颤抖**）你不要站起来，你就快要死了，你爱那个男人，但是那个男人不爱你，你去死吧。

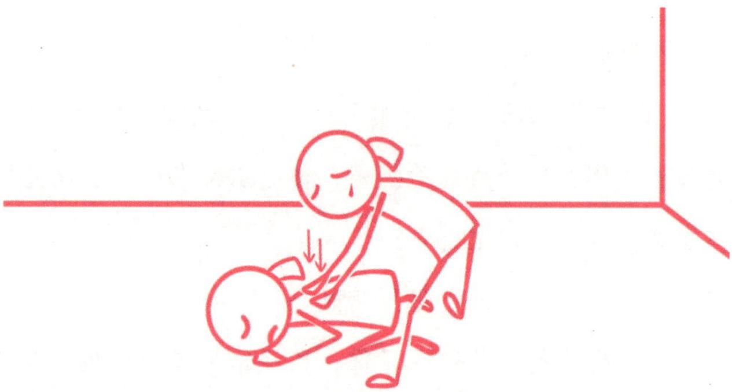

晶晶扮演者　　晶晶

蔡敏莉：你们现在反过来，继续这么说、这么做。

晶晶扮演者：（**用力压在晶晶身上**）你不要站起来，你就快要死了，你爱那个男人，但是那个男人不爱你，你去死吧。

晶晶：他为什么不要我？

晶晶扮演者：他的心都已经不在你身上了，他为什么不爱你，不用解释了吧。

蔡敏莉：（**面向晶晶**）你站起来看一下你自己，（**面向晶晶扮演者**）你继续趴在这里。（**面向晶晶**）你看她处于这个位置两年了，你跟她说，“对不起，我让你以这种姿势处于这个位置两年了。我现在要扶你站起来，我要你开开心心地做人”。

晶晶：对不起，我让你以这种姿势处于这个位置两年了。我现在要扶你站起来，我要你开开心心地做人。

晶晶：（**扶起晶晶扮演者，紧紧地抱住她痛哭**）

蔡敏莉：你告诉她，“我爱你，就算天下所有人都不爱你，我也爱你”。

晶晶：我爱你，就算天下所有人都不爱你，我也爱你。

蔡敏莉：之前你将所有的爱都放在了老公的身上，从来没有想过要爱自己，所以你付出了惨痛的代价。现在你用这些爱来爱自己，你就不再需要受那些委屈了。（**面向大家**）如果你们有女儿，就一定要教她如何爱自己，这样她在日后的亲密关系中就会顺利很多，不会为了对方而委屈自己，如果对方不合情理，就可以选择离开。（**面向晶晶，引导她和晶晶扮演者拉手**）你和自己拉拉手，你知道你永远都有自己的陪伴。你对她说，“我今天宣布，我要学着如何爱自己，如果别人对我不公平，我就不接受，我会好好地活下去”。

晶晶：（**拉着晶晶扮演者**）我今天宣布，我要学着如何爱自己，如果别人对我不公平，我就不接受，我会好好地活下去。

蔡敏莉：你的身体能不能感觉到这个决定？

晶晶：能。

蔡敏莉：你来做三次深呼吸，试着去感受那份力量。（**引导晶晶带**

**着晶晶扮演者面向老公扮演者）**你和你自己一起看着老公，他已经用很多办法或明或暗地跟你提出离婚了，你想对他说些什么？

晶晶：我真的舍不得你离开我。

蔡敏莉：告诉他，“但是你对我不好，我为了爱自己，我为了活得有尊严，我会选择结束这段婚姻，不会再给你机会让你侮辱我、虐待我。虽然我还爱你，但是我会将那份爱放在心里”。

晶晶：但是你对我不好，我为了爱自己，我为了活得有尊严，我会选择结束这段婚姻，不会再给你机会让你侮辱我、虐待我。虽然我还爱你，但是我会将那份爱放在心里。

蔡敏莉：去感受你的身体，同不同意这个决定？

晶晶：同意。

蔡敏莉：说完这些话之后，你的身体是不是有了更多的力量？

晶晶：是的，我感觉自己好了很多。

蔡敏莉：告诉他，“如果可能，我会经常去看我的两个女儿，因为我是她们的妈妈，我会尽妈妈的责任”。

晶晶：如果可能，我会经常去看我的两个女儿，因为我是她们的妈妈，我会尽妈妈的责任。

蔡敏莉：是不是这样的？

晶晶：是的。

蔡敏莉：你会对自己合情合理吗？

晶晶：我会对自己合情合理。

蔡敏莉：这是你今天的决定。

晶晶：对，这是我今天的决定。

蔡敏莉：（**引导晶晶看向晶晶扮演者**）对她说，“我决定学着如何爱自己，如果别人对我不合情理，我就不跟他在一起，我能做得到”。

晶晶：我决定学着如何爱自己，如果别人对我不合情理，我就不跟他在一起，我能做得到。

蔡敏莉：你问问她相不相信你？

晶晶：你相信我吗？

晶晶扮演者：相信。

蔡敏莉：一个人最重要的，就是跟自己有一个良好的关系。如果你懂得爱自己，就会懂得教身边的人如何爱你；如果他们的行为很过分，你就要保护好自己。

## 结语

晶晶在婚姻中陷入了困境，难以放下对老公的感情，即使遭受老公的虐待和背叛也不愿离开。晶晶将所有的爱都放在了老公的身上，忽略了自己。通过情景再现，我让晶晶看到了她在这段关系中的卑微与痛苦。其实老公早已远离了她的生活，她却一直自我虐待般地纠缠。

爱自己，是开启幸福之门的钥匙。当晶晶决定爱自己、离开这段充满侮辱的婚姻时，她感受到了力量。她只有先学会爱自己，才能更好地爱他人，也才能在面对不公平的关系时勇敢地离开。希望晶晶能真正践行这个决定，学会爱自己，有尊严地生活下去，也为女儿树立一个好榜样。

## 心理咨询师观摩笔记

林雨

在这个个案中，晶晶表达了想要摆脱当前婚姻困境的愿望，同时内心又充满了矛盾与不舍。对此，蔡老师敏锐地洞察到问题的核心——晶晶缺乏自爱，未能充分认识到自身的价值。为了帮助她实现自我觉醒，蔡老师运用了家庭雕塑技巧，生动展示了她在婚姻中的地位——如同一只尾随在老公及其情人身后的小狗，乞求着爱与关注，这形象地反映出她极低的自我价值感。

在晶晶通过这一视觉化的方式直观地看到了自己在关系中的被动与卑微后，她内心的感受变得异常鲜明，那是一种长久以来被忽略与压抑的痛苦。这个认知促使她接受了现实的不堪，也激发了她想要改变的决心——学着爱自己，重新站立起来，像一个独立而尊贵的人那样活着。真正的放下，是深刻理解并接纳自己的独特性，认识到在这个世界上，自己是唯一的。

# 第 13 章 情感的归宿

## 如何决定离婚后的情感走向

阿红是一位工作能力很强的主管，负责将初入职场的新人培养成业务骨干。然而，她在婚姻中则总感到力不从心、疲惫不堪。老公小俊做着一份朝九晚五的工作，不仅在生活中靠阿红照顾，而且性格软弱，一遇到问题就像孩子一样躲在阿红身后。

恋爱时，阿红就发现了小俊很懦弱，第一次跟他提分手时，他竟然以割腕的方式要挽回阿红。两人和好后开始存钱买房，但首付还是差了一些，小俊表示自己毫无办法，最后还是阿红硬着头皮四处筹借才付了首付。装修房子时，阿红与工人发生了冲突，她很希望小俊能出面解决，但小俊连给工人打个电话沟通的勇气都没有，最后只能阿红自己去解决。结婚后，两人之间的感情被现实逐渐消磨，阿红越发觉得小俊太软弱了，让她难以接受。

女儿出生后，阿红希望小俊能承担起爸爸的责任，照顾这个家。可在阿红看来，小俊和女儿更像是她的一双儿女。月子里，婆婆来照顾阿红，两人因卫生观念和生活习惯不同产生了诸多矛盾。阿红希望小俊能从中调解婆媳关系，小俊却在二人面前痛哭，恳求她们都别难为他了。

有一年春节，女儿生病，阿红很希望小俊陪着她们母女俩，可小俊却因 10 年未回乡过节执意要走。春节过后，彻底寒心的阿红提出离婚。阿红觉得，她与小俊在一起 8 年了，他都没有成长，便希望通过离婚来让他经历风雨快速成长。阿红在这段婚姻中不断有期望和失望，但阿红也不知道未来的路将要怎么走。

在和阿红、小俊的沟通过程中，我发现小俊缺乏责任感，在家庭遇到问题时往往会选择退缩，没有承担起应有的责任，总是依赖阿红去解决问题。此外，小俊还对阿红缺乏信任，曾因看到一些信息而不相信阿红，怀疑阿红出轨。

在征得了阿红和小俊的同意后，我们开启了本次个案过程。

## 个案实录

蔡敏莉：你想不想复婚？

小俊：想。

蔡敏莉：你呢？

阿红：我想他长大一点。

蔡敏莉：你是想让他长大之后才复婚，还是复婚之后才会长大？

阿红：坦白说，我是想教会他身为人父的责任。

蔡敏莉：你和他在一起八年了，你早就知道他是一个怎样的人。比如，他是一个橙子，但是你希望得到一个苹果。所以，你现在就像是对着手上的橙子说“我要你变成苹果”，是不是？

阿红：是的。

蔡敏莉：你这么做，是在玩他还是玩你自己呢？

阿红：两者都有。

蔡敏莉：玩谁比较多一些呢？

阿红：他吧。

蔡敏莉：你是爱他还是恨他？

阿红：既爱又恨。

蔡敏莉：是爱多一些还是恨多一些？

阿红：爱多一些。

蔡敏莉：你说你爱他，但是你又玩他。如果我是他，我该如何理解这段爱恨的关系呢？

阿红：但是，在我们有了孩子成为父母后，哪怕之前是橙子，也必须学着如何去做苹果，不可能一直停留在橙子的阶段。

蔡敏莉：嗯，你们可以一起努力。但是不是在和他离婚后，他变成了苹果你才可以回来？

阿红：其实我一直都在鼓励他，给他机会让他学着如何做苹果，但这真的很难。

蔡敏莉：你做过哪些事来让他做一个苹果呢？

阿红：我教他如何去跟他妈妈沟通，以免关系闹僵。

蔡敏莉：请你在这里再和他说一遍。

阿红：（**面向小俊**）当我跟你妈妈发生矛盾的时候，我教过你如何处理我跟她之间的关系，但是你选择沉默；当我们的女儿病了的时候，我教过你如何照顾她，但是你选择退缩和逃避。

蔡敏莉：你是用什么语气教他的？

阿红：像朋友之间交流的那种语气，就像现在这样。

蔡敏莉：（**面向小俊**）你听到了吗？

小俊：听到了。

蔡敏莉：你当时听后有什么感受？

小俊：我去做了。

阿红：我可没看到。尤其是当我和你妈妈出现矛盾时，我是不是教过你，当着我们的面分别说一说我们各自哪里有错？但是你呢，就知道坐在那里哭，你还做了什么？我之所以来找蔡老师做个案，就是因为我心里还有你，我希望我能重新拥有一个幸福的家。

蔡敏莉：所以，你现在指责他不是一个苹果，你觉得他能做到吗？

阿红：做不到。

蔡敏莉：那你还对他有什么要求？

阿红：要求他担起对女儿的责任。

蔡敏莉：听起来好像合情合理，但是你要他先改变你才考虑复婚吗？

阿红：是的。

蔡敏莉：他今年28岁，如果他到了38岁才成熟，你觉得可以吗？

阿红：如果他愿意为了我而去改变自己，我就愿意等。

蔡敏莉：你愿意等他10年？

阿红：对。

蔡敏莉：如果他无法改变呢？

阿红：我会过好自己的生活，并去找一个适合我的人。

蔡敏莉：你知道他的处事模式就是一遇到困难就退缩吗？

阿红：知道。

蔡敏莉：如果你要他成长，那么我想唯一的办法就是你跟他复婚。因为他知道你还爱他，他可能会因此而愿意改变自己——改变的可能性只有50%。如果你不和他复婚但又希望他能改变，那么我预测他什么都不会改变。我想请现场的学员为你们的关系摆一幅图画给你们看好不好？

阿红：好。

蔡敏莉：（**引导阿红扮演者和小俊扮演者牵手**）你们之前很恩爱，他很会关心你、照顾你，是这样吗？

阿红　　小俊

阿红：是。

蔡敏莉：没发生什么问题的时候，他对你很好；一旦出现问题，（**引导小俊扮演者坐在地上**）他就会退缩，然后躲起来。我们用一块布把他的头半盖起来，代表他躲起来了。你很害怕，就开始埋怨他，是不是？

阿红：是的。

蔡敏莉：然后他会怎么做？

阿红：继续退缩。

蔡敏莉：（**用布将小俊扮演者的头全部盖住**）他是不是因为害怕你生气而继续退缩？你看到他这样，你会有什么反应？

阿红：我会更加生气。

蔡敏莉：你越来越生气，到了一定程度后你要和他离婚。现在你对他有什么要求呢？

阿红：我要他站起来。

蔡敏莉：你希望的结果是他自己揭开这块布，然后自己站起来。**（引导小俊看向小俊扮演者）**你觉得你可以做到吗？

小俊：我觉得我可以做得到。无论她是否回来，我都可以做得到。

蔡敏莉：你现在就做给我看看，你要怎么做呢？

小俊：追上她。

蔡敏莉：那你自己走过去，你会做些什么呢？

小俊：我希望她能回到我身边。

蔡敏莉：那你说给她听。

小俊：**（面向阿红）**我希望你能回到我身边。

蔡敏莉：你不妨试着说一下，你愿意为了这段婚姻做出什么改变？

小俊：其实我很想去做，但是不知道值不值得去做。

蔡敏莉：（**面向阿红**）小俊有一个疑问，他整天坐在这里，你要求他自己掀开这块布。但是我们刚刚听他所说的，是他能自己揭开这块布，但是他不愿意这么做，他更希望你过来，希望你和他复婚，由你来帮他揭开这块布并扶他站起来，牵着他和他一起走（**引导阿红扮演者掀开小俊扮演者头上的布，扶他站起来，牵着他往前走**）。你看出这二者的区别了吗？

阿红：（**若有所思**）

蔡敏莉：也就是说，他要你先答应他继续和他走下去，只要你继续教他，他或许就会发生改变。

阿红：这令我很害怕。

蔡敏莉：他就是一个被宠坏的小孩子，他要你先回到这个婚姻当中，他或许就会发生改变。如果你不愿意这么做，他就会继续坐在这里、继续躲起来，等到再有一个女人愿意接受他，他或许就会发生改变。

阿红：我很害怕，我也不想帮他掀开……嗯，其实我可以帮他掀开的，也可以扶他站起来，但是他如果不愿意改变自己，还是像原来一样，我就会像之前那样继续痛苦下去。

蔡敏莉：你还爱他吗？

阿红：爱。

蔡敏莉：（**引导阿红看向小俊**）那你告诉他。

阿红：我爱你，这件事从来都没有变过，但是我忍受不了你永远都只会把我推出去。我更希望做你背后的女人，不希望我只能为你遮风挡雨，我希望你可以为我分担一点，我现在觉得很累。

蔡敏莉：（**面向小俊**）你相不相信你老婆还爱你？

小俊：我不信。坦白说，我觉得她外面有人了，那个人是我的兄弟，她的心在别人那里，我很伤心。

蔡敏莉：你有没有证据？你想不想听她解释？

小俊：我有证据，也想听她解释。

阿红：其实是你不信任我，才把我推得离婚姻越来越远。你说你有证据，无非就是你看到的那些信息，但是那些信息能证明什么呢？在这个世界上，除了男人就是女人，谁还没有个异性朋友啊？是你将自己完全封闭了起来！

蔡敏莉：（**面向小俊**）你是不是不想听？你不想听就算了，我们就到这里为止，你只是假装想听。

小俊：我很想相信她，但是我不知道她值不值得我相信。

蔡敏莉：（**引导小俊扮演者坐在地上，布完全盖住头**）你一直在封闭自己，就像是活在古墓里。无论阿红怎么说，你都无动于衷。现在我能理解她的难受了，你们的这个个案不需要再做下去了，因为在这段婚姻关系中，你从来都没有说过真话，只是活在自己的质疑之中。你总是觉得自己是对的，可你这么做是在玩她还是玩你自己？

小俊

小俊：我没有玩她。

蔡敏莉：那你就是玩自己，你要玩到什么地步？如果你玩的技术差一点，可以玩死你们两个，甚至会让你的女儿陪葬（**引导阿红扮演者躺在小俊扮演者旁边**）！你们在一起八年了，你玩的是什么游戏？你玩的是不存在，是不相信对方爱你。

阿红：（**痛哭流涕**）

小俊：不是，是自从那个人出现以后我才这样的。

蔡敏莉：那个人是什么时候出现的？

阿红：三个月前。

蔡敏莉：**（面对阿红）**你还真是爱他，忍了他七年多。**（引导阿红扮演者给小俊扮演者磕头）**快给他磕头，磕到头破血流。

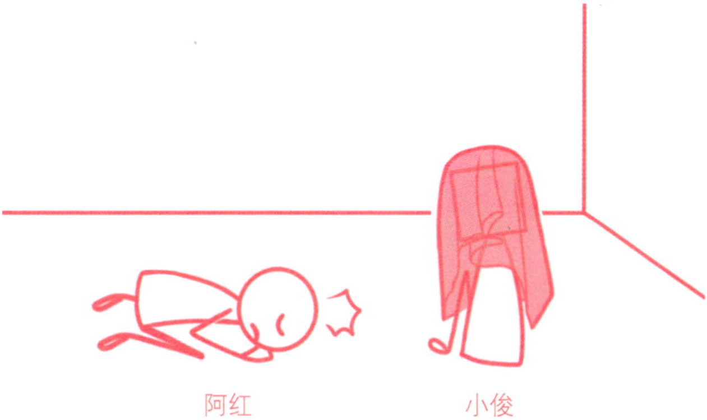


小俊：**（扬起下巴，满脸气愤）**我为什么不相信她呢？因为她说了太多的假话，你叫我怎么相信她？！

蔡敏莉：她骗了你什么？我不玩这种游戏的，我猜不出来你是怎么想的，我只想问你，你想不想回到这段婚姻中？

小俊：想，我希望大家都做出改变。

蔡敏莉：你说你希望继续留在这段婚姻中，那么你愿意为此做出什么改变？**（面向阿红扮演者）**你还没有磕到头破血流，继续磕头。

小俊：**（面向阿红）**你别哭了。

蔡敏莉：**（面向小俊）**要不要让她也在你面前磕头？

小俊：算了。

蔡敏莉：磕头磕到头破血流算什么啊？！

小俊：我不玩了。

蔡敏莉：（**面向小俊**）在这段婚姻中，你觉得自己是受害人，你觉得自己被老婆坑了，你觉得自己什么责任都没有，全都是你老婆的错，是不是？（**面向阿红**）你要想清楚，你还要不要留在这段关系中。

阿红：（**面向小俊**）我之前说过，我在这里说的都是真心话，因为我只有说真心话，蔡老师才可以帮到我，我希望你也一样。

小俊：我不想再说什么了。

蔡敏莉：（**面向小俊**）她说得很清楚，如果你愿意承担你应尽的责任，她就愿意留在这段婚姻中。

阿红：其实，来做个案之前我就想到了，这可能是我们复婚的开始，也可能是我对你彻底死心的开始。我一直对你不够狠心，我之前之所以和你相伴那么多年，是因为我一直对你有期望，所以我让你和我一起来做个案。这不仅是给你和女儿一个交代，更是给我自己一个交代。

蔡敏莉：（**面向小俊**）她努力过了，你努力过了吗？

小俊：没有。

蔡敏莉：你愿不愿意说出你的要求？

小俊：我愿意。

蔡敏莉：你现在说出来。

小俊：想她做回一个女人。

蔡敏莉：这是什么意思？她本身就是女人。

小俊：就是我希望她能做家务。

蔡敏莉：一周七天，你希望她做几天家务？

小俊：一天就够了。

蔡敏莉：也就是说，一周她做一天家务，你做六天家务，是这样吗？这种要求说出来就可以了啊！

小俊：嗯……不，我想让她多做一点。

蔡敏莉："多做一点"是多少？你不要让我们猜测。她爱你，她对你有耐心；但是我又不爱你，我对你没有什么耐心。

小俊：她做四天。

蔡敏莉：那一周你做三天？你可真会骗人，刚才你说她每周做一天家务，我还真以为你能有这么好。原来你心里有第二个答案，你是不是更希望家务全都由她来做，你什么都不用做？

小俊：不是，我只是希望她能做多一些，比如，做饭、收拾屋子。

蔡敏莉：你之前有没有这么清楚地告诉她，"每周你做四天家务，我做三天"？

小俊：没有。

蔡敏莉：（**面向小俊**）那你想等到什么时候说，等你再也回不去的那天吗？我很好奇，你将这些话憋在心里那么久，你真的爱你老婆吗？（**面向阿红**）你也再好好考虑一下，你和他在一起八年，其中要花七年多的时间去猜测他心里想什么，值得吗？青春有限，时光宝贵啊！

小俊：（**面向阿红**）你要想清楚。

蔡敏莉：（**面向小俊**）我很好奇，你这么说是什么意思？是不是你不想努力了，让她自己努力？

小俊：不是。

蔡敏莉：那是什么意思？

阿红：（**面向小俊**）你知不知道我为什么要你和我一起做个案？我不是为了让你出丑，我只是想在这里告诉别人，尽管我们的婚姻失败了，但是我们并不丢人。我们在一起八年，我们曾开心过、幸福过。我来做个案，是想让我们真心地面对真正的自己，只有彻底地了解自己，才能做出改变。可是，你竟然连了解、面对自己的勇气都没有。

蔡敏莉：（**面向阿红**）我很欣赏你，很欣赏你为这段婚姻的付出，我想我们的个案做到这里就差不多了。因为他觉得这给他带来了羞耻，他以为我们所做的一切事都是为了让他难堪。我们在这个个案中已经呈现出足够多的资料了，相信他也能明白，如果他想修复这段婚姻，那么他需要往哪个方向努力；如果他不想，那么你们两人就此别过。无论怎样，看他怎么选吧。我很欣赏你单方面的努力，也希望你们的关系会变好。

小俊：我也希望。

蔡敏莉：作为局外人，我是可以说“希望”的，但是你不可以说。如果当事人说“希望”，就是坐在地上说“老天爷，请保佑我们的这段婚姻”。你只有付出努力，才能改善你们的关系，你愿意努力吗？

小俊：愿意。

蔡敏莉：（**面向阿红**）你相信他吗？

阿红：相信。

蔡敏莉：（**面向阿红**）我知道，你肯定是会努力的。

阿红：是的。

蔡敏莉：（**面向小俊**）你说你会努力，我也很欣赏你的勇气，你也在我们面前流露出了自己最真实的挣扎。你要知道，我们全都是善意的，不是想让你难堪。(**面向阿红**)你想不想抱抱他？或者你想不想让他过来抱抱你？用这个举动作为他会努力的承诺。

小俊：(**拥抱阿红**)

蔡敏莉：你们可不可以手牵手告诉关心你们的朋友，“我们会努力的”？

阿红、小俊：(**面向大家**)我们会努力的。

蔡敏莉：告诉大家，“我知道接下来的路不一定容易走，但是我们会一起走下去，希望大家祝福我们”。

阿红、小俊：我知道接下来的路不一定容易走，但是我们会一起走下去，希望大家祝福我们。

学员：(**鼓掌**)

蔡敏莉：(**面向小俊**)在这个个案过程中，你不说话，也很少有回应。如果我和这样的人结婚，早就觉得无趣了，早就想放弃了。我很佩服阿红，她对你耐心、有爱，也正是因为她对你的爱，所以我觉得你们之间有希望破镜重圆。

## 结语

阿红和小俊的婚姻充满了挑战与希望。阿红渴望小俊成长为一个有责任感的老公和爸爸，小俊却在面对问题时常常退缩。他们的关系就像一场拔河比赛，双方都在用力，却朝着不同的方向。

**婚姻是一段双方共同的成长之旅，而不是一场单方面的改造。**小俊明明是个“橙子”，但阿红试图教小俊成为她期待中的“苹果”，这并非易事。小俊需要明白，爱不是索取，而是付出，他不能总是期待阿红先做出改变，自己才行动。阿红也需要给予小俊时间和空间去成长，而不是一味地指责。

他们的婚姻并非没有希望，只要双方都愿意努力，愿意坦诚地面对自己和对方，就有改善的可能。小俊要勇敢地掀开盖在自己头上的“布”，站起来，承担起自己的责任。阿红则要继续保持耐心和爱心，相信小俊会发生改变。只有这样，他们才能手牵手走出困境，共同走向幸福的未来。婚姻的道路或许崎岖，但只要有爱和努力，就一定能找到属于他们的幸福之路。

## 心理咨询师观摩笔记

蔡建芳

在这个个案中，蔡老师保持中立客观的态度，不偏袒任何一方。她认真倾听了双方的诉求和感受，为双方创造了一个安全的表达空间。比如，在阿红指责小俊时，蔡老师没有立刻站在任何一方，而是引导双方理性地看待问题。

随后，蔡老师运用角色扮演和情景再现的方式，让双方更直观地看到他们之间的问题。通过让两人牵手、小俊退缩被布盖住等方式，生动地呈现出他们在面对问题时的行为模式，使他们更深刻地认识到自己的问题所在。

接着，蔡老师不断追问双方的具体需求和期望，促使他们明确自己在婚姻中的责任。她问阿红希望小俊做什么，又问小俊对阿红的要求，让他们把模糊的期望变成具体的行动要求，为改善关系提供了明确的方向。

在整个过程中，蔡老师给予了他们鼓励和支持。当阿红表达自己的努力和挣扎时，蔡老师给予她肯定和欣赏；在小俊表示愿意努力改变时，蔡老师也给予了积极的回应。她始终相信他们的婚姻有希望，鼓励他们一起努力，为他们注入了信心和动力。蔡老师就像一位智慧的引导者，帮助小俊和阿红在婚姻的困境中找到出路，为他们的关系修复提供了有力的支持。

# 第 14 章 回忆的沼泽
## 如何开启生活的全新篇章

14 岁时，阿伟喜欢上了和他同年同月同日生的女孩。18 岁时，阿伟勇敢地追求她，并在 20 岁时和她确定了恋爱关系，两人许下“相伴一生、白头偕老”的誓言。

随后，他们携手从家乡奔赴外地打工。经过几年的不懈努力，他们在这座繁华的城市站稳了脚跟，都找到了属于自己的位置。阿伟在工作中表现优异，他满心期待能在事业上闯出一番天地，为他和心爱的女孩打造一个幸福的家。

然而，在阿伟 26 岁时，有一天下班回家后发现桌子上放着一张女朋友留给他的字条，上面写着她想出去住几天。阿伟经多方打听，得知她住在闺密家里。心急如焚的阿伟买了一枚戒指，立刻前往女朋友的闺密家，进门就对女朋友跪地求婚，好说歹说终于把她请回了家。到家后，女朋友说自己和阿伟在一起已经没有感觉了。此后，女朋友又先后离开过两次。两年后，两人分手，之后再无联系。对此，阿伟感到痛苦万分，而且满心不甘，他实在想不明白自己为何如此专一深情地爱着女朋友，最终却落得这样的结局。由于始终放不下女朋友，他不敢再去尝试新的爱情，仿佛被困在了回忆的沼泽中无法自拔。阿伟前来找我咨询，渴望能摆脱上一段感情的阴影，重新找回属于自己的内在力量。

在与阿伟的交流过程中，我察觉到阿伟在感情中过于执着且内心缺爱，他试图从伴侣的爱中获取力量，满心期盼能与一人相伴一生。然而，他却不明白缘分已尽时，哪怕是苦苦哀求也是徒劳。

在征得了阿伟的同意后，我们开启了本次个案过程。

## 个案实录

蔡敏莉：你希望和前女友的关系是怎么样的？

阿伟：当然是希望能一起走下去，陪伴双方终老。

蔡敏莉：当前女友离开你的时候，她没有交代清楚吗？

阿伟：没有。

蔡敏莉：她离开之前说过什么？

阿伟：她说她对我没有感觉了，想分开。

蔡敏莉：你的反应如何？

阿伟：我不能接受。

蔡敏莉：她以前对你很有感觉吗？

阿伟：应该是有的，否则我们也不会在一起那么多年。

蔡敏莉：她是突然之间对你没有感觉的吗？

阿伟：是的。

蔡敏莉：在这之前是不是发生了一些特别的事情，让她对你没有感觉了？

阿伟：我想不出来，我真的想不明白她心里到底是怎么想的。

蔡敏莉：所以，你们并不是商量好才分手的，而是她离开了你？

阿伟：其实从她提分手到我们后来真正分手，我们有过一段冷静期。当时她住在家里，我搬出去了。

蔡敏莉：你觉得会不会是有第三者？

阿伟：我不知道，也不想知道。

蔡敏莉：你曾经那么爱她，她却突然说对你没有感觉了，的确让你难以接受。你把你的心和爱给了她，但是她现在不爱你了，你可不可以把心拿回来?

阿伟:可以,但可能需要一段时间。

蔡敏莉:你知道博物馆是用来干什么的吗?

阿伟:可以收藏一些过去的东西。

蔡敏莉:是的,每个人都应该有自己的博物馆,将一些往事情放在里面,有时候我们可以去那儿看看,但不是经常去那里。请你试着把这段爱情放在你的博物馆里,具体要怎么做呢?请你试着闭上眼睛,将前女友的形象和与她在一起时的温馨感受、你们之间的爱恋以及一切美好的东西都变成一件物品,然后把它慢慢地、轻轻地放在你的博物馆里。如果你想重温一下这段爱情,就可以来到博物馆,看看那件物品,让自己慢慢地去欣赏,你会知道,“在我的生命中,曾有过一个女孩爱过我,我也爱过她,我们共同度过了美好的八年”。你将它摆在一个很安全的地方,你知道它在那里,你并没有失去它,只是缘分已尽,你们分开了。你摆好那个物品了吗?

阿伟:如果我想这么做,我就能做到。

蔡敏莉:那你做了吗?

阿伟:没有。

蔡敏莉:为什么不做?是不舍得这么做吗?

阿伟:应该是。

蔡敏莉:那你跟她说,“我不舍得让你走,之前的日子太美好了,我担心以后再也没有这种美好的日子了,所以我想留在这里。我想赖在这里不走,我想把自己拖垮,想让你看看,以证明你有多负心、多对不住我”。

阿伟：（沉思一会儿）其实，也不全是这样的。

蔡敏莉：那你是怎么想的？

阿伟：我觉得她可能永远不会再回来了……我还想告诉她，我还爱着她。

蔡敏莉：那你跟她说。

阿伟：我会将过去我对你的爱放在我心里的博物馆里，我不需要再提起你了，但这并不代表我不再爱你，我相信就算几年、几十年后，我依然记得我对你的感情。

蔡敏莉：到你死的那天也爱她吗？

阿伟：我相信，直到我死的那天我也还会记得，我真的爱过她。

蔡敏莉：你是说“爱她”还是“爱过她”？二者是有区别的。

阿伟：我把对她的爱放在博物馆里，如果我不爱自己，我就一直爱着她。

蔡敏莉：你的爱，到底是想放在她那里，还是想拿回来？

阿伟：拿回来又怎样？

蔡敏莉：你爱她，可以爱她一辈子，但你可以把心拿回来，不需要把心留在她那里。

阿伟：我明白，也就是说，我可以去找另一个女孩，再谈一次恋爱。

蔡敏莉：是的，你无须否认这份爱，但可以把心拿回来还给自己，用这颗心既可以爱自己，也可以爱家人、爱工作。不过，最实际的还是找一个女朋友。要想再谈一次恋爱，你觉得你可以和女孩说些什么来拉近双方之间的关系呢？

阿伟：不知道，我没接触过其他女孩。

蔡敏莉：你可以告诉那个女孩，“我单身，我有爱心，如果我娶了你，就想和你在一起一生一世了，就算你以后变老、变胖，我也不会嫌弃你”。

阿伟：我单身，我有爱心，如果我娶了你，就想和你在一起一生一世了，就算你以后变老、变胖，我也不会嫌弃你。

蔡敏莉：多好的男人啊！

阿伟：（笑）谢谢蔡老师，我知道有很多人更加优秀，但我认为自己也不错。

蔡敏莉：所以，看到喜欢的女孩，你就勇敢地去追吧。

阿伟：嗯，如果对方不介意，我们可以先做朋友。

蔡敏莉：好，你现在觉得怎样？

阿伟：感觉轻松一些了，心里不那么沉重了。

蔡敏莉：现在结束个案，你觉得可以吗？

阿伟：可以的，谢谢蔡老师。

## 结语

在亲密关系中，每个人内心都深切地渴望着被爱，也满心期待着能与心爱之人携手白头，共同构筑一个专属于彼此的温馨家园。然而，当感情发生变故时，用情至深的那一方往往很难走出已逝的旧情，去拥抱新的情感，甚至会在这个过程中渐渐迷失了自我。

当一个人深陷旧情而无法自拔时，要先坦诚地承认这段感情曾真实存在过。既可以在内心对自己倾诉，也可以采用类似这个个案的方式，将这段感情放在内心的博物馆里。然后，将心从对方手里拿回来，还给自己，关注自己、家人或工作。这样一来，才能开启生活的全新篇章，重新找回内心的平衡与宁静，实现自我的成长与蜕变。

## 心理咨询师观摩笔记

孔红萍

在这个个案中，阿伟希望自己从上一段的感情的阴影中走出来，找回内在力量。蔡老师让阿伟把想对前女友所说的话说出来，并把这段感情放进内心的博物馆里，帮助阿伟从情感旋涡中走出来，拿回属于自己的内在力量，用心爱自己。

一旦阿伟能坦然接受这段已逝的感情，并把自己的心拿回来，就能爱自己，并看到自己的未来有很多选择，从而让自己重新站起来，迎接新的生活。

# 第 15 章 未婚妈妈的坚韧与辛酸如何闯过风雨

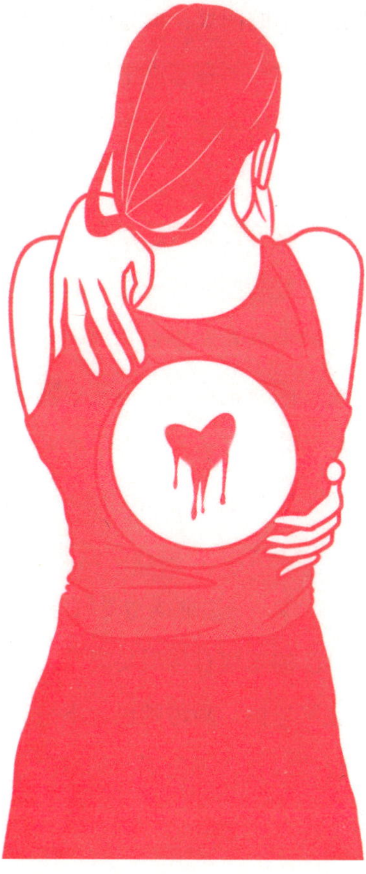

阿寒在20岁出头时意外怀孕，尽管男朋友阿涛反对，但她执意要生下孩子，不久后两人分手。等女儿一岁时，她带着女儿去找阿涛，但他不肯相认，阿寒只好无奈地带着女儿离开。

从此，阿寒独自承担起抚养女儿的重任。为了生计，她四处借钱做生意，她们租了一个很小、很破旧的房子，一半用来做生意，一半用来居住。卷帘门被风吹得咣当作响，阿寒常常怕得整晚不敢合眼，对男人的恨成了支撑着她活下去的唯一力量。一次偶然，她与阿涛重逢，但这次重逢并不是温馨的团聚，而是引发了激烈的冲突——当阿涛的现任女朋友提及孩子时，阿寒怒火中烧，打了对方一耳光，随后便遭到阿涛的拳打脚踢和恶语相加。阿寒不仅身体受了重伤，内心更是遭遇重创。

这件事情过后，阿寒发誓要让自己强大起来。一年后，她的生意逐渐好了起来，换了一个好一些的房子住。随着女儿渐渐长大，阿寒越发渴望拥有一个温暖的家，并希望女儿得到父爱。在双方父母的劝解下，阿涛住进了家里。阿寒至今仍记得那时阿涛父母问她“浪子回头，你要不要”，她说“要”。可是，阿涛住进来后每天都显得心不在焉，有时还打阿寒。仅仅两个月后，阿涛又和另一个女人住到了一起。阿寒和阿涛始终没有领过结婚证，但在亲戚朋友面前一直以“夫妻”相称。阿寒一边为事业奔波，一边继续遭受阿涛的暴力。

有一天，阿涛将自己的东西打包后要离开，阿寒追去，心想能追回来最好，追不回来也不遗憾。阿涛则说，不想和阿寒在一起了，还说女儿命不好。阿寒说这对自己不公平，阿涛说这世上本无公平。就这样，两人关系结束。

后来，阿寒和阿涛的一位共同的朋友结婚，邀请二人参加婚礼。宴席上，司机打电话给阿寒说过一会儿来接她，阿涛听到后就踹她，还说她跟野男人私通。阿寒不想和他多说什么，连忙躲开，阿涛追着她打。无奈之下，阿寒抄起桌上的餐刀对着心口，说“你要是再过来我就刺进去”。众人拉开了阿涛，阿寒连忙逃离现场。这就是两人最后一次在一起的情形。

多年来，阿寒很想改变现状，但不知如何改变，很担心找一个更糟糕的人，让自己和女儿更加痛苦。她一面希望自己和女儿幸福快乐，一面希望能报复阿涛，也让他尝尝得而复失、失而复得的滋味，这样才公平。阿寒这样的状态持续了七年。

去年的一天，阿寒突然发觉左腿失去知觉。医生说这是心理因素导致的神经失调，让她每天坚持做康复训练，保持好心态，放下心中放不下的东西，懂得舍得，就有可能好起来。

通过对话，我认识到阿寒对阿涛的情感投入很盲目，忽略了自我价值与自我保护的重要性，没有学会如何理智地去爱，更没有关爱自己。同时我也感受到，阿寒内心深处有对幸福快乐生活的强烈渴望，对母女二人未来能够享有平静美好日子的向往，以及对生活中的公平的深切追求。

在征得了阿寒的同意后，我们开启了本次个案过程。

## 个案实录

蔡敏莉：你对阿涛有诸多怨言，你们有没有正式地结过婚呢？

阿寒：没有。

蔡敏莉：为什么没有呢？

阿寒：第一是当时条件不允许；第二是等条件允许的时候，我跟自己说，要是一张纸就能决定我们一生都不分开，世界上就不会有人离婚了。我总是觉得，和阿涛分开，最主要的原因是我不够漂亮、不够温柔、不会做家务。

蔡敏莉：你是在怨自己。我们请一位学员来扮演你。（**引导阿寒面向阿寒扮演者**）你告诉她，她做错了什么。

阿寒：我恨你长得不漂亮，我看你哪里都不顺眼。

蔡敏莉：如果你对阿涛的恨是100分，那么你对自己的恨是多少分？

阿寒：200分。（**面向阿寒扮演者**）我恨你不争气，恨你怎么是这种人，我恨你！

蔡敏莉：你是不是想对她这样说？“你居然做了这么蠢的事，你是世界上最蠢的女人。你在这段感情里输得一塌糊涂，如今你没了时间、没了青春、没了尊严。你活得生不如死啊，你死了就不会在这里受苦受难了。我恨阿涛，但我最恨你！”

阿寒：是的，我就是这么想的。

蔡敏莉：（**引导阿寒面向阿寒扮演者**）那你说给她。

阿寒：你居然做了这么蠢的事，你是世界上最蠢的女人。你在这段感情里输得一塌糊涂，如今你没了时间、没了青春、没了尊严。你活得生不如死啊，你死了就不会在这里受苦受难了。我恨阿涛，但我最恨你！

蔡敏莉：我们请一位学员来扮演阿涛。我们不能称他为“前夫”，因为你和他并没有结过婚。只有愿意和你领结婚证的人，才愿意给你一个承诺，承诺他会爱你一生一世，你们两个人的关系就像二人三足。由于两个人有婚约，因此两个人在结婚后会慢慢地向前走，走一段后可能会走得不舒服、会出现矛盾，如果他们能慢慢适应、慢慢调整，到了后期，他们的步伐就会比较协调一致，他们的婚姻就会比较和谐。如果他们没有婚约，就可能会按照自己的习惯行事，后来可能就分开了。我们怨谁呢？是怨这个男人还是怨这个女人？是怨天还是怨这个社会？

阿寒：（**沉思**）

蔡敏莉：你生孩子后，他就有女朋友了吗？

阿寒：对。

蔡敏莉：你那时还爱他吗？

阿寒：爱。

蔡敏莉：如果你是他的合法配偶，你就有权怨他，但是在他看来，你们只是有过一段关系，他仍是自由身。（**引导阿寒面向阿涛扮演者单膝跪地，一只手抓着阿涛扮演者的衣服，另一只手抬起，拿着一颗心形的玩偶；阿涛扮演者背对阿寒，慢慢往前走**）你边跪地前行边对他说，“求求你爱我，我在这里等着你”。

阿寒：求求你爱我，我在这里等着你。

蔡敏莉：你们继续这样做，你们这种状态持续了很多年。你对他说，“我当你是我老公，可你只当我是只和你有过一段关系的女人。你要公平地对待我！我全心全意地在家等你回来，我所做的一切都是为

了你，你却看都不看我一眼。我不甘心做属于你过去的女人，我要做你现在的女人”。

阿寒：我当你是我老公，可你只当我是只和你有过一段关系的女人。你要公平地对待我！我全心全意地在家等你回来，我所做的一切都是为了你，你却看都不看我一眼。我不甘心做属于过去的女人，我要做你现在的女人。

蔡敏莉：如果你们两个人必须有一个人死掉，你会选择谁死？

阿寒：我。

蔡敏莉：为什么？

阿寒：用这种方式活着，还不如死了。

蔡敏莉：（**引导阿寒把心形玩偶递给阿涛扮演者，他又将它给情人扮演者；面向阿寒**）你把你的心给了这个男人，但他把你的心给了他的情人。你看后有什么感受？

阿寒：我很恨自己。

蔡敏莉：那你就恨自己（**引导阿寒扮演者躺在地上，让阿寒用一块布盖在阿寒扮演者的头上**）。你谋杀了自己的时间，埋葬了自己的感情，杀死了自己的自尊，你爱错了这个男人。你想对他说些什么？

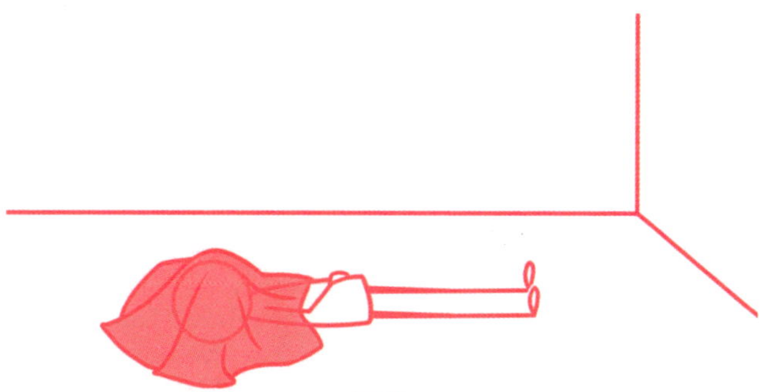


阿寒：（**沉默**）

蔡敏莉：如果我是你，我就会对他说，“我恨你，我要杀死你，但我没有这么做，而是杀死了我自己，因为我爱你”。你要是想救自己，你就看看他，将你给他的心拿回来还给自己，告诉他，“我把我的心给了你那么多年，你却毫不珍惜。没关系，我不逼你爱我，但至少你不可以侮辱我。我恨了你这么多年，我当初真是瞎了眼，但是我现在清醒了，我要把我的心拿回来还给自己。我要先爱我自己，再爱我的女儿，至于情情爱爱的事，以后再说吧，随缘吧”。

阿寒：（**把心形玩偶从阿涛扮演者手中拿回**）我把我的心给了你那么多年，你却毫不珍惜。没关系，我不逼你爱我，但至少你不可以侮辱我。我恨了你这么多年，我当初真是瞎了眼，但是我现在清醒了，我要把我的心拿回来还给自己。我要先爱我自己，再爱我的女儿，至于情情爱爱的事，以后再说吧，随缘吧。

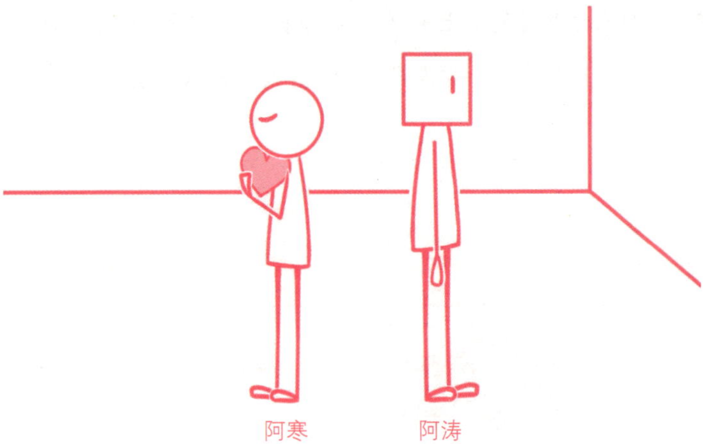


蔡敏莉：继续说，“我恨你这个男人，但我知道这个世界上肯定有其他的男人与我有缘。所以，请你从我的生命中离开，如果我的女儿要见你，那么我会让她去见你的，怎么说你也是她的爸爸，我不会对你做出任何报复行为”。

阿寒：我恨你这个男人，但我知道这个世界上肯定有其他的男人与我有缘。所以，请你从我的生命中离开，如果我的女儿要见你，那么我会让她去见你的，怎么说你也是她的爸爸，我不会对你做出任何报复行为。

蔡敏莉：（**引导阿寒面向阿寒扮演者**）你对自己说，“我承诺以后一定好好爱你，就算我找到新的男朋友，我也要爱自己 100 分，爱那个男人 95 分，你永远都是得到我的爱最多的那个，你可不可以接纳我”。

阿寒：（**拥抱阿寒扮演者**）我承诺以后一定好好爱你，就算我找到新的男朋友，我也要爱自己 100 分，爱那个男人 95 分，你永远都是得到我的爱最多的那个，你可不可以接纳我？

蔡敏莉：继续说，“我下半生选择去爱，而不是去恨，我不恨任何人。之前的经历是为了教我如何爱自己，但我付出了惨痛的代价。从今天起，我决定放下一切仇恨，好好地爱自己。爱能让我变得漂亮一点，恨则会让自己变成怨妇一样”。

阿寒：我下半生选择去爱，而不是去恨，我不恨任何人。之前的经历是为了教我如何爱自己，但我付出了惨痛的代价。从今天起，我决定放下一切仇恨，好好地爱自己。爱能让我变得漂亮一点，恨则会让自己变成怨妇一样。

蔡敏莉：你感觉怎么样？

阿寒：我通过今天的个案找到了自己，看到了自己这一路是如何走来的，接下来我想改变自己。谢谢蔡老师。

## 结语

有一些女性在爱的旅途中会因将情感过度倾注给对方而忽视了自我爱护，并因此付出了惨痛的代价。因此，确保自身幸福的理性步骤是，在深厚的爱情基础上探讨婚姻的可能性，将其视为一种爱的承诺契约。

恋爱的本质在于，期待有另一个人加入我们的生活，增添爱与被爱的幸福。如果对方不能给予相应的爱，那么维持这段关系就失去了核心价值，适时放手则是对彼此的成全。爱始于自爱，只有当我们全心全意地爱自己，才能更好地爱别人，爱自我始终是爱的基石。对于女性而言，珍视自我意味着在爱的关系中寻求并坚持应有的承诺。如果沉溺于怨恨就会模糊视线，让人难以看清关系的全貌。

每段经历，无论苦乐，都有其教诲意义，能指引着我们学会如何更好地疼惜自己。对于单亲父母来说，给予孩子最好的礼物莫过于展现生活的乐观与喜悦，这是给孩子最深远的爱与鼓舞。

## 心理咨询师观摩笔记

王均安

阿寒面对自己内心深处的爱之匮乏及伴侣情感的转变，她深陷于无望的等待之中，自我欺骗成了她最沉重的枷锁。蔡老师通过构建雕塑场景，帮助她全面审视现状，鼓励她与内心深处的自我及阿涛展开真诚对话，直面那些被长久压抑的情感。蔡老师明确指出了当前关系的不平衡：阿涛并未给予相应的承诺，阿寒则在无尽的期盼和怨恨中消耗自己，维系着一段不对等的关系。

为了让阿寒更深切地理解这种不公，蔡老师采用了一种强烈的象征性动作——让她跪下并紧抓着对方的衣角，模拟那种卑微与绝望的状态，随后提出一个震撼心灵的问题："如果你们两个人必须有一个人死掉，你会选择谁死？"阿寒选择了自己，这个答案中流露出了深深的绝望。然而，也是在这一刻，她内心的觉醒被猛然唤醒。

蔡老师立即引导阿寒，让她将倾注在对方身上的深情转回到自己身上，强调自爱才是首要且根本的。在这一系列深刻的引导下，阿寒经历了蜕变，重新找回了自我，明白了过往行为的意义所在，并决心做出改变。

我们共同期许，这次咨询经历能成为阿寒生命转折的契机，引领她踏上全新的旅程——学会真正地爱自己，为自己的生命做出更加积极自主的选择。

第 16 章

# 孤独的女强人
## 如何摆正自己的家庭角色

赵敏自幼聪慧，性格倔强且好强能干。然而，如今已 52 岁的她，却觉得自己的人生极为失败。

在事业方面，赵敏虽对自己的工作成绩颇为自豪，却被公司开除。事后反思，她觉得问题出在自己的处事方式过于简单直接。在给下属布置任务时，她总是用命令式的强硬语气，至于别人能否理解自己的安排，她通常都是让对方先做了再说，认为没必要浪费时间做过多解释。

在婚姻关系中，赵敏与老公的相处更是糟糕透顶。起初老公对她还可以，后来是长期的冷战，再后来发展到拳脚相加，最终走向离婚的结局。一旦发生冲突，家里就如同战场，老公会摔碎很多东西，甚至动手殴打赵敏，用赵敏的话说“他是往死里打”。忍无可忍的赵敏选择搬离原居住地，可不久后又被老公找到，两人重新住在一起后，冲突依旧接连不断。有一次，赵敏实在气极了，把镰刀和斧头放在桌子上，跟老公说“咱们一人选一样，今天不是你死就是我亡”，他见此情形才罢休。在他们婚后的 22 年，当老公第四次提出离婚时，赵敏同意了，从此她带着儿子一起生活。

尽管家庭的破裂让赵敏遭受了巨大的挫折，但更令她担心的是儿子小粒。赵敏期望小粒能够健康快乐，拥有一个与自己不同的人生。

由于小粒自幼多次目睹爸爸对妈妈施暴，再加上爸爸常年在外面跑业务，和家人聚少离多，因此他认为爸爸是失职的，没给过自己多少父爱，并对爸爸充满了怨恨和敌意，父子关系十分紧张，二人也曾发生过激烈冲突。有一天晚上，爸爸喝多了，对小粒破口大骂还砸碎了好几个碗，玻璃碴把小粒的脚扎出血了。在小粒看来，妈妈是个坚强、倔强的女人，尽管在人际关系方面不够圆融，但是一位伟大的妈妈。

赵敏对当下人生的挫败心有不甘，也明白自身存在问题，便带着儿子一同找到我，期望弄清楚具体问题所在。

在赵敏和小粒为我讲述家庭状况时，我发现赵敏是个很强势的女人，常常以自我为中心，在婚姻中长期忽视老公。小粒知晓妈妈的苦心，也心疼妈妈，与妈妈的关系过于亲密，甚至到了崇拜和依附的程度。

在征得了赵敏和小粒的同意后，我们开启了本次的个案过程。

## 个案实录

蔡敏莉：今天你们母子俩一起来这里，是想改变什么？

赵敏：我觉得我肯定是有问题的，但又不知道问题出在哪儿。

蔡敏莉：每个人都是有问题的，我很欣赏你能这么积极地想改正自己的问题。在过去的50多年，你开不开心？

赵敏：有开心，也有不开心。

蔡敏莉：是开心多还是不开心多？

赵敏：应该是开心多。

蔡敏莉：对你来说，开心重不重要？

赵敏：很重要，它会影响很多事情。

蔡敏莉：那么当你不开心的时候，你会做些什么？

赵敏：要么自我检讨，要么沉默。

蔡敏莉：就像现在这样？

赵敏：是。

蔡敏莉：你喜不喜欢你老公？

赵敏：我对他没什么感觉，也没想过喜不喜欢他。

蔡敏莉：那你为什么嫁给他？

赵敏：因为当时我 30 岁了，我妈说“你还以为自己是小姑娘吗，你要是再不嫁就嫁不出去了”，于是我就找个人嫁了。

蔡敏莉：你是在做一件你和你妈妈都觉得你应该做的事情？

赵敏：是。

蔡敏莉：你们都认为，女人到了 20 多岁就得结婚了？要是等到 30 多岁还不结婚，就成“剩女”了？

赵敏：对。

蔡敏莉：你猜你老公知不知道这些呢？

赵敏：他应该是觉得我很爱他。

蔡敏莉：听了你的分享，我感觉你老公应该是很在乎你，但是你不怎么理会他，对吗？

赵敏：是，我没怎么在乎过他，也没想过他是怎么想的。

蔡敏莉：那你把心放在哪儿了？

赵敏：放在我儿子身上，还有工作上。

蔡敏莉：我们请现场的几位学员来进行角色扮演，让你看到你和你老公的沟通模式。（**引导赵敏扮演者转圈玩耍**）刚结婚时，你继续做你的小公主，继续在这里玩自己的那一套，而且玩得很开心。（**引导老公扮演者面向赵敏扮演者单膝跪地，向她伸出一只手且手心向上**）你老公则讨好你，他受得了就受，受不了就和你冷战或者离开。是不是这样的？

赵敏：（**不禁笑了出来**）应该是的。

蔡敏莉：后来，你老公慢慢意识到，他是否在你身边你都无所谓，于是他慢慢离开这个家（**引导老公扮演者起身离开**），是不是这样的？

赵敏：（**沉默**）

蔡敏莉：刚结婚时，你们俩的关系还可以。后来儿子出生了，你把注意力更多地放在儿子和工作上。于是，你老公开始和你吵架、打你，这其实是他在对你们的关系呼救。你们一家三口，如何站位？

赵敏：我和儿子在一起，我老公是不是应该站在我们后面？

蔡敏莉：你不知道他站在哪里吗？

赵敏：不知道。

蔡敏莉：（**引导赵敏扮演者站在小粒扮演者身边照顾他，老公扮演者则面向二人单膝跪在一旁**）你有宝宝就已经感到很满意了，尤其是在他小时候，你觉得他就像是你的一个小玩具。可是，你老公在夫妻关系中感到自己被冷落了，于是他慢慢退出，你对此都不介意吗？

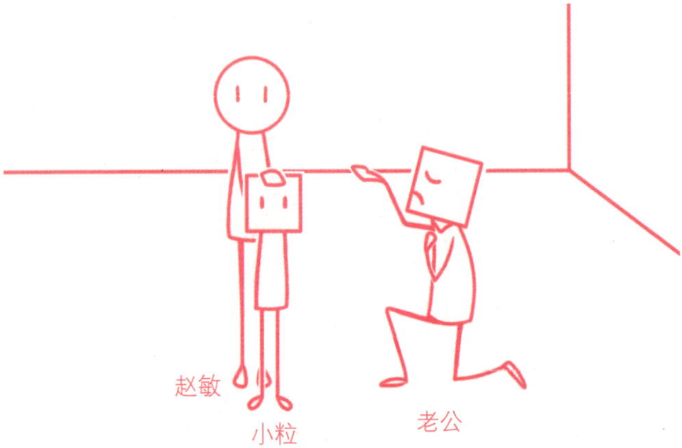


赵敏：我没想过。

蔡敏莉：如果一个女人心中没有那个男人，那个男人在女人心中就不是一个真正的男人，因此他为了证明自己是一个真正的男人，就需要在外面认识其他女人，或者在事业中投入更多，以此来证明自己是值得人爱的。（**引导赵敏看向三位扮演者**）你看，你把所有的注意力都放在了儿子和工作上面，那么是你抛弃了你老公，还是你老公抛弃了你呢？

赵敏：我自己也分析了一下，就像蔡老师你刚刚说的，他会在外面解决一下问题，时间长了就……

蔡敏莉：所以在心理上，你从来都不需要老公。他在这 20 年的婚姻中慢慢学到了这个教训，然后黯然离开，是不是这样的？

赵敏：应该是。

蔡敏莉：我们要还他一个公道，我们纯粹是为了呈现这个男人心中的挣扎。（**引导老公扮演者面向赵敏扮演者和儿子扮演者单膝跪下**）你要一直对他们说，“老婆你看一下我吧，我是你老公啊，你究竟爱不爱我？儿子你看一下我吧，我是你爸爸啊，你叫我一声‘爸爸’吧”。

老公扮演者：老婆你看一下我吧，我是你老公啊，你究竟爱不爱我？儿子你看一下我吧，我是你爸爸啊，你叫我一声“爸爸”吧。

蔡敏莉：是不是这样的？

赵敏：他从没对我们说过这些话。

蔡敏莉：这说明你老公不懂得说这些，但是他在生活中一定会做很多小动作，或者给你一些暗示。

赵敏：这倒是。

蔡敏莉：你说说看。

赵敏：比如，他在只有我们俩在家的时候就会穿得很少，但我感觉很恶心。

蔡敏莉：他是在勾引你？但他这么做也是合法的，因为你们是夫妻，对不对？

赵敏：是合法，但我就是觉得很恶心。

蔡敏莉：于是你拒绝了他？

赵敏：是。

蔡敏莉：在过去的20年里，你有没有拒绝他100次？

赵敏：不止。

蔡敏莉：200次？

赵敏：不清楚，差不多吧。

蔡敏莉：哎呀，你看你现在的样子，就像个很天真、很无辜的小公主，就像是在说“啊？我伤害了我老公？伤害了他200次吗”。如果我是你老公，我就会觉得忍不了的。

赵敏：是的，我理解。

蔡敏莉：你在不知不觉中伤害了你老公。

赵敏：是，我现在觉得，问题的主要原因在我。

蔡敏莉：其实你并没有存在于这段婚姻关系中。

赵敏：是。

蔡敏莉：你把心放在了你的工作和你的“玩具”——儿子——上面。

赵敏：也不是，我曾试着劝过他回心转意。在我儿子刚上初中时，我跟我老公说，“你不能总在外面跑了，儿子大了，到青春期了，我是女的，有些话我没法跟他说”。

蔡敏莉：我说一句公道话，婚姻中的所有问题，你都有一半责任，你老公也有一半责任。不过，在刚结婚时你的心思就不在他身上，他在求你爱他的路上受了很多的冷落和屈辱。终于有一天，他梦醒了、离开你了。你想对他说些什么？

赵敏：现在想起来，我对我们之间的问题负有很大的责任，但一切都过去了，我只能对他说一句“对不起”。

蔡敏莉：你曾试过向他表达爱吗？

赵敏：试过。

蔡敏莉：他懂得接纳吗？

赵敏：他不懂得。

蔡敏莉：也就是说，你们有缘无分？

赵敏：他曾和我们一起去了一个很远的地方，就为了给儿子买一双球鞋。后来我们吵架了，他一生气就走了，我当时身上一分钱都没带，只好和儿子走回家，到家很晚了。

蔡敏莉：所以，你们都有很多东西要学习——你要学着如何向对方表达爱，他要学着如何表达。只有你们学会了，才可以有相爱的关系。

赵敏：我觉得我们应该站在对方的角度考虑事情，了解对方是什么人、喜欢什么，这样去表达自己对对方的关心和爱护才是有效的，否则可能会适得其反。

蔡敏莉：那么前提就是，你要在心里给他留一个位置，还要学着做一些事情来表达你对他的爱；相反，如果你的心里没有给他留一个位置，那么无论你怎么做都不会表达出爱。

赵敏：我的一个朋友跟我说，我这辈子要么就是没有姻缘这条线，要么就是我没有碰到和自己合适的人。

蔡敏莉：那就要看你的世界中除了你，还有没有其他人了，你需要学习。小粒，刚刚我这样呈现出你们家庭的关系，你觉得是这样的吗？

小粒：是。

蔡敏莉：你和妈妈是不是很亲密？

小粒：是。

蔡敏莉：（**引导小粒看向爸爸扮演者**）你将爸爸的错一次性地说出

来，告诉他你为什么不接受他。

小粒：（**指着爸爸扮演者**）你根本就不懂如何和儿子相处，也不懂如何照顾一个家，你从来都没有尽过做爸爸的责任！

蔡敏莉：你觉得作为一个爸爸，应该如何和儿子相处？

小粒：至少得多给我一些关心吧，但是我接不接受是另一回事。

蔡敏莉：那你就是在玩弄他了。

小粒：我不知道，就像我刚才说的，我渴望得到父爱，但到底有没有我觉得无所谓。

蔡敏莉：那他为什么还要再回到这个家呢？（**引导赵敏和小粒一起指着老公扮演者**）你爸爸前半生已经被你妈妈玩够了。

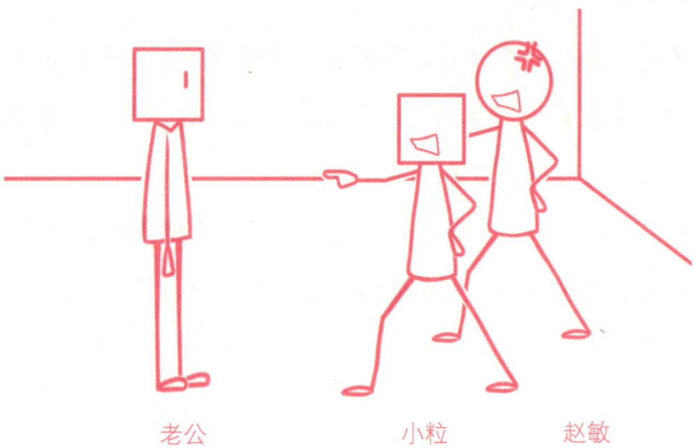


小粒：（**沉思**）

蔡敏莉：（**面向赵敏**）你不爱他，但又和他结婚。你还给过他希望，让他以为只要他爱你，你就终有一天会爱上他。

赵敏：我没想过。

蔡敏莉：尽管他言行粗鲁、不妥当，但他心里会不会是很单纯地爱着你？

赵敏：我从未想过这种可能，但是如果时间倒流，我觉得我不会再让我们的关系变成这样。

蔡敏莉：你会如何处理你们的关系？你会如何对待这个人？

赵敏：公正一点。

蔡敏莉：具体说说，你还会不会当他不存在了？

赵敏：不会。

蔡敏莉：当一个男人不存在是对这个男人最大的侮辱。在一个家里，如果妈妈和儿子都当那个男人不存在，他就真的从你们面前消失了，是不是这样的？

赵敏：（**忍不住笑出来**）是。

蔡敏莉：你现在笑得很开心，但真是难为了这个男人。你们结婚20年，他起码苦了十几年吧，他的心死了。

赵敏：嗯，几年前我刚成立了一家公司，工作特别忙，每天都要加班，有时候睡在公司，有时候要到很晚才开车回家，有几次开不动了就停在路边打盹。就算我那时候那么忙、那么累，他也根本不关心我。

蔡敏莉：你那时候那么辛苦是为了什么呢？

赵敏：为了儿子。

蔡敏莉：在我看来，小粒不像是你的儿子，更像是你的情人。

赵敏：我总觉得，我毕竟是女性，对儿子的教育还是应该由爸爸来做。在我的原生家庭里，长辈有绝对的权威，要求晚辈怎么做，晚辈就一定要做到。

蔡敏莉：这是你的想法，但我看到的图画是，（**引导赵敏扮演者举起双臂转圈**）你是一个很能干的女强人，你发光发热，有了小粒后，你一直很疼他；现在，（**引导小粒扮演者面向赵敏扮演者跪下，仰望她并伸出双手，做崇拜状**）小粒把你当女神那样崇拜，他说，“妈妈你开心我就开心，你伤心我就伤心。你恨爸爸我就更恨他，要是有人想伤害你，我就当你的保护神。如果你不喜欢和我交往的女孩，我就立刻和她分手，我一定选一个你喜欢的女孩给你当儿媳妇”。

小粒扮演者：妈妈你开心我就开心，你伤心我就伤心。你恨爸爸我就更恨他，要是有人想伤害你，我就当你的保护神。如果你不喜欢和我交往的女孩，我就立刻和她分手，我一定选一个你喜欢的女孩给你当儿媳妇。

蔡敏莉：你是不是这样的？

小粒：不是。

蔡敏莉：那你是什么样的？

小粒：前面说我把妈妈当作女神是真的，但后面关于女朋友的那些就不符合了。

蔡敏莉：我敢和你打赌，你相处过的女朋友和你妈妈的性格、行为很像。

小粒：（**思考片刻**）的确是。

蔡敏莉：如果她们和你妈妈不像，那么你还愿意和她们交往吗？

小粒：不愿意。

蔡敏莉：你和她们相处时是怎么想的？

小粒：我觉得喜欢就是喜欢，没想那么多。

蔡敏莉：因为我做了多年的心理咨询，在一些个案中，有些男人爱妈妈爱到了一定地步，就会选择一个很像妈妈的女人当老婆，我不希望你也是这样。还有些男人在和女朋友亲热的时候会突然很害怕，心想"我怎么能'背叛'妈妈跟另一个女人这么亲热呢"，这种想法会让他很内疚，再次面对妈妈的时候很可能会感到不好意思，或者加倍对妈妈好。

小粒：我不是这样的，我一直都对妈妈很好。

蔡敏莉：你和女朋友亲密之后，你再面对妈妈的时候会有什么表现？

小粒：我会冷落妈妈。

蔡敏莉：为什么呢？

小粒：因为毕竟和女朋友亲密是需要消耗精力的，人的精力又是有限的，用心做了这件事，就顾及不了其他事情了。

蔡敏莉：不是因为你难以面对妈妈吗？

小粒：不是。

蔡敏莉：那我恭喜你啊，希望你不会发生像《儿子与情人》书中情节那样的事。在你的心里，有百分之多少的精力是放在妈妈身上的？

小粒：和女朋友热恋的时候可能不到50%，热恋期过了，我就觉得妈妈很辛苦，而且她这辈子都是为了我，比例就会有所增加。

蔡敏莉：有多大占比？

小粒：大概70%。

蔡敏莉：那对于学业呢？还有女朋友呢？

小粒：啊？不是只讲谈感情吗？

蔡敏莉：如果你将70%的精力放在妈妈身上，那你还有时间关注学业吗？

小粒：可能我从小到大都是跟着妈妈，所以我觉得读书也是为了妈妈。

蔡敏莉：也就是说，你完全为你妈妈而活？

小粒：基本上是。

赵敏：哎呀，这可麻烦了。

蔡敏莉：你是如何为妈妈而活的？

小粒：她叫我做什么我就做什么。

蔡敏莉：（**面向赵敏**）你知道你对儿子有这么大的影响力吗？他活到现在完全都是围着你转。我脑中已经猜到你们生活中的一个情形了——小粒结识女朋友，你看他女朋友不顺眼；你结识男朋友，小粒看你男朋友不顺眼。

小粒：没有，我没有看他们不顺眼。

蔡敏莉：（**面向赵敏**）你希望和儿子的关系是什么样的？

赵敏：像朋友一样。无论他遇到什么开心和不开心的事都能和我聊聊，我可以和他一起分析。

蔡敏莉：你可以和他像朋友那样平等地聊天吗？

赵敏：可以。

蔡敏莉：你可以允许他有时候自己出去潇洒吗？

赵敏：可以。

蔡敏莉：你希望他花百分之多少的时间在你身上？

赵敏：只需要给我应有的尊重，其他方面就不用过多地关注我了。我希望他像其他儿子那样，去做自己应该做的事情，走自己应该走的路。

蔡敏莉：你把这些话说给小粒听。

赵敏：（**面向小粒**）小粒，我希望你孝敬我，也希望你做好你应该做的事情。比如，该读书的时候好好读书，该工作的时候好好工作，该谈恋爱的时候好好谈恋爱。

蔡敏莉：你告诉小粒，“你对我只花25%的时间就行了”。

赵敏：你对我只花25%的时间就行了，如果你有其他事要忙，比这个少也没关系的。

蔡敏莉：告诉他，“我是你妈妈，我是一个成年人，我懂得如何照顾自己。你是我儿子，不需要像老公那样照顾我，也不要这辈子都围绕着我生活。我希望你做一个真正的男人，我不需要你来保护我”。

赵敏：我是你妈妈，我是一个成年人，我懂得如何照顾自己。你是我儿子，不需要像老公那样照顾我，也不要这辈子都围绕着我生活。我希望你做一个真正的男人，我不需要你来保护我。

蔡敏莉：（**面向小粒**）你觉得你妈妈说的话是不是真的？

小粒：是。

蔡敏莉：你会不会这么做？

小粒：会。

蔡敏莉：那你说给妈妈听。

小粒：（**面向妈妈**）我会这么做的。

蔡敏莉：你会做一个什么样的男人？

小粒：做一个真正独立的男人。

蔡敏莉：还会不会围着妈妈转？

小粒：在你需要我帮你的时候，我就会去帮你。

蔡敏莉：你还想对妈妈说些什么？

小粒：妈妈，我爱你。

蔡敏莉：你想对儿子说些什么？

赵敏：还是那句话，无论什么时候，都去做你最应该做的事情，并且做好它。

蔡敏莉：你爱不爱儿子？

赵敏：爱。（**面向小粒**）儿子，我爱你。

蔡敏莉：想不想抱抱儿子？

赵敏：（**拥抱小粒**）

## 结语

在这个特殊的家庭个案中，赵敏、老公、儿子小粒之间的关系呈现出复杂而深刻的情感交织。赵敏最初因迫于外界压力而步入婚姻，却从未将心思真正放在老公身上，导致老公在这段关系中逐渐被冷落，最终离开。在亲子关系中，赵敏对儿子过度关注和依赖，使儿子的生活重心也过多地倾向于她。小粒在成长过程中对妈妈的情感依赖较重，甚至到了为妈妈而活的程度，这在一定程度上影响了他自身的独立发展以及对其他关系的建立和处理。

我们从这个个案中可以看到，家庭成员之间的情感平衡与相互理解至关重要。每个人都应该拥有自己独立的空间和价值，不应过度依赖或忽视他人。

家庭之爱，应相互滋养且各自绽放，而非束缚与羁绊。愿每个家庭成员都能找到自己的角色，愿每个家庭都能找到平衡，让爱得以健康、持久地延续。

## 心理咨询师观摩笔记

梁颖琳

在日常生活中，常有独立自强、工作出色的女性难以处理好家庭关系。她们往往以自我为中心，指责身边人，把强势带回家，期望孩子和老公都围着自己转，忽略了对方也是一个独立的个体。结果，孩子可能成为“妈宝”，老公可能因长期被忽视而极端行事（比如，制造冲突、有暴力行为），甚至可能会因为得不到关注放弃改善关系（比如，选择离婚、沉迷娱乐、婚外情等），这类女强人最后可能孤独终老。

蔡老师为赵敏做心理咨询时，通过角色扮演，生动地呈现了赵敏一家在不同时期的画面：在刚结婚时，赵敏如小公主般独自开心，老公则围绕在她身旁讨好；儿子出生后，赵敏将大部分注意力放在儿子身上，继续忽视老公；儿子长大后，赵敏与儿子关系亲密，一同指责老公。家庭分裂的根源，就在于赵敏心中一直没有老公的位置，尽管他付出了诸多努力，仍觉得受伤、屈辱，感觉家里没有自己的立足之地，最终选择离开。

每个人都渴望被看见、被尊重。在工作中，人们希望领导看到自己的付出和才华；在爱情中，人们期盼伴侣能看到自己的真心和爱；在友情中，人们渴望朋友看到自己的烦恼和需求；在家庭中，人们期待父母能看到自己的情绪和想法。我们应看见身边人，用心感受，给予重视和认可，建立深度的情感联结，让他人感受到爱、支持与温暖，自己也能收获幸福。

第 17 章

# 被遗弃的女孩

## 如何在婚姻中摆脱童年阴影的影响

就像很多平凡的夫妻那样，阿芝和振华的婚姻之中既有爱的甜蜜，也有争吵的苦涩。结婚八年来，一旦他们发生矛盾，振华就会把“离婚”二字挂在嘴边，企图以此让阿芝对他言听计从。

孩子刚出生后，振华看阿芝每天只能睡五个多小时，心疼地劝她早点休息。可阿芝则责备振华，说他要不是半夜三更才回家，自己哪会这么辛苦。两人立刻争吵起来，振华冲动之下又脱口而出“离婚”。阿芝难过极了，怀疑振华是不是不爱自己了。其实，振华在这么说之后也很后悔。

夫妻俩都觉得两人的沟通存在问题，便一起找到了我。

我在沟通中得知，如今女儿两个多月了，阿芝对目前的生活总体是满意的，但还是希望振华能多关心她，言语中多一些关爱、少一些指责，别一吵架就说离婚。振华认为，阿芝可能得了产后抑郁症，他希望她能重拾快乐，两人也能有更多的交流。我能感受得到，他们都深爱着对方，只是表达爱的方式不太恰当。

在征得了阿芝和振华的同意后，我们开启了本次的个案过程。

## 个案实录

蔡敏莉：我觉得你们俩在玩一个游戏，这个游戏的名字叫“权力斗争”，我想邀请现场的学员展示给你们看。（**引导孩子扮演者躺在地上，位于阿芝和振华中间**）阿芝生了孩子后，振华你开不开心？

振华：很开心。

蔡敏莉：（**引导孩子扮演者躺在地上哭**）有时，孩子哭了。

阿芝、振华：宝宝你怎么了，不要哭啊……

蔡敏莉：分开哄，妈妈先哄。

阿芝：乖啦，不要哭了啊……

蔡敏莉：振华你呢？

振华：宝宝你怎么啦？不哭啊，不哭啊……

蔡敏莉：（**面向孩子扮演者**）你更喜欢谁？

孩子扮演者：更喜欢爸爸。

蔡敏莉：是不是爸爸赢了？这是一个三角关系，孩子是第三者。妈妈身体比较弱，阿芝你试着轻轻地抱起孩子，但是你力气不够。

阿芝：（**轻轻地抱住孩子扮演者**）

蔡敏莉：妈妈没有足够的力气，（**引导孩子扮演者躺回原地**）把孩子放回原地吧。爸爸的力气则大一些，你也温柔地抱起孩子吧。

振华：宝宝，爸爸来抱你啊。

蔡敏莉：（**面向孩子扮演者**）你更喜欢谁抱你？

孩子扮演者：爸爸。

蔡敏莉：孩子更喜欢爸爸，所以如果妈妈再次充满爱意地走过来想抱你，你会怎样呢？

孩子扮演者：（**假装哭，表示拒绝**）我不要她抱。

蔡敏莉：阿芝，你这么一会儿已经输了三次，你喜不喜欢这样？

阿芝：有一点点不开心。

蔡敏莉：那你会怎么想呢？

阿芝：我会想，我得想办法更疼孩子。

蔡敏莉：你能有这样的想法说明你很理智。如果我是你，我就会想，“老公这么喜欢孩子，他还喜不喜欢我呢？孩子这么喜欢爸爸，她还喜不喜欢我呢”。这样一来，我的自信心就开始动摇了，我会怀疑，在这个三角关系中我是谁。阿芝，你是否怀疑过这个男人不爱你？

阿芝：我怀疑过。我有时会觉得老公不喜欢我，女儿也不喜欢我，我又只剩自己一个人了。在我小的时候，就是我一个人。

蔡敏莉：你那时候是怎样的？

阿芝：我在两三岁的时候，爸爸去世了，妈妈改嫁给继父，我被送到别人家寄养。

蔡敏莉：在生宝宝后，你在这种爱的关系中感受到了压力，它勾起你很多往事。我们邀请一位学员扮演你妈妈。（**引导阿芝面向妈妈扮演者，两人之间有一段距离，妈妈扮演者坐在椅子上**）你想对妈妈说些什么？

阿芝：妈妈，我想你多爱我一些。

蔡敏莉：两三岁的孩子是跪着找妈妈的，我陪着你一起去找她

（**和阿芝拉手，一起膝行至妈妈扮演者面前**）。你抓着妈妈的脚跟，摇摇她。你想对她说些什么？

阿芝：（**抓着妈妈的脚跟并摇晃起来**）妈妈，我想你多爱我一些。

蔡敏莉：你对她说，“爸爸去世后，就只剩下我和你了，你不要扔下我”。

阿芝：爸爸去世后，就只剩下我和你了，你不要扔下我。

蔡敏莉：继续说，“求求你了，我给你磕头”。

阿芝：（**对妈妈扮演者磕头**）求求你了，我给你磕头。

蔡敏莉：继续说，“没了你，我会死的，我活不下去”。

阿芝：（**大哭**）没了你，我会死的，我活不下去。妈妈，我真的成天只想死。如果我这辈子能活 60 年，我宁愿把我的余生都给你……只求你多爱我一些……

妈妈扮演者：（**慢慢扶起阿芝，拥抱着她**）妈妈当年不懂得爱你，现在我重新爱你……

妈妈　　　　阿芝

蔡敏莉：你觉不觉得你的哭声很像小女孩的哭声？因为你当年没有机会哭出来。你生了女儿后，你们这个小家的三角关系重新勾起了你当年被遗弃的感觉，但你又不懂得如何面对。你好像跌入了一个陷阱，这让你得了产后抑郁症。（**引导阿芝看向妈妈扮演者**）你不如问一下妈妈，"你当年改嫁了，你爱不爱我"。

阿芝：你当年改嫁了，你爱不爱我？

妈妈扮演者：我是爱你的。

蔡敏莉：你信不信？

阿芝：我信。

蔡敏莉：你怎么知道妈妈是爱你的呢？

阿芝：尽管她经常骂我，但我能感觉到她爱我。

蔡敏莉：她是刀子嘴豆腐心？

阿芝：是的。

蔡敏莉：你在这方面是不是和你妈妈很像？

阿芝：是的。

蔡敏莉：（引导振华走到阿芝身边）你告诉妈妈，“当年我很想你爱我，我现在知道了你爱我。我又找了一个男人来爱我，这是我老公”。

阿芝：当年我很想你爱我，我现在知道了你爱我。我又找了一个男人来爱我，这是我老公。

蔡敏莉：继续对妈妈说，“可是他跟我一样，都很像你，刀子嘴豆腐心，我们一直在玩权力争斗游戏。我们在一起八年了，最近生了宝宝，我很爱她。现在我不知道如何做一个好妈妈，你可不可以教教我”。

阿芝：可是他跟我一样，都很像你，刀子嘴豆腐心，我们一直在玩权力争斗游戏。我们在一起八年了，最近生了宝宝，我很爱她。现在我不知道如何做一个好妈妈，你可不可以教教我？

妈妈扮演者：（点头）

蔡敏莉：（引导阿芝看向振华）你再看看你老公，你们玩了八年权力争斗游戏，他都不走。

振华：我不会走的。

蔡敏莉：那你告诉你老婆，“我说‘离婚’都是冲动的时候脱口而出的”。

振华：老婆，我说“离婚”都是冲动的时候脱口而出的。

阿芝：但你经常把这两个字挂在嘴边，说多了我肯定怕啊！

振华：以后我不会再说了，我会用“我爱你”来代替“离婚”。

阿芝：（笑，和振华拥抱）

蔡敏莉：你们两个很相爱的，但因为自己的语言习惯而在不经意中说了一些伤害对方的话。如果你们曾这么清晰地沟通过，婚姻就会有很好的结果。既然爱对方，你们就不要再玩这个权力争斗游戏了。振华，你还想对阿芝说些什么？

振华：咱们玩了那么多年的权力争斗游戏，我觉得很不值得，我们浪费了那么多年的好时光……我让你伤心了，我自己也很伤心。以后我不会再玩这个游戏了。

蔡敏莉：你是不是很爱她？

振华：是。

蔡敏莉：你有时候是不是想做一个大男人？

振华：是。

蔡敏莉：那你就跟老婆说，“你偶尔迁就一下我吧”。

振华：（笑）老婆，你偶尔迁就一下我吧。

阿芝：（笑）我会让你偶尔做一下大男人的，只是不要再说“离婚”就行了。

## 结语

在这次的家庭关系剖析中，我们清晰地看到了阿芝、振华和孩子之间复杂而微妙的情感互动。从最初孩子在父母的怀抱竞争中表现出的倾向，到阿芝因在这场爱的争夺中屡次落败而产生的不自信与失落，这背后反映的不仅是简单的亲子亲疏问题，更是一个家庭中权力与情感平衡的深层探索。

阿芝童年被妈妈遗弃的经历，在新生命降临后的家庭三角关系中被重新勾起，进而导致她患了产后抑郁症。这说明过去未解决的情感创伤极有可能在新的情境中被触发，影响当下的生活。

振华在夫妻关系中，有时为了展现大男人形象，会在不经意间说出伤害阿芝的话。这提醒我们，语言在亲密关系中的力量不容小觑，一句无心之言可能会引发巨大的情感波澜。

爱需要被清晰地表达出来，双方的相互理解和包容更是至关重要。爱不是权力争斗游戏，而是真心的交付与守护。只有坦诚地面对彼此的内心，用爱去化解矛盾，用理解去填补沟壑，才能让家庭成为温暖的港湾，而非情感的战场。愿每一个家庭都能在爱的指引下，走向和谐与幸福。

## 心理咨询师观摩笔记

梁颖琳

有效沟通是幸福婚姻的基石。要想表达关心和爱意，使用积极的语言和耐心的态度远比使用批评和指责更能增进感情，尤其是在处理矛盾和分歧时。要做到这一点，首先需要的就是充分的包容和理解。

或许我们可以从原生家庭出发，先多回顾自己的父母是如何相处的。可能很多人都没有一个特别幸福美满的原生家庭，但我们可以从中思考：我的行为模式是否在一定程度上模仿了父母？父母的相处模式给我带来了什么样的影响？其实，不止在婚姻中，就算在日常生活中，我们也可以多进行有意识的觉察，留意自己的所思所为，多想一想“这真的是我想要的吗”。

在这个个案中，蔡老师让阿芝看到了自己痛苦的根源，也让振华明白要用爱的语言来表达关心，而不是用伤害性的言辞来控制对方。让我们看看蔡老师是怎么做到的。

从最初夫妻二人在孩子关注和喜爱上的权力斗争，我们不难发现，这看似简单的竞争，实则反映出他们内心深处对爱与关注的渴望，以及在家庭中对自身地位的不安。阿芝在关系中的孤立，源于她童年原生家庭所带给她的阴影，这种阴影如同一座无形的牢笼，让她在成年后的婚姻中不断重复着相似的痛苦。

然而，通过深入的挖掘和角色扮演，我们让阿芝直面内心的创伤，释放出压抑已久的情绪。这不仅是对过去痛苦的宣泄，更是一次自我疗愈的开端。当她忆起妈妈的爱并与之和解，她内心的坚冰开始融化。振华在一旁全程目睹，也深刻地意识到自己错误的沟通方式对阿芝造成的伤害。这个过程让他们明白，爱不是控制，也不是伤害，而是理解与包容。

身处亲密关系中的两个人，只有用心沟通、用智慧解决冲突，才能抵得过生活的风浪，让爱之舟驶向幸福的彼岸。

第 18 章 **有一种爱叫作放手**

# 如何轻装前行

婉静与大勇育有一双儿女，过着看似平静的生活。然而，一通电话打破了这份宁静。来电的是一个陌生女人，名叫小丽，自称是大勇的女朋友，约婉静见面。为了让家庭完整，婉静决定用钱补偿小丽，让她离开大勇。然而，大勇在婉静和小丽之间选择了后者。婉静伤心地带着孩子们从 A 市搬到 B 市，孩子们吵着要爸爸，大勇好说歹说接婉静和孩子们回 A 市后，却又和小丽住到了一起。

婉静提出离婚，却发现了一个惊人的秘密——她与大勇的结婚证是假的，大勇在多年前曾与同在 A 市的艳红结婚。大勇因重婚罪入狱，婉静虽对大勇失望，却因孩子们对大勇的思念，卖房子为他请律师。大勇出狱后，向艳红提出离婚，引发了一系列家庭冲突。婉静也被卷入其中，与大勇的父母多次发生正面冲突。有一天，艳红找上门来，大勇表现得很害怕，推婉静出来应对艳红。面对这一系列的复杂关系，婉静把责任全都归到了艳红和大勇的父母身上，觉得大勇是被他们所逼才走到了今天这个地步。于是，婉静和大勇找到我咨询。

我在与婉静沟通后了解到，她经历了这些打击后，已深深地感到身心俱疲，她现在只想让自己和孩子们开心起来，摆脱这段混乱的关系。

在征得了婉静和大勇的同意后，我们开启了本次个案过程。

## 个案实录

蔡敏莉：（**面向婉静**）你知道不知道，孩子会因为觉得你开心而开心、你不开心而不开心？

婉静：嗯，我的两个孩子经历了这么多事，我感觉他们都变了。尤其是我儿子，他还小，变化更大。就算我开心，我儿子也显得不开心。因为就算我早上很开心地叫他起床，也很难让他一下子就起来。但是大勇哪怕只是轻轻地叫他一声，他就能立刻睁开眼睛，显得很精神、很开心。

蔡敏莉：孩子们希望爸爸能回到这个家是很正常的，你是不是也在等他回来？

婉静：我不知道。我喜欢自由，他也喜欢自由。他之前对我说，他希望对我们的两个孩子负责，我也希望他能做到。

蔡敏莉：你有没有考虑过你自己的生活呢？如果大勇不回到你身边，你就想一直这样，一个人带着两个孩子吗？

婉静：我不在乎。

蔡敏莉：你不在乎？你开心吗？

婉静：我开心。

蔡敏莉：那我鼓励你现在就放手——对大勇放手，对他如何跟他父母还有艳红相处放手。

婉静：可是，我觉得我没有办法做到放手。

蔡敏莉：因为你没法开心。

婉静：因为我有两个孩子。要是没有孩子，我就能做到，哪怕我什么都得不到，我也可以断；但是因为这两个孩子，我就没法断了。

蔡敏莉：我不是让你断绝一切的关系，如果你觉得真正放手是已经无法和大勇做夫妻但是可以和他做朋友，能接受他探视孩子，但你活得不开心，大勇就会觉得对不起你们，你就把压力给了大勇和孩子。

与其这样，不如照顾好你的家，让自己和孩子都开心，这样在这么复杂的关系中至少有几个人是开心的，大勇的压力也能小很多，他才有更多的精力处理其他关系。我觉得这是唯一的出路。

婉静：现在他总是说想寻死。

蔡敏莉：那你可以告诉他，“我会照顾好自己和孩子，你不用担心我们”。

婉静：我做不到。

蔡敏莉：是什么阻止你真正放手呢？过去的那些事已经告诉你了，他遇到事情无法面对，只会不停地逃避，他为此付出了惨痛的代价，你也是。不如在今天做一个决定，无论他是否和艳红离婚，你都别去管他，你带着你的一双儿女活得开心一些。

婉静：可是，我儿子总说要找他爸爸，还有他爷爷奶奶。

蔡敏莉：如果你能接受，就可以让他去见他们，毕竟这些都是亲情。不过，你可以在其他时间活得开心一点，去找一个男朋友，让自己的生活充满活力，这样就不用牵挂他了。你之前整天牵挂他，你会不会为自己做打算呢？

婉静：我觉得我现在无论做什么都没有时间和精力，我现在一个人带着两个孩子，整天就像是他们的保姆。再加上孩子们在经历过这一系列的事情后，情绪波动很大，我要比以往要多花几倍的时间去照顾他们。女儿现在到青春期了，经常把我气得想狠狠地揍她一顿。

蔡敏莉：那你就是在制造“问题儿童”了。

婉静：是的。

蔡敏莉：在他们童年时期，你和大勇的婚姻关系已经为他们留下了一点阴影，要是你很情绪化并再打他们，就会给他们带来更深的童年创伤。

婉静：蔡老师，我就是因为走不出这一段才来找你的。我希望我能像以前那样，在他出差的时候，我都是一个人来维持这个家的，我那时觉得很开心的。

蔡敏莉：你跟大勇说再见吧，告诉他，“我现在跟你真正地分开了，我要过我自己的人生，我会带着两个孩子过得很开心”。

婉静：（含泪沉默）

蔡敏莉：你少了对他的牵挂，他也能轻松很多。是时候做这个决定了。你从那时痛苦到今时今日，你肯不肯让自己站起来？他现在 40 岁了，他为人夫为人父，他应该学会成长、学会不令人失望，否则他将来会付出更大的代价。你为什么要阻止他成长呢？你以青春作为代价，以你的孩子们的幸福作为代价，就是为了保护他吗？

婉静：（含泪沉默）

蔡敏莉：如果你今天肯站起来，开始一段新的恋情，活得开心、有劲头，你猜你的孩子们可以从你身上学到什么？他们可以学到一个人要为自己的生活负责任。从整体上说，生活是要向前走的，有时负重太多就要放下一些东西。是时候放大勇走了，你无法掌控发生在他身上的事情，但是让你和你的孩子们获得开心快乐，你是可以说了算的。

婉静：蔡老师，这就是我真正想要的。

蔡敏莉：（引导婉静面向大勇）那你告诉他，“我对你彻底失望了，我会放你走，我希望你过得好”。

婉静：我对你彻底失望了，我会放你走，我希望你过得好。

蔡敏莉：继续说，“你和那个女人离不离婚对我来说已经不重要了”。

婉静：你和那个女人离不离婚对我来说已经不重要了。

蔡敏莉：告诉他，“为了让我活得开心，为了保护我的孩子们，我今天决定放你走”。

婉静：为了让我活得开心，为了保护我的孩子们，我今天决定放你走。

蔡敏莉：继续说，“我会给孩子们稳定的生活，你不用担心我们，欢迎你来看望他们”。

婉静：我会给孩子们稳定的生活，你不用担心我们，欢迎你来看望他们。

蔡敏莉：告诉他，“我不后悔爱过你，祝你好运”。

婉静：我不后悔爱过你，祝你好运。

蔡敏莉：每一段感情都能给人带来两样东西—— 一是美好的感觉，二是经验教训。你跟大勇在一起这么多年，开心过、深爱过。（**面向大勇**）当你听到婉静这么说的时候，你有什么感受？

大勇：我感觉她可能做不到。

蔡敏莉：你这句话是一句批评，并不是你的感受。她说她会放你走，你有没有感觉到自由？

大勇：没有。

蔡敏莉：你更希望她放你走还是不放你走？

大勇：坦白说，我更希望等以后老了，能有她陪在我身边。

蔡敏莉：但是这需要付出代价，她已经为你付出了十几年的青春，你愿意为她付出什么代价？

大勇：我想让她活得开心，但是不知道怎么做才能让她开心。

蔡敏莉：她现在放你走，你就走吧，有时间可以去看看孩子们，尽你作为爸爸的责任。然后，变成一个成熟的男人。如果你能做到这些，就是对婉静最大的支持。

大勇：蔡老师，如果你是我，你会做出什么决定？

蔡敏莉：如果我是你，作为一个40岁的男人，我会问问自己，我希望自己怎么样。我会为我所希望的事情负责任，要是想离婚就去离婚，哪怕是遇到困难也要坚持到底。在这个过程中，我是一定要为之努力的，而不是等运气。

大勇：（沉默，若有所思）

蔡敏莉：婉静，我很想跟你说，你从始至终都是无辜的，随着一件又一件事的发生，你对大勇有了进一步的了解。我衷心地希望你能为自己负责任，为自己做一个决定，好好地爱自己，好好地照顾两个孩子。也许你在今后的人生中可以更好地为自己把握方向，衷心地祝福你。

婉静：谢谢。

蔡敏莉：祝福你们。

## 结语

婉静在这段复杂的关系中陷入了困境。她因孩子而无法真正地对大勇放手，让自己和孩子都陷入了不开心的状态。婉静应该放下过去，为自己未来的生活负责，这也能让大勇在压力减小的情况下处理其他关系。

如果婉静一直不开心，那么这不仅会给她带来痛苦，还会让大勇更加内疚，同时给孩子造成更大的伤害。婉静应与大勇分开，过好自己的生活，为孩子创造一个稳定快乐的环境。大勇则要承担起作为爸爸的责任。只有这样，双方才能在这场混乱的关系中找到新的方向，开启新的生活篇章。

爱是一场修行，有时放手也是一种成长。婉静需要勇敢地迈出这一步，为自己和孩子的未来负责，让生命继续向前，迎接新的可能。

## 心理咨询师观摩笔记

许欢

在这个个案中，蔡老师先是敏锐地觉察到婉静在这段复杂关系中的纠结与痛苦。她通过与婉静对话，让婉静认识到自己的不开心也会影响到孩子，而放手可能是唯一的出路。蔡老师不断地鼓励婉静放下对大勇的牵挂，为自己的生活负责，不要让过去的关系继续束缚自己。

随后，蔡老师指出婉静不能因为孩子而失去自我，应该在适当的时候让孩子与爸爸见面，同时自己也要寻找新的生活方向（比如找个男朋友），让自己活得开心、有活力。当婉静提到孩子的问题时，蔡老师提醒她不要因为情绪问题而给孩子的内心留下阴影，强调了情绪稳定的妈妈对孩子幸福童年的重要性。

对于大勇，蔡老师也明确指出他应该学会成长，承担起作为爸爸的责任。她告诉大勇，拖欠了婉静十几年的青春是要付出代价的，要想让婉静开心，就要做出一个成熟男人应有的行为，承担起自己的责任。

蔡老师在整个过程中充满了温情与理性，她既理解婉静的痛苦，又为她指出了明确的方向，帮助她认识到自己可以掌控的部分是和孩子一起活得开心快乐；既引导大勇反思自己的行为，又鼓励他承担起应有的责任，从而为这个复杂的家庭关系找到一条可能的解决途径。

第 19 章

# 缺乏安全感的女孩如何经营一段长期稳定的感情

小容很漂亮，是一名平面模特兼演员，工作很忙，而且工作时间、地点都不固定。

九岁那年，小容的父母离婚了。办离婚手续时，小容就在他们旁边看着。那时她心想，父母是因为过得不开心才分开的，她不想因为自己的难过而让他们更加难受，于是强装开心，回家后还和表弟、表哥打起了扑克，一滴眼泪也没掉。然而，在她第二天背着书包去学校的路上，她再也装不下去了，忍不住大哭了一场。从此以后，小容极度缺乏安全感。

由于小容相貌出众、身材姣好，有很多人追她。她从高中起就开始谈恋爱，后来虽然历经数段感情，但是每段感情都问题重重，而且持续时间不超过八个月。在她与男朋友相处时，她一面渴望获得关爱和安全感，一面又因担心自己受伤而表现得不在乎对方。在这种矛盾的状态中，她不仅没能找到爱，还让自己伤痕累累。小容找到我，说她希望能谈一场美好的恋爱，渴望拥有幸福的婚姻。

我在小容讲述她的人生故事时观察到，童年时父母离异的经历给她带来了创伤，未能从原生家庭中得到安全感，于是在成长过程中一直在寻觅。她在恋爱关系中一次又一次地分手，也与此有关。

在征得了小容的同意后，我们开启了本次个案的过程。

## 个案实录

蔡敏莉：你今天来到这里，希望自己发生什么改变呢？

小容：想好好谈一段恋爱，能发展到结婚的那种。

蔡敏莉：为了获得一段良好的姻缘，你愿意放弃什么？

小容：哪怕是我老公让我做全职太太、全职妈妈，我也愿意。

蔡敏莉：你觉得是婚姻重要还是事业重要？

小容：我觉得事业很重要，但是我现在也很想生小孩。

蔡敏莉：你觉得是孩子重要还是婚姻重要？

小容：婚姻重要。

蔡敏莉：从你过往的恋爱经历来看，你和一个男孩在一起一段时间，但是你的工作太忙了，你们就分手了。

小容：嗯，有三四段恋情是这样的。

蔡敏莉：那你会不会考虑放弃现在的工作？

小容：会，但不是现在。

蔡敏莉：那你打算做到什么时候？

小容：结婚之后吧，25岁左右。

蔡敏莉：你这么漂亮，工作又这么忙，很难找到一个可以长期相处的男朋友，更别提结婚了。你既想要事业，又想在你想结婚的时候就能立刻结婚。

小容：恋爱谈了一段时间，就会结婚吧。

蔡敏莉：是啊，可是关键在于，你的恋爱坚持不到你说的“一段时间”。

小容：就是因为有问题才坚持不下去的。

蔡敏莉：你觉得问题是因为你的工作还是对方？

小容：我觉得双方都有。

蔡敏莉：你有没有留意到？在你描述你过往的恋爱经历时，有时你会陷入一个矛盾的循环当中。你既渴望获得关爱和安全感，又因担心自己受伤而表现得不在乎对方。

小容：是的，我也发现了。

蔡敏莉：我想这与你小时候看到父母离异时选择的面对方式有很大的关系。

小容：是的，我其实不希望父母离婚，但又不想表现出自己因此受到了影响。

蔡敏莉：我想你需要尊重自己的想法和感受，也就是要有一种一致性。感受永远都不会因为我们去否定它而消失，只会因为被压抑而成为掩盖在良好外表下的化了脓的伤口。所以，我们是需要练习尊重自己的感受和他人的感受的。

小容：（**点头**）

蔡敏莉：接下来，我们从这个角度再来做一下探索。如果从尊重自己的想法和感受的角度来看，你在婚姻中更希望获得什么？为了获得一段稳定的婚姻，你愿意牺牲什么？我希望你通过这样的探索，可以更加清晰自己的感受和想法，在感觉矛盾的选项中看到你真正想要选择的，这其实也是我不停地问你这个问题的原因——你觉得是婚姻更重要还是事业更重要？

小容：谢谢老师给我的建议，在我仔细地探索和思考之后，我感觉婚姻对我来说更重要。

蔡敏莉：如果你觉得婚姻更重要，那么为了获得幸福的婚姻，你可能要先离开模特这个职业，起码对方会觉得跟你谈恋爱很稳定，他也愿意试着和你朝着结婚的方向发展。因为的确有一些女模特、女明星，她们的情路坎坷。

小容：是的，我不想这样。

蔡敏莉：那你想怎么样呢？

小容：想要拥有一份美好的爱情。

蔡敏莉：我需要提醒你，就算你放弃了现在的工作，也不一定能确保你能拥有一份美好的爱情。你觉得你会不会拥有一份美好的爱情呢？

小容：希望会。

蔡敏莉：你觉得你值不值得拥有一份美好的爱情呢？

小容：值得。

蔡敏莉：我为什么会问你这个问题呢？因为很多孩子会因为童年时期父母婚姻的不幸福而在潜意识中形成一个观点，即“我不值得拥有一份美好的情感”。这个观点会让这个孩子在长大之后，不自觉地陷入婚姻情感的拉扯之中，一方面觉得我想要幸福，另一方面又觉得我不值得幸福。因此，留意到自己潜意识中的念头非常重要。我想再次问你那个问题，你愿不愿意为了拥有一份美好的爱情而放弃这份工作？

小容：我愿意，但不是现在。

蔡敏莉：那在你准备好的时候，你愿意吗？

小容：愿意。

蔡敏莉：如果你能拥有一份美好的爱情，双方就都会很开心，然后步入婚姻殿堂。

小容：嗯，恋爱稳定了一段时间后，我就会在合适的时间结婚。

蔡敏莉：你有没有发现，婚姻幸福的女人往往不会那么忙，她们会谈一段甜蜜的恋爱，然后和男朋友修成正果。在你之前的恋情中，你大多是先恋爱，然后忙工作，最终两人分手，走不到谈婚论嫁的阶段。

小容：为了和一个人在一起而放弃自己所拥有的一切真的很难。只有对方让我心甘情愿，我才愿意这么做。

蔡敏莉：我们讨论的矛盾点在于，你觉得要先找到一个合适的男人，他愿意娶你，你才愿意为他放弃你的事业。但我给你的提议是，在你准备好谈恋爱后，如果双方都很满意，就去结婚；如果你永远都没有准备好谈恋爱，那么就算你遇到一个好男人，他看见你忙成这个样子也会跑的。幸福不是一个必然的事，而是取决于双方各愿意为这段关系付出多少。

小容：我很愿意付出的。

蔡敏莉：也就是说，如果你愿意过比较松弛、空闲一点的生活，就说明你准备好了谈恋爱，也很容易享受这段恋爱关系，两个人可以有更多的时间在一起；如果不是，两个人就会各忙各的，很难长相厮守。

小容：对啊。

蔡敏莉：在亲密关系中，你走一步，对方也走一步，你们才有可能继续走下去；相反，如果你站着不动，等着对方走过来，那么他很可能走了10步之后就害怕了，然后转身离开了。如果你想谈恋爱、结婚，是否一定要在25岁的时候呢？

小容：不一定。

蔡敏莉：35 岁可以吗？

小容：有点晚了。

蔡敏莉：那多少岁呢？

小容：最晚 28 岁。

蔡敏莉：那我建议你从现在起痛痛快快地玩到 27 岁，等你玩够了就辞掉现在的工作，换一份其他的工作来做。（笑）不过，我又有点担心到时候你就太红了、太有钱了，就不愿意回头了。

小容：（笑）蔡老师，借你吉言。

## 结语

小容的个案反映了许多人在职业与情感之间的挣扎，尤其是那些在童年经历过创伤的人，非常容易让自己处于一种矛盾的心理状态当中。她需要在自我探索和成长中找到平衡，逐步建立起更强的安全感和自我价值感。只有这样，她才能在未来的恋爱和婚姻中获得真正的幸福。

## 心理咨询师观摩笔记

刘维

在这个个案中，蔡老师通过问答的方式引导小容进行自我认知的提升和反思，从而看到自己的情感模式和行为模式背后的原因——因小容在原生家庭中缺失安全感，故在亲密关系中也缺乏安全感。

蔡老师并没有直接帮助小容疗愈在原生家庭受过的伤，而是一而再、再而三地让她自己说出更在乎什么，明确自己内心的答案。同时，蔡老师也没有勉强小容去开始一段新的恋情，而是告诉她一段美好的姻缘需要双方的投入，如果没有准备好就不急着开始。

弥补在原生家庭缺失的安全感是一个长期且渐进的过程，需要有耐心和坚持，才能获得更好的成长。

# 第 20 章 总是主动提分手的女孩

## 如何让感情更为长久

小清的感情故事颇为曲折。上大学时，她与外教 A 有过一段懵懂的初恋，A 回国后她迷茫了好久。工作后，小清事业有成，期间她又经历了两段重要的感情。一段是办公室恋情，但是男朋友 B 心智不够成熟，还把握不好相处的分寸。在一次和他打电话时，旁边的一位同事和小清说了一句“你们俩不像是一路人”，她为此琢磨了好几天。后来，两人以分手告终。第二段感情持续时间较长，两人刚在一起时很美好，但后来小清怀疑男朋友 C 有灰色收入，尽管他后来说已将钱退了回去，但她还是不相信。最终，两人也分手了。

在亲密关系中，小清常与对方发生冲突，她觉得自己常常抱着修成正果的决心和对方相处，但总是无法和对方走到最后。她很困惑，为什么自己从不对男朋友提出具体条件反倒无法结婚，而身边那些对男朋友提出种种条件的闺密们却能走入婚姻的殿堂。她因想改变自己在亲密关系中的状态而找我做个案。

我在和小清的沟通中发现，她在感情中较为强势，每次分手都是她提出的，缺乏耐心去解决感情中的问题；她对感情的期望不明确，没有清晰的择偶标准；在处理感情问题时，很容易受他人影响，比如她会因同事的一句评价而产生自我怀疑；在感情中缺乏信任，当怀疑男朋友 C 有灰色收入时，虽然他称自己已经把钱退回去了，但她还是不相信，没有给予对方足够的信任，也没有深入了解和解决问题。

在征得了小清的同意后，我们开启了本次个案过程。

## 个案实录

蔡敏莉：我很好奇，事业和感情，你觉得哪个更重要？

小清：我没想过这个问题。

蔡敏莉：现在想想呢？

小清：不确定。

蔡敏莉：你需要选一个。

小清：感情吧。

蔡敏莉：可是我觉得很奇怪，你现在事业有成，是个女强人，但是你更看重感情？

小清：是。

蔡敏莉：你父母的关系怎么样？

小清：我觉得他们的关系中存在着很大的问题。

蔡敏莉：你是独生女吗？

小清：不是，我还有两个姐姐。

蔡敏莉：她们结婚了吗？

小清：都结婚了。

蔡敏莉：她们的婚姻怎么样？

小清：都不太好。

蔡敏莉：那你猜你会不会有好的婚姻关系呢？

小清：我跟她们不一样，我相信我会有幸福的婚姻的。因为我觉得她们的婚姻搞成这样，都是她们的问题比较多。

蔡敏莉：在亲密关系中，你没什么问题吗？

小清：也有。

蔡敏莉：我们请现场的学员来扮演你的那个外教男朋友 A。你们的关系怎么样？比如，你们吵架时谁更喜欢指责对方？谁更听话？

小清：我很强势的。

蔡敏莉：他有什么反应呢？

小清：他说我的英文不好，对他有误会。

蔡敏莉：（**引导小清扮演者指着男朋友 A 扮演者；引导男朋友 A 扮演者面向小清扮演者单膝跪地，向其伸出一只手且手心向上**）在你们两个人的相处中，你说话直接、爽快，吵架时也更强势，男朋友 A 则讨好你。男朋友 B 呢？

小清：可能也是这样的。

蔡敏莉：男朋友 C 呢？

小清：他们个个都是这样。

蔡敏莉：可以说你是个“大女人”，你的那些男朋友好像都很迁就你。

小清：是，只是形式不同。

蔡敏莉：男朋友 B 和男朋友 C 的职位比你的高还是低？

小清：低。

蔡敏莉：你们分手有没有什么特别的原因？

小清：没想过。

蔡敏莉：你有没有想过你理想中的亲密关系是怎样的？

小清：是掉转过来的。

蔡敏莉：（**引导男朋友 A 扮演者站起来；引导小清扮演者面向他单膝跪地，头靠着他的手**）也就是说，你小鸟依人，男朋友更强势一些，是吗？

小清：哎呀，可是这样就不是我了。

蔡敏莉：所以，你的理想关系不是这样的？

小清：不是。

蔡敏莉：（**引导小清扮演者站起来，头靠着他的肩膀**）这样呢？

小清　男朋友 A

小清：有点像。

蔡敏莉：奇怪啊，这有点像你的理想关系，（**引导男朋友A扮演者面向小清扮演者单膝跪地，小清扮演者轻抚他的头**）但你们实际的关系怎么有点像妈妈带孩子？

小清　男朋友A

小清：差不多。

蔡敏莉：你是不是心想，"如果你很温柔、很乖，我就做你的女人"？

小清：可能在一定程度上有这样的想法。

蔡敏莉：所以，每一次的恋情都是你提出分手的。

小清：是的。

蔡敏莉：所以，在你看来男人都是有瑕疵的。你现在看到了你在亲密关系中和恋人的沟通模式，你对拥有一段美好的婚姻有没有信心呢？这个问题我问过你好几次了。

小清：不太确定。

蔡敏莉：你觉得你这辈子值不值得拥有一段美好的婚姻关系？

小清：值得。

蔡敏莉：让我们去看看你父母的关系。他们感情好的时候，会不会很亲密？

小清：不会，我好像从来没见过他们很亲密。

蔡敏莉：那他们感情好的时候，两个人是什么样的？

小清：我妈妈是刀子嘴豆腐心，哪怕她的出发点是好的，说出来的话也常常很刻薄。

蔡敏莉：（**引导妈妈扮演者指着爸爸扮演者**）妈妈会指责爸爸，爸爸呢？

小清：每到这时，爸爸都是不吭声，有时候还叹气。他并不讨好妈妈。

蔡敏莉：（**引导爸爸扮演者面向妈妈扮演者单膝跪地**）你看到爸爸沉默地忍受着妈妈的指责，你有什么感受？

小清：不舒服，我觉得他们的这种相处模式不太正常。

蔡敏莉：在感情上，你更愿意和谁站在一起？

小清：爸爸。

蔡敏莉：你和他们谁的关系更好一些？

小清：还是爸爸。

蔡敏莉：也就是说，你觉得爸爸很可怜，（**引导小清扮演者站在爸爸扮演者身旁，指着妈妈扮演者**）于是你就指责妈妈，就像妈妈指责爸爸那样。

小清：是的。

蔡敏莉：你从小在家里就是这样的，你从父母的相处中学会了要保护爸爸，这也是你以后对待恋人的方式，是不是？

小清：我也说不好，不知道是不是。

蔡敏莉：那我们就来回顾你的三段恋情。

小清：好像确实是这样。

蔡敏莉：母女之间，女儿很容易学会妈妈在亲密关系中是如何做的。妈妈这样对男人，你就像是被催眠了一样，也会这样对男人，甚至语气、用词都一样。你的两个姐姐和她们老公的关系也是这样吗？

小清：是。

蔡敏莉：（笑）所以你们家的三个女儿都很有慧眼，选的男人都是迁就自己的。你觉得你在和男朋友的相处中怎么样？

小清：我不至于这样吧，没有整天指责对方。

蔡敏莉：你不完全是指责，还用一些道理淹死对方。如果你的心态不改，那么哪怕你再谈 10 次恋爱，那 10 个男朋友也差不多都是这种“死法”。你有没有发现？你在结束这三段感情后都不是很痛苦？

小清：是的。

蔡敏莉：那也就是说，你在亲密关系中总是关注恋人的缺点，是不是？

小清：（**沉默，若有所思**）

蔡敏莉：给你讲个小故事。外国有一个有钱人，他老婆胖胖的，他总是对他老婆看不顺眼。但因为他有几亿美元的家产，要是离婚就要给他老婆分走一部分，他不想这样。于是，他去问心理咨询师，“有什么办法能让我重新爱上我老婆，给我省下这笔钱”。咨询师问，“你看你老婆有什么优点”。他说，“我老婆一无是处，任何一个女人都比我老婆强”。咨询师说，“那你去大街上走一走，看到每个女人后都从她身上找到一个没有你老婆好的地方”。在男人这么做了以后，才发觉他的老婆有这么多优点。

小清：（**笑**）

蔡敏莉：在下一段恋情中，如果你更关注男朋友的优点，就能享受这段关系。

小清：好的，我会试试的，谢谢蔡老师。

## 结语

我们从小清的经历中可以看到，一个人的亲密关系往往深受其原生家庭环境的影响，会在成长过程中不自觉地复制父母的相处模式。如果父母婚姻美满，就能为孩子日后的亲密关系助力；反之，则会给孩子带来阻碍。

在小清的原生家庭中，父母关系不佳，妈妈言语刻薄，爸爸默默忍受，这让小清在感情上靠近爸爸的同时，也从妈妈那里学到了不恰当地对待男性的方式。她的两个姐姐的婚姻也存在着类似的问题，可见家庭影响之深。

如何破局？在下一段恋情中，小清应多关注男朋友的优点，这能改善她在亲密关系中的态度和行为，从而拥有美满的婚姻。小清需要勇敢地面对自身的问题，努力做出改变，这样才能在感情中收获真正的幸福。

## 心理咨询师观摩笔记

陈慧丰

在这个个案中，蔡老师先是通过一系列提问，逐步引导小清思考自己在事业与爱情中的选择、对婚姻的信心，以及家庭关系对自身亲密关系的影响。这种提问方式有助于小清深入反思自己的内心想法和行为模式。

接着，蔡老师运用角色扮演和雕塑技术，分析小清在不同感情关系中的表现，让小清更直观地看到自己在亲密关系中的强势地位以及与男友的互动模式。

然后，蔡老师引导小清回顾父母的婚姻关系。通过观察父母的互动动作，让小清意识到自己在感情中的行为可能受到了父母关系的影响。蔡老师还指出，小清在潜意识中学习了妈妈对待男性的方式，帮助小清认识到了问题的根源。

最后，蔡老师通过给小清讲了一个小故事，建议她在下一段关系中主动去找男朋友的优点。只有调整自己的心态和相处模式，才能在未来的亲密关系中收获幸福。

我们每个人都应审视自己的亲密关系模式，从根源上解决问题，勇敢地追求美好的爱情与婚姻。共勉。

# 后 记

在我敲下这篇后记的第一个字时，心中满是感慨。这套个案集的问世，宛如一场漫长而意义深远的心灵跋涉，每一个个案都是途中的独特风景，见证着我作为心理咨询师一路走来的成长与蜕变。

回溯整理这些个案的时光，那是一段交织着挑战与感动的历程。起初，我只是出于职业习惯，单纯地记录下每次咨询的过程，从未想过有朝一日会将它们结集成书。随着岁月的流转，我愈发深刻地意识到，这些个案不仅是来访者们的人生故事，更是实用心理学理论在现实生活中鲜活的实践样本。于是，将它们结集成书的想法在我心中悄然萌生，我期望通过这些真实的个案，让更多人领略心理咨询的强大力量，也为心理咨询从业者提供一些可供参考的经验。

在整理的过程中，每个个案都像是一把钥匙，开启了我与来访者相处的回忆之门。那些痛苦的倾诉、迷茫的眼神，以及最终获得成长和改变时的喜悦，都如同电影画面般在我脑海中不断放映。每个个案都是通过字斟句酌，在保护来访者隐私与准确呈现问题本质及解决方法之间权衡，这无疑是一项艰巨的任务。然而，正是这份对来访者的尊重和对心理学事业炽热的爱，成为我前行的强大动力。

做完个案后，我陆续收到了来访者的反馈，这让我感到无比欣慰。他们有的在几个月后，有的甚至在几年后，主动联系我，并与我分享他们生活的变化：曾经被焦虑困扰的来访者，在经过一段时间的自我调整后，重新找回了生活的乐趣；在人际关系中挣扎的来访者，在经过一段时间的沉淀后，逐渐变得自信从容，修复了与家人、朋友的关系；在职业发展中迷茫的来访者，在后续的生活中找到了新方向，实现了自我价值……这些反馈不仅是对我工作的肯定，更让我深刻理解了心理咨询的深远意义——它是助人挖掘内在力量，实现成长蜕变的过程。

展望未来，我深知还有很多家庭需要心理从业者的帮助，因此我一直都有一个心愿：培养 100 名导师，让他们将所学的心理学知识传播出去，帮助更多个人和家庭受益；培养 1000 名幸福家庭辅导师，服务万千家庭，为社会稳定和帮助家庭幸福贡献力量。无论是线上教学还是线下课程，我都希望能搭建起一座知识的桥梁，让更多人从幸福心理学中受益。

在这套个案集的创作过程中，我得到了很多人的帮助与支持。

首先，我要衷心感谢我的来访者们，是他们的信任与勇气，让我得以走进他们的内心世界，为他们排忧解难。他们的故事不仅充实了这本书的内容，更让我深刻体会到心理咨询的价值与意义。

其次，我还要感谢我的运营团队：协助我整理稿件的周曼姿，负责审稿的周如意、许少凤、郝少杰，绘制插图的许可欣，还有其他的团队成员，他们为了让这套书早日面世，牺牲了很多个人时间；他们还为我课程的举办和传播费尽心思、全力以赴。我能取得今天的成果，离不开他们的努力。

我还要诚挚地感谢我的家人，在我奔波全国各地授课和助人的日子里，他们给予了我无限的理解和包容。尤其要感谢我的大女儿朵拉（Donna），她在这两年多来一直陪伴着我，无微不至地关怀与支持着我。感谢家人，是他们的理解与鼓励才让我能心无旁骛地投身于这项伟大的工作中。

最后，我要向出版方所有参与这套个案集的工作人员致以诚挚的谢意，包括编辑、排版人员等。是他们的辛勤付出与专业精神，让这套书得以呈现在读者面前。

这套个案集的出版，仅仅是我幸福心理学事业征程中的一个阶段性成果。我深知，在这个充满挑战与机遇的领域，未来的道路还很漫长。但我将矢志不渝，凭借自己的专业知识与爱心，引领更多的人走向心理健康与幸福生活的彼岸。

北京阅想时代文化发展有限责任公司为中国人民大学出版社有限公司下属的商业新知事业部，致力于经管类优秀出版物（外版书为主）的策划及出版，主要涉及经济管理、金融、投资理财、心理学、成功励志、生活等出版领域，下设“阅想·商业”“阅想·财富”“阅想·新知”“阅想·心理”“阅想·生活”以及“阅想·人文”等多条产品线，致力于为国内商业人士提供涵盖先进、前沿的管理理念和思想的专业类图书和趋势类图书，同时也为满足商业人士的内心诉求，打造一系列提倡心理和生活健康的心理学图书和生活管理类图书。

**《消失的父亲、焦虑的母亲和失控的孩子：家庭功能失调与家庭治疗（第2版）》**

- 结构派家庭治疗开山鼻祖萨尔瓦多·米纽庆的真传弟子、家庭治疗领域权威专家的经典著作。
- 干预过多的母亲、置身事外的父亲、桀骜不驯的儿子、郁郁寡欢的女儿……如何能挖掘家庭矛盾的“深层动因”，打破家庭关系的死循环？不妨跟随作者加入萨拉萨尔一家的心理治疗之旅，领悟家庭亲密关系的真谛。

**《相爱容易相守难：高质量婚姻的经营艺术》**

- 步入婚姻的夫妻都期待二人柔情蜜意、相敬如宾、相守终生，可在柴米油盐的生活日常中渐渐地消磨了当初的爱意，甚至感受到了人生旅途中身陷婚姻窘境的痛苦，不得不面对诸多婚姻难题。
- 本书作者有着30年婚姻咨询实务经验，通过讲述了一个个真实的来访者案例，探讨了涉及夫妻的金钱观、成瘾行为、亲子关系的压力、婚外情、健康问题、衰老与空巢、与年迈父母的相处等困境，从心理、情感、关系能力方面为其如何克服这些问题给出了良方。